岩体原位试验新技术及其工程应用

周火明　张宜虎　范　雷　钟作武　熊诗湖　李维树　编著

科学出版社

北　京

内容简介

岩石参数是工程优化设计的基本依据，原位试验是工程岩体参数研究最有效的手段之一。针对我国西部地区复杂条件下岩体的力学特性与参数取值问题，本书在总结我国岩石力学试验研究实践的基础上，研发岩体原位高压变形试验与直剪试验、真三轴试验及流变试验新技术，集成创新岩体结构及微细观破坏过程精细探测技术，对复杂条件下工程岩体变形特性、强度特性、流变特性及微细观破坏机理进行深入研究。本书涵盖作者团队近十年研究成果，旨在推动我国复杂条件下水工岩体原位试验方法的发展，解决我国西部复杂条件下水利水电工程建设中的岩石力学关键技术问题。

本书可供水利水电、矿山、交通或土木建筑工程学科的工程技术人员和研究人员参考阅读。

图书在版编目（CIP）数据

岩体原位试验新技术及其工程应用/周火明等编著. —北京：科学出版社，2019.6
ISBN 978-7-03-061683-8

Ⅰ.①岩… Ⅱ.①周… Ⅲ. ①岩石试验-原位试验-研究 Ⅳ. ①TU459

中国版本图书馆 CIP 数据核字(2019)第 117716 号

责任编辑：杨光华 何 念 / 责任校对：高 嵘
责任印制：彭 超 / 封面设计：耕者设计工作室

科学出版社出版
北京东黄城根北街 16 号
邮政编码：100717
http://www.sciencep.com
武汉精一佳印刷有限公司印刷
科学出版社发行 各地新华书店经销
*
开本：787×1092 1/16
2019 年 6 月第 一 版 印张：18
2019 年 6 月第一次印刷 字数：427 000
定价：228.00 元
（如有印装质量问题，我社负责调换）

前　言

岩体作为一种天然的地质体，包含不同尺度的节理和裂隙，赋存于地应力和地下水环境之中，其变形破坏机理十分复杂。岩体原位试验是评价岩体力学特性、解决复杂岩石工程问题不可缺少的手段。

自 20 世纪 50 年代开始，为了解决水利水电工程坝基、地下洞室和边坡的岩石力学问题，我国从国外引进了承压板法岩体变形试验、岩体单位抗力系数试验等岩体原位试验技术，起草了《岩石力学（实验室）试验操作规程（初稿）》。1958 年，随着三峡水利枢纽研究工作的开展，提出了一系列重大的岩石力学研究课题，并组建“三峡岩基专题组”开始系统的岩石力学试验研究工作。70 年代以后，为解决葛洲坝水利枢纽工程在软弱复杂岩基上建坝等工程技术难题，继而开展了大规模的岩石力学原位试验研究工作，先后研究了压力钢枕技术、岩体三轴试验技术、隧洞岩体抗力试验技术、岩体大型抗力试验技术、软弱夹层原位剪切流变试验技术等，系统分析了试验环境温度、承压板刚度、试验点边界条件等对岩体变形强度试验结果的影响。通过总结分析，1981 年颁布《水利水电工程岩石试验规程（试行）》（DLJ 204—81，SLJ 2—81），1992 年颁布《水利水电工程岩石试验规程（补充部分）》（DL 5006—92），1999 年颁布国家标准《工程岩体试验方法标准》（GB/T 50266—99），2001 年颁布《水利水电工程岩石试验规程》（SL 264—2001），促进了我国岩石力学原位试验技术的迅速提高。

随着我国西南水电工程建设规模的巨型化和工程条件的复杂化，超高水坝、超大规模地下洞室、超深埋超长引水隧洞、高陡深切岩质边坡等工程所涉及的岩石力学问题很多已超出现有规范和工程经验，复杂岩体给工程建设带来的挑战越来越明显，对岩石力学基础理论与岩体原位试验技术提出了更高的要求。

伴随着五十多年来岩石力学的发展，长江科学院一直密切关注和跟踪国内外岩体原位试验技术的进展，努力探索和创新。针对大型水利水电工程高应力及复杂地质条件下岩体力学特性和岩体力学参数的取值问题，在现有规范规定的原位岩石力学试验方法基础上，开展了复杂条件下岩体原位试验新技术及其应用的研究，研发了刚性承压板中心孔法岩体高压变形试验技术、岩体原位高压真三轴试验技术、岩体原位高压三轴和承压板流变试验技术及岩体破坏过程中微裂纹扩展精细探测技术，发展了岩体原位试验技术与成果分析方法，形成了复杂条件下系列岩体原位试验新方法，成功应用并解决了白鹤滩水电站柱状节理玄武岩修建高拱坝适宜性、锦屏二级引水隧洞高应力条件下深埋岩体力学参数取值、大渡河丹巴水电站石英云母片岩软岩成洞特性研究、乌东德水电站地下洞室软岩流变特性等关键技术问题。为展示岩体原位试验新技术及其工程应用研究成果，总结并整理成本书出版。

全书共分 7 章。第 1 章为绪论，第 2 章为岩体原位抗剪试验新技术，第 3 章为高应力条件下岩体原位变形试验，第 4 章为复杂应力路径岩体原位真三轴试验，第 5 章为岩体原位流变试验，第 6 章为裂隙岩体变形破坏过程精细测试，第 7 章为工程岩体力学参数取值。

本书由周火明、张宜虎、范雷、钟作武、熊诗湖、李维树编著，周火明、范雷统稿。长江科学院水利部岩土力学与工程重点实验室工程岩体力学特性学科组（武汉）的各位同志参加了岩体原位试验新技术研发工作和工程应用试验研究工作。感谢国家自然科学基金重点项目“深部岩体工程特性的理论与实验研究”（50639090）、“十一五”国家科技支撑计划项目专题“复杂地质条件下岩体工程特性及评价方法”（2008BAB29B01-1）、水利部“948”项目“声发射技术引进及应用研究”（200901）的资助及项目组各位成员的帮助。特别感谢中国水电顾问集团华东勘测设计研究院、长江勘测规划设计研究院二滩水电开发有限责任公司有关领导的关心和支持。

作　者

2018 年 10 月 28 日于武汉

目　录

第1章 绪 论

岩体作为一种天然的地质体，在其形成过程中经受了构造变动、风化作用和卸荷作用等各种内外力地质作用的破坏和改造，包含不同尺度的节理和裂隙，具有不连续性、非均质性和各向异性，并赋存于地应力和地下水环境之中，其力学特性以及影响其力学与工程特性的各种因素的相互作用机理非常复杂。工程岩体力学特性与力学参数是工程优化设计的基本依据，合理确定这些参数对工程安全性和经济性影响极大。岩体原位试验是研究岩体力学特性，确定其力学参数的最有效手段之一。

我国有关岩石力学试验的系统研究工作始于 20 世纪 50 年代，并随着三峡水利枢纽、葛洲坝水利枢纽工程建设的开展，先后进行了岩体原位变形试验技术、岩体三轴试验技术、隧洞岩体抗力试验技术、岩体大型抗力试验技术、软弱夹层原位剪切流变试验技术等研究，促进了我国岩石力学原位试验技术的提高[1-10]。自 2000 年，随着我国西南水利水电工程建设规模的巨型化和工程条件的复杂化，岩体结构高度不确定性和时空变异性、高应力赋存环境、强卸荷工程作用等导致的岩爆、塌方、大变形等岩石力学问题逐渐显现，对岩石力学基础理论与原位试验技术要求已超出现有规范[11]，亟须针对复杂条件下岩石力学问题进行岩体原位试验新技术研究，以应对复杂岩体给工程建设带来的新挑战。

1.1 岩体变形及强度性质常规原位试验技术

我国岩体力学性质原位试验始于20世纪50年代，历经五十余年，试验技术不断发展和进步。岩体变形性质试验从刚性承压板法岩体变形试验发展到柔性承压板法岩体变形试验、狭缝法岩体变形试验、单（双）轴压缩试验；引进苏联双筒法K_0试验作为研究压力隧洞围岩变形性质及其与衬砌结构联合作用最直接的手段，进而发展了隧洞水压法试验和径向液压枕法试验。岩体强度试验从混凝土与岩石接触面抗剪强度试验开始，发展到岩体和结构面抗剪强度直剪试验及岩体载荷试验与三轴强度试验。以《水利水电工程岩石试验规程（试行）》（DLJ 204—81，SLJ 2—81）、《水利水电岩石试验规程（补充部分）》（DL 5006—92）及《工程岩体试验方法标准》（GB/T 50266—99）为标志，总结了我国岩石试验经验，统一了我国岩体力学性质原位试验方法。

1.1.1 承压板法岩体变形试验

岩体变形试验的目的是通过试验获得岩体应力-应变关系曲线，研究岩体变形性质，取得各种岩体变形参数。根据不同的加载方式，岩体原位变形试验可分为半无限平面加载、圆形孔洞径向加载和轴向加载三种类型。

半无限平面加载试验主要是模拟基岩（坝基、建筑物基础等岩体）的受力条件，最具有代表性的试验方法是承压板法岩体变形试验，该试验方法直观，应用最早也最普遍，多年来针对各类岩体积累了大量数据，在工程设计中得到普遍的应用。

承压板法岩体变形试验是现行有关标准和规程推荐的主要方法[12]，有刚性承压板法岩体变形试验、柔性承压板法岩体变形试验及柔性承压板中心孔法岩体变形试验等。承压板法岩体变形试验模拟地基受压的加载方式，假定加载平面为半无限平面，试验荷载影响范围内的岩体为均匀、各向同性的弹性介质，根据半无限平面地基承压板加载公式，计算岩体变形模量和弹性模量。

1. 刚性承压板法岩体变形试验

岩体原位变形试验以圆形承压板法应用最早和最普遍，也是《工程岩体试验方法标准》（GB/T 50266—2013）推荐的主要变形试验方法。

刚性承压板法岩体变形试验是通过刚性承压板对半无限岩体表面局部加压的岩体变形试验（图1.1）。计算岩体变形模量（或弹性模量）的公式如下：

$$E_0 = \frac{\pi}{4} \cdot \frac{(1-\mu_0^2)pD_c}{W_0} \tag{1.1a}$$

或

$$E_e = \frac{\pi}{4} \cdot \frac{(1-\mu_0^2)pD_c}{W_e} \tag{1.1b}$$

式中：E_0为岩体变形模量，MPa；W_0为承压板下岩体表面总变形，cm；E_e为岩体弹性模量，MPa；W_e为承压板下岩体表面弹性变形，cm；p 为按承压面积计算的压力，MPa；

D_c为承压板直径，cm；μ_0为岩体泊松比。

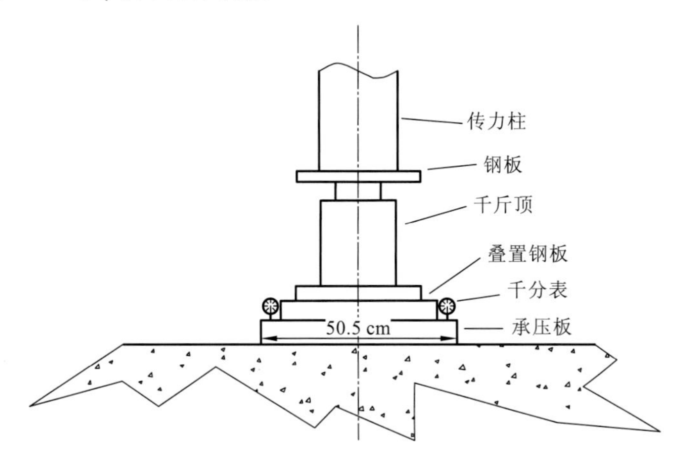

图 1.1　刚性承压板法岩体变形试验安装示意图

2. 柔性承压板法岩体变形试验

柔性承压板法岩体变形试验是通过柔性承压板（液压枕）对半无限岩体表面局部加压的岩体变形试验，当采用中心孔测量岩体变形时，称为柔性承压板中心孔法岩体变形试验（图 1.2）。

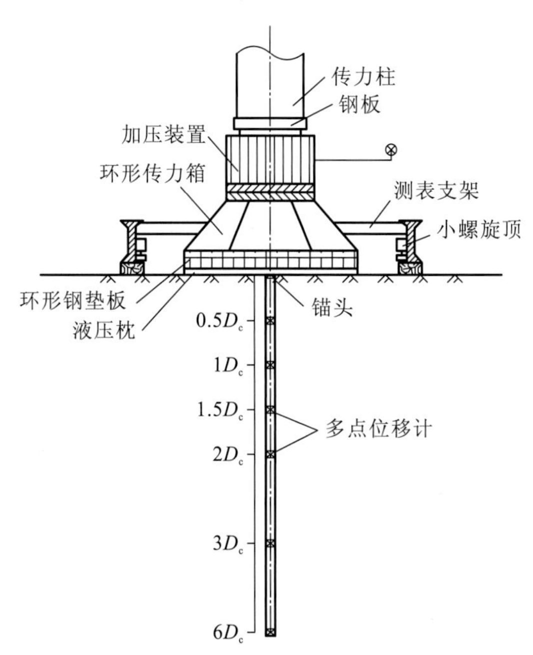

图 1.2　柔性承压板中心孔法岩体变形试验安装示意图

采用柔性环形枕加压测量表面中心点岩体变形时，岩体变形模量按式（1.2）计算：

$$E_0=\frac{2(1-\mu_0^2)p}{W_{h0}}(r_1-r_2) \tag{1.2}$$

式中：W_{h0} 为环形枕中心表面岩体变形，cm；r_1 为环形承压面外半径，cm；r_2 为环形承压面内半径，cm。

采用柔性四枕法（方形枕）加压测量表面中心点岩体变形时，岩体变形模量按式（1.3）计算：

$$E_0=\frac{8(1-\mu_0^2)p}{\pi W_{s0}}\left[0.88(a_0+L_0)-\left(a_0\operatorname{arsh}\frac{L_0}{a_0}+L_0\operatorname{arsh}\frac{a_0}{L_0}\right)\right] \tag{1.3}$$

式中：W_{s0} 为承压表面中心点岩体变形，cm；a_0 为承压面外缘至缝隙内中心线距离，cm；L_0 为承压面内缘至缝隙内中心线距离，cm。

3. 岩体变形试验承压板刚度与边界条件

1） 刚性承压板刚度

刚性承压板法岩体变形试验采用的承压板应有足够的刚度，承压板的刚度相对于试验岩体来说应是绝对刚性的。苏联学者戈尔布诺夫-波萨道夫提出如下公式判别承压板的绝对刚性和绝对柔性：

$$S=3\times\frac{1-\mu_c^2}{1-\mu_0^2}\times\frac{E_e}{E_c}\times\frac{R_c^3}{h_c^3} \tag{1.4}$$

式中：S 为圆形承压板柔性指数；μ_c 为承压板的泊松比；E_c 为承压板的弹性模量，GPa；μ_0 为岩体的泊松比；E_e 为岩体的弹性模量，GPa；R_c 为承压板半径，cm；h_c 为承压板厚度，cm。

当 $S<0.5$ 时，为绝对刚性；$0.5\leqslant S\leqslant 10$ 时，为有限刚性；$S>10$ 时，为绝对柔性。从式（1.4）可以看出，承压板的柔性指数（S）除与板的材料性质有关外，还与板的尺寸有关。岩体弹性模量越高，承压板的半径越大，要求板的弹性模量（刚性）越高，厚度越大。可见，刚性承压板仅采用一块 6 cm 厚钢板对于坚硬岩体是远远不够的。例如，弹性模量为 20 GPa、泊松比为 0.30 的岩体，采用直径为 50.5 cm 的钢质承压板时，板厚必须大于 21.2 cm 时才能符合绝对刚性的条件。

2）变形试验点的边界条件

承压板法岩体变形试验有两个理论假定，其一是承压板所在平面为无限，其二是承压板下的半无限地基为均匀、各向同性的弹性体。这些假定实际上难以满足，只能达到某种程度的近似。为尽量接近理论假定条件，往往将试验点选择在岩性相对均匀的岩体内，避开断层、夹层、溶洞等。另外，原位试验一般在洞室内进行，受硐室尺寸和测试技术条件的限制，试验加载表面有限，只要求这个加载表面近似于一个平面，空间范围达到适当大，尽量控制由不完全满足“无限大”这个条件所导致的相对变形误差在允许范围（10%）以内。“试点边界条件”问题就是要确定这个“适当大的空间范围”，允许的误差取为 10%。

以刚性承压板法岩体变形试验为例，设承压板下的平均压力为 p，承压板直径为 D_c，承压板外距板中心 r_n 处的位移 W_n 的计算公式如下：

$$W_n = \frac{1}{2} \cdot \left(\arcsin \frac{R_c}{r_n} \right) \cdot \frac{(1-\mu^2)pd}{E} \tag{1.5}$$

计算承压板外某一点的沉陷与承压板沉陷的比值

$$\delta_W = \frac{W_n}{W_0} = \frac{2}{\pi} \left(\arcsin \frac{R_c}{r_n} \right) = 0.64 \left(\arcsin \frac{R_c}{r_n} \right) \tag{1.6}$$

式中：W_n 为承压板外距板中心 r_n 处的位移；R_c 为承压板半径；r_n 为承压板外距板中心的距离。

由式（1.6）可以算出，当 $R_c / r_n = 1/7$，即板外点距承压板边缘三倍直径时，岩体沉陷为承压板位移的 9.2%。因此，当承压板边缘外有三倍直径的平面时，误差已小于 10%。

1.1.2　隧洞径向加压法岩体变形试验

隧洞径向加压法岩体变形试验分为径向液压枕法和水压法两种加压方法，该方法模拟压力隧洞围岩的受力状况，对圆形断面试验洞施加均匀径向压力，测定岩体径向位移，据此计算岩体的弹性抗力系数和岩体变形模量。在设计压力隧洞衬砌时，还可以研究衬砌结构与围岩联合受力的工作状况。该方法承受荷载的岩体尺寸较大，包含了更多结构面影响，能研究岩体的各向异性特征。岩体弹性抗力系数（K_e）为作用于围岩表面的压力与变形之比，它随隧洞直径（圆形隧洞）增大而减小。半径为 1 m 的圆形隧洞的 K 值称为岩体单位抗力系数（K_0）。

径向液压枕法岩体变形试验将充油的液压钢枕沿隧洞围岩周边布置，在反力框架支撑下向围岩施加压力并观测岩体径向变形，试验安装见图 1.3。

为了满足平面应变条件，隧洞径向加压法的试验洞加压段长度要求不小于三倍的隧洞直径，此时，岩体弹性抗力系数（K_e）、岩体单位抗力系数（K_0）、岩体变形模量按下列公式计算：

$$K_e = \frac{p'}{\Delta R} \tag{1.7}$$

$$K_0 = \frac{p'}{\Delta R} \cdot \frac{R_0}{100} \tag{1.8}$$

$$E_0 = p'(1+\mu_0)\frac{R_0}{\Delta R} \tag{1.9}$$

式中：K_e 为岩体弹性抗力系数，MPa/cm；K_0 为岩体单位抗力系数，MPa/cm；E_0 为岩体变形模量，MPa；p'为作用于围岩表面上的压力，MPa；ΔR 为主断面岩体表面径向变形，cm；R_0 为试验洞半径，cm；μ_0 为岩体泊松比。

当试验洞加压段长度小于三倍的隧洞直径时，需要对计算结果进行修正[13]。

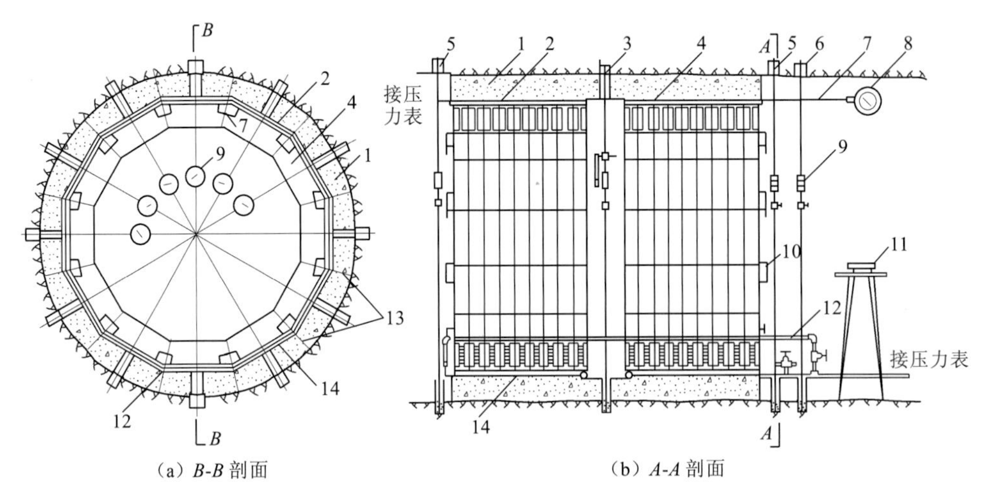

（a）*B-B* 剖面　　　（b）*A-A* 剖面

图 1.3　径向液压枕法岩体变形试验安装示意图

1—传力混凝土条块；2—液压枕；3—主测断面；4—反力支撑；5—辅助量测断面；6—影响范围量测；7—管路；8—压力表；9—量测仪表；10—油管；11—读数仪器；12—进液管路；13—传力混凝土分缝；14—砂浆垫层

1.1.3　岩体强度特性原位直剪试验

岩体原位直剪试验因其操作简单，适用于多种岩土体材料的原位抗剪强度测试，在科研与工程中得到广泛运用，试验安装见图 1.4。试验步骤如下：首先在原状试样上套一钢模，然后填充水泥砂浆并凝固，对试样施加垂直压力，再对试样施加水平推力至试样破坏，记录整个过程中的水平推力和位移。根据多个试样不同垂直压力下的剪切应力，按莫尔-库仑强度准则确定岩体的抗剪强度参数。

$$\tau = f \cdot \sigma_{\mathrm{n}} + c \tag{1.10}$$

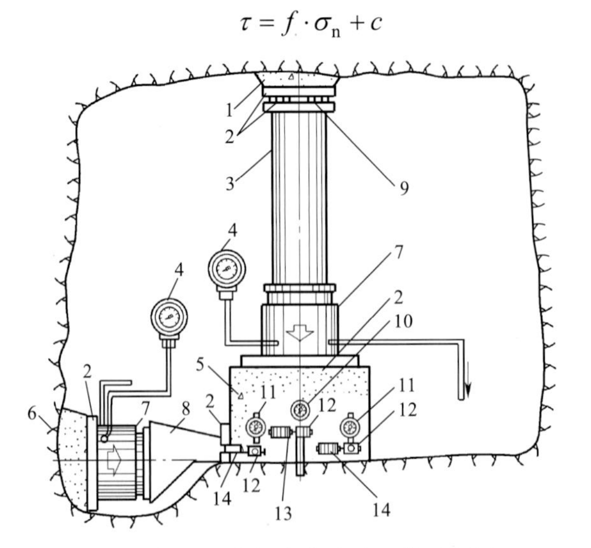

图 1.4　岩体直剪试验安装示意图

1—砂浆；2—钢板；3—传力柱；4—压力表；5—试样；6—后座；7—千斤顶；8—传力块；9—滚轴排；10、11—垂直测表；12—标点；13、14—水平测表

式中：τ 为剪切面上的剪应力，MPa；σ_n 为剪切面上的正应力，MPa；f 为摩擦系数；c 为黏聚力，MPa。

根据直剪试验获得的正应力和峰值剪应力，采用最小二乘法或图解法进行直线拟合，即可确定岩体抗剪强度参数（f、c）。

1.2 岩体原位三轴试验技术现状

岩体原位直剪试验需要预设剪切面，试验结果反映的是预定剪切面强度。直剪试验无法考虑中间主应力影响，试验结果只能用莫尔-库仑等少数强度准则分析，应用时存在局限[14-15]。

岩体原位三轴试验是研究岩体综合强度的有效途径。长江科学院于 1972 年率先在葛洲坝开展了尺寸为 100 cm×100 cm×150 cm 的岩体原位三轴试验[16]，其后，又相继在水布垭、三峡、鲁布革等水电工程开展了岩体原位三轴试验[17-18]。陈卫忠等针对国投新集煤矿区软岩，开展过尺寸为 50 cm×50 cm×100 cm 的三轴流变试验[19]。国外岩石力学试验规程，如美国材料与试验协会（American Society for Testing and Materials，ASTM）标准中，对岩体原位三轴试验没有介绍[20]，但有些国外学者也曾开展过岩体原位三轴试验，如 Okada 等利用他们自行研制的试验设备，针对凝灰岩开展了等围压三轴试验[21-22]。

以往的岩体原位三轴试验受设备、条件限制，应力水平普遍不高。长江科学院在以往岩体原位三轴试验中，给试样施加的最高围压为 3 MPa；陈卫忠等研制的岩体原位三轴试验设备，围压最大出力为 4 MPa[19]；Okada 等研制的三轴试验设备，能够提供的最高围压也只有 5 MPa[21-22]。以往三轴试验设备的应力水平难以满足目前深部高应力岩体工程研究的需要[23-24]。另外，以往岩体原位三轴试验都为等围压试验，现有规范中推荐的岩体原位三轴试验应力路径也只限于等围压加载破坏，而非不等围压的真三轴试验。

为了研究深埋隧洞围岩在高应力、复杂应力路径等条件下岩石力学与工程问题，长江科学院与长春朝阳试验仪器有限公司发展了原位岩体力学试验技术，联合研制了能实现高压加载、复杂应力路径伺服控制的岩体原位真三轴试验系统 YXSW-12[25-26]，并将该系统应用于我国西南地区白鹤滩、乌东德、丹巴等大型水电工程，取得了良好效果[27-29]。

1.3 岩体原位流变试验现状

岩石流变试验有室内岩石流变试验和岩体原位流变试验两种方法。试验方法包括单轴或三轴压缩流变试验、岩石或结构面直剪流变试验、承压板法载荷流变试验等。室内岩石流变试验尺寸多为 5～10 cm，岩体原位流变试验试样尺寸较大，三轴试样多采用 50 cm×50 cm×100 cm 的方柱体，直剪流变试样尺寸为 50 cm×50 cm，载荷流变试验的承压板直径为 50～100 cm。

目前，岩石流变试验多集中在实验室进行，由于室内流变试验操作相对简便，岩石流变试验研究成果主要集中在室内流变试验方面[30-40]。岩体原位流变试验技术难度较大，研究成果较少[41]。

20世纪70年代初，长江科学院针对葛洲坝基岩202号泥化夹层完成了原位剪切流变试验，获得了202号泥化夹层的长期强度[42]。1983年，中国科学院武汉岩土力学研究所采用刚性垫板法对金川镍矿二辉橄榄岩岩体进行逐级循环加载流变试验，依据试验结果提出了描述岩体力学性质随时间不断弱化的损伤演化方程[43]。1980～1985年，水电部成都勘测设计院在二滩水电站坝址区对正长岩、蚀变玄武岩进行了承压板原位压缩流变试验，拟合得到了流变经验公式[44]。1996～1997年，长江科学院针对三峡永久船闸花岗岩进行了包括三轴加卸载、岩体直剪及结构面直剪流变试验在内的一系列岩体原位流变试验[45-50]。2007年，国家电力公司成都勘测设计研究院针对大岗山水电站辉绿岩脉进行了刚性承压板法载荷流变试验，采用多点位移计测试中心孔深部变形，拟合了岩体流变经验方程[51]。2011年，山东大学针对大岗山水电站辉绿岩脉进行了原位直剪流变试验，采用西原模型描述岩体剪切流变特性[52]。

真正意义上的岩体原位流变试验设备应能适应现场复杂多变的环境，且能长时间自动稳压和自动记录数据。近年来，随着稳压、测量设备的改进，长江科学院在20世纪80年代末和90年代初第一代原位剪切流变试验仪的基础上，相继提出了伺服控制与滚轴丝杠组合式、气-液恒定稳压加载新技术，发展了高应力复杂路径岩体载荷流变试验技术与真三轴流变试验技术，并应用于国内多个大型水电站的岩体原位流变试验[53-56]。2007～2008年，针对白鹤滩水电站柱状节理玄武岩进行了柔性枕法岩体载荷流变试验，基于广义5参量广义开尔文（Kelvin）模型推导了岩体表面流变方程，并反演了流变参数[57-58]。2010～2011年，针对锦屏二级水电站大理岩进行了真三轴流变试验[59-60]。2011年，针对构皮滩水电站页岩进行了刚性承压板载荷流变试验[61]。2011～2012年，针对乌东德水电站薄层大理岩化白云岩进行了卸荷真三轴流变试验[62]。2012～2013年，针对丹巴水电站石英云母片岩进行了真三轴流变试验[63]。

1.4 裂隙岩体破坏过程精细测试研究现状

岩体破坏过程的精细测试，主要是用无损检测手段探明岩体内部裂纹的大小、位置及其开裂扩展过程的专门技术。现用于岩体破裂过程的探测方法主要有计算机层析成像（computed tomography，CT）技术（超声CT、射线CT等）、红外热谱法和声发射技术等。

1.4.1 岩体结构螺旋CT扫描成像

CT技术是指通过物体外部检测到的数据重建物体内部（横截面）信息的技术，也叫计算机断层扫描技术。CT技术最初应用于医学领域，自20世纪80年代后期开始用于观察岩石内部结构。目前，在室内岩石试件变形破坏过程的实时监测、裂纹演化规律性、裂纹宽度的定量测量、岩石裂纹三维重构、损伤演化与损伤变量分析等方面利用CT扫描技术取得了一系列进展[64-67]。

例如，日本京都大学工学部资源工学专业开发工学研究室开创性地将CT装置引入岩石损伤断裂研究中[64]；Martin等通过进行岩样的CT扫描试验揭示了岩样天然微观结构与强度特性、弹性模量的关系[68]；Kawakata等对岩样断面CT扫描数据重建了岩石三维

CT 图像，可以直观地看到微裂纹的形态和空间分布[69-70]；Ohtani 等用 CT 技术监测岩石孔洞的分布[71]；Ruiz de Argandoña 等采用 CT 识别技术重建了岩石的三维孔隙结构图像，揭示了其内部孔隙空间分布的不均匀性，运用 CT 图像动态地捕捉、跟踪岩石性质弱化和孔隙结构扩展、演化的过程[72]；等等。

国内专家学者如葛修润等利用 X 射线螺旋 CT（spiral CT，SCT）机，研究了岩石在三轴荷载下破坏全过程的细观损伤扩展情况，获得了岩石材料压缩过程中裂纹从产生到破坏各个阶段的 CT 图像，得到了损伤扩展的初步规律[73-75]；杨更社等通过对 CT 图像的处理，以及对裂纹进行提取，得到了 CT 图像的真实细观结构，使岩石材料内部空间分布很好地被描述[76-79]；任建喜等利用 CT 数估算了扫描图像裂纹宽度，定义了试样应力损伤阈值，定量分析了 CT 试验结果[80-82]；丁卫华等、仵彦卿等采用 CT 技术研究了岩石裂纹的演化过程[83-86]；尹小涛等借助 CT 试验结合数学形态学的图像处理技术，对裂纹的提取及判定做了详细描述[87-90]；敖波等分析了受力情况下，微裂纹群出现后，密度与 CT 数之间的变化相关性，为 CT 技术分析材料疲劳寿命提供了理论基础[91]；陈世江等以 CT 图像为基础，借助 VC++编程语言，编写了针对岩样 CT 图像后期处理及分形维数计算的相关程序，为岩石裂纹演化分析提供了工具[92]；张飞等对连续 CT 图像做了三维重建，直观、准确、真实地反映加载过程中岩石裂纹的分布情况[93]；等等。

1.4.2 岩石试验红外热成像

1800 年，英国物理学家赫歇尔发现了红外线，从此开辟了人类应用红外技术的广阔道路。红外线是波长为 0.75～1 000 μm 的电磁波，任何高于热力学温度零度的物体都是红外辐射源，当物体内部存在缺陷时，它将改变物体的热传导，使物体表面温度分布发生变化，红外检测仪可以测量表面温度分布变化，探测缺陷的位置。物体的温度越高，它所辐射的红外能量就越强[94]。

岩石加载破坏过程中红外辐射的试验探测研究始于 20 世纪 90 年代，其基本理论依据是岩石在受力后，组成岩石的矿物颗粒的内部晶格参数会发生变化，如晶格位错、阻塞移动及晶格键的断裂等。在这个过程中，分子的振动及转动伴随着应变能的聚集和释放，应变能会部分转化为热能，导致岩石局部温度上升。由于内部缺陷（裂纹）的存在，其导热性并不均匀，进而其表面温度的分布并不均匀，于是可以通过温度的变化过程反观应变能，乃至裂纹的变化过程[95]。

1990 年法国的 Luong 首先利用热成像技术研究了混凝土破裂过程中的红外辐射现象，之后又对岩石破坏过程中的红外辐射进行了研究，从作用过程的热力耦合出发，观测损伤的过程和破坏机理，判断内部损伤的出现位置[96]；美国 Freund 则进行了花岗岩压力下的红外辐射观测试验，他认为地壳岩石包含孔穴电荷，这些电荷在通常情况下是惰性的，当岩石收到应力作用甚至产生断裂时，这些电荷被激发形成电流，发射包括红外线的电磁辐射[97]。国内中国地震局、中国科学院、中国矿业大学、长江科学院等单位则先后进行了岩石的单轴压缩、双剪摩擦滑移等多种加载方式下的红外辐射观测试验，发现岩石的热红外温度随应力的变化而变化，岩石在破裂前出现了红外异常的前兆现象[98-105]。

1.4.3 岩石破坏过程声发射测试技术

岩石内部裂纹的形成和扩展是一种主要的声发射（acoustic emission，AE）源。裂纹的形成和扩展与岩体的塑性变形有关，一旦裂纹形成，岩体局部的应力集中得到释放，产生声发射[106]。例如，在岩石单轴压缩试验中，随着压力的不断增加，岩石内部的微小空洞开始聚合，进而形成微裂隙，随着微裂隙的不断增加，其相互贯通形成较大的裂纹，逐渐进入其扩展的亚临界状态，随着载荷的上升，裂隙会完全贯通从而导致岩体失稳。

声发射信号是岩石内部微裂纹扩展而释放的应变能，其包含了岩石内部结构变化的丰富信息。声发射技术用于岩石力学问题的研究起始于 20 世纪 60 年代，此后国内外学者基于声发射的机理及声发射信号特征对岩石破坏过程进行了广泛研究[107-112]。根据检测及评价方法的不同，主要通过三个方面的测试分析来反映岩体的破坏过程。

一是利用声发射事件计数，或类似于计数的声发射特征参数如撞击率、能率等，描述岩石试件在变形破坏过程中因微破裂导致的非弹性变化过程。例如，Cox 等通过声发射信号特征的变化研究了岩石微裂隙的形成与岩石软化[113]；Kaiser 等研究了岩石应力、应变、积累的能量释放与声发射次数之间的关系[114]；Utagawa 等、Seto 等对矿山开采和隧道开挖的岩石声发射进行了循环加载试验研究[115-117]；Benson 等对三轴压缩下的玄武岩试件由流体流动及裂纹破裂产生的声发射特征进行了研究，表明流体流动产生的是低频声发射波，压缩变形及开裂产生高频波[118]；国内学者李庶林等、付小敏对单轴压缩岩石破坏全过程进行了声发射试验，分析了岩石破坏过程中的声发射特征与其力学特性的相互关系[119-120]；蒋宇等则对岩石疲劳破坏过程中的变形规律及声发射特性进行了初步研究[121]；陈亮等、张黎明等则分别研究了花岗岩和大理岩在不同应力路径下破坏的声发射特征[122-123]；He 等对室内真三轴卸载条件下灰岩岩爆过程的声发射特征进行了研究[124]；Chen 等通过双试样串联加载过程中的声发射监测，研究了两体相互作用系统中声发射的时间序列特征[125]；等等。

二是根据声发射事件的时空定位技术分析岩石的断裂过程。例如，Jansen 等对岩石破裂过程中，随时间变化的三维微裂纹分布进行了研究[126]；Moradian 等对岩体节理的剪切破坏过程进行了研究[127]；Georg 等对砂岩钻进成孔过程中微裂纹的成核与扩展过程进行了研究[128]；赵兴东等对单向加载条件下含不同预制裂纹以及完整的花岗岩样破裂失稳过程进行了研究，分析了岩体内部裂纹孕育、萌生、扩展、成核和贯通的二维空间动态演化过程[129-131]；杨宇等、周火明等对多裂纹岩石单轴压缩渐进破坏过程进行了精细测试[132-133]；刘建坡等采用单纯形定位算法，对预制方孔和圆孔岩石单轴压缩破裂过程中的声发射时空演化规律进行了研究[134]；等等。

三是判定声发射源机制，揭示岩石的破坏机制。例如，Chang 等研究了岩石常规三轴围压下岩石破裂损伤机理，利用矩阵张量分析法和移动点回归法对声发射试验数据进行了处理，确定了岩石达到破裂之前的损伤门槛值，并指出了门槛值随围压的增加而呈线性增大的规律[135]；Eberhardt 等对脆性花岗岩单轴压缩下峰值前破坏损伤进行了定量研究，认为声发射可直接用来度量由损伤引起的岩石内部释放出的弹性能[136]；刘保县等建立了基于声发射特性的单轴压缩煤岩损伤模型，得出了煤岩的损伤演化曲线和方程[137-138]；徐东强等建立了双向压缩条件下声发射与岩石损伤变量之间的关系[139]；等等。

由于岩体包含不同尺度的裂纹、裂隙或节理，变形及破坏过程十分复杂。并且岩体中结构面大多不连续，在外加载荷作用下，岩体破坏过程如何刻画、破坏机理如何分析、破坏过程如何再现等都需要做深入的探索。开展岩体渐进破坏过程及裂隙扩展精细测试方法研究，不但可以推进岩石力学试验可视化技术发展，而且可以为探索岩体微细观破裂机理、破裂演变规律及其与宏观破坏特征之间的复杂关系提供依据，进而推进坝基、边坡和地下洞室岩体破坏数值模拟技术与稳定性分析方法的发展。

1.5 岩体力学参数取值现状

工程岩体变形稳定分析目前普遍采用经典弹性理论线弹性模型和莫尔-库仑强度准则，采用的岩体力学参数主要有变形模量（E_0）、摩擦角（φ）[摩擦系数（f）]、黏聚力（c）、抗拉强度（R_t）等，这些岩体力学参数主要依据室内外试验、工程类比、经验强度准则估算、参数反演等方法取值[140-155]。

1.5.1 岩体变形模量取值方法

岩体变形模量和弹性模量可通过岩体原位变形试验获取的岩体压力-变形关系曲线得到。按照不同的加载方式，岩体变形试验分为承压板法、钻孔径向加压法、径向液压枕法和水压法等。承压板法试验是水利水电行业试验规程中推荐的主要方法，多年来在各大型水利水电工程中积累了大量试验数据，在工程设计中得到普遍应用。

岩体变形模量的取值主要有以下方法：

（1）基于室内和原位试验成果的岩体变形模量取值。考虑到岩体结构的尺寸效应及岩体变形时间效应的影响，需要对岩体变形试验值进行折减。岩体结构的复杂性导致试验成果的离散性，同时现有试验数量普遍不足，进行统计时样本较少，对试验参数进行折减取值不可避免地带有不确定性。

（2）基于工程经验和工程类比的岩体变形模量取值。我国于 1991 年出版了第一本《岩石力学参数手册》，但试验点岩体结构等基本信息采集不够。在试验数据不足的情况下，可参照《岩石力学参数手册》及类似工程岩体参数进行岩体变形模量取值。

（3）基于位移观测资料反演分析的变形模量取值。该方法通过监测资料的分析，或者在现场开挖模型洞量测洞周围岩由开挖引起的位移，利用岩体位移和岩体应力等实测数据进行反演分析，所获得的岩体变形模量可作为“岩体等效模量”或“岩体综合模量”。

目前采用最多的方法仍然是将岩体原位变形试验成果作为取值依据，将变形试验成果的算术平均值作为标准值。当变形试验数量足够进行概率统计分析时，采用概率分布的 0.5 分位值作为标准值。岩体变形试验标准方法尺度为 0.20 m^2，每级压力稳定时间一般为 10 min，而岩体变形试验成果具有尺寸效应及时间效应（流变），因此需要对试验成果进行折减。但不同类型的岩体，时间效应和尺寸效应不同，难以给出明确的折减系数。

1.5.2 岩体强度参数取值方法

目前岩体强度参数取值以原位直剪试验成果为基本依据，采用工程类比等综合评估方法确定。岩体抗剪强度试验成果整理一般采用最小二乘法、优定斜率法、小值平均法或概率统计方法，分别按峰值、屈服值、比例极限值、残余强度值或者长期强度等进行整理，经过统计分析或考虑一定的保证概率，按规定的概率分布的某个分位值确定标准值。在此基础上，考虑岩体工程地质条件、试验条件的差别等因素提出地质建议值和设计采用值。

与岩体变形模量取值存在的问题类似，由于受到节理裂隙的切割作用，岩体强度参数取值同样存在尺寸效应问题，软弱破碎岩体则存在长期强度问题。另外，对于坝基稳定分析，岩体强度参数取值还需要对坝基稳定性分析方法及与之匹配的安全系数进行合理选择。

1.5.3 软弱结构面抗剪强度参数取值方法

如何合理选用软弱结构面的抗剪强度参数，目前仍然是一个有争议的困难问题。影响软弱结构面抗剪强度的因素是错综复杂的，大致可归纳为软弱物质组成、赋存环境条件及试验技术三个方面。软弱结构面抗剪强度参数取值需要考虑软弱结构面地质特征、工程运行环境及试验方法等因素。软弱结构面抗剪强度参数一般可参照以下步骤确定：

（1）软弱结构面地质特征调查。调查软弱结构面成因、结构特征、起伏差、物质成分、软弱物厚度、泥化程度、含水状态等，并采用简易常规试验进行颗粒分析、矿物成分分析、化学成分分析及常规土工测试。

（2）软弱结构面原位抗剪试验。软弱结构面抗剪强度参数取值应以原位抗剪试验参数为基本依据，从试验方法角度考虑，原位试验基本保持了软弱结构面的天然结构和状态，试件尺寸较大，相对来说最能反映软弱结构面抗剪强度特性。在试验技术方面：①试件制备保持软弱结构面的原状性，必要时，采用外锚筋挡梁法或者预加压力法；②软弱结构面水敏性较强，根据需要对试件进行饱水，试验时监控孔隙水压力；③为了研究软弱结构面的长期强度，论证工程岩体的长期稳定性，根据需要进行软弱结构面剪切流变试验；④在高地震烈度区，需要开展动荷载作用下的直剪试验。

（3）软弱结构面抗剪试验成果整理。对软弱结构面抗剪试验峰值与屈服值进行统计分析，获得软弱结构面抗剪强度参数标准值。

（4）地质建议值。地质和岩石力学专业根据试验条件、试验点的地质代表性、软弱结构面抗剪参数尺寸效应等，提出软弱结构面参数地质建议值。

（5）设计采用值。试验、地质和设计三方在地质建议值的基础上，结合建筑物工作条件及其他已建工程的经验，根据设计方法选用屈服强度、峰值强度和长期强度参数，确定软弱结构面抗剪强度参数设计采用值。例如，采用纯摩公式进行坝基深层抗滑稳定分析时，需要考虑软弱结构面变形破坏机理、剪切流变特性及限制滑动位移的需要，选用屈服强度参数或者长期强度参数。

（6）非均质软弱结构面综合抗剪强度参数。在详细地质调查基础上进行分类和分区，按不同类型软弱结构面抗剪强度参数采用面积加权平均法、辅助数值模拟方法等，确定非均质软弱结构面综合抗剪强度参数。

1.5.4 工程岩体力学参数取值存在的问题

由于岩体结构及赋存环境的复杂性，受岩体中节理等不连续面分布的随机性影响，在工程岩体力学参数取值方面还存在很多困难和问题。

（1）岩体力学参数的不确定性。工程岩体力学参数取值大多依据原位试验成果，原位试验常常数量有限且成果分散，进行统计分析时常常样本不足，导致岩体参数取值存在一定的不确定性。

（2）岩体力学参数的尺寸效应。由于研究对象、研究目的、研究方法的不同，岩体力学参数取值随岩体的尺度不同而不同。已有研究成果表明：随着岩体尺度的增加，岩体力学参数逐渐降低并趋于稳定值，此时岩体尺度即为代表单元体尺度（representative element volume，REV）。

（3）岩体力学参数动态变化。地下洞室开挖后，由于开挖扰动的影响和初始应力的释放，洞室周围将形成开挖扰动区，同样，对于高地应力区的坝基和边坡，受开挖卸荷的影响将形成卸荷区。岩体力学参数随着开挖卸荷、性状弱化呈动态变化。

（4）取值参数空间延拓应用的局限性。由于岩体性状的不连续性和非均匀性，工程尺度范围内岩体力学参数不相同。如何根据有限的试验成果，从点到面、从面到体进行工程尺度范围空间延拓，一直是复杂且困难的问题。

（5）深部岩体力学参数取值。深部岩体具有“三高”赋存环境（高应力、高水压、高地温），目前对于高应力状态下裂隙岩体及结构面的变形强度特性研究成果不多，认识不够深入。常规的室内和原位试验没有考虑岩体的赋存环境，取样过程中不可避免地扰动及制备试样过程中初始应力的释放，使现有试验方法和试验成果难以适用于深部裂隙岩体。

第2章 岩体原位抗剪试验新技术

岩体变形试验及强度试验是原位试验的主要手段，广泛用于各行各业地基基础的变形及强度参数获取。岩体原位直剪试验一般有平推法和斜推法两种，以平推法应用较为普遍。根据试验对象不同，岩体原位直剪试验分为岩体本身剪切试验、混凝土与基岩接触面剪切试验及结构面剪切试验等。根据剪切方向不同，岩体原位直剪试验分为水平剪切、铅直剪切和斜面剪切。常规原位直剪试验是只能满足一般应力条件（常见的应力水平在10 MPa以内）的试验，剪切面积一般为900～2 500 cm^2。而对于高地应力环境、特殊应力状态等试验条件，常规试验设备的刚度、设备出力能力及稳压性能难以满足试验要求，而且现有的试验方法及强度准则也不一定完全适用。一方面需对现有的较为普及的试验设备进行改进，另一方面试验方法和成果分析需要新的理论支持。

2.1 坝基软岩大型抗力体试验

葛洲坝坝基岩体为黏土质粉砂岩与中细砂岩互层，岩层近水平，含 29 层软弱夹层，其中以 202 号夹层规模最大，强度很低，黏土质粉砂岩岩体单轴抗压强度仅 3.2 MPa，202 号夹层抗剪强度参数为 $f=0.20$，$c=0.005$ MPa。坐落在基岩上的二江泄水闸和厂房坝段，其抗滑稳定性的安全裕度不能满足设计规范的要求，需要利用下游岩体的抗力保证闸基的抗滑稳定性。

为了测试下游岩体能够提供的抗力，长江科学院于 1973 年专门进行了大型岩体抗力体试验，实测闸基水平推力作用下下游岩体的抗力。通过试验，研究了下游岩体受水平推力挤压后的变形破坏机制，获得了下游岩体抗力。

2.1.1 试验概况

岩体抗力体试验共两块试体，尺寸分别为 11.65 m×1.70 m×2.35 m （I 号试体）和 9.54 m×1.70 m×2.30 m （II 号试体），见图 2.1，岩性为粉砂岩，下端保留与母岩的连接，底面为 202 号夹层主泥化面，试体纵向与闸基推力一致。试体顶部为厚 1 m 的粉砂岩，下部为 1 m 左右的层间错动挤压带，其中又包含黏土岩、粉砂岩、透镜状黏土质粉砂岩和粉砂质黏土岩四层。

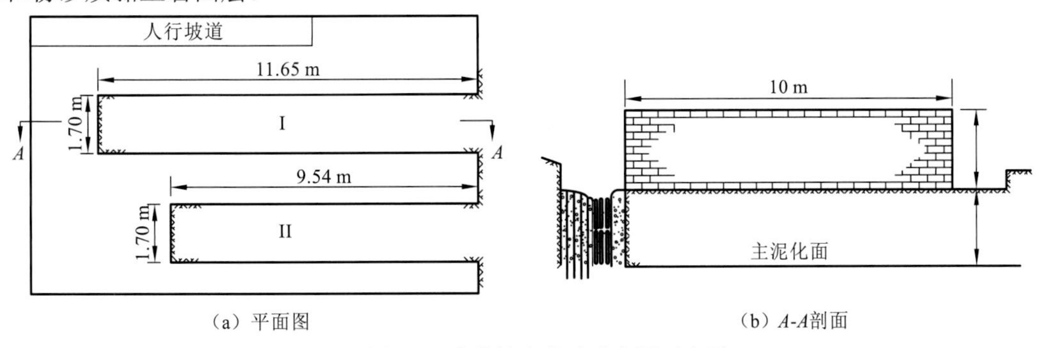

（a）平面图　　（b）*A-A*剖面

图 2.1　岩体抗力体试验布置示意图

I 号试体顶面的干砌混凝土预制块厚 2.3 m，作为压重，为试验提供了 0.05 MPa 的正应力。II 号试体未加压重。试验时用六个尺寸为 1.5 m×1.0 m 的液压钢枕拼叠施加水平推力，分别用 98 个和 94 个百分表、多架水准仪和经纬仪量测试体三向位移，用地音仪监听试体破坏时声发射频率。I 号试体分 14 级加载，至 1.5 MPa 时破坏；II 号试体分 9 级加载，至 1.2 MPa 时破坏。

2.1.2 岩体变形特征

1. 岩体竖向变形

岩体竖向变形测试曲线见图 2.2、图 2.3。除底部局部外，竖向变形为隆起。无压重的 II 号试体最大隆起段在上游。0～3 m 段，右侧隆起大于左侧。有压重的 I 号最大隆起段移向下游 4～7 m 段，两侧接近。相同推力下的隆起量总是 II 号试体大于 I 号试体。对比可见压重抑制隆起的显著效果。

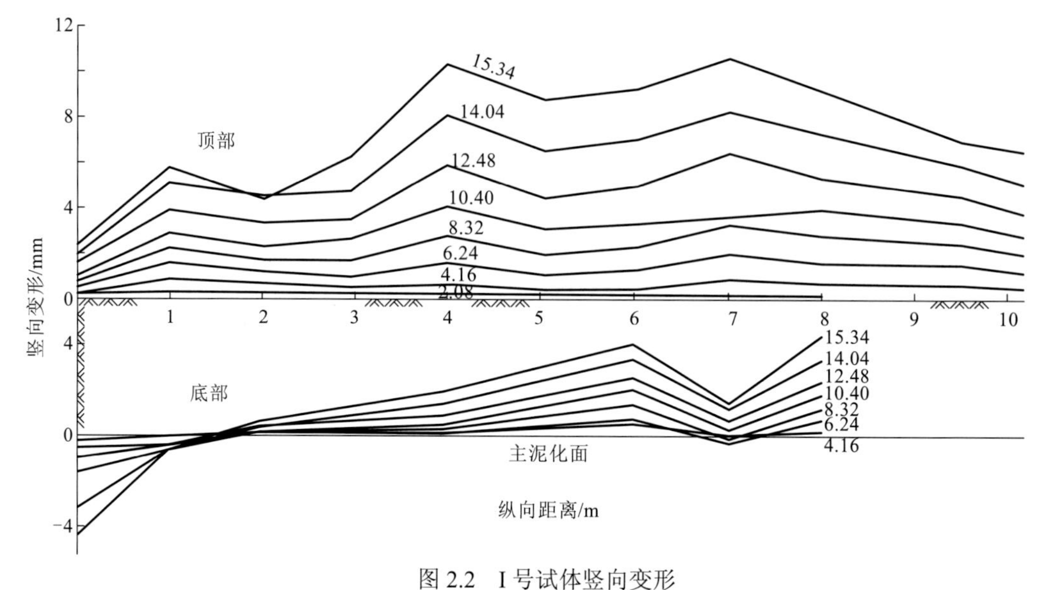

图 2.2　I 号试体竖向变形

图中数据为水平推力，单位为 kg/cm^2，下同

除通常侧胀因素外，主要由于试体具有近水平的层面、发育的层面裂隙及缓倾角裂隙，形如叠置板，试体受顺层推力挤压后底面变形受到限制，竖向变形自然为隆起。但隆起变形主要是 II 号试体，I 号试体在屈服前的泊松比值在合理范围内。

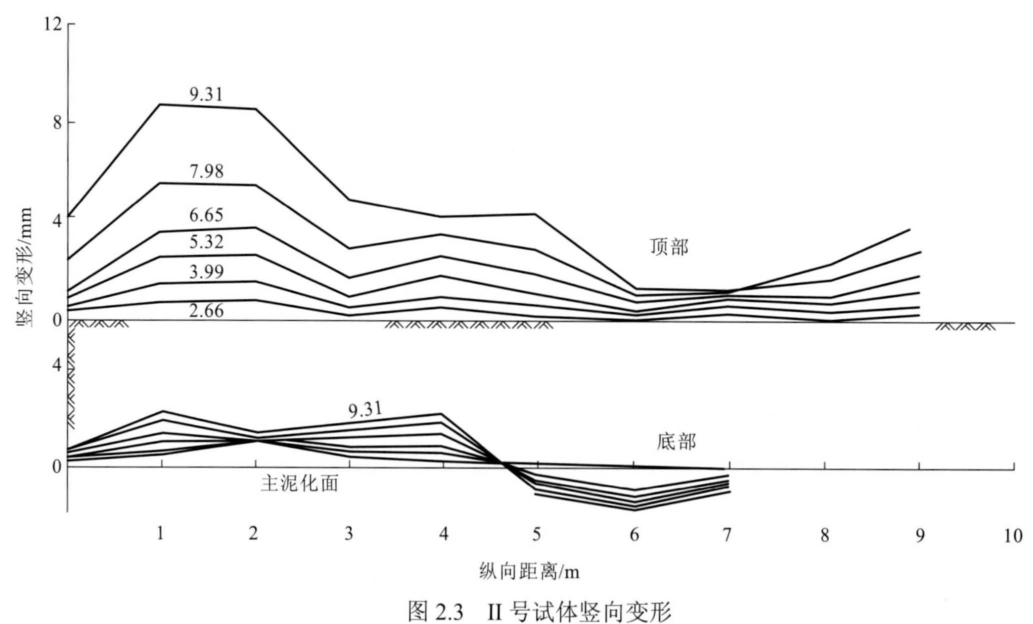

图 2.3　II 号试体竖向变形

2. 岩体横向变形

岩体横向变形测试曲线见图 2.4、图 2.5。两试体均有向左侧位移。因试体底面为倾向下游偏左的泥化面，I 号、II 号试体的倾角分别为 5° 和 8°，这就提供了向左移动的条件。又因上下游端受到约束，向左位移中部大而上下游小，呈弓形。

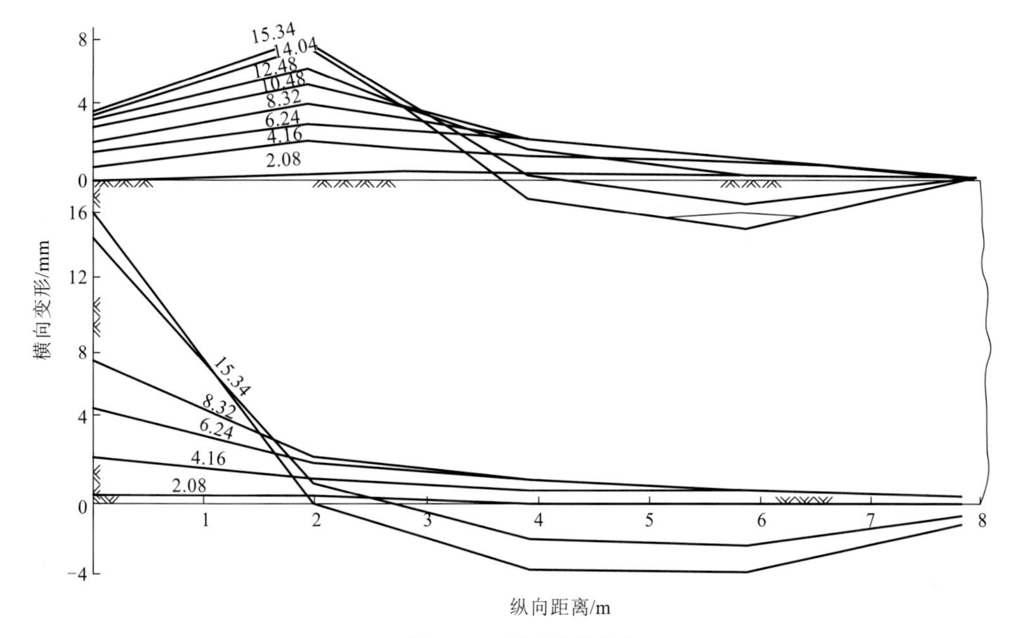

图 2.4　I 号试体横向变形

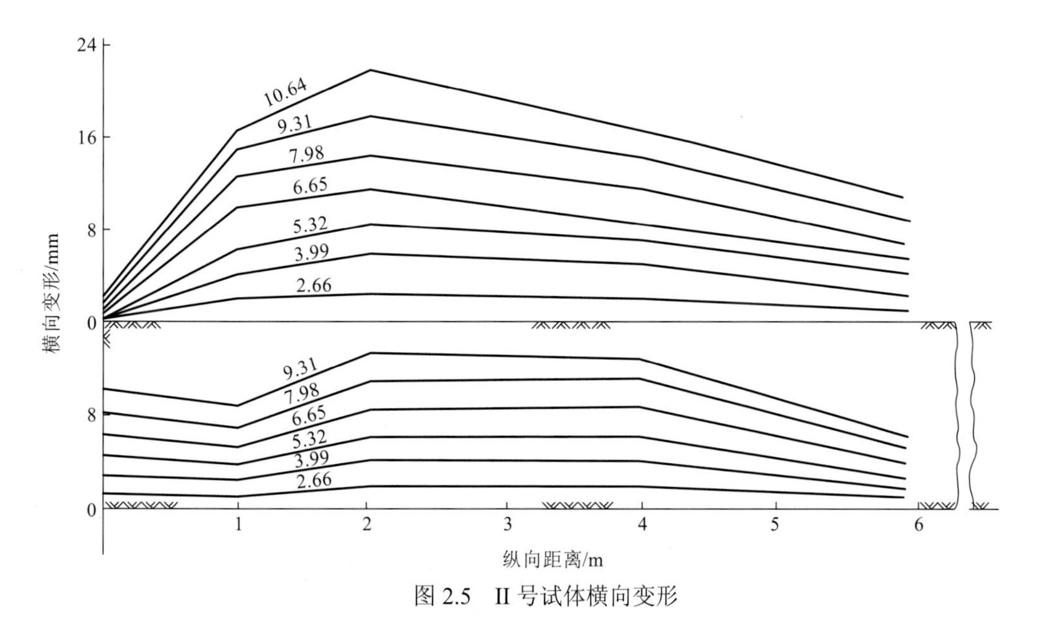

图 2.5　II 号试体横向变形

当推力达到一定值后，试体下游端向右回摆。II 号试体试验后期因局部崩塌，全面放弃了位移测量，但留下了回摆的形迹。I 号试体在推力为 0.815 MPa 时，位移开始回摆，地音频度发生突变。其后随推力的增长，被扭动成“～”形（图 2.4）。在拐曲处出现崩塌区。扭动的基础在于试体长宽比偏大，受压后底层泥化面的倾向决定了前期变为向左拱曲，这就造成右侧应力集中。因此，随推力增长右侧首先被压屈松弛，结果下游端便向右回摆。

I 号试体左移量比 II 号试体小，除 I 号试体底层泥化面倾角比 II 号试体低 3° 外，压重自然起了作用。

3. 岩体纵向变形

岩体纵向变形测试曲线见图 2.6、图 2.7。纵向变形在数量上最为突出，I 号试体小于 II 号试体，并可分为三个阶段。

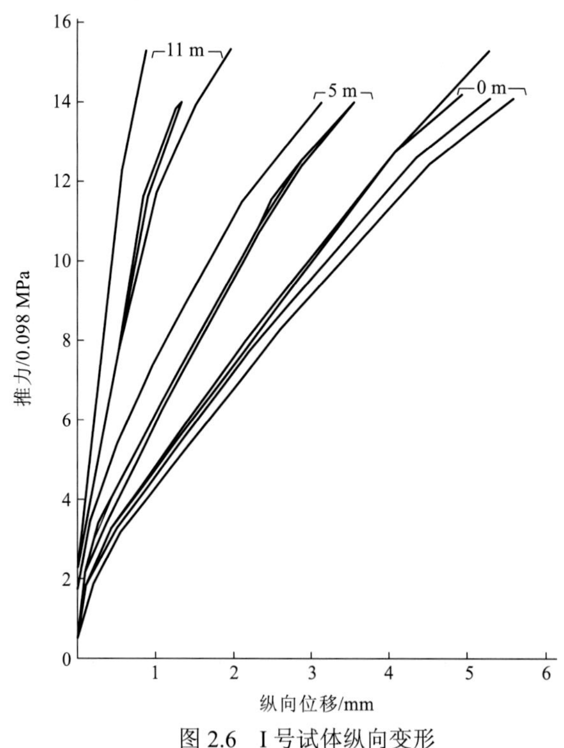

图 2.6　I 号试体纵向变形

第一阶段：推力约在 0.2 MPa 以下，试体主要在上游端被压缩，无任何破裂迹象。此阶段推力-位移线陡直，相对后两阶段位移偏小。偏小的主要原因是底层泥化面的摩擦效应在如此低的推力阶段较大。

推力稍增，位移线下凹，试体被继续压缩并向下游传递；底层泥化面的摩阻力被克服，从上游端开始错动并向下游端扩展。由于左拱，同一推力时右侧错动范围比左侧大得多。I 号试体在 0.208 MPa 推力时底部泥化面尚未错动，0.312 MPa 推力时左右分别错动至 2 m 与 9 m；II 号试体开始错动的准确推力漏测，0.266 MPa 推力时左右分别错动至 5 m 和 8 m。

第二阶段：推力至 0.89 MPa 前主要为试体沿泥化面滑行压缩。试体内部原有裂隙偶有扩展，位移随推力基本上是线性增长，但较第一阶段平缓。

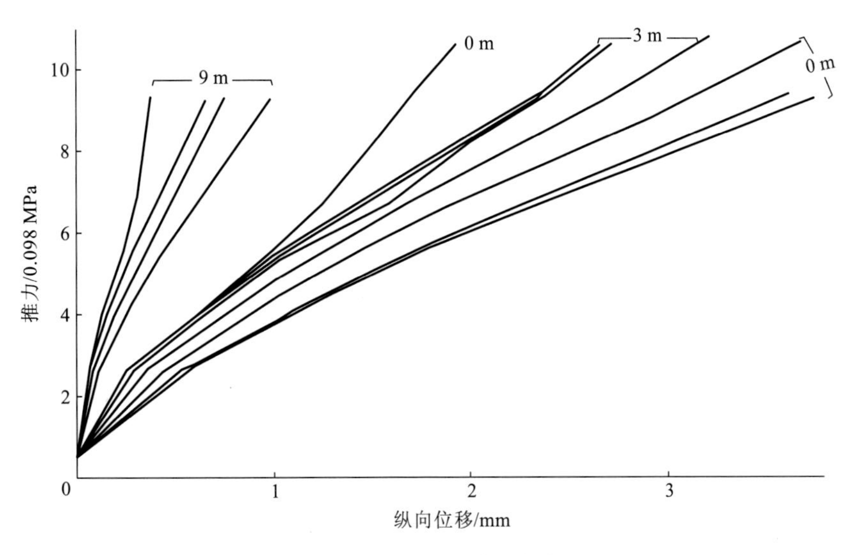

图 2.7　II 号试体纵向变形

第三阶段：以层面错动、裂隙扩展并串通等方式进入屈服。无压重的 II 号试体错动、扩展最显著，纵向错动范围顶大底小，在上游端形成一个三角体错动区，三角体斜面出露线倾角在左右侧分别为 16°和 27°；有压重的 I 号试体错动主要发生在下游端 1.65 m 的无压重段附近，其次为上游左侧。整个压重段在宏观上具有较好的整体性，202_1 层面在推力为 1.04 MPa 时，累计错动量仅 0.1 mm。

含有较多微倾下游偏左岸结构面的二江下游岩体，在受到向下游的水平推力挤压后，在外观上除主要产生纵向压缩变形外，同时伴有竖向隆起和横向左移。岩体内部结构面则相应发生滑移、张开、错开变形（断裂力学中的 I、II、III 型变形）。受这些变形的叠加作用并发展，贯通性层面产生层间错动，非贯通性结构面扩展串接，进而发展为由浅层至深层的层内错动，终至破坏（图 2.8）。然而这些变形和破坏，一方面只是随推力的增长才得以逐渐发展；另一方面则随上覆压重的增加被灵敏地限制。

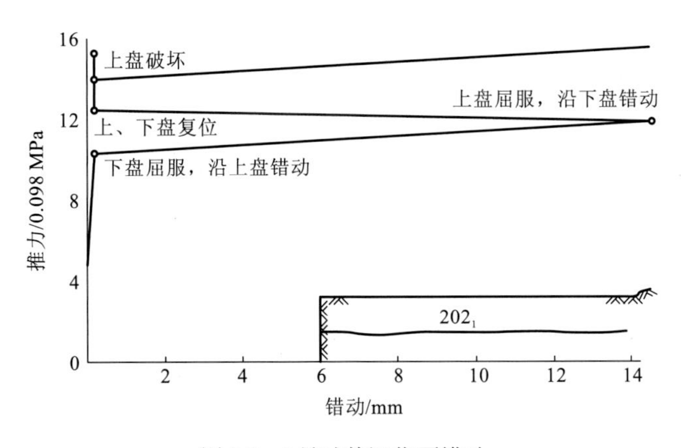

图 2.8　I 号试体泥化面错动

2.1.3 岩体变形破坏机制分析

在水平推力作用下，试体沿推力的纵向、横向和铅直向三个方向都发生变形。以纵向（压缩）变形为主导，整个变形破坏过程可分为四个阶段：第一阶段（I 号试体推力为 0～0.20 MPa，II 号试体推力为 0～0.05 MPa），试体主要在上游端被压缩，推力-位移曲线陡直，无任何破裂迹象。第二阶段（I 号试体推力为 0.20～0.31 MPa，II 号试体推力为 0.05～0.26 MPa），试体变形从上游端逐步向下游端传递，推力-位移曲线减缓，底部层间错动挤压带中的粉砂质黏土岩层（202_4）层面发生破裂，并逐渐向试体末端延长至 8～9 m 长（右侧）。整个试体铅直向变形不多。第三阶段（I 号试体推力为 0.31～1.22 MPa，II 号试体推力为 0.26～0.87 MPa），试体主要沿 202 号泥化面滑移，试体内原有裂隙偶有扩展，位移呈直线增加。与此同时，试体明显向上隆起，犹以无压重的 II 号试体上游段为最。第四阶段（I 号试体推力为 1.22～1.5 MPa，II 号试体推力为 0.87～1.2 MPa），试体内各层面错动，裂隙扩展、串通，并大幅度向上挠曲，进入屈服状态，直至无法加载而破坏。II 号试体在上游段形成一个三角形错动区。I 号试体因有压重影响，错动主要发生在下游无压重段附近，有压重段宏观上具有较好的整体性。

2.1.4 岩体抗剪强度及允许抗力

202 号夹层泥化面抗剪强度：抗力体试验完成后，截断下游与岩体的连接，保留 10.6 m×1.7 m 和 9.0 m×1.7 m 的泥化面剪切面积，以自重和压重为垂直压力，用原来施加推力的下部钢枕施加推力，测得 202 号夹层泥化面的抗剪强度参数为 $f=0.19$，$c=0.005$ MPa。这一试验是经三个多月断续浸泡及抗力体试验中数厘米的错动，且存在推力矩的情况下进行的。所得参数验证了 202 号夹层经流变、反复剪等试验确定的设计采用值（$f=0.20$，$c=0.005$ MPa）是恰当的。

岩体允许抗力：岩体允许抗力的选取与使用条件和设计要求有关。从材料力学强度的角度，可以将 II 号试体屈服极限 0.8 MPa 作为泄水闸下游岩体的允许抗力值，压重对抗力的提高则留作安全储备。不过由于岩体变形模量低，若将 0.8 MPa 作为允许抗力，建筑物将有较大的向下游位移。为使位移不致过大，结合断裂力学的观点，对抗力允许值可以提出更严格的限制。I 号试体推力为 0.312 MPa 时泥化面大范围错动，但上覆岩体内部没有发生破裂；推力为 0.416 MPa 时试体局部出现了层面错动和裂隙扩展。但是 202 号等浅层夹层在工程中将被齿墙截断穿过，例如试体内部的 202 号层面，不会像在试验条件下那样易于错动。因此，在允许 202 号层面有一定范围的错动，但不使其上覆岩体的原有层面和裂隙张开或错动的条件下，将 0.4 MPa 作为允许抗力。

根据试验显示的变形破坏机制，设计否定了闸底下游齿墙方案，并上移齿墙以利用闸室自重来压制基岩主要变形段，将 3 m 等厚度的下游护坦改为从下游向上游逐渐加厚的变厚度护坦。二十多年的安全运行，证明了设计方案利用岩体抗力的可靠性。

2.2　边坡岩体拉剪强度试验

边坡岩体开挖完成后，由于卸荷和应力重分布，部分范围为拉应力区，该区岩体应力状态呈受拉或拉剪状态。常规的岩体抗剪强度试验主要针对压剪状态岩体进行，采用莫尔-库仑直线型包络线作为强度准则，对于拉剪应力区岩体抗剪强度则是采用将直线型包络线向拉应力区延伸的方法。这种方法在确定拉剪应力区岩体强度方面显然与实际情况有较大出入，为此，课题组首次针对三峡工程永久船闸高边坡开展岩体原位拉剪试验[156]。

2.2.1　试验概况

岩体原位拉剪试验在三峡工程永久船闸区 3008-1 支洞内进行。试验段为新鲜闪云斜长花岗岩，岩体较完整，块状结构，试验装置见图 2.9。拉剪面尺寸为 50 cm×50 cm，剪切应力水平向施加；拉应力采用直拉方式垂直于剪切面施加。加载系统由千斤顶、钢梁、拉杆、锚杆等组成，其关键技术问题是保证施加于剪切面上的拉应力均匀分布。一组六块试件施加的拉应力大小分别为 0.16 MPa、0.24 MPa、0.48 MPa、0.64 MPa、0.8 MPa 及 1.0 MPa。试件拉剪破坏基本上发生在预剪面上，并伴随较大的破坏响声，拉剪破坏面凹凸不平，起伏差一般为 2～4 cm，局部为 5～8 cm。

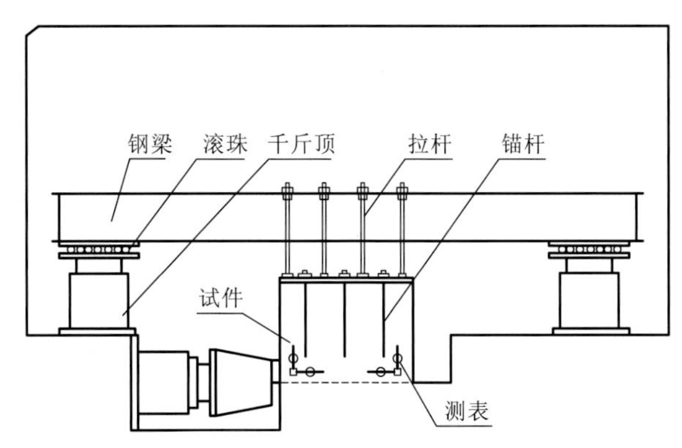

图 2.9　岩体原位拉剪试验安装示意图

2.2.2　试验成果

岩体原位拉剪试验成果见表 2.1。施加 1.0 MPa 拉应力时，岩体直接受拉破坏。不同拉应力时岩体剪应力与切向位移和法向位移关系曲线见图 2.10，由图 2.10 可以看出，岩体呈明显的脆性破坏特征，且法向位移较大。

表 2.1　岩体原位拉剪试验成果

试验编号	拉应力/ MPa	剪应力/ MPa
1#	−0.48	4.00
2#	−0.24	3.10

续表

试验编号	拉应力/ MPa	剪应力/ MPa
3#	−0.64	3.20
4#	−1.00	0.00
5#	−0.80	1.08
6#	−0.16	4.86

岩体拉剪强度关系曲线见图 2.11。在承受拉应力作用时，岩体的拉剪强度明显低于纯剪强度，并随着拉应力的增大拉剪强度不断降低，在剪应力-拉应力平面内呈明显的曲线关系。与室内所进行的弱风化上部岩石拉剪试验成果进行对比分析可见，微风化岩体原位拉剪强度明显低于弱风化上部岩块室内试验成果，表明岩体拉剪强度同样存在明显的尺寸效应。随着试验尺寸的增加，岩体拉剪强度降低，岩体中裂纹的存在对岩体拉剪强度有着显著影响。

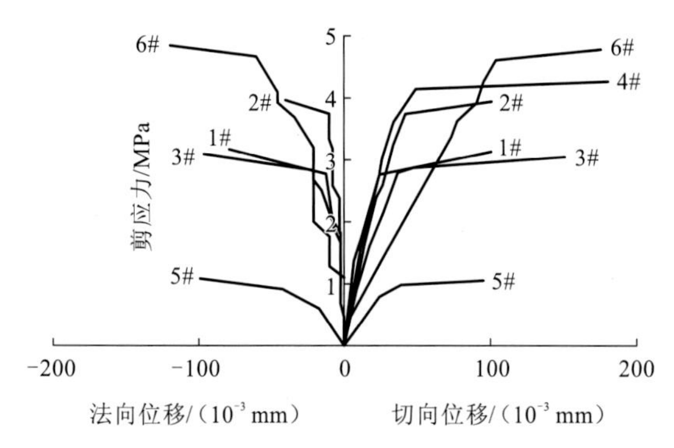

图 2.10　岩体拉剪试验剪应力与切向位移和法向位移关系曲线

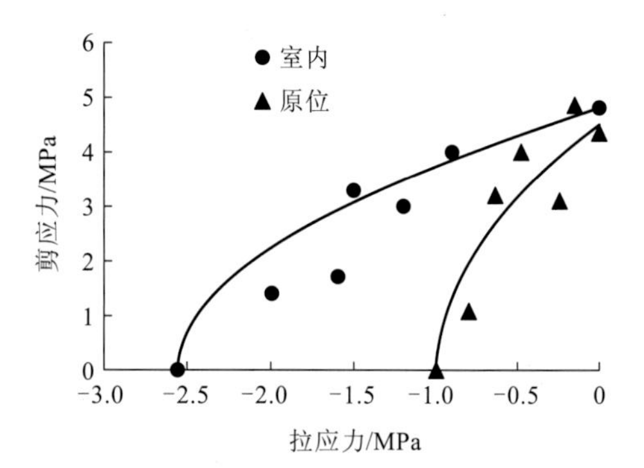

图 2.11　原位和室内拉剪强度关系曲线

2.2.3　岩体拉剪强度准则

为了更好地分析岩体拉剪强度准则，将岩体原位拉剪试验和低压应力区岩体原位压剪试验成果一同进行综合分析。岩体拉剪和压剪试验强度曲线表明，拉应力区岩体拉剪强度表现出明显的曲线特征，甚至在低压应力区段也显示出明显的曲线特征，若采用单直线型拟合将存在明显的偏差。为此，分别采用莫尔强度准则的二次抛物线型、双曲线型和双直线型进行拟合。二次抛物线型包络线的一般形式为

$$\tau^2 = n(\sigma_n + \sigma_t) \tag{2.1}$$

式中：σ_n 为剪切面上正应力，MPa；τ 为剪切面上的峰值剪应力，MPa；σ_t 为极限抗拉强度，MPa；n 为待定系数，可通过试验确定。

对试验成果进行拟合分析，确定待定系数为 n=20.0（上限为 n=31，下限为 n=12.5），建立二次抛物线型强度准则，见表 2.2 和图 2.12。

表 2.2　岩体原位拉剪试验岩体强度准则研究成果

岩性	试验方法	强度准则形式	特征常数	强度准则
闪云斜长花岗岩	岩体原位拉剪和压剪	二次抛物线型	n=20	τ^2=20（σ_n+σ_t）
		双曲线型	a'=2.5，b'=4.5	$\left(\frac{\sigma_n+\sigma_t+2.5}{2.5}\right)^2-\left(\frac{\tau}{4.5}\right)^2=1$
		双直线型	c_1=4.81，φ_1=78.3° c_2=4.81，φ_2=66.8°	$\begin{cases}\tau=\sigma_n\tan\varphi_1+c_1, & \sigma<0\\ \tau=\sigma_n\tan\varphi_2+c_2, & \sigma\geqslant 0\end{cases}$

双曲线型包络线的一般形式为

$$\left(\frac{\sigma_n+\sigma_t+2.5}{a'}\right)^2-\left(\frac{\tau}{b'}\right)^2=1 \tag{2.2}$$

式中：a'、b'均为双曲线渐近线常数，由试验确定。

对试验成果进行拟合分析，确定双曲线渐近线常数为$a'=2.5$，$b'=4.5$，建立双曲线型强度准则，见表 2.2 和图 2.13。

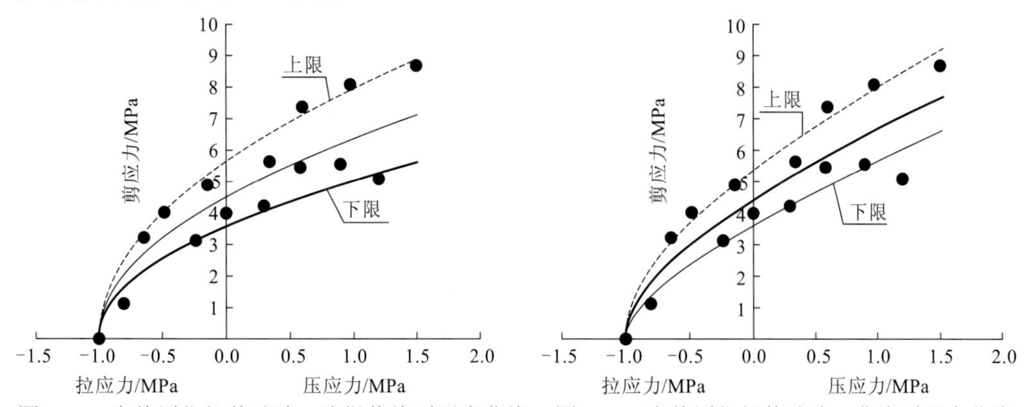

图 2.12　岩体原位拉剪试验二次抛物线型强度曲线　图 2.13　岩体原位拉剪试验双曲线型强度曲线

双直线型包络线的一般形式为

$$\begin{cases}\tau=\sigma_n\tan\varphi_1+c_1, & \sigma<0\\ \tau=\sigma_n\tan\varphi_2+c_2, & \sigma\geqslant 0\end{cases} \tag{2.3}$$

式中：c_1、φ_1分别为低应力区段时的黏聚力和内摩擦角；c_2、φ_2分别为高应力区段时的黏聚力和内摩擦角，均通过试验确定。

对试验成果进行拟合分析，得到c_1=4.81 MPa，φ_1=78.3°，c_2=4.81 MPa，φ_2 =66.8°，建立双直线型强度准则，见表 2.2 和图 2.14。

比较二次抛物线型、双曲线型和双直线型在拉剪区的拟合关系，计算标准差分别为 0.49、0.51 和 0.61，可见采用二次抛物线型拟合偏差最小，其次为双曲线型，双直线型偏差较大。

三峡永久船闸区开展拉剪面尺寸为 50 cm×50 cm 的岩体原位拉剪试验与岩体拉剪强度准则研究结果表明：岩体拉剪强度与拉应力呈明显的曲线特征，莫尔强度准则的二次抛物线型和双曲线型比双直线型更能反映岩体拉剪强度特性。进行边坡变形稳定分析时，对于拉剪应力区不宜采用双直线型强度准则，更不能简单地用压剪试验取得的双直线型关系向拉应力区延伸。

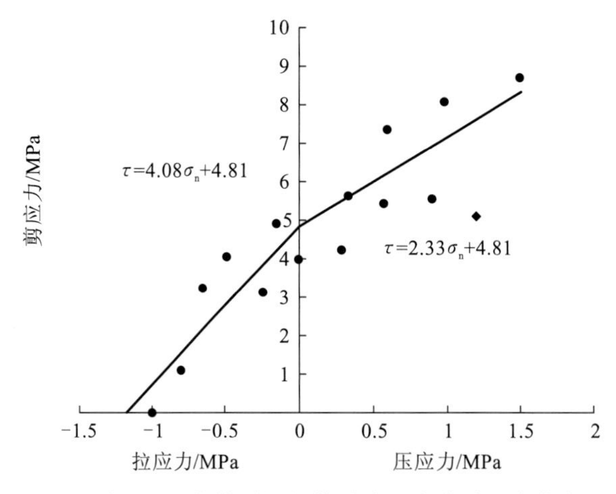

图 2.14　岩体原位拉剪试验双直线型强度曲线

2.3　岩体高压直剪试验

2.3.1　试验设备

由于赋存环境不同，与浅埋隧洞和地面工程相比，深部工程岩体具有独特的高地应力、高渗透压力、高温与时间效应。为了反映深部岩体高地应力段剪切强度参数的差别，在锦屏二级引水隧洞辅助洞内对埋深 2 000～2 500 m 的中三叠统巴东组（T_2b）大理岩进行了一组九点的原位直剪试验[157]。

岩体高压直剪试验设备的关键在于传力系统的刚度与强度，剪力盒外形尺寸为 56 cm×56 cm×43 cm。剪力盒钢板厚度为 30 mm，焊接而成。传力柱外径为 29 cm，内径为 22 cm，能承载 5 000 kN。所有传力设备能承受 5 000 kN 的载荷，与常规直剪试验不同，特殊加工高压滚轴排及夹高压滚轴排的钢板，在高压状态下不变形。岩体高压直剪试验安装见图 2.15。

图 2.15　岩体高压直剪试验安装图

2.3.2　试验方案

试验段岩体新鲜，见两组主要结构面（122°∠83°，250°∠89°），平直无充填。试样制备时，首先人工大面积清除爆破松动层，清洗干净后，根据岩体结构情况选择布置试点位置，主要是避开明显的结构面。选定试点部位后，再人工剥去卸荷松弛层，对试点顶面描述后，贴钢板，再安装法向千斤顶和传力系统，养护 1 d 后施加 1～2 MPa 的应力，再人工切割成尺寸为 47 cm×47 cm×35 cm 的试体。对试体进行详细的描述后，用内空 50 cm×50 cm×40 cm 的钢模套在试体上，并用砂浆充填密实。

法向和切向千斤顶根据应力大小每个方向安装 1～2 台 3 000 kN 和 5 000 kN 的千斤顶。试验采用平推法，最大法向应力为 20 MPa，每点法向应力分布为 0.5 MPa、2 MPa、4 MPa、6 MPa、8 MPa、10 MPa、14 MPa、18 MPa 和 20 MPa。法向应力分三级施加，加荷前后每 5 min 测读一次变形，相对稳定后施加剪应力。

按预估最大剪切载荷的 10%施加剪切载荷，当加荷后引起的剪切变形超过前级变形值的 1.5 倍时剪切载荷减半施加，直至破坏，加压后稳定 5 min 测读一次剪切位移和法向位移。在整个施加剪应力过程中保持法向应力不变。

试体剪断后，在同等法向应力下，按上述程序进行抗剪试验，并选择性进行单点剪应力加载和单点正应力卸载试验。试验结束后对剪切面进行描述，并照相，确定有效剪切面积。

2.3.3　试验成果

根据实测资料分别计算各试点剪切面上正应力和剪应力及对应的位移，绘制剪应力与切向位移和法向位移关系曲线，见图 2.16，试验成果见表 2.3。

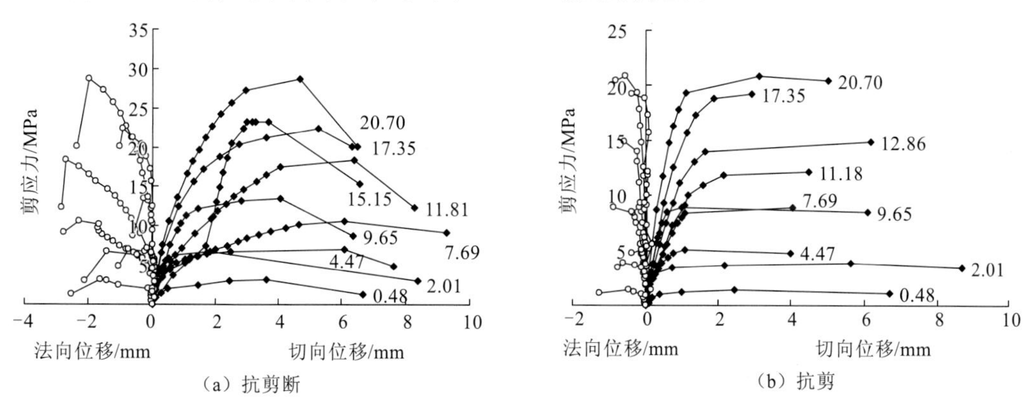

图 2.16　岩体高压直剪试验剪应力与法向位移和切向位移关系曲线

图中右侧数据为正应力，单位为 MPa

表 2.3　岩体高压直剪试验成果

<table>
<tr><td rowspan="3">编号</td><td colspan="4">抗剪断</td><td colspan="4">抗剪</td></tr>
<tr><td rowspan="2">正应力
/MPa</td><td rowspan="2">剪应力
/MPa</td><td colspan="2">峰值强度</td><td rowspan="2">正应力
/MPa</td><td rowspan="2">剪应力
/MPa</td><td colspan="2">峰值强度</td></tr>
<tr><td>f'</td><td>c'/MPa</td><td>f</td><td>c/MPa</td></tr>
<tr><td>τ岩 2-1</td><td>0.46</td><td>3.22</td><td rowspan="9">1.25</td><td rowspan="9">2.50</td><td>2.01</td><td>3.39</td><td rowspan="9">1.00</td><td rowspan="9">0.73</td></tr>
<tr><td>τ岩 2-2</td><td>7.69</td><td>11.26</td><td>9.65</td><td>8.48</td></tr>
<tr><td>τ岩 2-3</td><td>4.47</td><td>6.96</td><td>11.81</td><td>12.12</td></tr>
<tr><td>τ岩 2-4</td><td>9.65</td><td>13.42</td><td>0.48</td><td>1.11</td></tr>
<tr><td>τ岩 2-5</td><td>2.01</td><td>6.79</td><td>7.69</td><td>8.89</td></tr>
<tr><td>τ岩 2-6</td><td>20.70</td><td>28.75</td><td>4.45</td><td>4.71</td></tr>
<tr><td>τ岩 2-7</td><td>11.81</td><td>18.38</td><td>12.88</td><td>14.89</td></tr>
<tr><td>τ岩 2-8</td><td>12.88</td><td>23.26</td><td>17.35</td><td>19.25</td></tr>
<tr><td>τ岩 2-9</td><td>17.35</td><td>22.42</td><td>20.70</td><td>20.43</td></tr>
</table>

2.3.4　岩体强度参数分析

1. 抗剪断与抗剪强度参数

深埋大理岩不同正应力下的抗剪断和抗剪峰值剪应力-正应力关系见图 2.17。从图 2.17 可见，在 0～20.7 MPa 正应力范围内，最小二乘法得到的岩体抗剪强度参数为：抗剪断峰值强度参数为f'=1.25，c'=2.50 MPa，抗剪（残余）强度参数为f=1.00，c=0.73 MPa。

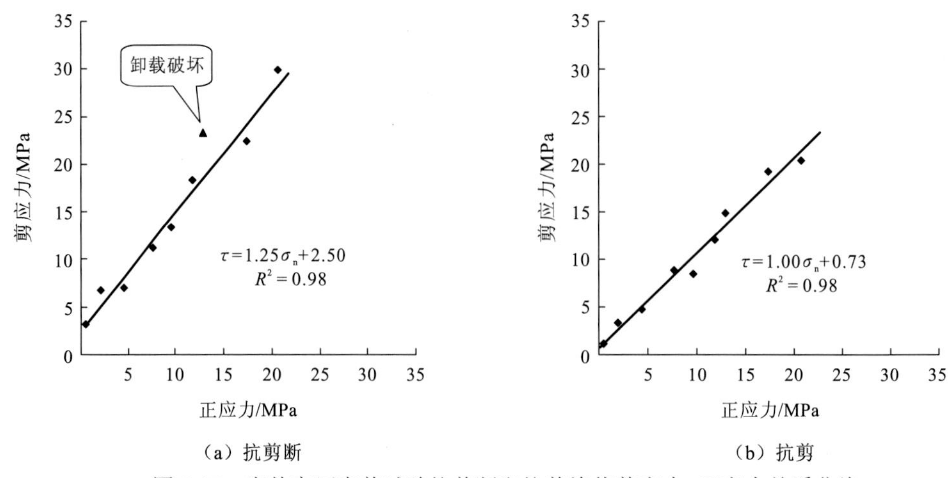

（a）抗剪断　　（b）抗剪

图 2.17　岩体高压直剪试验抗剪断和抗剪峰值剪应力-正应力关系曲线

从图 2.17 中的点群分布规律可见，正应力在 0～10 MPa 和 10～21 MPa 时，点群分布有一定的差别，分段分析结果见图 2.18。当正应力在 0～10 MPa 时，岩体抗剪断峰值强度参数为 f'_d=1.41，c'_d=2.05 MPa，抗剪（残余）强度参数为 f_d=1.00，c_d=0.70 MPa；当正应力在 10～20.7 MPa 时，岩体抗剪断峰值强度为 f'_g=1.00，c'_g=7.82 MPa，抗剪（残

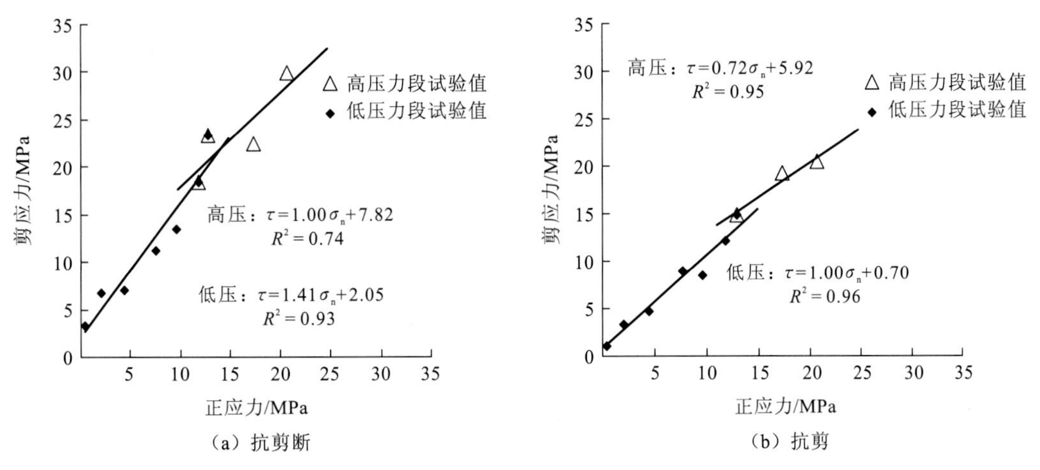

图 2.18　岩体高压直剪分段分析的剪应力-正应力关系

余）强度参数为 f_g =0.72，c_g =5.92 MPa。由此说明，对于 T_2b 大理岩而言，随着正应力的增加，其摩擦系数降低而黏聚力增加。

以上分析同时说明，深埋大理岩的剪应力峰值与正应力也呈非线性关系，见图 2.19，抗剪断强度的剪应力-正应力关系也可采用幂函数 $\tau=4.23\sigma^{0.56}$ 表示，抗剪强度的剪应力-正应力关系也可采用幂函数 $\tau=1.84\sigma^{0.77}$ 表示。但在高应力段，其峰值抗剪强度值分布在曲线的上方，其原因之一是高应力段的试点偏少。

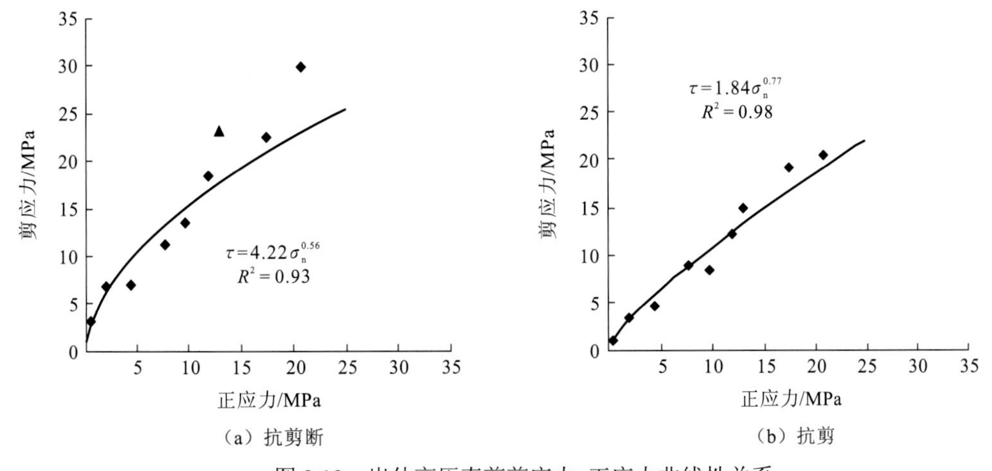

图 2.19　岩体高压直剪剪应力-正应力非线性关系

2. 破坏后的摩擦强度参数

对于同一试点，在完成上述抗剪断与抗剪试验后，再次进行不同应力条件下的加载、卸载破坏试验。加载试验与抗剪（摩擦）试验方法相同。卸载试验方法：首先正应力和剪应力同步施加至预估值，并不能使试点发生屈服，然后保持剪应力不变，逐级卸正应力至破坏。加载试验和卸载试验交叉进行。每个试点加载、卸载试验各进行 4～9 次。试验结果见表 2.4。应力-位移曲线见图 2.20～图 2.23，剪应力-正应力关系曲线见图 2.24。

表 2.4　岩体破坏后加载、卸载对比试验成果

编号	加载峰值强度			卸载峰值强度		
	试验次数	*f*	*c*/MPa	试验次数	*f*	*c*/MPa
τ 岩 2-2	5	1.06	0.52	5	1.01	0.24
τ 岩 2-4	5	0.81	0.78	5	0.77	0.57
τ 岩 2-5	4	0.89	0.79	—	—	—
τ 岩 2-6	9	0.88	0.52	7	0.86	0.24
τ 岩 2-7	4	0.88	1.77	—	—	—
τ 岩 2-8	5	1.05	2.00	5	1.00	2.23

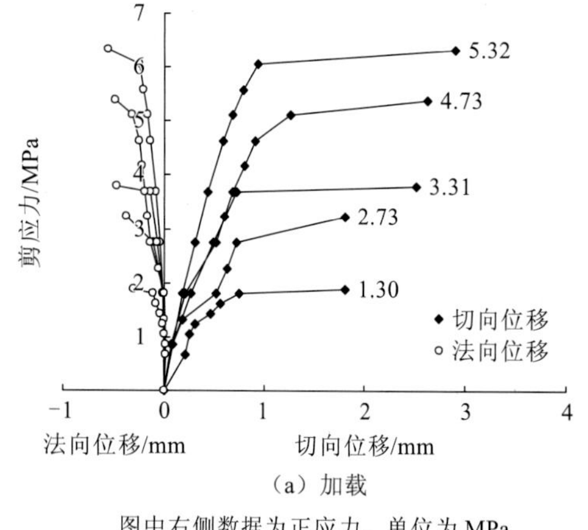

（a）加载

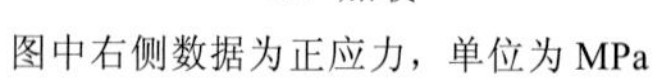

图中右侧数据为正应力，单位为 MPa

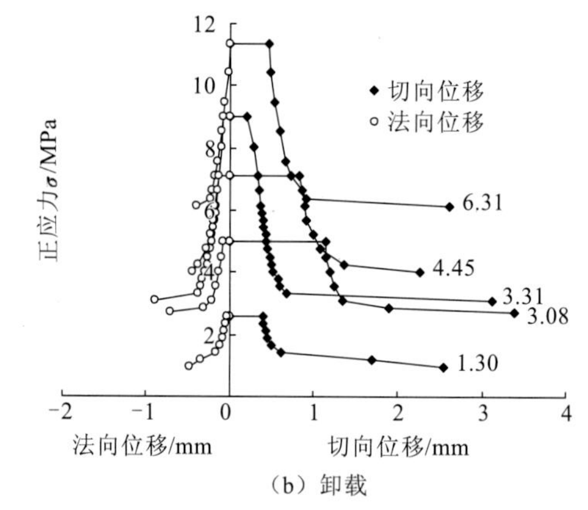

（b）卸载

图中右侧数据为剪应力，单位为 MPa

图 2.20　τ 岩 2-2 点加载、卸载试验剪应力和正应力与位移关系曲线

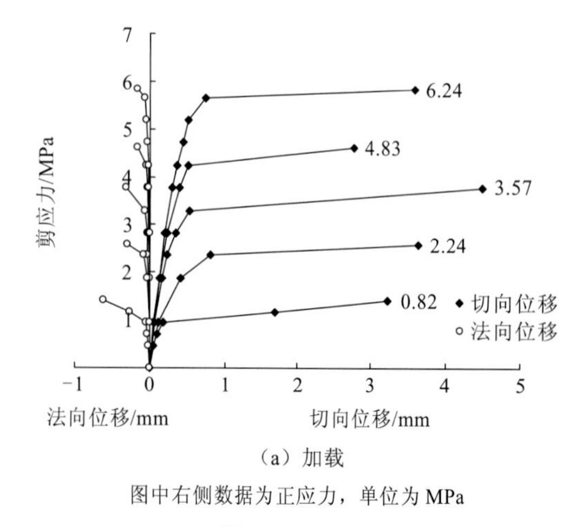

（a）加载

图中右侧数据为正应力，单位为 MPa

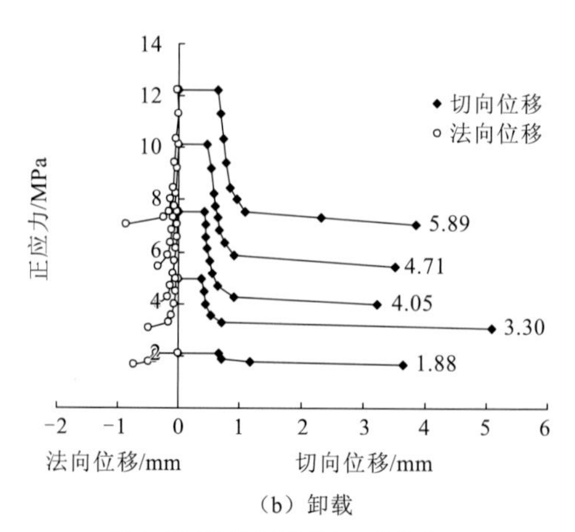

（b）卸载

图中右侧数据为剪应力，单位为 MPa

图 2.21　τ 岩 2-4 点加载、卸载试验剪应力和正应力与位移关系曲线

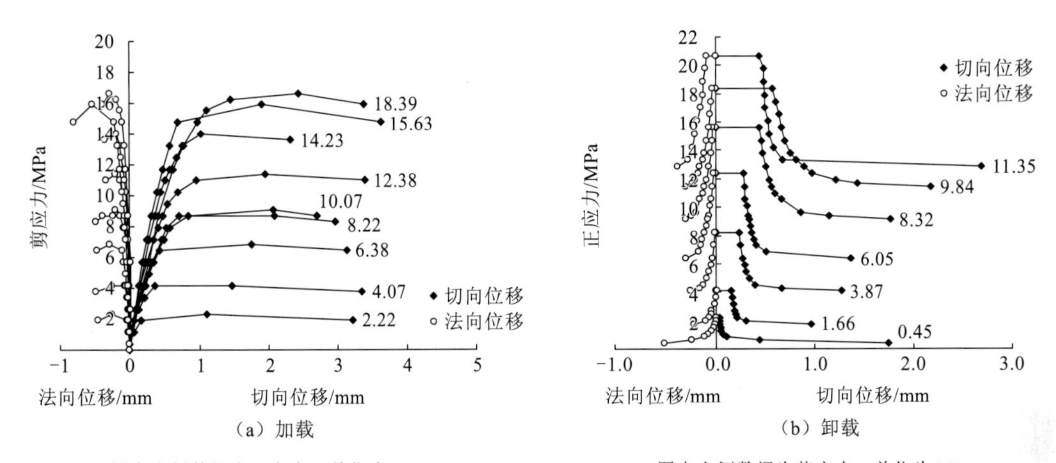

图中右侧数据为正应力，单位为 MPa　　图中右侧数据为剪应力，单位为 MPa

图 2.22　τ 岩 2-6 点加载、卸载试验剪应力和正应力与位移关系曲线

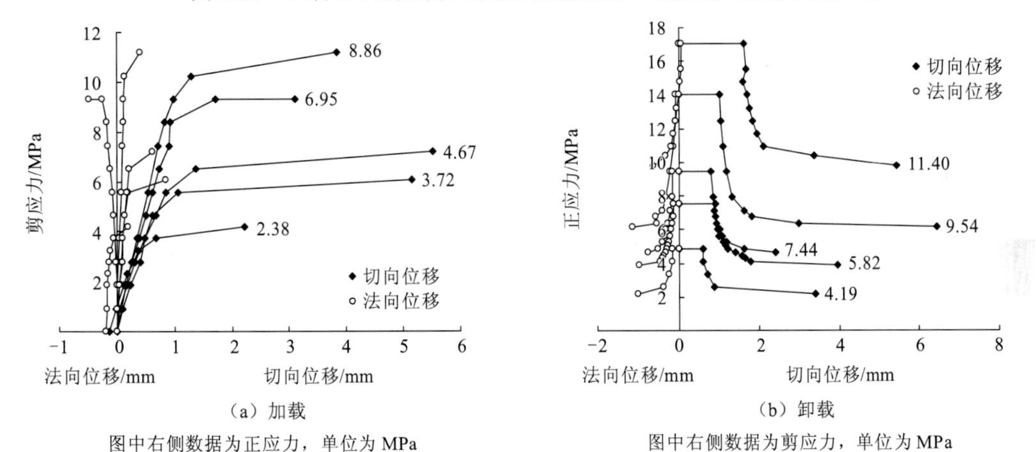

图中右侧数据为正应力，单位为 MPa　　图中右侧数据为剪应力，单位为 MPa

图 2.23　τ 岩 2-8 点加载、卸载试验剪应力和正应力与位移关系曲线

由表 2.4 和图 2.24 可见，τ 岩 2-2、τ 岩 2-4 和 τ 岩 2-6 试点的加载和卸载具有一定的差别，加载破坏强度的 f 值和 c 值都高于卸载破坏的 f 值和 c 值。而 τ 岩 2-8 试点两者差别不显著。

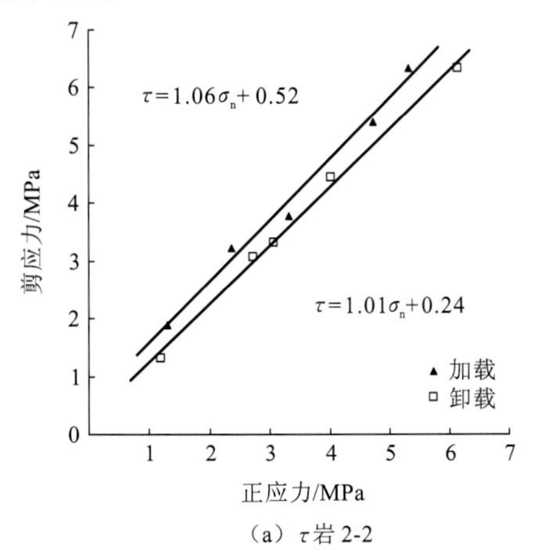

(a) τ 岩 2-2

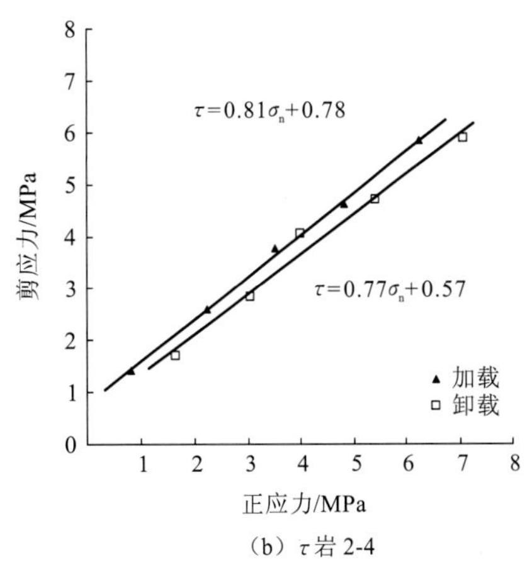

(b) τ 岩 2-4

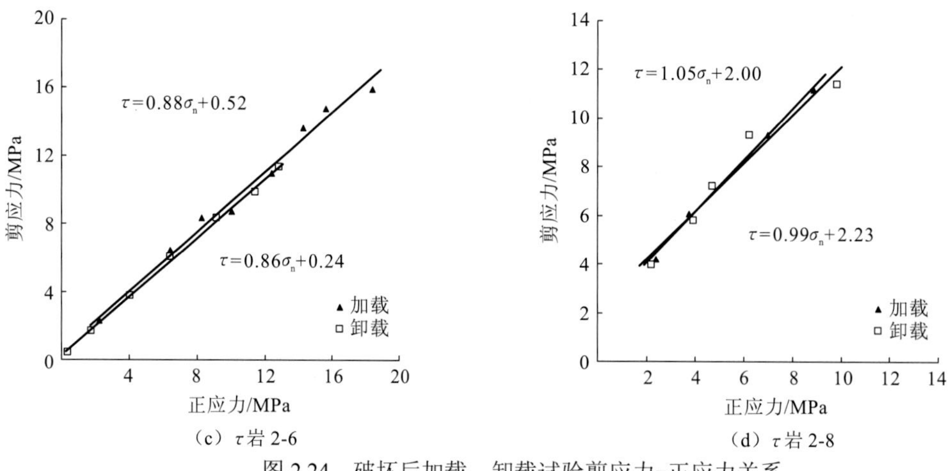

图 2.24 破坏后加载、卸载试验剪应力-正应力关系

对所有试点进行整理，剪应力-正应力关系的分段分析结果见图 2.25。与抗剪强度参数类似，随着法向压力的增加，岩体摩擦系数降低而黏聚力增加。此外，岩体单点加载强度参数高于卸载强度参数，也可以采用幂函数给予表达，见图 2.26。综述以上分析结果，见表 2.5。

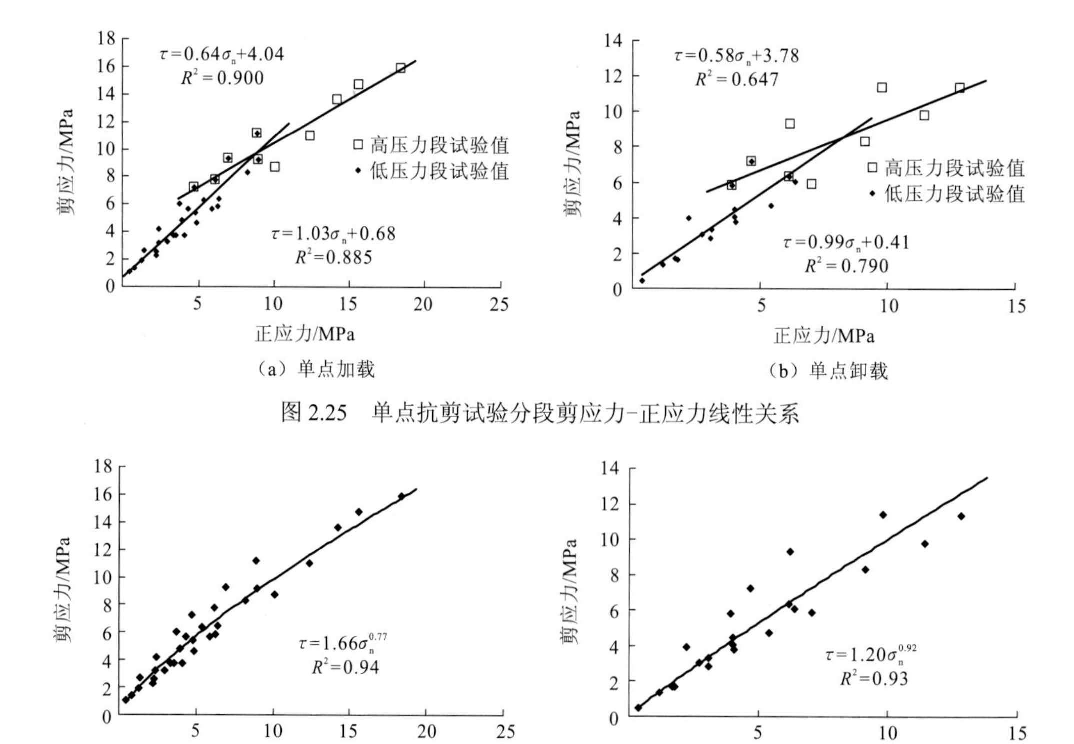

图 2.25 单点抗剪试验分段剪应力-正应力线性关系

图 2.26 单点抗剪试验分段剪应力-正应力非线性关系

表 2.5　大理岩直剪试验成果汇总

试验方法	正应力为 0～10 MPa		正应力为 10～25 MPa		非线性关系
	f	*c*/MPa	*f*	*c*/MPa	
抗剪断	1.41	2.05	1.00	7.82	$\tau=4.23\sigma_n^{0.56}$
抗剪	1.01	0.70	0.72	5.92	$\tau=1.84\sigma_n^{0.77}$
加载重复抗剪	1.03	0.68	0.64	4.04	$\tau=1.66\sigma_n^{0.77}$
卸载重复抗剪	0.99	0.41	0.58	3.78	$\tau=1.20\sigma_n^{0.92}$

2.3.5　试样直剪破坏特征

所有试点为乳（灰）白色新鲜大理岩，完整—较完整，在制样过程中始终存在卸荷松弛现象，使一些试点沿节理面松弛。地下水较为丰富，在制样及试验过程中，剪切面处于饱水状态。破坏后剪切面起伏状态见图 2.27。

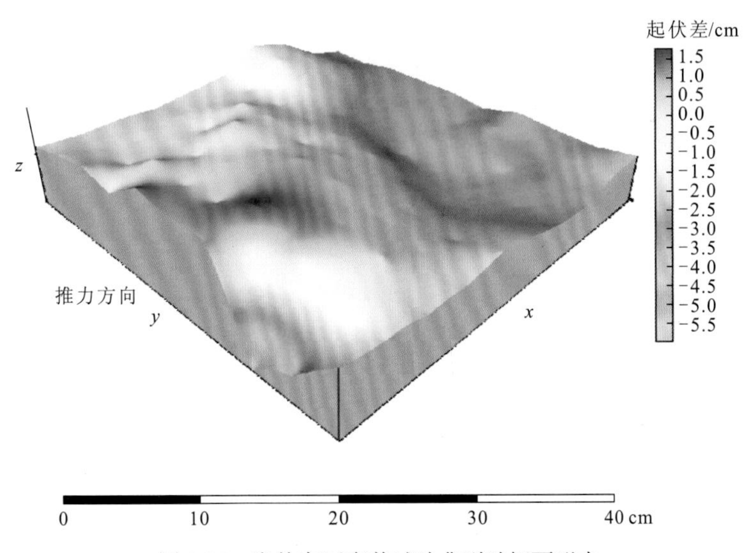

图 2.27　岩体高压直剪试验典型破坏面形态

在不同正应力作用下，深埋大理岩基本沿预剪面破坏，面起伏不平，起伏差一般为 0～3 cm，最大约 8 cm。当正应力较低（＜10 MPa）时，深埋大理岩剪切破坏面上见较多的白色碎块和碎屑，擦痕多为白色，其余为乳白色，破坏时有清脆的响声。当正应力较高（＞10 MPa）时，破坏面上见白色碎屑和白色粉末，其余为乳白色，破坏时有闷声。

第3章　高应力条件下岩体原位变形试验

岩体变形试验是一种重要的现场原位试验，目的是通过试验获得岩体应力-变形关系曲线，研究岩体变形性质，取得各种岩体变形参数。岩体变形试验分为承压板法岩体变形试验、狭缝法岩体变形试验、单（双）轴压缩试验、钻孔径向加压法试验、隧洞径向液压枕法试验、隧洞水压法试验。其中，承压板法岩体变形试验是现行有关标准和规程推荐的主要方法，又可分为刚性承压板法岩体变形试验、柔性承压板法岩体变形试验及柔性承压板中心孔法岩体变形试验等。

为研究高应力条件下工程岩体的变形特性，针对以往岩体原位变形试验应力水平不高的问题，研发了刚性承压板中心孔法岩体高压变形试验技术，基于声波测试的中心孔法岩体变形模量分层反演取值方法与岩体原位试验微机伺服控制试验技术。结合金沙江白鹤滩水电站、锦屏二级水电站、丹巴水电站等工程，研究了应力水平-岩体变形模量的变化规律、表层卸荷松弛岩体与未松弛岩体变形模量差异等高应力条件下岩体变形特性问题。

3.1　岩体原位高压变形试验技术研发

3.1.1　刚性承压板中心孔法岩体高压变形试验技术

承压板法岩体变形试验在水利水电工程中应用最为广泛，其中刚性承压板法适用于各类岩体，柔性承压板法适用于完整和较完整岩体。对于我国西部高地应力区，由于工程开挖和应力释放，深埋地下洞室围岩常出现表层松弛与分区破裂化现象，其变形性质明显不同于浅部岩体，常规的变形试验技术不能满足要求。

常规岩体变形试验设备存在以下不足：①常规岩体变形试验应力水平大多在 10 MPa 以内，深埋隧洞岩体应力水平在 20 MPa 以上；②高应力条件下制样过程中不断出现表层岩体松弛现象，常规刚性承压板法难以反映深部岩体的变形性质；③尽管柔性承压板中心孔法能够反映深部岩体的变形性质，但受到液压枕加工工艺的限制，设备的最大压力难以达到深部岩体的赋存应力水平。

因此，为了取得深部高应力条件下岩体变形参数，需要解决以下四个方面的技术问题：①高应力加载与稳压设备；②深部岩体变形测试技术；③数据自动采集技术；④深部岩体变形模量计算方法。

通过解决以上四个方面的技术问题，形成一套深埋高地应力岩体变形试验方法。

1. 试验装置

高应力条件下岩体变形试验设备系统由传力系统、测量系统和稳压系统组成，见图 3.1。

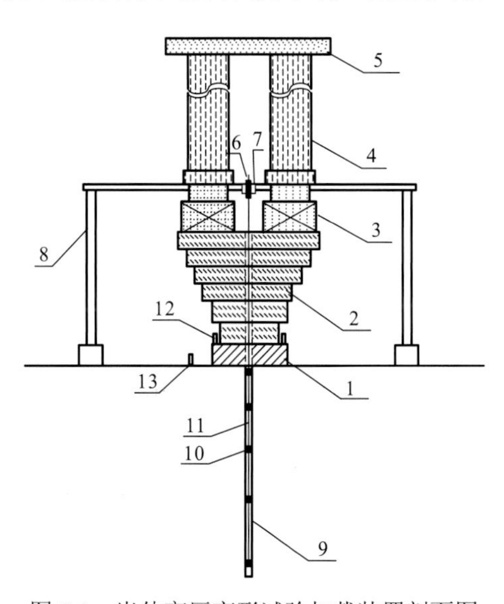

图 3.1　岩体高压变形试验加载装置剖面图

1—中心孔刚性承压板；2—传力叠板；3—千斤顶；4—传力柱；5—顶板；6—多点位移传感器；7—多点位移计测头；8—测量基准架；9—钻孔；10—锚头；11—测杆；12—承压板上位移传感器；13—岩体上的位移传感器

2. 传力系统

传力系统从下至上依次为中心孔刚性承压板、传力叠板、千斤顶、传力柱和顶板。整个系统具有足够的刚度，能承受 24 000 kN 载荷。中心孔刚性承压板和传力叠板的中心设有连通孔，并与岩体承压面上的中心孔相连接。根据意大利模型与结构试验研究所（Istituto Sperimentate Modelli e Strutture，ISMES）研究成果，中心孔的直径小于中心孔刚性承压板直径的 0.15 倍时，对岩体变形试验成果影响不大。因此，中心孔直径采用 76 mm 时，中心孔刚性承压板直径采用 535 mm，试验面积为 2 200 cm^2，中心孔刚性承压板厚度为 150 mm，传力叠板厚度满足刚度要求。

3. 测量系统

测量系统由伺服控制器/采集仪、计算机、压力传感器和位移传感器组成。与之配套的有表面变形测量装置和深部变形测量装置。

1）全自动采集

全自动采集仪设有 12 个位移通道和 4 个压力通道。通过压力传感器、位移传感器与计算机及软件共同组成采集和控制系统。实时采集各通道的压力和变形，并自动保存和成图显示。它同时具有对压力进行自动控制的功能。通过软件界面可以方便设置各项参数，包括加载和卸载的时间、速率、大小及变形稳定标准。

2）表面变形测量

在承压板上对称安装 4 只位移传感器，在岩体表面上沿洞轴线方向对称布置 6～8 只位移传感器，其距离依次为 $0.1D_c$、$0.5D_c$、$1D_c$ 和 $2D_c$（D_c 为承压板直径）。测量布置见图 3.2。

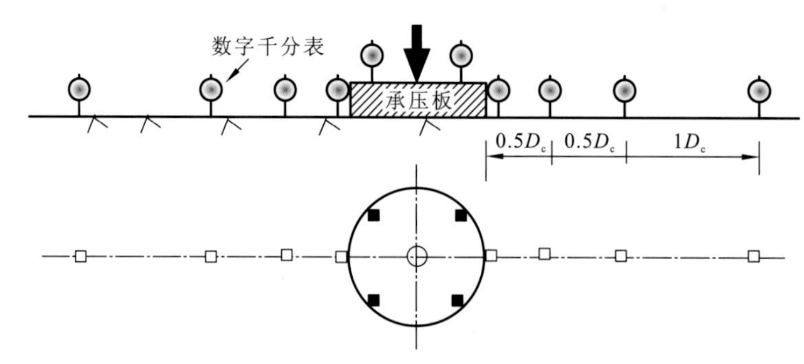

图 3.2　岩体表面位移测量布置

3）钻孔变形测量

钻孔变形测量装置见图 3.3。钻孔直径为 76 mm，深度为 6.5 m。多点位移传感器通过测杆与钻孔中不同深度的锚头连接，通过夹具与测头连接，通过电缆与采集仪相连，锚头通过水泥浆预埋在钻孔中的不同深度，测杆通过塑料护套管与水泥浆隔离，并有定位环固定在不同的深度。其作用是测量不同深度岩体在不同压力下的变形。

4）测量基准装置

测量基准装置见图 3.4，其通过螺栓将各构件紧密连接。①基准梁为长度是 6.5 m 的 22#工字钢，并放置在两端基准点上；②深部变形测量钢架与基准梁连接。整个测量系统具有足够的刚度和稳定性，并与传力系统协调配合，利于安装。

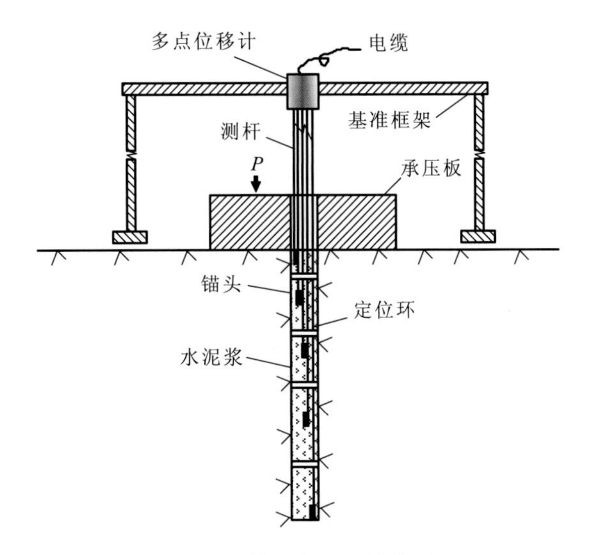

图 3.3　钻孔变形测量装置

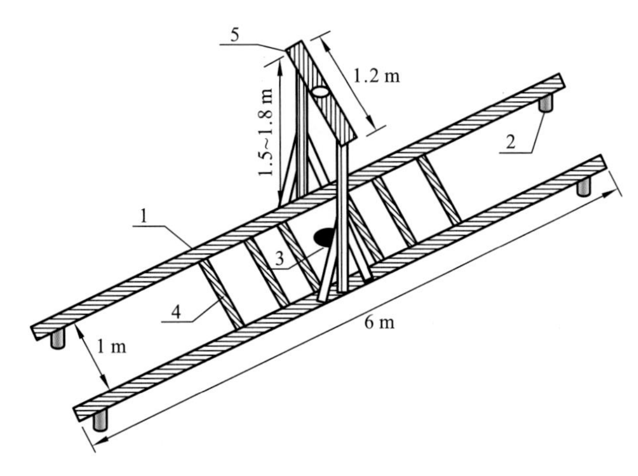

图 3.4　测量基准装置示意图

1—基准梁；2—基准点；3—承压板；4—测杆；5—测架

4. 稳压系统

岩体在高压状态下会不断地产生变形而引起压力的下降，同时为了削减电动油泵工作中产生的冲击压力，专门设计了稳压装置，串联在高压油泵和千斤顶之间，见图 3.5。串联的稳压装置起到缓冲作用，其承受的最大压力为 70 MPa。

5. 变形模量计算方法

根据半无限弹性体边界上局部承受法向力的问题，即布西内斯克问题，以及叠加原理，可得刚性承压板中心孔法变形模量计算公式为[13]

$$E_z=\frac{(1-\mu_0^2)pR_c}{w_z}\cdot\left(\frac{\pi}{2}-\arcsin\frac{z}{\sqrt{z^2+R_c^2}}\right)+\frac{(1+\mu_0)pR_c^2}{2w_z}\cdot\frac{z}{z^2+R_c^2}\tag{3.1}$$

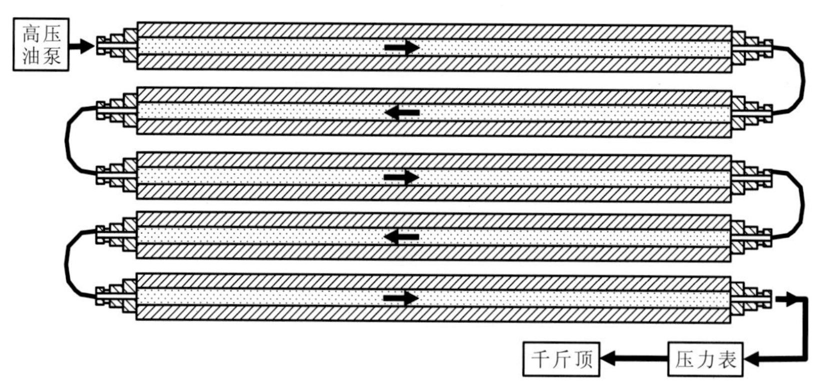

图 3.5　高压变形试验稳压装置

或

$$E_z=\frac{(1-\mu_0^2)pR_c}{2w_z}\left[\frac{R_c z}{(1-\mu)(z^2+R_c^2)}+2\arctan\frac{R_c}{z}\right] \tag{3.2}$$

式中：w_z 为计算点铅直向变形，cm；E_z 为计算点以下岩体变形模量，MPa；z 为计算点深度，m；μ_0 为岩体泊松比；p 为按承压板面积计算的压力，MPa；R_c 为承压板半径，m。

3.1.2 中心孔法岩体变形模量分层反演取值方法

工程岩体由于受开挖卸荷影响，在表层会形成松弛层，松弛层岩体的结构形态和力学特性有别于深部原状岩体。现有原位试验规程在处理中心孔法变形试验数据时，将承压板下的岩体看成均质体，计算得到的是均质体的综合变形模量或综合弹性模量。为了获取更合理的深部未松弛岩体变形参数，可以将未松弛岩体与松弛岩体区分开来，采用分层反演的方法分别计算松弛岩体与未松弛岩体的变形参数[159-160]。

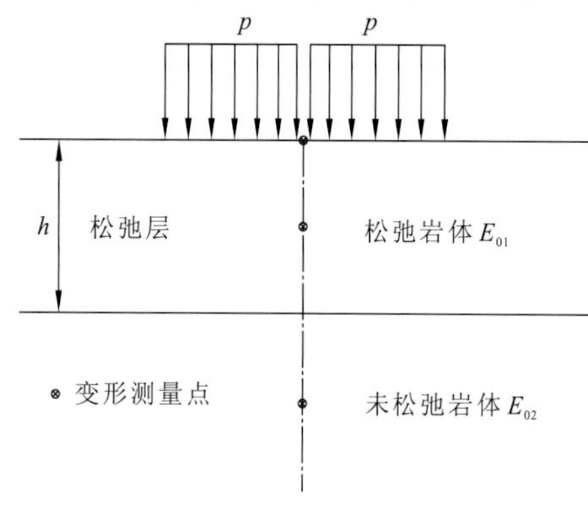

图 3.6　双层介质模型

将承压板下的岩体简化为双层介质，上部为松弛层，下部为未松弛岩体。双层介质模型见图 3.6，需要反演三个参数：松弛岩体的变形模量（E_{01}）、未松弛岩体的变形模量（E_{02}）和松弛层厚度（h）。

双层介质模型虽然比均质体模型更接近实际情况，但仍然是一种假想的简化模型。因此，由中心孔法变形试验实测数据进行岩体分层变形模量反演，所得到的解只能是一组与实际近似的优化解。开展岩体分层变形模量反演分析，必须明确三个问题：设计变量、目标函数、反演分析优化方法。

设计变量为待定的自变量，即需要反算的三个参数：松弛岩体变形模量（E_{01}）、未松弛岩体变形模量（E_{02}）和松弛层厚度（h）。

目标函数可理解为“使实测的变形数据与双层介质模型吻合得最好”。为了将目标函数定量化，采用 ANSYS 软件进行有限元模拟，有限元网格模型见图 3.7，由于对称性，仅选取原型的 1/4。

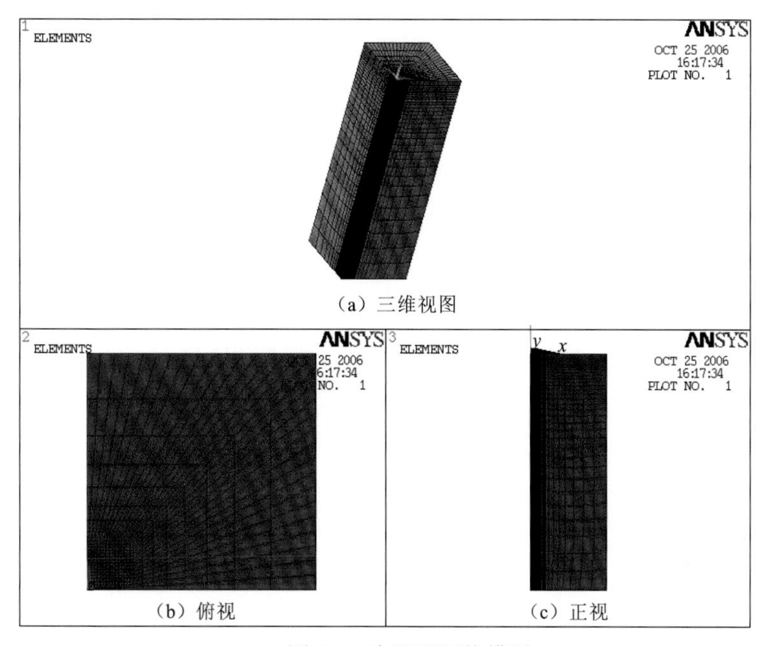

（a）三维视图

（b）俯视

（c）正视

图 3.7　有限元网格模型

首先假定一组设计变量（E_{01}，E_{02}，h），模拟岩体在荷载 p 作用下的变形。测点 i 的计算变形为 w_i，实测变形为 w_i^0，它们之间的差异用 $\varDelta_i$ 表示：

$$\varDelta_i = \left|\frac{w_i - w_i^0}{w_i^0}\right| \tag{3.3}$$

如果有 N 个可用的实测变形点，则目标函数可以用式（3.4）表示：

$$\mathrm{OBJ} = \sum_{i=1}^{N} \varDelta_i = \sum_{i=1}^{N} \left|\frac{w_i - w_i^0}{w_i^0}\right| \tag{3.4}$$

反演分析优化方法的选取与所分析问题的类型有关。岩体分层变形模量反演分析涉及三个设计变量，要想在众多的设计变量组合中找出最优的组合，仅依靠 ANSYS 软件中自带的优化功能难以达到目的。为解决这一问题，采用如下的优化策略：为避免陷入局部极值点，首先初步确定各设计变量的可能取值范围。根据中心孔法变形试验结果，按解析法计算出来的岩体变形模量记为 E_0，依据以往工程经验，可以将 E_1、E_2 的取值范围初定为

$$\frac{E_0}{3} \leqslant E_{01} \leqslant E_0 , \quad E_0 \leqslant E_{02} \leqslant 2.5E_0$$

根据中心孔声波测试成果，初步拟定 h 的取值范围。

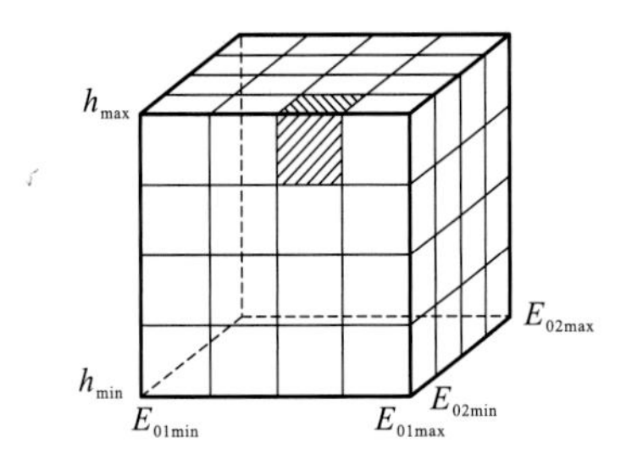

图 3.8 设计变量取值区间划分示意图

将 E_{01} 的取值区间记为[E_{01min}，E_{01max}]，将 E_2 的取值区间记为[E_{02min}，E_{02max}]，将 h 的取值区间记为[h_{min}，h_{max}]，然后将 E_{01}、E_{02}、h 的取值区间分四等份，因此整个设计变量的取值范围可划分为 4×4×4=64 个子区间，见图 3.8。图中的阴影部分表示其中的 1 个子区间。

图 3.8 中的每一个网格节点均表示一组设计变量组合，每一组设计变量组合都可以按式（3.4）计算出一个目标函数，如此可计算出 5×5×5=125 个与图 3.8 中的网格节点对应的目标函数 OBJ。据此 125 个目标函数值，可以整理出 h 取不同值时的目标函数等值线图，见图 3.9。

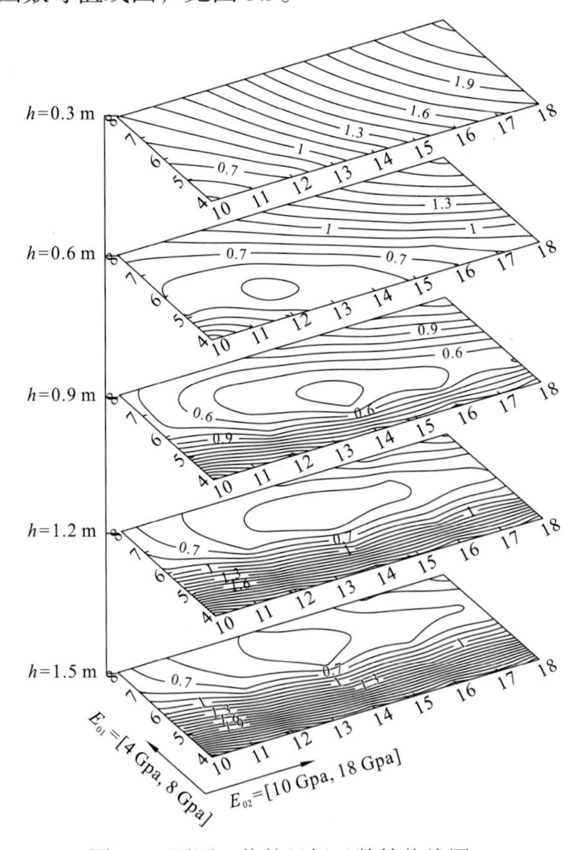

图 3.9 不同 h 值的目标函数等值线图

由不同 h 值的目标函数等值线图，可以对目标函数的变化情况进行宏观把握，进而可以找出目标函数最小值所在的子区间。例如，对于图 3.9 中所示的结果，目标函数最小值所对应的设计变量子区间应为：$E_{01}\in$[5 GPa，6 GPa]，$E_{02}\in$[12 GPa，14 GPa]，$h\in$[0.6 m，0.9 m]。在这样一个较小的子区间内，再采用 ANSYS 中自带的一阶优化功能进行优化设计，最终找出最优的设计变量组合，即可获得松弛岩体的变形模量（E_{01}）、未松弛岩体的变形模量（E_{02}）和松弛层厚度（h）。

3.1.3　岩体原位试验微机伺服控制试验技术

1. 设备构成

常规岩体原位变形及强度试验为手动加载，用机械式变形测表测量岩体的变形，人工读数，不能全过程采集数据获得岩体变形破坏全过程曲线。

微机伺服控制试验设备组成及工作原理见图 3.10。主要由两个单元组成，A 单元为液压加载与控制单元，B 单元为控制与采集单元，A、B 单元共同作用实现压力伺服控制与数据采集，可以用一台计算机同时控制。图 3.11 为实物照片。

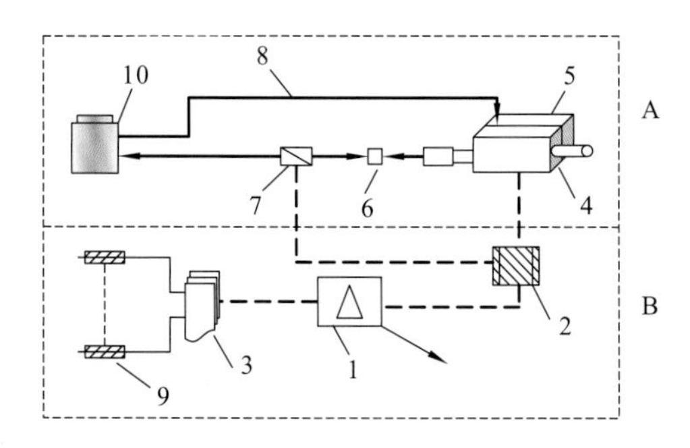

图 3.10　微机伺服控制试验设备组成及工作原理

1—计算机；2—控制器；3—数据采集仪；
4—滚轴丝杆式电液伺服机；5—充油泵；6—液压阀；
7—压力传感器；8—高压油管；9—光栅式位移传感器；
10—千斤顶

图 3.11　试验系统实物照片（两套系统）

2. 高精度压力伺服控制技术

微机伺服控制试验核心技术之一是高精度压力伺服控制系统。图 3.10 中 4 为滚轴丝杆式电液伺服机，无级变速伺服电机传递动力给变速器，变速器通过齿带驱动丝杆直线运动，丝杆前端为油缸，通过丝杆驱动油缸给千斤顶供液，在油缸前端设置分辨率为 0.1% FS 的压力传感器，通过压力传感器反馈的实际压力值与目标值的实时比较，精细调整差值并逼近目标值，通过计算机发出指令给控制器 2 以驱动伺服电机工作，传送动力给丝杆式油缸产生所需要的稳定压力。

微机伺服控制试验另一核心技术是高精度位移采集系统。其主要部件为数据采集仪 3 和光栅式位移传感器 9，功能是精确采集试验过程中岩体的变形，数据采集仪 3 设置 4～8 个输入通道，通过 USB 接口直接与计算机连接，光栅式位移传感器 9 将岩体的变形转换为电脉冲信号，通过数据采集仪 3 再转换为变形，计算机直接采集并显示变形值。变形测量分辨率为 $\pm 1\ \mu m$。

此外，在原位试验技术硬件设计时同步开发自动控制与采集软件。软件界面及控制界面见图 3.15。该软件可以同时独立采集与控制 3 个负荷通道，同步采集 8 个位移传感器通道。

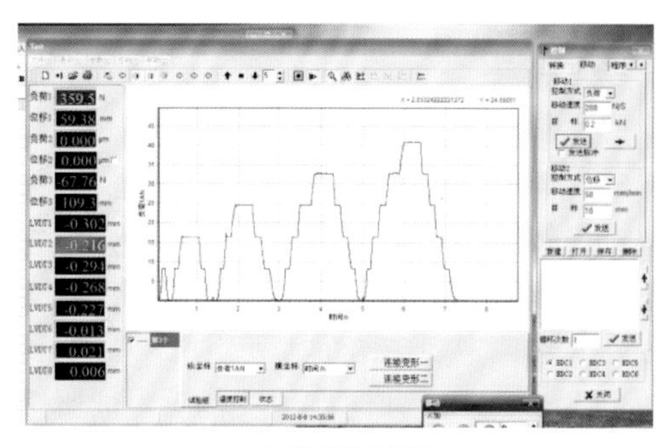

（a）荷载控制界面

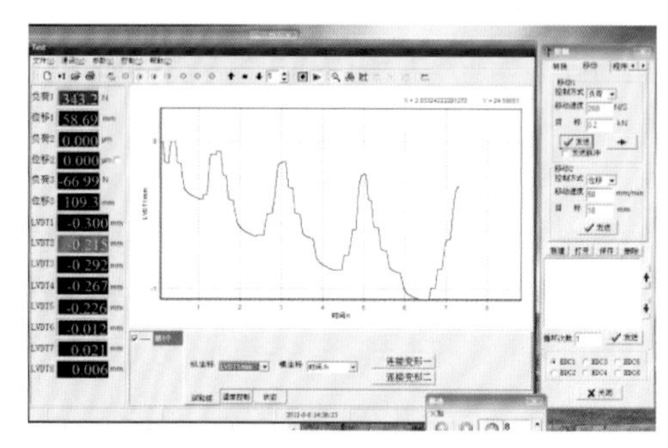

（b）位移显示界面

图 3.12　试验系统软件界面及控制界面

3. 设备特点

1）伺服控制与自动采集

该系统采用先进的伺服电机与滚轴丝杆结构实现了压力的精确控制，对变形测量采用了先进的光栅位移传感器，实现了压力伺服控制与数据自动采集的一体功能。可以单套独立工作，也可以三套同时工作。

2）可靠性高，性能稳定

原位试验一般在洞室进行，环境恶劣，设备充分考虑了防潮防震、拆卸和组装等现场条件的不确定因素，伺服控制系统工作电压为 220 V 的普通民用电，测量与采集系统还可使用 12 V 直流电增加供电。经现场连续工作 30 d 验证，该系统具有较高的可靠性和稳定性。

3）操作简单方便

安装调试完成后，通过操作笔记本电脑完成试验的全部加载、卸载过程和数据的自动采集，并可以时实浏览所有变形测点及压力测点与时间的关系，以及压力与任意通道变形之间关系。可任意设置各方向加载、卸载速率和采样间隔，加载、卸载速率可设置为 0.1～500 N/min 或 0.1～150 mm/min，采样间隔可设置为 0.01～20 次/min。控制方式、传感器参数、试样参数等可直接在界面上修改。

4）数据处理方便

采集软件与数据处理软件通用，能方便地将所有数据一键转换为 Excel 数据文件，包括序号、时间、压力、变形及相关的试验参数等。

5）满足常规的原位岩体力学试验

该系统软件开发考虑了三向同时加载的情况，能独立实现 1～3 个方向的加载、卸载过程。加载、控制及采集设备独立成套，可以进行岩体变形及承载力试验，岩体、混凝土/岩体及结构面原位直剪试验。系统工作最大压力为 70 MPa，可以满足高应力条件的岩体力学试验。

6）能获得试验的全过程应力-变形关系曲线

试验过程记录数据量大，便于准确获得岩体变形破坏的特征强度，为研究大尺寸岩石力学特性提供了可靠方法。

3.2　深埋隧洞岩体刚性承压板中心孔法高压变形试验

3.2.1　高应力环境岩体松弛及试样制备

锦屏二级水电站位于四川凉山彝族自治州雅砻江干流上，电站利用雅砻江 150 km 大河湾的巨大天然落差截弯取直，开挖隧洞引水发电。电站引水隧洞由四条相互平行、开挖直径达 13 m 的有压引水隧洞组成，平均埋深 1 610 m，最大埋深 2 525 m，埋深大于 1 500 m 的洞段长度占全洞长的 75%。实测最大地应力值达 70 MPa，最小主应力为 26 MPa。隧洞围岩在高应力和高外水压力作用下表现出以突发性或持续大变形等形式为主的非线性变形破坏特点，由此带来隧洞开挖过程中的岩爆、塌方、大变形等岩石力学与工程问题。为了解决这些问题，采用高压变形试验技术对深埋大理岩变形特性进行试验研究。

现场科研试验平硐于 2009 年下半年开挖完成，2010 年 2 月进场开始进行试验，在 2010～2011 年，观察到科研平硐不断出现松弛，甚至垮塌现象（图 3.13），岩体变形试验点制备过程中同样显现明显的应力松弛特征（图 3.14），变形试验点中心孔岩心呈现出饼化现象（图 3.15）。这表明深埋隧洞在高地应力条件下，对岩体的任何扰动都将改变围岩相对稳定的应力状态，应力重新调整将再次诱发围岩新的应力松弛。

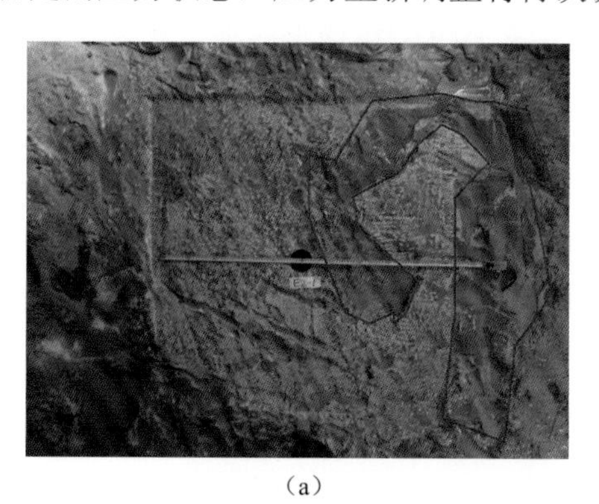
（a）

（b）

图 3.13　2#试验洞洞壁应力松弛现象

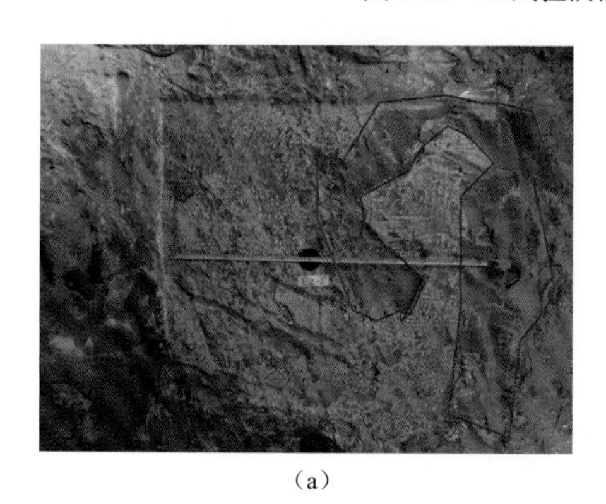
（a）

（b）

图 3.14　变形试验点制作完成后应力松弛现象

(a)

(b)

图 3.15　试验点中心孔饼状岩心

针对高应力条件下，因人工扰动引起的岩体应力松弛，对部分变形试验点的制样方法进行了改进：首先清除开挖承压板接触部分点面；观察试验点面是否出现片帮现象，待相对稳定后打磨平整试验点面，用金刚石钻机制作中心孔后，粘贴承压钢板并安装传力系统，第二天施加 2～3 MPa 的压力后再人工切除周边边界条件。将改进后的制样方法应用于 1#和 4#试验洞，达到了预期的效果，一定程度上抑制了制样过程中的应力松弛现象。

3.2.2　中心孔岩体波速测试及高精度钻孔电视摄像

深埋隧洞围岩刚性承压板中心孔变形共开展三组，分别布置于 1#试验洞中三叠统盐塘组（T_2y）大理岩、3#试验洞中三叠统白山组 T_2b 大理岩和 4#试验洞上三叠统杂谷脑组（T_3z）砂板岩。为了解试验点面及以下岩体的地质特征，对各试验点中心孔（图 3.16）进行超声波单孔测试和钻孔摄像。各试验点岩体波速沿深度分布曲线与中心孔钻孔电视图像见图 3.17 和图 3.18。

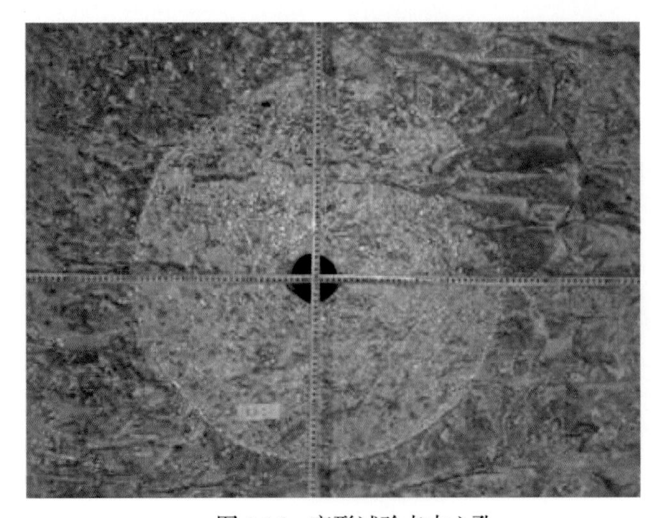

图 3.16　变形试验点中心孔

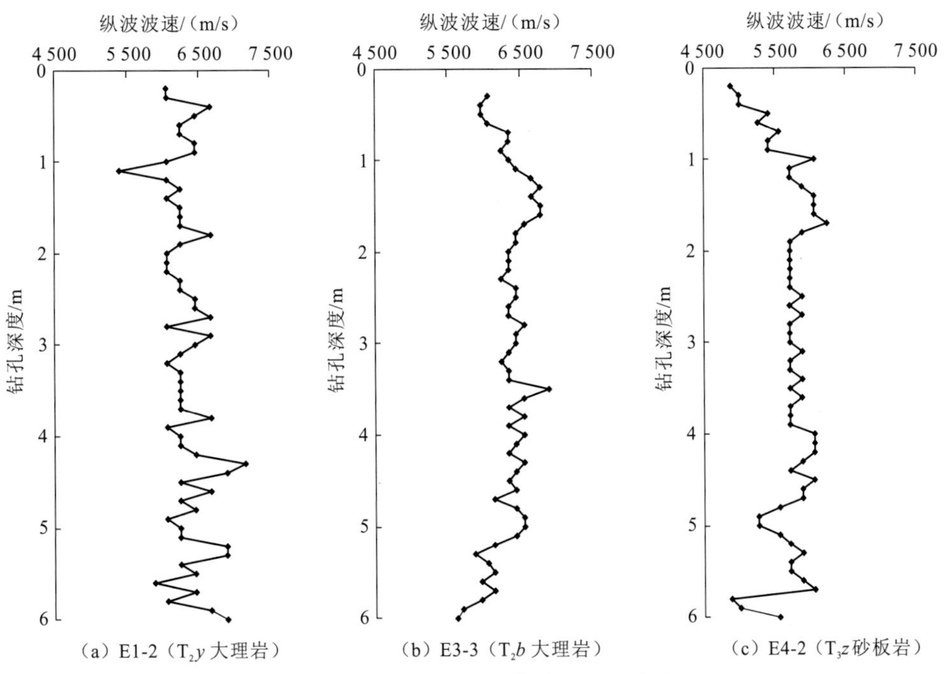

(a) E1-2 (T_2y 大理岩)　(b) E3-3 (T_2b 大理岩)　(c) E4-2 (T_3z 砂板岩)

图 3.17　典型试验点岩体波速测试成果

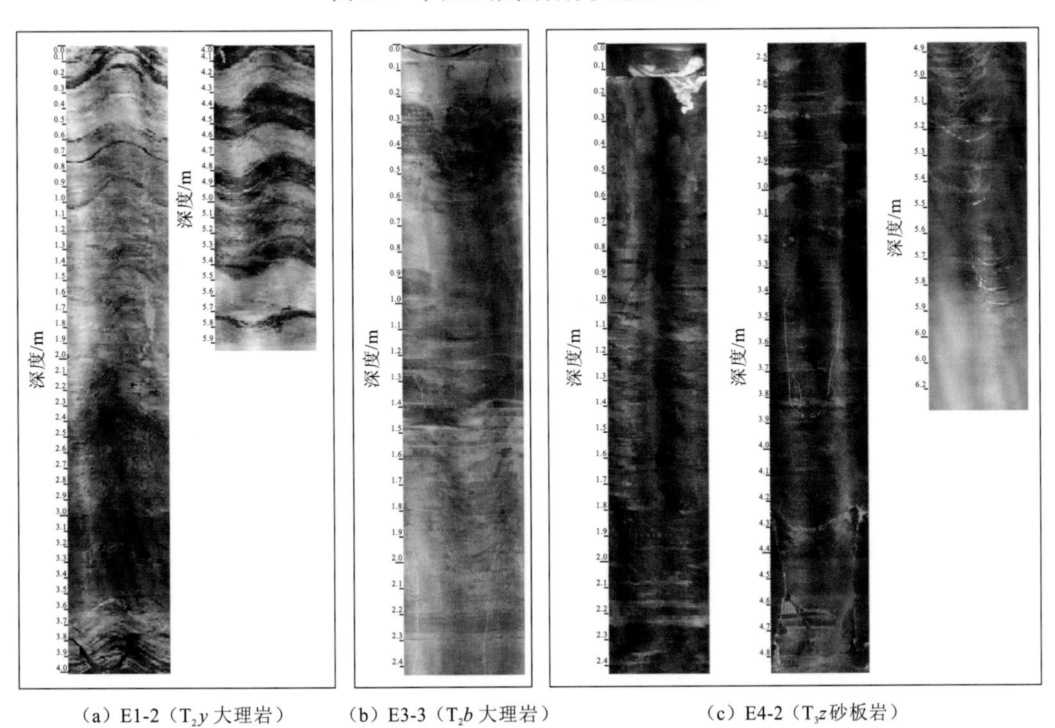

(a) E1-2 (T_2y 大理岩)　(b) E3-3 (T_2b 大理岩)　(c) E4-2 (T_3z 砂板岩)

图 3.18　典型试验点中心孔钻孔电视图像

由于应力松弛作用，大多数变形试点表面有不同程度的松弛范围，声波波速统计结果与钻孔电视解译成果见表 3.1。

表 3.1　变形试点声波波速统计与钻孔电视解译成果

地层	试点编号	表层岩体平均波速/（m/s）	深部岩体平均波速/（m/s）	松弛厚度/m	钻孔电视解译
T_2y 大理岩	E1-2	6 057	6 340	0.3	孔深 0.7～0.8 m 处，见岩体裂隙，裂面张开约 1 cm。孔深 0.9～1.7 m，裂隙发育密集，呈树枝状发育，沿裂面溶蚀充泥
	E1-3	6 105	6 270	0.7	孔深 0～4.0 m 处，岩体主要为灰黑色大理岩，夹含白色条带状大理岩；孔深 4.0～6.0 m 处，岩体主要为白色大理岩，中间夹含灰黑色条带状大理岩
T_2b 大理岩	E3-1	—	6 335	0.0	孔深 1.3～1.5 m 处，见微细裂隙发育，裂面张开，沿裂面有轻微溶蚀
	E3-2	6 016	6 567	1.2	灰黑色大理岩。孔深 1.9～2.1 m 处，见岩体微细裂隙发育，裂面微张；孔深 3.3～3.6 m 处，见岩体微细裂隙发育，裂面微张
	E3-3	6 201	6 376	0.6	灰黑色大理岩，局部夹含块状白色大理岩。孔深 0～0.1 m 处，见岩体裂隙发育，裂面最大张开约 2 cm。除孔口段外，其余部分岩体完整性较好
T_3z 砂板岩	E4-1	4 503	5 480	1.8	孔深 0.6～1.0 m 处，见裂隙发育，裂面张开；孔深 1.4～1.55 m 处，见裂隙发育，裂面最大张开约 2 cm；孔深 3.0～3.1 m 处，岩体较破碎，局部有掉块
	E4-2	5 061	5 768	0.9	孔深 4.2～4.3 m 处，见岩体微细裂隙发育，裂面微张；孔深 4.85～5.0 m 处，见岩体微细裂隙发育，裂面张开
	E4-3	5 275	5 569	0.6	孔深 0.3～0.45 m 处，见岩体微细裂隙发育，裂面张开约 2 cm；孔深 1.5～2.2 m 处，微细裂隙发育密集，裂面张开

试验点中心孔声波测试与钻孔电视摄像成果表明，除 E3-1 点外，大多数试点面都有不同程度的应力松弛层，松弛厚度一般为 0.3～1.6 m。并且变形试验点中心孔的岩心特征、纵波速度及钻孔电视解译结果之间具有很好的一致性，充分揭示了变形试验点深部 0～6 m 的结构特征及应力松弛特征，为高应力条件下岩体变形试验成果的综合分析提供了重要的依据。

3.2.3　刚性承压板中心孔法变形试验

深埋岩体刚性承压板中心孔法变形试验采用逐级一次循环加载方法，将最高压力分 5～8 级逐级开展加压，试验场景见图 3.19。

加载前所有位移传感器采集时间不少于 15 min，且各传感器的变形值不大于 2 μm 视为变形稳定，再以恒定的速率施加第一级压力后保持压力稳定至表面位移传感器相对稳定。变形稳定控制标准：压力稳定后，立即记录各传感器读数，以后每 10 min 读数一次，当相邻两次读数差与同级压力下第一次和前一级压力下最后一次变形读数差之比小于 5%时，认为变形相对稳定。

各试验洞岩体典型压力-岩体表面变形关系曲线见图 3.20（a）、图 3.21（a）、图 3.22（a）。

图 3.19　刚性承压板中心孔法变形试验现场照片

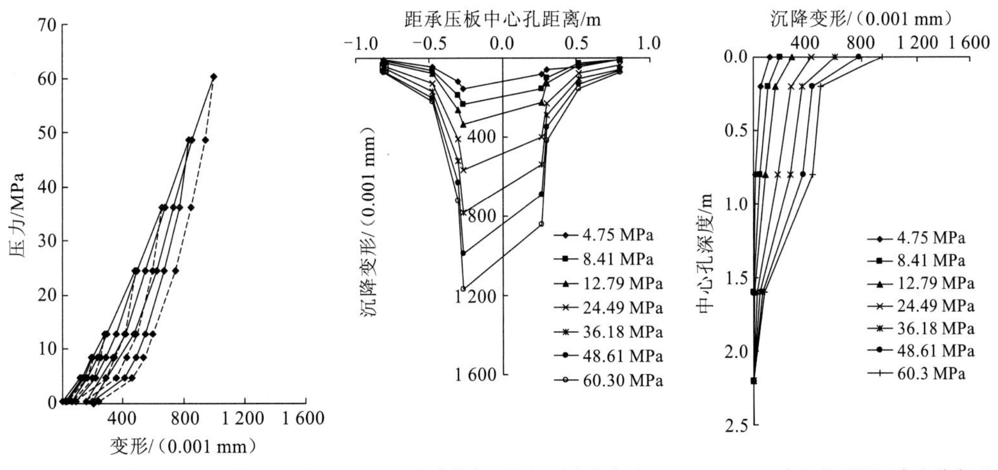

（a）压力-岩体表面变形曲线　（b）试验点表面不同测点的变形　（c）中心孔不同深度岩体变形

图 3.20　T_2y 大理岩刚性承压板中心孔法变形试验曲线（E1-2 试验点）

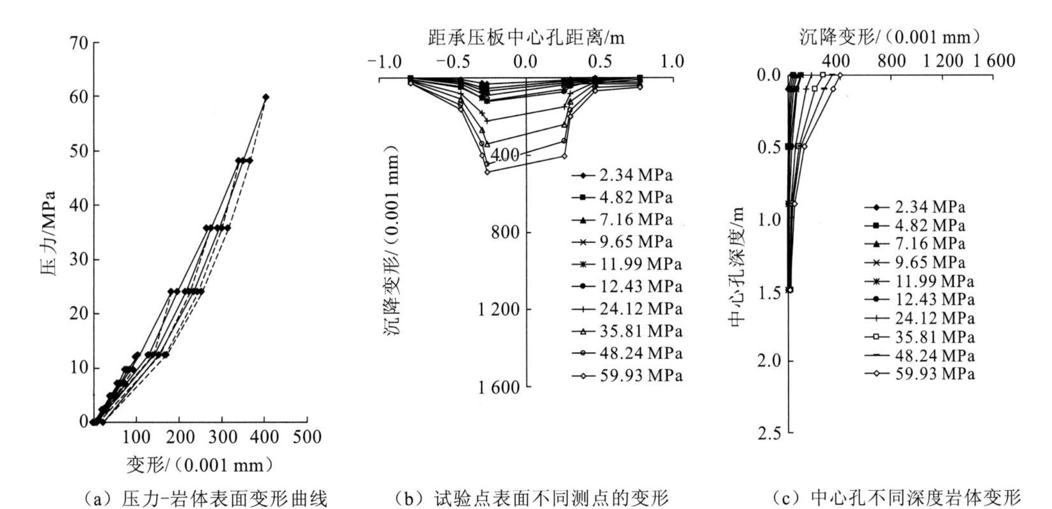

（a）压力-岩体表面变形曲线　（b）试验点表面不同测点的变形　（c）中心孔不同深度岩体变形

图 3.21　T_2b 大理岩刚性承压板中心孔法变形试验曲线（E3-2 试验点）

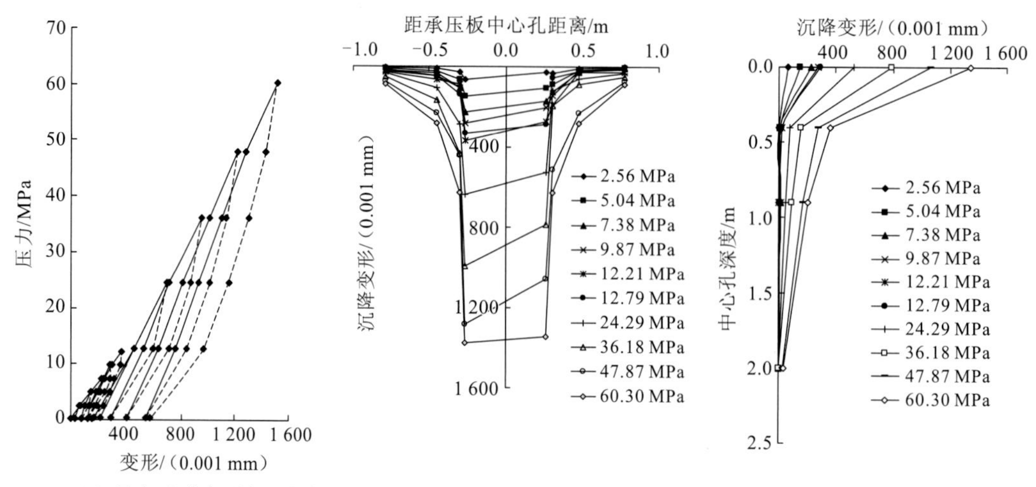

(a) 压力-岩体表面变形曲线　(b) 试验点表面不同测点的变形　(c) 中心孔不同深度岩体变形

图 3.22　T_3z 砂板岩刚性承压板中心孔法变形试验曲线（E4-2 试验点）

可见，深部岩体压力-岩体表面变形关系曲线多呈上凹形，表明深部岩体随着压力的增加，每级沉降变形减小，反映了高应力地区即使在反复清除表面松弛层的条件下，仍然存在一定程度的应力松弛现象。

试验点表面不同测点的变形分布典型曲线见图 3.20（b）、图 3.21（b）、图 3.22（b）。在距承压板边沿约 0.8 m 处，沉降变形小于板上变形的 10%，表明表面变形影响范围为 1.5 倍的承压板直径（承压板直径为 535 mm）。

中心孔变形沿深度的分布规律较好，随着压力增加，应力影响范围逐渐向岩体深部扩展。在同一压力下，随着深度的增加，变形量减小。在深度 1 m 左右，岩体的变形小于表面变形的 10%。对比分析不同压力下各深度的变形值可知，当试验压力处于中等及中等以下应力水平时，岩体附加应力影响范围约为 2 倍的承压板直径；当试验压力达到高应力或极高应力水平后，岩体附加应力影响范围将扩大到约 3 倍的承压板直径。因此，需根据试验压力大小来合理判定中心孔深部岩体变形模量计算结果的合理性。

3.2.4 高地应力环境下不同深度岩体的变形参数

由图 3.20（a）、图 3.21（a）、图 3.22（a）可知，刚性承压板中心孔法变形试验变形曲线呈上凹形，采用逐级分别计算方法计算不同荷载下岩体变形参数，将各级变形参数的平均值作为本试验点的代表值。其中规范规定的刚性承压板法岩体变形模量按承压板板上测表变形采用式（3.5）计算：

$$E_0 = \frac{\pi}{4} \cdot \frac{(1-\mu_0^2)pD_c}{w_0} \tag{3.5}$$

不同深度岩体变形模量则根据中心孔多点位移计变形采用式（3.1）或式（3.2）计算，各试验点在 0～60 MPa 试验压力时平均变形模量的计算成果见表 3.2，不同深度岩体平均变形模量分布曲线见图 3.23。

表 3.2 试验点不同深度岩体平均变形模量

T_2y 大理岩				T_2b 大理岩			
E1-2		E1-3		E3-1		E3-2	
深度/m	变形模量/GPa	深度/m	变形模量/GPa	深度/m	变形模量/GPa	深度/m	变形模量
0.0	20.5	0.0	21.2	0.0	31.9	0.0	49.0
0.2	29.0	0.1	21.8	0.1	71.3	0.1	62.4
0.8	26.3	0.5	57.7	0.5	88.9	0.5	89.7
1.6	52.0	1.0	76.8	—	—	—	—
—	—	1.6	72.7	—	—	—	—

T_2b 大理岩		T_3z 砂板岩					
E3-3		E4-1		E4-2		E4-3	
深度/m	变形模量/GPa	深度/m	变形模量/GPa	深度/m	变形模量/GPa	深度/m	变形模量
0.0	29.5	0.0	10.8	0.0	15.4	0.0	23.0
0.1	44.5	0.1	35.8	0.4	49.0	0.1	33.8
0.5	30.9	0.5	35.6	0.9	58.0	0.4	43.8
0.9	57.1	1.0	44.8	—	—	0.8	75.3

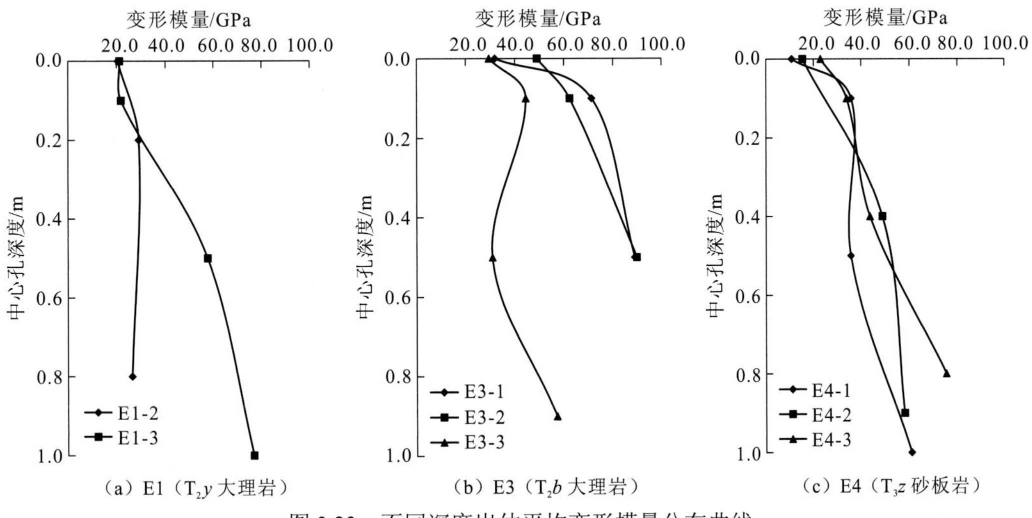

(a) E1（T_2y 大理岩） (b) E3（T_2b 大理岩） (c) E4（T_3z 砂板岩）

图 3.23 不同深度岩体平均变形模量分布曲线

根据不同深度岩体变形模量计算结果分析如下：

(1)岩体的变形参数与试验点的岩性和岩体结构有关，其中 T_2b 大理岩完整性最好，岩体变形模量最高，其次为 T_2y 大理岩，T_3 砂板岩微裂隙发育且局部方解石充填，因此变形模量最低。

(2) 对于 T_2y 大理岩，试验点 E1-2 岩体较完整，在 0.8 m 范围内，岩体变形模量变化不大，但是 1.6 m 深度以下岩体变形模量则增大为表层岩体的 2 倍左右。试验点 E1-3

岩体变形模量在 1 m 深度范围内随着深度的增加而增加，但是当深度超过 1 m 后，岩体变形模量基本趋于稳定。

对于 T_2b 大理岩，E3-1、E3-2、E3-3 试验点岩体变形模量随深度增加而增加，其中表层松弛层下部岩体变形模量比根据表面变形计算所得的岩体综合变形模量高约 60%。

对于 T_3z 砂板岩，在 0.5 m 范围内，E4-1、E4-2、E4-3 试验点表层岩体变形模量随着深度增加而迅速增大至表面岩体综合变形模量的 2～3 倍，0.5～1.0 m 岩体变形模量仍有所增加。

（3）三组刚性承压板中心孔法试验成果总的规律表现为随着深度的增加岩体变形模量逐渐增大。0～0.5 m 表层松弛岩体变形模量变化幅度较小，超过松弛深度后，岩体变形模量明显提高，并趋于稳定。

（4）典型试验点变形模量与波速随深度变化曲线（图 3.24）表明，岩体变形模量和波速随深度变形具有较好的一致性，随着深度的增加岩体波速表现为上下波动时，岩体变形模量也基本保持不变；当随着深度增加岩体波速逐渐变大时，岩体变形模量也相应逐渐增大。

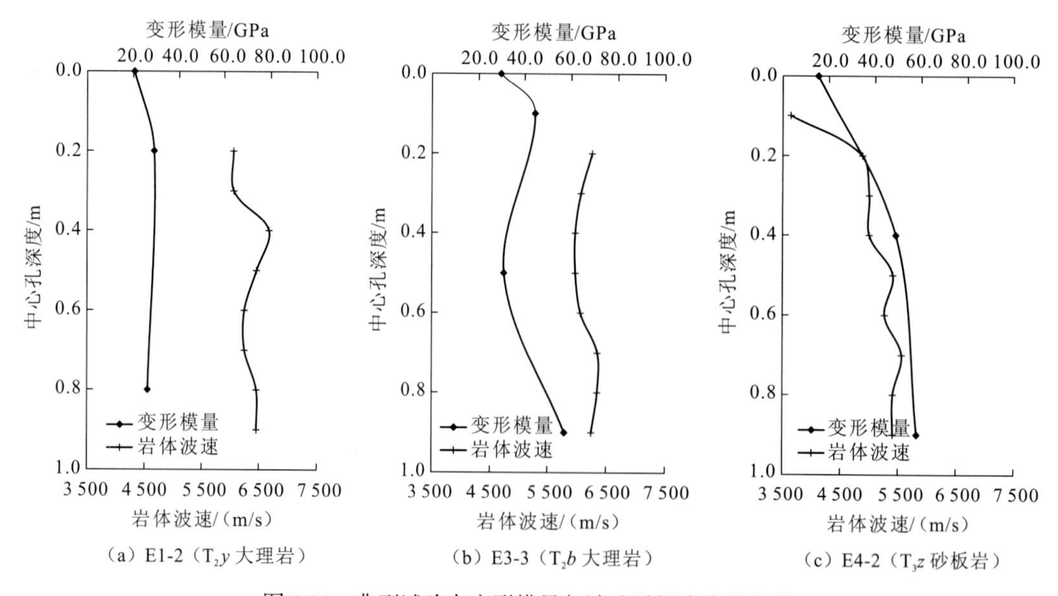

（a）E1-2（T_2y 大理岩）（b）E3-3（T_2b 大理岩）（c）E4-2（T_3z 砂板岩）

图 3.24 典型试验点变形模量与波速随深度变化规律

（5）高地应力环境条件下，根据中心孔法计算获得的岩体变形模量比按传统的刚性承压板表面变形计算方法获得的岩体综合变形模量相差可达 2 倍以上，并且两者差异幅度与岩体结构密切相关，其中，T_3z 砂板岩裂隙最为发育，两种计算模式获得的变形模量差异也最大，T_2b 大理岩次之，虽然 T_2b 大理岩裂隙发育情况最少，但是 T_2b 大理岩试样在制样过程中出现明显的应力松弛现象，因此根据承压板表面变形计算获得的岩体变形模量也比按中心孔法计算得到的岩体变形模量明显偏小。对于 T_2y 大理岩，两者差别最小，主要是因为 T_2y 大理岩裂隙胶结性好，岩体完整，岩体整体变形比较均匀，所以传统的承压板法获得的岩体综合变形模量与中心孔法计算得到的岩体变形模量差别不大。

3.2.5 应力水平对岩体变形参数的影响

对于均质、各向同性岩体，岩体应力-变形关系曲线为线性。但对于高地应力环境下，由于岩体开挖存在强烈的应力松弛，且不同部位岩体应力松弛的程度不同，同一地层岩性中岩体完整程度不同，岩体变形模量与试验压力之间的关系也表现得更加复杂，而不再呈现典型的线性关系。

采用刚性承压板中心孔法，获得的深埋岩体在不同试验压力作用下的变形模量变化曲线见图3.25。对比分析各试验点不同深度岩体变形模量随试验压力的变化可以发现，在试验压力为 0～60 MPa 时，岩体变形模量可分为两个阶段并呈现出不同的变化规律。

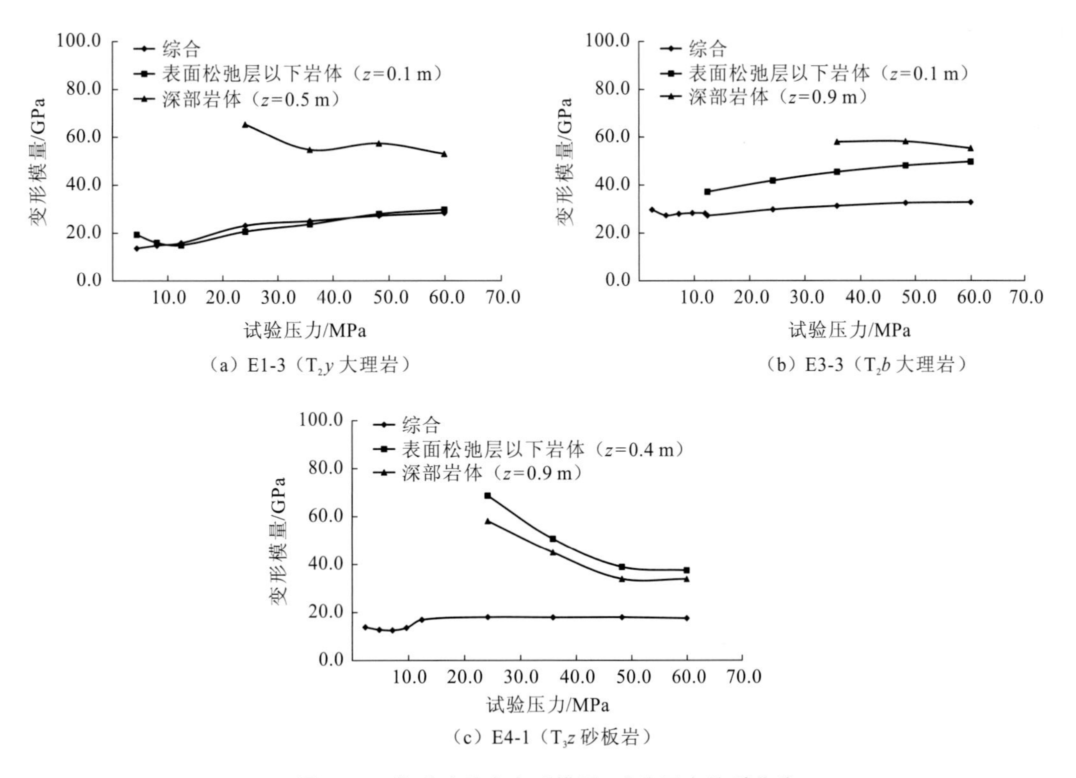

图 3.25　典型试验点变形模量-试验压力关系曲线

0～20 MPa 低-中等应力水平段，岩体综合变形模量与表层松弛层以下岩体变形模量均随着压力的增加而逐渐降低。究其原因主要是开挖后表层岩体压力松弛，岩体内部裂隙张开，随着压力的增加岩体内部裂隙逐渐闭合，岩体重新压密，从而岩体变形模量表现出逐渐降低的变化规律。

20～60 MPa 高-极高应力水平段，岩体综合变形模量与表层松弛层以下岩体变形模量随着压力的增加而缓慢增大。这是因为当试验压力超过岩体原地应力水平时，岩体内部裂隙闭合变形量越来越小，导致岩体变形模量越来越大并趋于稳定。在这一应力水平段，深部岩体变形模量则表现为随着试验荷载的增加而逐渐降低并趋于稳定，表明深部岩体在高-极高应力水平作用下，岩体逐渐接近于均质弹性体，岩体变形模量基本不再受试验压力的影响。

根据典型试验点岩体变形模量随试验压力的变化规律，分 0～20 MPa 低-中等应力与 20～60 MPa 高-极高应力两个应力水平段分别统计各试验点的平均变形模量，见表 3.3。统计结果表明：

表 3.3　不同应力水平段岩体变形模量

试验点	E1-2			E1-3		
应力水平	综合变形模量 E_{20} /GPa	松弛层以下岩体变形模量 E_{21} /GPa	深部岩体变形模量 E_{22} /GPa	综合变形模量 E_{20} /GPa	松弛层以下岩体变形模量 E_{21} /GPa	深部岩体变形模量 E_{22} /GPa
0～20 MPa	16.0	23.8	23.7	14.8	16.8	—
20～60 MPa	23.8	33.0	52.0	26.0	25.6	57.7
$E_{高}/E_{低}$	1.49	1.39	2.19	1.76	1.52	—
试验点	E3-1			E3-2		
应力水平	综合变形模量 E_{20} /GPa	松弛层以下岩体变形模量 E_{21} /GPa	深部岩体变形模量 E_{22} /GPa	综合变形模量 E_{20} /GPa	松弛层以下岩体变形模量 E_{21} /GPa	深部岩体变形模量 E_{22} /GPa
0～20 MPa	28.8	72.9	—	45.3	63.7	90.2
20～60 MPa	35.8	70.9	—	54.5	62.4	89.4
$E_{高}/E_{低}$	1.24	0.97	—	1.20	0.98	0.99
试验点	E3-3			E4-1		
应力水平	综合变形模量 E_{20} /GPa	松弛层以下岩体变形模量 E_{21} /GPa	深部岩体变形模量 E_{22} /GPa	综合变形模量 E_{20} /GPa	松弛层以下岩体变形模量 E_{21} /GPa	深部岩体变形模量 E_{22} /GPa
0～20 MPa	28.1	37.2	—	9.8	38.9	—
20～60 MPa	31.6	46.3	57.1	12.6	39.2	44.8
$E_{高}/E_{低}$	1.12	1.24	—	1.29	1.01	—
试验点	E4-2			E4-3		
应力水平	综合变形模量 E_{20} /GPa	松弛层以下岩体变形模量 E_{21} /GPa	深部岩体变形模量 E_{22} /GPa	综合变形模量 E_{20} /GPa	松弛层以下岩体变形模量 E_{21} /GPa	深部岩体变形模量 E_{22} /GPa
0～20 MPa	13.8	—	—	22.0	29.0	32.6
20～60 MPa	17.9	42.4	42.7	24.1	39.8	57.8
$E_{高}/E_{低}$	1.30	—	—	1.10	1.37	1.77

对于 T_2y 大理岩，20～60 MPa 高-极高应力水平段，表面岩体综合变形模量比 0～20 MPa 低-中等应力水平段岩体综合变形模量高 49%～76%；松弛层以下岩体变形模量比 0～20 MPa 低-中等应力水平段变形模量高 39%～52%；深部岩体变形模量在 20～60 MPa 高-极高应力水平段比 0～20 MPa 低-中等应力水平段高约 119%。

对于 T_2b 大理岩，20～60 MPa 高-极高应力水平段，表面岩体综合变形模量比 0～20 MPa 低-中等应力水平段岩体综合变形模量高 12%～24%；松弛层以下岩体变形模量比 0～20 MPa 低-中等应力水平段变形模量高-3%～20%；深部岩体变形模量则基本不受试验荷载影响。

对于 T_3z 砂板岩，20～60 MPa 高-极高应力水平段，表面岩体综合变形模量比 0～20 MPa 低-中等应力水平段岩体综合变形模量高 10%～30%，松弛层以下岩体变形模量比 0～20 MPa 低-中等应力水平段变形模量高 1%～37%；深部岩体变形模量在 20～60 MPa 高-极高应力水平段比 0～20 MPa 低-中等应力水平段可以提高约 77%。

综上所述，深埋岩体表面综合变形模量受试验压力的影响最为明显，表层松弛层以下岩体变形模量次之，深部岩体变形模量则受试验压力影响最小或基本不受影响。

根据以上大量的数据及多角度的分析，锦屏二级水电站深埋引水隧洞围岩变形模量综合试验成果，见表 3.4。

表 3.4　深埋引水隧洞围岩岩体变形模量综合试验成果

地层岩性	应力水平/ MPa	0～20	20～60	0～60
T_2y 大理岩	综合变形模量 E_{20} /GPa	$\frac{14.8\sim16.0}{15.4}$	$\frac{23.8\sim26.0}{24.9}$	$\frac{20.5\sim21.2}{20.9}$
	松弛层以下岩体变形模量 E_{21} /GPa	$\frac{16.8\sim23.8}{20.3}$	$\frac{25.6\sim33.0}{29.3}$	$\frac{21.8\sim29.0}{25.4}$
	深部岩体变形模量 E_{22} /GPa	23.7	$\frac{52.0\sim57.7}{54.9}$	$\frac{23.7\sim57.7}{44.5}$
T_2b 大理岩	综合变形模量 E_{20} /GPa	$\frac{28.1\sim45.3}{34.1}$	$\frac{31.6\sim54.5}{40.6}$	$\frac{29.5\sim49.0}{36.8}$
	松弛层以下岩体变形模量 E_{21} /GPa	$\frac{37.2\sim72.9}{57.9}$	$\frac{46.3\sim70.9}{59.9}$	$\frac{44.5\sim71.3}{59.4}$
	深部岩体变形模量 E_{22} /GPa	—	$\frac{57.1\sim89.4}{73.3}$	$\frac{57.1\sim89.4}{73.3}$
T_3z 砂板岩	综合变形模量 E_{20} /GPa	$\frac{9.8\sim22.0}{15.2}$	$\frac{12.6\sim24.1}{18.2}$	$\frac{10.8\sim23.0}{16.4}$
	松弛层以下岩体变形模量 E_{21} /GPa	$\frac{29.0\sim38.9}{34.0}$	$\frac{39.2\sim42.4}{40.5}$	$\frac{33.8\sim49.0}{39.5}$
	深部岩体变形模量 E_{22} /GPa	32.6	$\frac{42.7\sim57.8}{48.4}$	$\frac{42.7\sim44.8}{43.8}$

注：表中数据格式为 $\frac{\text{最小值} \sim \text{最大值}}{\text{平均值}}$

3.3 柱状节理玄武岩变形模量分层反演分析

3.3.1 试验研究目的

金沙江白鹤滩水电站位于金沙江下游攀枝花至宜宾河段，上距乌东德水电站坝址182 km，下距溪洛渡水电站195 km。电站规模巨大，是我国继三峡、溪洛渡之后开展前期工作的又一座千万千瓦级的水电站。电站挡水建筑物为双曲拱坝，高度达284 m，下游拱端最大压应力近10 MPa，总推力高达1 400×10^4 t，对坝基及两岸岩体质量要求很高。

柱状节理玄武岩岩块本身为致密的隐晶质玄武岩。岩石室内试验成果表明，岩石块体密度为2.90 g/cm^3，岩块自然状态下单轴抗压强度平均值在100 MPa以上，变形模量平均值为65.1 GPa，强制饱和条件下的变形模量平均值为51.6 GPa。这些指标说明柱状节理玄武岩中的岩块本身具有良好的强度和刚度，属坚硬岩。岩体结构面发育特征和岩体受力条件成为影响柱状节理玄武岩基本力学特性的重要因素。

图3.26 柱状节理玄武岩

柱状节理玄武岩中的结构面主要是柱状节理（图3.26）、微裂隙和缓倾角结构面，缓倾角结构面包括缓倾角错动带（剪切带）和缓倾角裂隙。柱状节理和微裂隙具有典型的刚性特征与起伏特征，岩体没有扰动条件下呈闭合状，扰动以后张开显现。缓倾角错动带则为软弱结构面，缓倾角裂隙大多为硬性结构面，较平直，切断柱体。

由于柱状节理的存在，柱状节理玄武岩变形强度特性各向异性特征明显。在前期原位试验过程中，刚性承压板试验结果显示垂直于柱面加压得到的岩体变形参数通常大于平行于柱面加压得到的岩体变形参数。这一现象与一般的层状岩体甚至一般的柱状节理玄武岩都不同，也有悖传统的岩体力学认识。并且，开挖后柱状节理玄武岩严重松弛，各向异性更加明显。柱状节理玄武岩的存在对拱坝变形、坝基与边坡稳定及地下洞室群围岩稳定和防渗等都带来一定影响，需深入研究柱状节理玄武岩松弛特征及变形参数的变化规律。

3.3.2 柔性板中心孔法岩体变形试验

采用FLAC软件对柱状节理玄武岩试验平硐开挖过程进行数值模拟。结果表明：因开挖卸荷，平硐底板和侧壁都有塑性区（即松动圈）存在，且底板大于侧壁，见图3.27。因此，即使制备变形试点时将爆破松动层予以清除，由卸荷引起的松弛层仍然存在。

目前岩体变形试验普遍采用承压板法。其基本原理是将承压板下的岩体视为均质体，通过加载测得岩体表面变形，依据弹性理论公式计算其综合变形模量。试验点表层岩体一般都存在松弛层，所获取的变形参数包含松弛层的影响。因此，常规的承压板法试验成果不能真实反映深部未松弛岩体的变形特性。

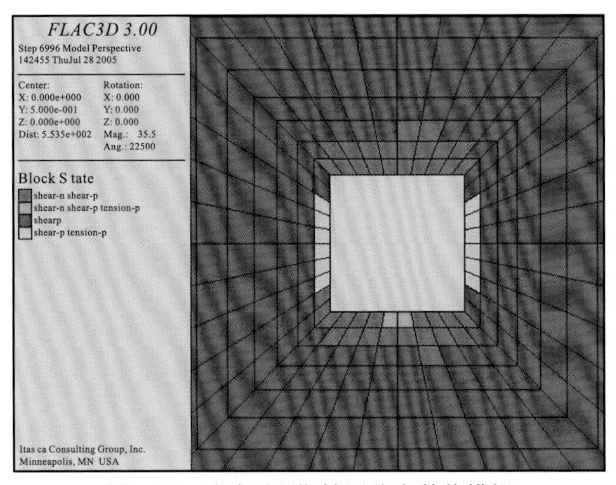

图 3.27　试验平硐塑性区分布数值模拟

为研究柱状节理玄武岩松弛特征及深部未松弛岩体变形特性，现场开展了四枕柔性承压板中心孔法试验。试验安装如图 3.28、图 3.29 所示。

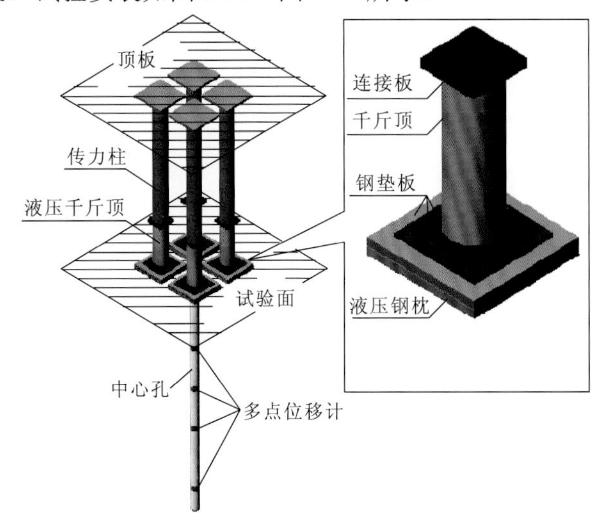

图 3.28　四枕柔性承压板中心孔法试验设备安装概念图

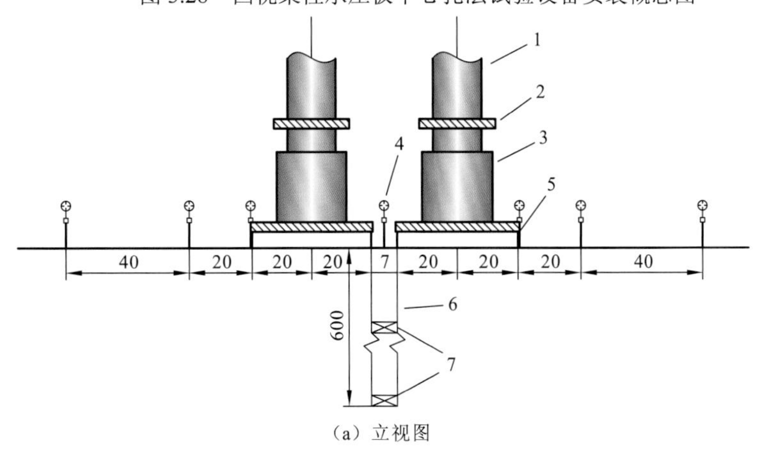

（a）立视图

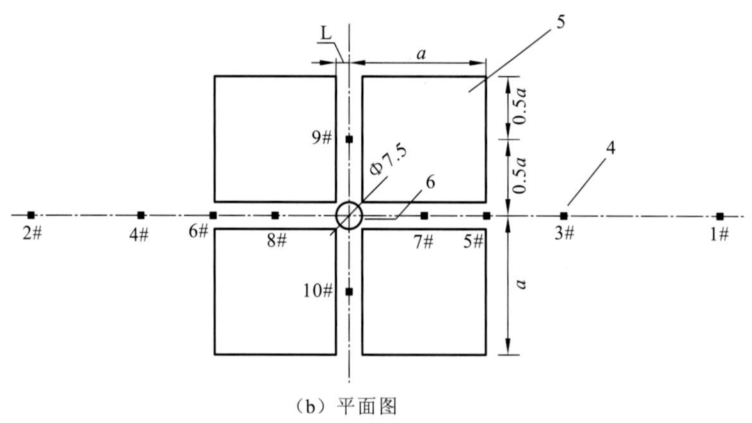

（b）平面图

图 3.29 四枕柔性承压板中心孔法试验设备安装示意图

1—传力柱；2—钢板；3—千斤顶；4—千分表及编号；5—柔性枕；6—中心孔；7—多点位移计；图中单位为 cm

对试验部位清除爆破松动层，手工凿制尺寸为 100 cm×100 cm 的平面，用砂轮磨平，作为试验面。在试验面中心部位钻直径为 75 mm 的孔，孔深 6 m。对试点进行地质描述、拍照、单孔声波测试。采用四个 40 cm×40 cm 的液压钢枕作为柔性承压板，四个柔性枕布置成正方形，钢枕上置千斤顶施加载荷。在枕间中缝及枕外岩体表面沿试验面轴线布置测点，在 6 m 孔深范围布置多点位移计。表面变形采用千分表量测，中心孔深部变形采用精度为 0.05%的多点位移计和锚固式探头进行量测。

变形试验前，首先进行中心孔声波测试。柱状节理玄武岩试验部位中心孔声波测试结果见图 3.30。

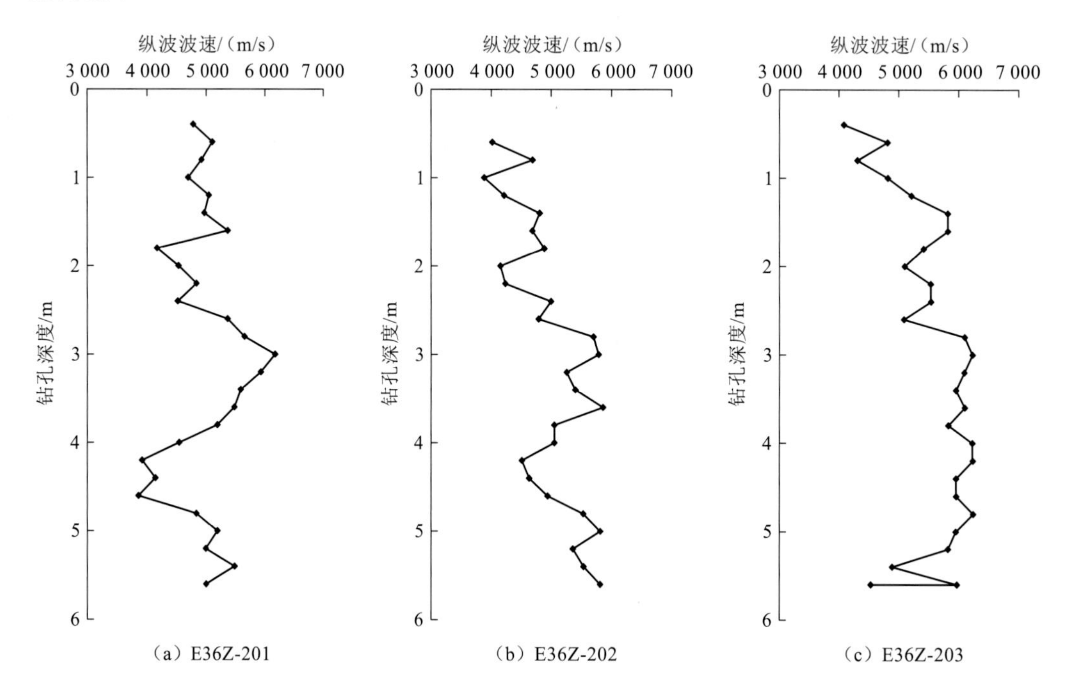

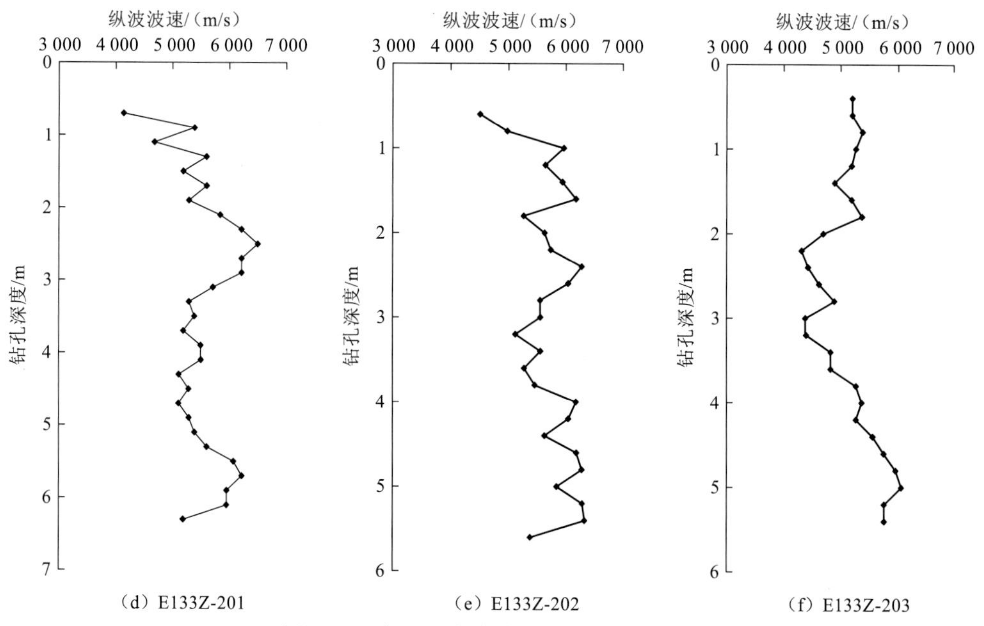

图 3.30　中心孔声波波速沿孔深分布曲线

最大试验压力为 8 MPa，分五级采用逐级一次循环法加压。岩体表面及中心孔深部测点的压力-变形关系曲线见图 3.31。按岩体表面中心点变形计算变形模量时，其计算公式为

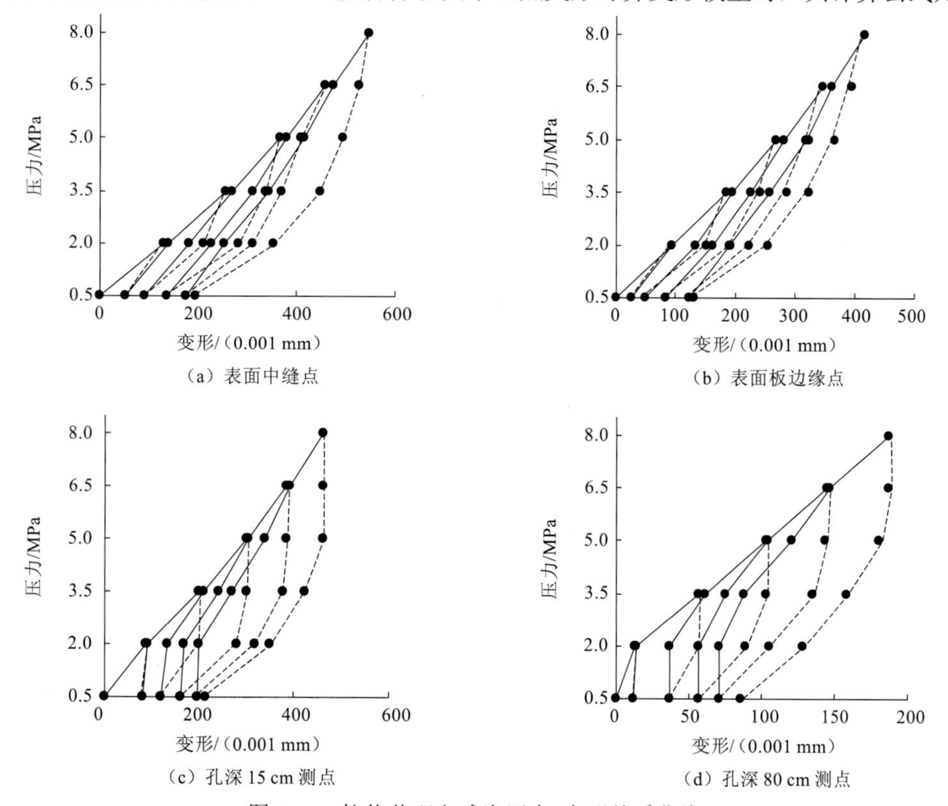

图 3.31　柱状节理玄武岩压力-变形关系曲线

$$E_0=\frac{8(1-\mu_0^2)p}{\pi w_{s0}}\left[0.88(a_0+L_0)-\left(a\,\mathrm{arsh}\frac{L_0}{a_0}+L_0\mathrm{arsh}\frac{a_0}{L_0}\right)\right] \tag{3.6}$$

按中心孔深部变形计算变形模量时，其计算公式为

$$\begin{aligned}E_z=\frac{2(1+\mu_0)p}{\pi w_z}\Bigg[&(2\mu-1)z\arctan\frac{a_0^2}{z\sqrt{2a_0^2+z^2}}+4(1-\mu_0)a_0\,\mathrm{arsh}\frac{a_0}{\sqrt{a_0^2+z^2}}\\&-2(2\mu_0-1)z\arctan\frac{a_0L_0}{z\sqrt{L_0^2+a_0^2+z^2}}-4(1-\mu_0)L\,\mathrm{arsh}\frac{a_0}{\sqrt{L_0^2+z^2}}\\&-(2\mu_0-1)z\arctan\frac{L_0^2}{z\sqrt{2L_0^2+z^2}}+4(1-\mu_0)L\,\mathrm{arsh}\frac{L_0}{\sqrt{L_0^2+z^2}}\Bigg]\end{aligned} \tag{3.7}$$

柱状节理玄武岩四枕柔性中心孔法岩体变形模量计算结果见表 3.5。

表 3.5　柱状节理玄武岩四枕柔性中心孔法岩体变形模量

序号	试点编号	地层	风化带	载荷方向	最大载荷/MPa	岩体综合变形模量/GPa	按深部变形计算的岩体综合变形模量	
							测点深度/m	变形模量/GPa
1	E36Z-201	$P_2\beta_3^{3-3}$	弱风化	铅直	8.00	8.04	0.80	10.20
2	E36Z-202	$P_2\beta_3^{3-3}$	弱风化	铅直	7.93	8.34	0.86	10.95
3	E36Z-203	$P_2\beta_3^{3-3}$	弱风化	铅直	8.30	7.00	0.60	9.71
4	E133Z-201	$P_2\beta_3^{3-2}$	微风化	铅直	7.45	12.47	0.80	14.34
5	E133Z-202	$P_2\beta_3^{3-2}$	微风化	铅直	4.60	8.38	0.85	10.31
6	E133Z-203	$P_2\beta_3^{3-2}$	微风化	铅直	7.00	7.95	1.00	7.22

3.3.3　柱状节理玄武岩变形模量分层反演

中心孔法计算岩体变形模量的解析方法将承压板下的岩体视为均质体，计算得到的岩体变形参数是一个包括松弛层影响的综合参数，该参数不能单独反映未扰动岩体的变形性能。但实际情况是，受开挖卸荷因素的影响，试验点岩体变形性能从表及里是逐渐变化的，见图 3.32。

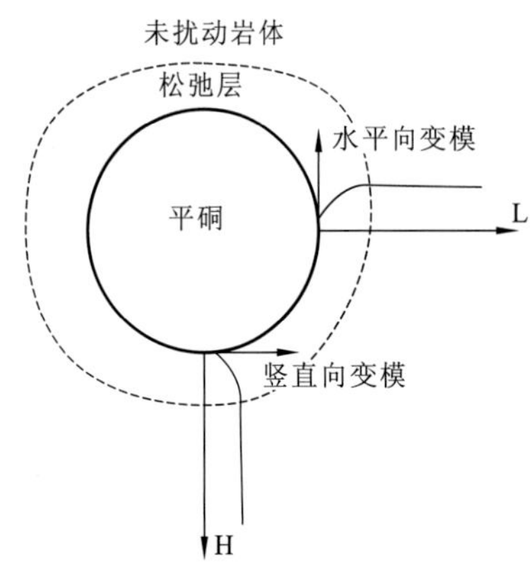

图 3.32　试验点岩体松弛层概化

根据试验点中心孔声波测试结果（图 3.30），柱状节理玄武岩深部岩体声波波速明显高于表层波速（试验点 E133Z-203 除外，该试验点部位深部岩体波速低于表层松弛岩体，表明深部岩体存在破碎带或软弱夹层），平硐开挖导致的表层卸荷明显。因此，可将岩体概化为由上部卸荷松弛岩体和下部未松弛岩体组成的双层介质，采用基于中心孔试验结果的岩体变形模量分层反演方法，确定松弛与未松弛岩体变形参数及松弛层厚度。

采用 ANSYS 软件进行有限元模拟，有限元网格模型见图 3.7，由于对称性，仅选取原型的 1/4。采用 3.1 节中心孔法岩体变形模量分层反演分析方法步骤，获得

柱状节理玄武岩各试验点变形模量，见表 3.6。

由表 3.6 可知，双层介质反演结果与中心孔声波测试结果、解析计算结果一致，除 E133Z-203 外各试验点深部岩体综合变形模量和波速分别高于表层岩体综合变形模量和波速。对于 E133Z-203 试验点，松弛岩体变形模量高于深部岩体变形模量，而图 3.30（f）声波测试结果显示：表层岩体（埋深 0～2 m）的波速高，深部岩体（埋深 2～4 m）的波速低，而且从波速的量值上看，E133Z-203 孔内不同位置处的波速在 5 000 m/s 左右变化，小于同一岩层中邻近试验点 E133Z-201 和 E133Z-202，这一结果与变形模量解析计算结果也是吻合的。

表 3.6 中心孔变形试验成果综合分析

试点编号	解析法			分层反演方法			E_{z0}'/E_{z0}	E_{01}/E_{z0}	E_{02}/E_{z0}'
	深部测点位置 z /m	表层岩体综合变形模量 E_{z0} /GPa	深部岩体综合变形模量 E_{z0}' /GPa	松弛层厚度 h /m	松弛岩体变形模量 E_{01} /GPa	未松弛岩体变形模量 E_{02} /GPa			
E36Z-201	0.80	8.04	10.20	1.00	6.75	13.50	1.27	0.84	1.68
E36Z-202	0.86	8.34	10.95	0.85	5.50	13.20	1.31	0.66	1.58
E36Z-203	0.60	7.00	9.71	1.01	5.80	13.00	1.39	0.83	1.86
E133Z-201	0.80	12.47	14.34	1.12	10.03	25.10	1.15	0.80	2.01
E133Z-202	0.85	8.38	10.31	1.00	6.25	16.25	1.23	0.75	1.94
E133Z-203	1.00	7.95	7.22	0.88	8.03	6.98	0.91	1.11	1.01

3.3.4 柱状节理玄武岩变形模量综合分析

综合分析柱状节理玄武岩中心孔法变形试验成果与分层反演分析成果，可以获得以下认识：

（1）对于易于松弛柱状节理玄武岩，由于岩体存在松弛层，常规刚性承压板法岩体变形试验成果不能代表未松弛岩体变形模量，采用中心孔法岩体变形试验及分层反演分析，可研究松弛层对岩体变形试验成果的影响，获得未松弛岩体变形模量。

（2）柱状节理玄武岩声波测试松弛深度为 0.8～1.4 m，平均约为 1.0 m。双层介质反演分析，岩体表层松弛厚度为 0.85～1.12 m，平均为 0.88 m；不考虑异常试验点 E133Z-203，柱状节理玄武岩松弛层岩体变形模量为 5.28～10.03 GPa，平均为 6.86 GPa；未扰动岩体变形模量为 6.98～25.1 GPa，平均为 16.21 GPa；各点未松弛岩体变形模量与松弛岩体变形模量之比为 2.0～2.6，平均为 2.35。

（3）比较各点反演变形模量和按解析公式计算的变形模量（表 3.6），其大小顺序为：未扰动岩体反演变形模量>按深部变形计算的变形模量>按表面变形计算的变形模量>松弛岩体反演变形模量，解析公式计算的变形模量介于分层反演的未扰动岩体变形模量和松弛岩体变形模量之间。解析法按深部变形计算的岩体变形模量比按表层变形计算的岩体变形模量高 15%～39%，而分层反演分析方法获得的深部未扰动岩体变形模量则比表层松弛岩体的变形模量高 100%～160%。这一结果体现了常规中心孔法变形模量计算结果仍然具有综合等效性，而分层反演变形模量则明显反映了松弛岩体和未松弛岩体变形特性的差异。

（4）微风化未松弛岩体变形模量明显高于弱风化未松弛岩体变形模量，两者平均值之比为 1.58；微风化卸荷松弛层变形模量与弱风化卸荷松弛层变形模量间的差异则不明显，两者平均值之比为 1.06。此现象表明，对于表层岩体，卸荷松弛的影响掩盖了风化程度不同的影响，进一步说明岩体综合变形模量不能反映未松弛岩体变形性质，而深部岩体反演变形模量则较真实地反映了未松弛岩体的变形特性。

3.4 石英云母片岩伺服控制原位变形试验

3.4.1 试验研究目的

丹巴水电站位于四川省甘孜藏族自治州丹巴县境内的大渡河干流上，为大渡河干流22 级梯级开发中的第 8 级梯级电站。厂坝之间采用长约 17.4 km 的长引水系统连接。引水建筑物布置在大渡河左岸山体中，采用两洞四机方式布置，由进水口、引水隧洞、上游调压室和压力管道组成，全长约 16 710 m，其中引水隧洞后 2.5 km 洞段、调压室及压力管道洞段均位于石英云母片岩岩性区。

石英云母片岩岩石单轴抗压强度低，变形模量不高，在开挖卸荷和反复扰动情况下存在显著松弛，而且呈现出明显的各向异性特征及独特的水理特性。加之石英云母片岩出露部位大部分洞段埋深大，最大埋深达 1200 余米，初始地应力水平较高，实测最大主应力接近 30 MPa，洞室开挖过程中围岩将遭受复杂应力路径下的加载、卸载过程和非常不利的应力状态。软岩洞段开挖可能出现塑性大变形、流变及局部失稳等现象。

目前国内外对石英云母片岩的变形特性、本构模型、破坏机理等，都缺乏可供借鉴的系统研究成果。为了准确把握深埋石英云母片岩软岩洞段的工程特性并研究洞室围岩的变形破坏机理，采用了伺服控制原位变形试验新技术开展石英云母片岩变形特性研究，为长大深埋软岩引水隧洞及软岩大型调压室勘察设计提供研究成果[161-162]。

3.4.2 伺服控制承压板变形试验

石英云母片岩原位变形试验布置在 CPD1#勘探平硐 0+560 m 处试验支洞内。制样时，首先人工清除爆破及卸荷松弛层。对于变形试点，首先人工凿制成 60 cm 的平面，并满足相应的边界条件，再将直径为 60 cm 的平面研磨平整，对试点进行照相和地质描述。

石英云母片岩岩体变形试验采用 3.1 节介绍的微机伺服控制原位试验系统，计算机伺服系统控制压力，数据采集系统测量岩体变形，试验安装照片见图 3.33。承压板上布置四个位移传感器，位移传感器精度为 1 μm，量程为 30 mm，采样间隔为 60 点/min。

（a）垂直片理方向（侧壁）

（b）平行片理方向（底板）

图 3.33　石英云母片岩伺服控制原位变形试验场景

石英云母片岩微机伺服控制原位变形试验共开展两组，其中一组平行于片理方向（近水平方向），另一组垂直于片理方向（近铅直方向），两组原位变形试验的典型压力-变形关系曲线见图 3.34。

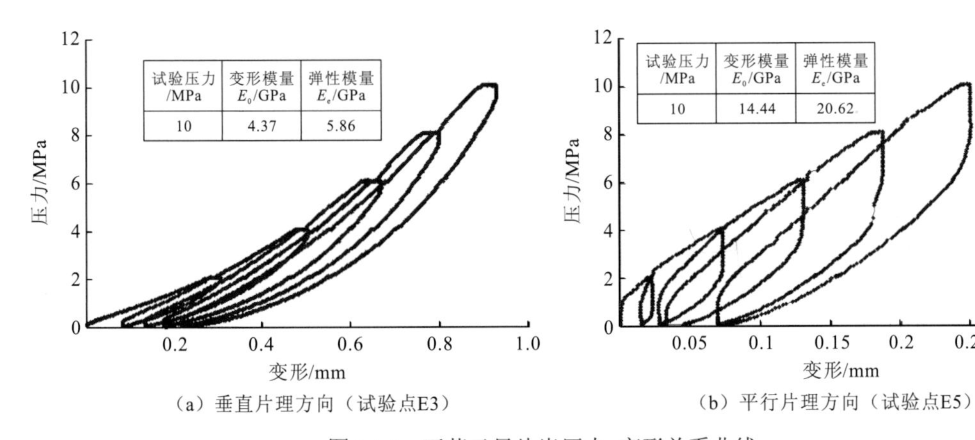

（a）垂直片理方向（试验点E3）　（b）平行片理方向（试验点E5）

图 3.34　石英云母片岩压力-变形关系曲线

根据式（3.5）刚性承压板法岩体综合变形模量计算公式，计算可得各试验点的变形模量和弹性模量，见表 3.7。

表 3.7　石英云母片岩变形参数

试验点编号	加载方向	变形模量 E_0/GPa		弹性模量 E_e/GPa	
		单点值	平均值	单点值	平均值
E1	垂直于片理面	4.37	3.58	5.86	5.23
E2		3.20		4.63	
E3		3.18		5.19	
E4	平行于片理面	23.29	20.87	26.24	25.56
E5		14.44		20.62	
E6		24.89		29.83	

3.4.3 石英云母片岩变形特性各向异性特征

为了全面分析石英云母片岩的各向异性特征，在微机伺服控制原位变形试验完成后，在试点部位钻孔进行各试验部位岩体声波波速测试，各试点岩体声波波速测试成果见图 3.35。

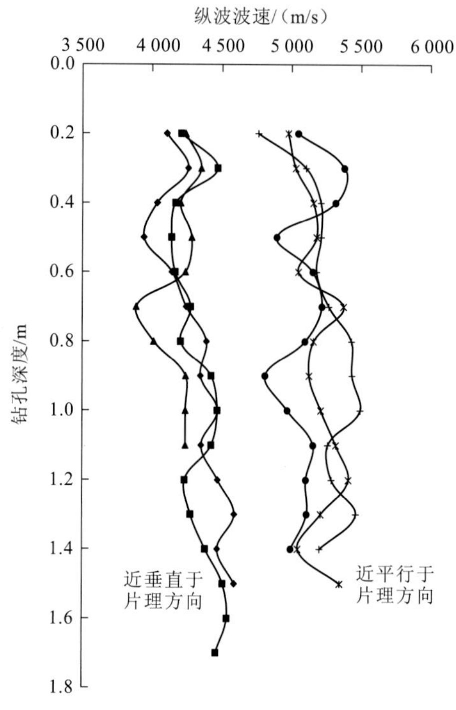

图 3.35 变形试验点单孔纵波波速沿钻孔深度分布曲线

从图 3.35 纵波波速沿钻孔深度分布曲线可见，由于片理存在，石英云母片岩具有明显的各向异性特征，近平行于片理方向的声波波速明显高于近垂直于片理方向的声波波速。其中，近平行于节理面方向的声波波速沿钻孔深度变化不大，而近垂直于片理面方向三个变形试点波速随孔深的增加而有所增大，表明洞室开挖卸荷后，边墙岩体存在垂直片理面的应力松弛。

石英云母片岩变形模量与声波波速统计结果见表 3.8，石英云母片岩波速的变化规律与变形模量的变化规律一致：石英云母片岩平行于片理面的单孔平均波速为 5 163 m/s，明显高于垂直于片理面的单孔平均波速 4 225 m/s，平行于片理方向的变形模量平均值为 20.87 GPa，明显高于垂直于片理面方向的变形模量平均值 3.58 GPa。

表 3.8 石英云母片岩变形模量与声波波速统计结果

加载方向	变形模量 E_0/GPa		弹性模量 E_e/GPa		钻孔纵波波速/（m/s）	
	范围值	平均值	范围值	平均值	范围值	平均值
垂直于片理方向	3.18～4.37	3.58	4.63～5.86	5.23	4 187～4 277	4 225
平行于片理方向	14.44～24.89	20.87	20.62～29.83	25.56	5 100～5 232	5 163

此外，需要说明的是，承压板变形试验前清除了试验部位表层松动岩体，但是现场人工清除的主要是爆破松动层，应力松弛层则无法清除。由于石英云母片岩的片理结构，在勘探试验平硐较大的洞周环向应力条件下，位于边墙上的垂直于片理方向加载的试验点存在不同程度的鼓胀松弛，导致试验结果偏低，但是位于底板上的平行于片理面加载的试验点则会被进一步压密，导致试验结果偏高，进一步加剧了石英云母片岩原位变形试验结果的各向异性特征。

第4章　复杂应力路径岩体原位真三轴试验

目前一般采用原位直剪试验获取岩体强度参数。直剪试验需要预设剪切面，试验结果只能反映剪切面强度，难以反映岩体综合强度；采用库仑强度准则进行表述，应用时存在局限。岩体原位三轴试验是研究岩体综合强度的有效途径。以往岩体原位三轴试验由于设备条件的限制，应力水平普遍不高（围压≤5 MPa），难以满足目前深部高应力岩体特性研究的需要。另外，以往岩体原位三轴试验都为等围压试验，现有规范中推荐的岩体原位三轴试验应力路径也只限于等围压加载破坏，而非不等围压的复杂应力路径岩体原位真三轴试验。

为了研究深埋隧洞围岩变形强度特性，长江科学院与长春市朝阳试验仪器有限公司联合研制了能实现高压加载、复杂应力路径伺服控制的YXSW-12岩体原位真三轴试验系统，并将复杂应力路径岩体原位真三轴试验新技术应用于我国西南地区白鹤滩、锦屏二级、乌东德、丹巴等大型水电工程，取得了岩体高压卸侧压路径真三轴强度特性等新成果。

4.1 YXSW-12 岩体原位真三轴试验系统

4.1.1 试验系统组成

YXSW-12 岩体原位真三轴试验系统由五个子系统组成：①轴向加载子系统；②侧向加载子系统；③供油增压及稳压子系统；④控制子系统；⑤测量子系统。

系统各部分结构图及实物照片见图 4.1～图 4.5。

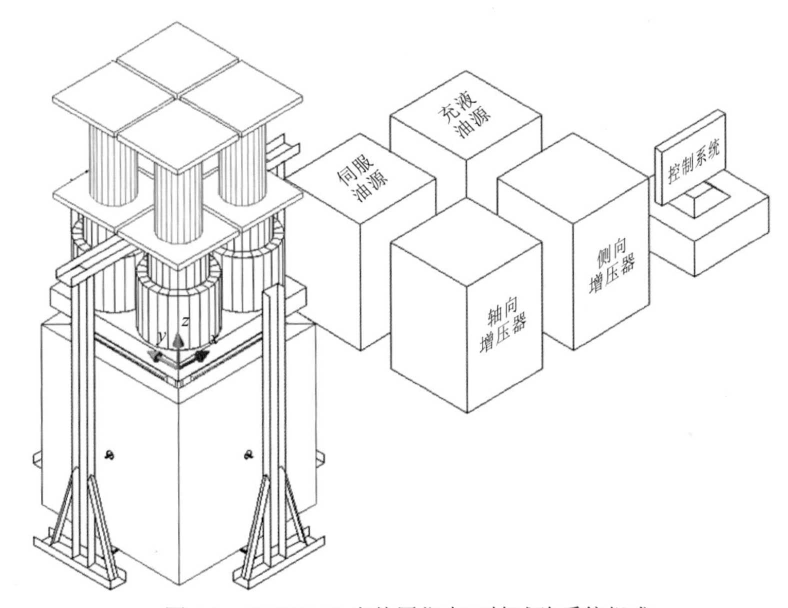

图 4.1 YXSW-12 岩体原位真三轴试验系统组成

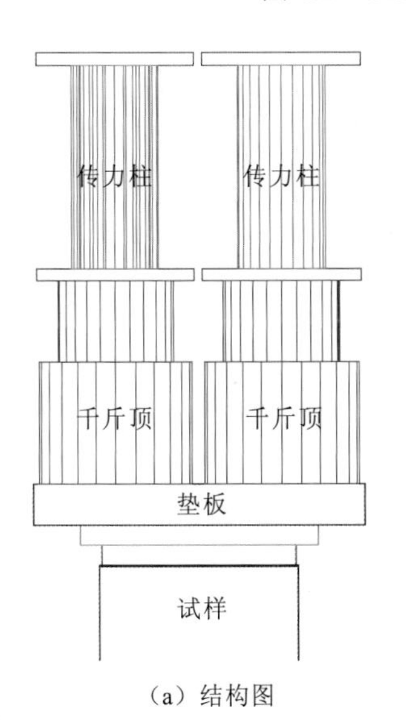

（a）结构图

（b）实物图

图 4.2 轴向加载子系统

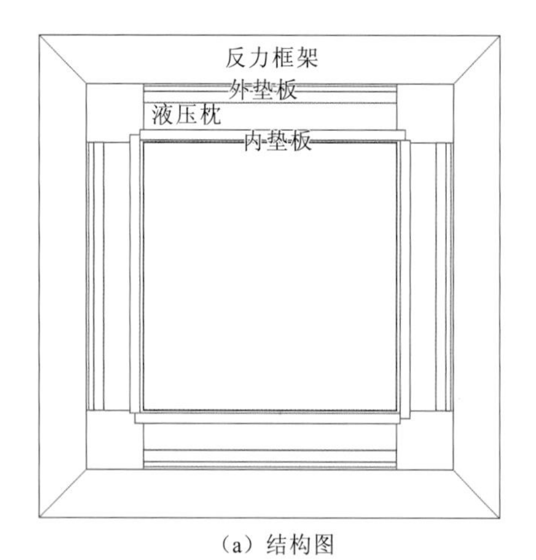

（a）结构图

（b）实物图

图 4.3　侧向加载子系统

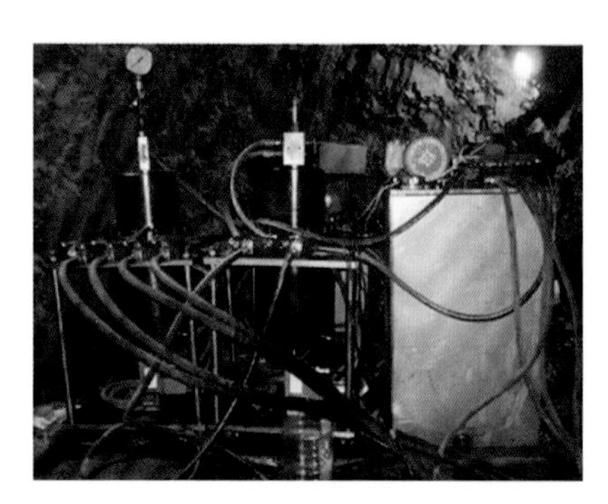

（a）增压系统

（b）稳压系统

图 4.4　供油增压及稳压子系统

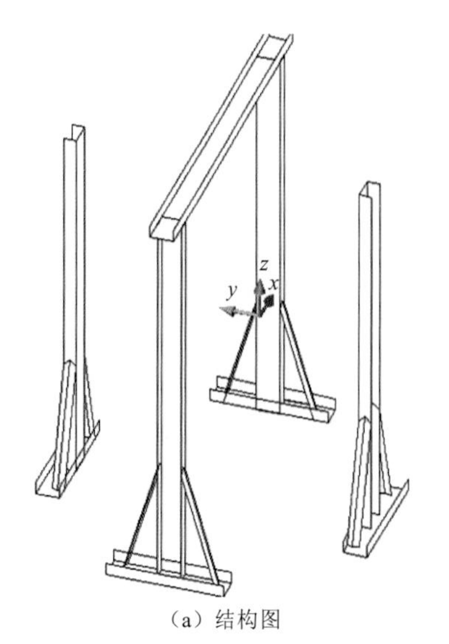

（a）结构图

（b）实物图

图 4.5　测量子系统

轴向加载子系统由垫板、传力柱、千斤顶、压板组成。其中，千斤顶为出力构件，垫板、传力柱及压板为传力构件。轴压反力由试验部位的洞室顶板提供。

侧向加载子系统由反力框架、垫板、护板和液压枕组成。其中，液压枕为出力构件，垫板、护板为传力构件。侧压反力由反力框架提供。

供油增压及稳压子系统由充液油源、伺服油源、轴向增压器、侧向增压器和伺服阀组成。轴向增压器与千斤顶连通，侧向增压器与液压枕连通。充液油源的功能为充油和回油，伺服油源的功能为提供稳定压力，伺服阀的功能为按试验人员的指令对伺服油源提供的压力进行调节。

控制子系统包括电脑控制平台和外置式全数字控制器（external digital control，EDC）。控制器与伺服阀连通，主要功能为指令转换、传输及显示。电脑控制平台通过数据线与伺服油源、增压器连接，实时显示各部分液压，并通过指令输入实现对试验过程的控制。

测量子系统包括支架、测杆等，其功能主要为提供一套独立、不受试验干扰的稳定结构，用于安装测表。测表通过数据线与电脑控制平台连接，使测试数据能够实时采集、自动保存、自动成图。

YXSW-12 岩体原位真三轴试验系统安装示意图及现场照片见图 4.6、图 4.7。具体安装程序如下：首先逐层安装反力框架，同时将液压钢枕安装于相应的位置，引出油管，再逐层安装轴向传力叠板、千斤顶、传力柱及顶板，以及埋设测量基座，养护 3 d 后，接通和梳理各向油路确认无误后安装测量系统。

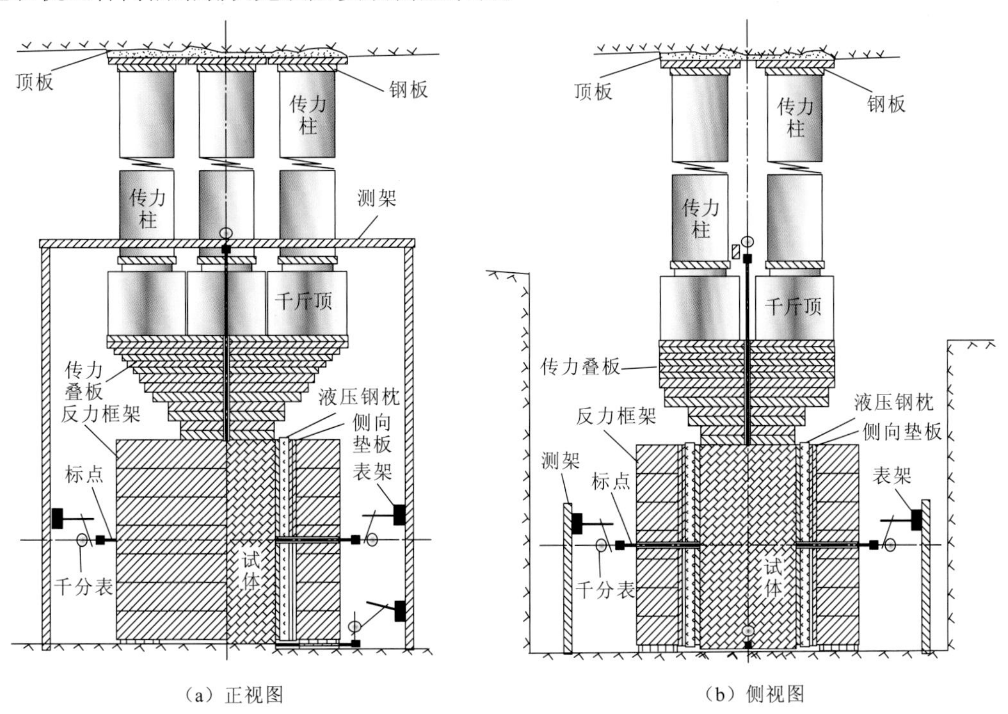

（a）正视图　　（b）侧视图

图 4.6　YXSW-12 岩体原位真三轴试验系统安装示意图

图 4.7　YXSW-12 岩体原位真三轴试验系统现场安装照片

4.1.2　工作原理

结合图 4.8 阐明 YXSW-12 岩体原位真三轴试验系统的工作原理。

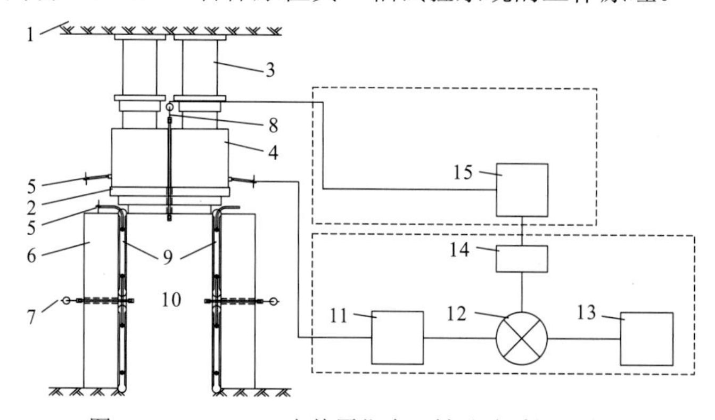

图 4.8　YXSW-12 岩体原位真三轴试验系统工作原理图

1—试验洞顶板；2—钢垫板；3—传力柱；4—千斤顶；5—油管；6—反力框架；7—侧向变形测表；8—轴向变形测表；9—液压钢枕；10—试样；11—增压器；12—伺服阀；13—伺服油源；14—EDC；15—计算机；16—数据线

试样制备完成后，依次安装反力框架、液压钢枕、侧向变形测表、钢垫板、千斤顶、传力柱、轴向变形测表。通过油管连接千斤顶（或液压钢枕）、增压器、伺服阀、伺服油源，通过数据线连接测表、计算机、EDC 和伺服阀。系统安装连接完成后，开启计算机、EDC，启动伺服油源。试验人员将试验指令输入计算机，然后开始试验。试验人员的指令由 EDC 转换为电信号，发送给伺服阀，伺服阀依据 EDC 的指令，将伺服油源提供的压力进行调节，然后将指定压力输送给增压器，增压器将伺服阀的压力放大，然后将放大的压力通过油管输送给液压钢枕或千斤顶。试样受液压钢枕或千斤顶荷载作用后，所发生的变形通过测杆传递，然后被轴向变形测表和侧向变形测表采集，并通过数据线传递给计算机。计算机按试验人员要求绘制实时试验曲线。

试验过程中，侧压和轴压由三套独立的加载系统控制，实现真三轴加载。

伺服控制系统为硬件闭路系统，可以根据需要，灵活采用荷载方式或位移方式对试验过程进行控制。

4.1.3 系统功能

YXSW-12 岩体原位真三轴试验系统具有如下功能：

（1）真三轴。可以对侧压 σ_2、σ_3 分别控制，能够实现 $\sigma_2 \neq \sigma_3$ 的真三轴试验。

（2）高应力。YXSW-12 系统中，提供侧压的液压枕经过特殊设计和处理，能够承受的设计应力达 20 MPa。现场试验过程中可以提供 15 MPa 稳定侧压。轴压通过 4～6 个千斤顶同时提供，单个千斤顶出力最高可达 500 t，能够施加的最大轴压达 120 MPa。

（3）大尺度。与 YXSW-12 系统配套的试样尺寸为 50 cm×50 cm×100 cm，试样中包含一定数量裂隙，试验结果能够表征大尺度原位岩体力学特征。

（4）复杂应力路径伺服控制。YXSW-12 系统的加载方式为自动伺服控制，加载速度快，补压及时，稳压效果好，并且能够按试验目的方便调整加载、卸载方式，能开展复杂应力路径试验。采样间隔可设置为 1 次/0.01 min～1 次/20 min。既能及时捕获瞬间的应力、应变，又能减少长期试验数据量大的麻烦。

（5）全过程。由于具备伺服控制和数据自动采集、自动成图功能，YXSW-12 系统能够获得试样的变形、破坏全过程曲线，不仅可以得到试样峰值强度，还可以得到试样的残余强度。

（6）高精度。该系统的位移传感器为特殊定制的光栅式传感器，精度及分辨率高，防水防潮性能优良，抗干扰能力强，分辨率为 1 μm，系统综合分辨率小于 2 μm，能适应深埋隧洞潮湿环境。

（7）安装拆卸方便。整套系统总质量在 15 t 左右，大小数量在 100 件左右。设计制造时充分考虑了运输及现场安装的可操作性，各部件相对独立又紧密联系，最大质量为 1 t（单个钢框架，共 7 件）。重量为 100～400 kg 的约占 35%。现场安装专门设计了可拆卸的简易三角行吊，通过滑轮组方便地移动 6 m，用该行吊安装极为方便，可以精确定位安装。

4.1.4 试样制备

采用 YXSW-12 系统开展岩体原位真三轴试验时，岩体试样制备过程如下：

（1）人工清除表层爆破松动层，即图 4.9 中的第①部分。

（2）确定试样平面位置，对试样顶面进行精细描述、照相，然后采用水泥砂浆对顶部局部位置进行处理。

（3）将试样四周至少 50 cm 宽度范围内的岩体向下逐层清除，试样表面采用切割机、打磨机打磨平整；下切 25 cm 后，即图 4.9 中的第②部分清除后，对试样四周侧壁进行详细素描、照相，然后采用水泥砂浆进行必要处理。

（4）仿照第（3）步逐层清除图 4.9 中的第③、④、⑤部分，逐层素描、照相。

（5）检验试样的尺寸、铅直度、垂直度，对试样进行必要的修正，将试样四周沟槽底部打磨平整。

岩体试样制备过程中不同阶段的实物照片见图 4.10。

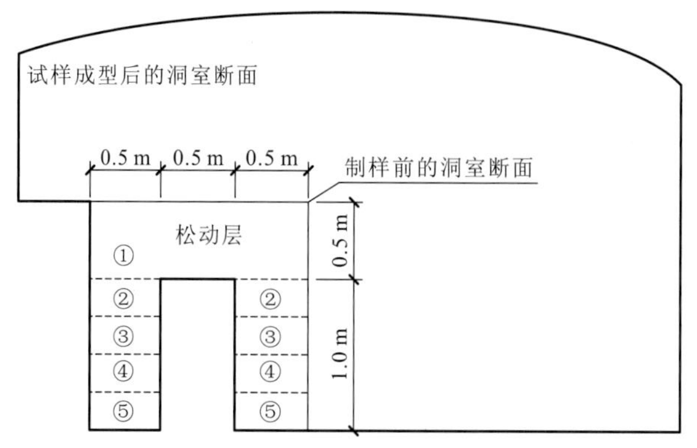

图 4.9　制样前后的洞室断面形态

（a）毛坯　（b）制备好的试样　（c）塑膜后的试样

图 4.10　试样制作过程

4.1.5　试验方法

1. 方向及符号规定

岩体原位真三轴试验，试样为长方体，一般规定水平面为 xOy 平面，水平面上试样尺寸为 50 cm×50 cm，铅直方向为 z 方向，z 方向上试样高度为 100 cm（图 4.11）。

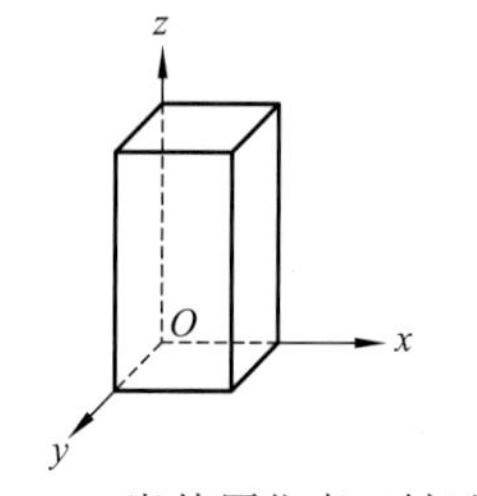

图 4.11　岩体原位真三轴试样方向及坐标系规定

对变形方向的规定如下：试点压缩变形为“+”，膨胀变形为“−”。

试验应力路径可采用以下表述方式：横坐标为时间，纵坐标为应力大小，用三条连续的折线代表三个方向应力的变化（图 4.12）。

仿照应力路径记录模式，可以对变形（或应变）进行全过程记录，如下所示：横坐标为时间，纵坐标为应变值，用三条连续的曲线代表三个方向变形（或应变）的变化（图 4.13）。

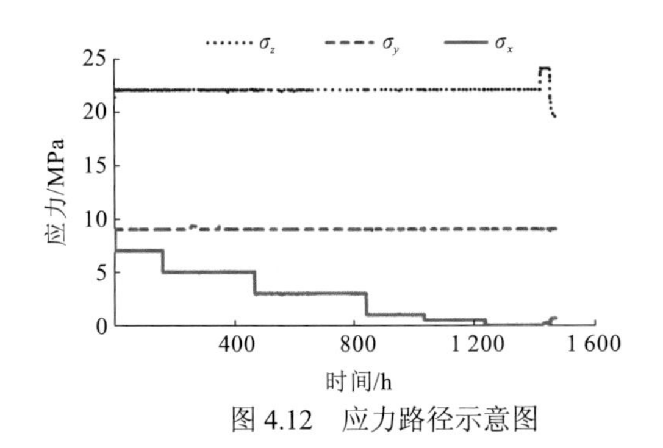

图 4.12　应力路径示意图

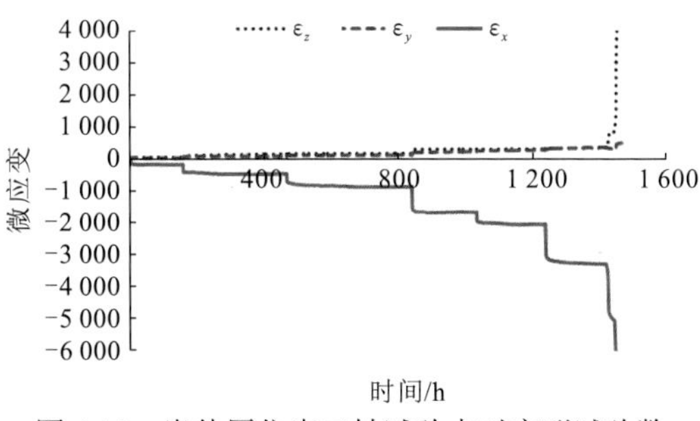

图 4.13　岩体原位真三轴试验中对变形试验数据的记录和表述

2. 变形试验方法

采用 YXSW-12 岩体原位真三轴试验系统可以开展不同方向、不同应力水平下的变形试验。

开展不同方向变形试验时，保持其他两个方向应力不变，逐级增大一个方向应力，至预定应力后再逐级卸载至初始应力。每一次加载和卸载的级数建议都不少于五级，每一级加压后立即读数，以后每隔 10 min 读数一次，相邻两次读数差与同级压力下第一次变形读数和前一级压力下最后一次变形读数之差小于 5%时，可认为变形稳定，进行下一级加载或卸载。例如，开展 x 方向变形试验时，保持 y、z 两个方向应力水平 (σ_y^0,σ_z^0) 不变，将 x 方向应力由 σ_x^0 分五级加载至 σ_x^1，然后再由 σ_x^1 分五级卸载至 σ_x^0，每一级荷载作用下，岩体试样达到上述稳定标准后方可进行下一级加载或卸载。按照同样的方法即可开展另外两个方向（y 和 z 方向）的变形试验。

开展不同应力水平变形试验时，先将应力水平划分为不同阶段，如 σ^0 到 σ^1 阶段、σ^1 到 σ^2 阶段、σ^2 到 σ^3 阶段等。开展 σ^0 到 σ^1 阶段变形试验时，先将 x、y、z 三个方向应力都加载至 σ^0，然后再分别开展 x、y、z 三个方向上 σ^0 至 σ^1 应力变化阶段的变形试验。

3. 强度试验方法

现有规程规范如《水电水利工程岩石试验规程》（DL/T 5368—2007）中，给出的三轴试验应力路径为等围压加载破坏应力路径。针对某一试样，首先施加一定大小围压（$\sigma_2=\sigma_3$），再逐级增加轴压 σ_1，直至试样破坏。由一个试样可以得到一对破坏时的 σ_1、σ_3，反映在坐标系中为一个强度点。实际地下洞室围岩的受力过程要比等围压加载破坏复杂，如在比较常见的洞室开挖过程中，环向应力一般都会明显增大，径向应力减小，沿洞轴向应力在初始应力基础上略有变化。洞室围岩的实际受力过程往往为复杂应力路径下的真三轴受力过程（图 4.14）。

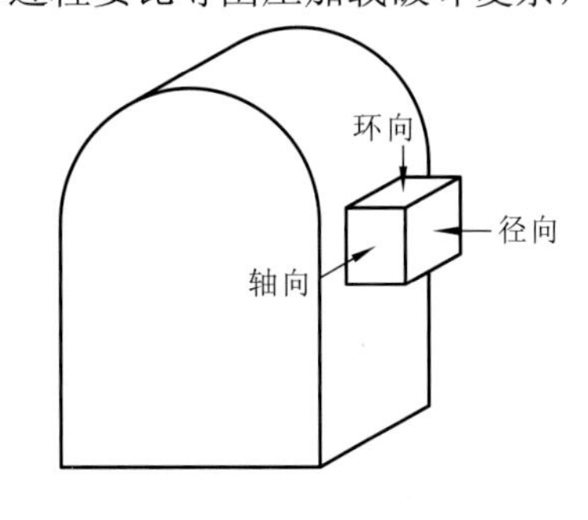

图 4.14　洞壁围岩的三向应力状态

依据试验部位工程岩体的潜在破坏模式，岩体原位真三轴试验可以开展加轴压破坏试验、卸最小主应力破坏试验、加轴压同时卸最小主应力破坏试验等多类试验。

加轴压破坏试验保持试样中间主应力（σ_2）和最

小主应力（σ_3）不变，逐级增加最大主应力（σ_1）至试样破坏。试验时，最大主应力（σ_1）按预估的最大值分 8～10 级施加，当轴向位移增量为前级位移增量的 1.5 倍时，将级差减半施加。轴向荷载施加采用时间控制，每 5 min 加载一级，施加前后对各方向位移测表各测读一次。接近破坏时，应加密测读荷载和位移，峰值前不应少于 10 组读数。试样破坏时，测读轴向荷载峰值。根据需要可继续施加轴向荷载，直到轴向荷载值趋于稳定。当轴向荷载无法稳定或轴向位移明显增大时，测读轴向荷载峰值。在轴向荷载缓慢退压的过程中，另外两个方向应力应保持常数，测读试样的回弹位移读数。

卸最小主应力破坏试验保持试样最大主应力（σ_1）和中间主应力（σ_2）不变，逐级降低最小主应力（σ_3）至试样破坏。最小主应力（σ_3）按预估的最小值分 8～10 级卸载，当沿小主应力方向径向位移增量为前级位移增量的 1.5 倍时，将级差减半卸载。最小主应力卸载采用时间控制，每 5 min 卸载一级，卸载前后对各方向位移测表各测读一次。接近破坏时，应加密测读荷载和位移，最低值前不应少于 10 组读数。试样破坏时，测读最小主应力最低值。根据需要可继续卸载最小主应力，直到最小主应力值趋于稳定。

加轴压同时卸最小主应力破坏试验，保持中间主应力不变，在逐级增加轴压的同时，逐级减小最小主应力。首先也是按预估分 8～10 级，位移增加明显时将大主应力和小主应力的级差都减半，试样破坏前不少于 10 组读数。

上述试验完成之后，针对破坏后的试样，可以在调整压力和测表之后，再次进行试验，获得破坏样的残余强度。残余强度试验的荷载可以根据首次试验的终点稳定值进行分级。试验过程中不少于 10 组读数。

针对一个单一试样，还可以开展破坏样单点重复加载或重复卸载破坏试验。通过一个试验点，得到试样在不同应力路径下的残余强度值。

4.1.6 成果处理

1. 变形试验成果处理

对于各向异性材料，线弹性本构模型表述如下：

$$\begin{Bmatrix} \varepsilon_x \\ \varepsilon_y \\ \varepsilon_z \\ \gamma_{yz} \\ \gamma_{xz} \\ \gamma_{xy} \end{Bmatrix} = \begin{bmatrix} \dfrac{1}{E_x} & -\dfrac{\mu_{yx}}{E_y} & -\dfrac{\mu_{zx}}{E_z} & \dfrac{\eta_{x,yz}}{G_{yz}} & \dfrac{\eta_{x,xz}}{G_{xz}} & \dfrac{\eta_{x,xy}}{G_{xy}} \\ -\dfrac{\mu_{xy}}{E_x} & \dfrac{1}{E_y} & -\dfrac{\mu_{zy}}{E_z} & \dfrac{\eta_{y,yz}}{G_{yz}} & \dfrac{\eta_{y,xz}}{G_{xz}} & \dfrac{\eta_{y,xy}}{G_{xy}} \\ -\dfrac{\mu_{xz}}{E_x} & -\dfrac{\mu_{yz}}{E_y} & \dfrac{1}{E_z} & \dfrac{\eta_{z,yz}}{G_{yz}} & \dfrac{\eta_{z,xz}}{G_{xz}} & \dfrac{\eta_{z,xy}}{G_{xy}} \\ \dfrac{\eta_{yz,x}}{E_x} & \dfrac{\eta_{yz,y}}{E_y} & \dfrac{\eta_{yz,z}}{E_z} & \dfrac{1}{G_{yz}} & \dfrac{\mu_{yz,xz}}{G_{xz}} & \dfrac{\mu_{yz,xy}}{G_{xy}} \\ \dfrac{\eta_{xz,x}}{E_x} & \dfrac{\eta_{xz,y}}{E_y} & \dfrac{\eta_{xz,z}}{E_z} & \dfrac{\mu_{xz,yz}}{G_{yz}} & \dfrac{1}{G_{xz}} & \dfrac{\mu_{xz,xy}}{G_{xy}} \\ \dfrac{\eta_{xy,x}}{E_x} & \dfrac{\eta_{xy,y}}{E_y} & \dfrac{\eta_{xy,z}}{E_z} & \dfrac{\mu_{xy,yz}}{G_{yz}} & \dfrac{\mu_{xy,xz}}{G_{xz}} & \dfrac{1}{G_{xy}} \end{bmatrix} \begin{Bmatrix} \sigma_x \\ \sigma_y \\ \sigma_z \\ \tau_{yz} \\ \tau_{xz} \\ \tau_{xy} \end{Bmatrix} \tag{4.1}$$

式中：E_x、E_y、E_z分别为x、y、z三个方向上的弹性模量；G_{yz}、G_{xz}、G_{xy}分别为yOz、xOz、xOy三个平面内的剪切模量；μ_{xy}、μ_{yx}、μ_{xz}、μ_{zx}、μ_{yz}、μ_{zy}为泊松比，μ_{ij}表示i方向应力作用所导致的i方向应变与j方向应变的比值；$\mu_{yz,xz}$、$\mu_{yz,xy}$、$\mu_{xz,yz}$、$\mu_{xz,xy}$、$\mu_{xy,yx}$、$\mu_{xy,xz}$为Chentsov系数，$\mu_{ij,lm}$表示lm平面内的切向应力所导致的ij平面内的剪力；$\eta_{x,yz}$、$\eta_{x,xz}$、$\eta_{x,xy}$、$\eta_{y,yz}$、$\eta_{y,xz}$、$\eta_{y,xy}$、$\eta_{z,yz}$、$\eta_{z,xz}$、$\eta_{z,xy}$为第一类影响系数，$\eta_{i,jl}$表示jl平面内的剪切应力所导致的i方向的拉伸变形；$\eta_{yz,x}$、$\eta_{xz,x}$、$\eta_{xy,x}$、$\eta_{yz,y}$、$\eta_{xz,y}$、$\eta_{xy,y}$、$\eta_{yz,z}$、$\eta_{xz,z}$、$\eta_{xy,z}$为第二类影响系数，$\eta_{ij,l}$表示l方向的轴向应力所导致的ij平面内的剪切变形。

由于三轴试验中剪应力为零，而且剪应变目前也难以量测，故不考虑剪应力与剪应变，式（4.1）可简写为

$$\begin{Bmatrix}\varepsilon_x\\ \varepsilon_y\\ \varepsilon_z\end{Bmatrix}=\begin{bmatrix}\dfrac{1}{E_x} & -\dfrac{\mu_{yx}}{E_y} & -\dfrac{\mu_{zx}}{E_z}\\ -\dfrac{\mu_{xy}}{E_x} & \dfrac{1}{E_y} & -\dfrac{\mu_{zy}}{E_z}\\ -\dfrac{\mu_{xz}}{E_x} & -\dfrac{\mu_{yz}}{E_y} & \dfrac{1}{E_z}\end{bmatrix}\begin{Bmatrix}\sigma_x\\ \sigma_y\\ \sigma_z\end{Bmatrix} \tag{4.2}$$

在测得的应力、应变基础上，由式（4.2）可以计算各向异性变形特性参数。例如，在x方向加载、卸载时，式（4.2）可变成下列增量形式：

$$\begin{Bmatrix}\Delta\varepsilon_x\\ \Delta\varepsilon_y\\ \Delta\varepsilon_z\end{Bmatrix}=\begin{bmatrix}\dfrac{1}{E_x}\Delta\sigma_x\\ -\dfrac{\mu_{xy}}{E_x}\Delta\sigma_x\\ -\dfrac{\mu_{xz}}{E_x}\Delta\sigma_x\end{bmatrix} \tag{4.3}$$

其中，$\Delta\varepsilon_x$、$\Delta\varepsilon_y$、$\Delta\varepsilon_z$分别为x方向应力变化导致的x、y、z三个方向的应变变化。

由式（4.3）即可计算x方向上的三个变形参数，如下所示：

$$E_x=\frac{\Delta\sigma_x}{\Delta\varepsilon_x},\quad \mu_{xy}=-\frac{\Delta\varepsilon_y}{\Delta\varepsilon_x},\quad \mu_{xz}=-\frac{\Delta\varepsilon_z}{\Delta\varepsilon_x}$$

y、z两个方向上应力变化时，其对应方向上的变形参数计算过程与此类似。

按照上述成果处理方法，即可得到试样在不同应力水平下不同方向的变形参数。

2. 强度试验成果处理

按照常规三轴试验成果处理方法，一个破坏试验可以得到破坏时的一对σ_1、σ_3，反映在σ_1-σ_3坐标系中为一个强度点。由多个试样可以得到多个强度点，依据这些强度点拟合σ_1-σ_3相关关系：

$$\sigma_1 = F\sigma_3 + R \tag{4.4}$$

式中：R 为 σ_1-σ_3 拟合直线在 σ_1 坐标轴上的截距；F 为 σ_1-σ_3 拟合直线斜率。

依据莫尔-库仑强度准则，由 F、R 可按式（4.5）计算岩体抗剪强度参数：

$$f = \frac{F-1}{2\sqrt{F}}, \quad c = \frac{R}{2\sqrt{F}} \tag{4.5}$$

对于岩体原位真三轴试验，在对试验成果进行处理时，为了考虑中间主应力的影响，可以采用德鲁克-普拉格（Drucker-Prager）强度准则、茂木（Mogi）强度准则等进行强度参数拟合。

德鲁克-普拉格强度准则形式如下：

$$J_2^{0.5} = \alpha I_1 + k \tag{4.6}$$

式中：I_1 为应力张量第一不变量（应力方向拉为正，压为负）；J_2 为应力偏量第二不变量；α、k 为德鲁克-普拉格强度准则强度参数。

在德鲁克-普拉格强度准则基础上，采用外角外接圆拟合莫尔-库仑强度准则参数时，α、k 与莫尔-库仑强度准则的强度参数之间存在以下关系：

$$\alpha = \frac{2\sin\varphi}{\sqrt{3}(3-\sin\varphi)}, \quad k = \frac{6c\cos\varphi}{\sqrt{3}(3-\sin\varphi)} \tag{4.7}$$

式中：c 为黏聚力；φ 为内摩擦角。

茂木强度准则的表达式如下：

$$\tau_{\text{oct}} = f(\sigma_{\text{m},2}) \tag{4.8}$$

$$\tau_{\text{oct}} = \sqrt{\frac{2}{3}J_2} = \frac{1}{3}\sqrt{(\sigma_1-\sigma_2)^2+(\sigma_2-\sigma_3)^2+(\sigma_3-\sigma_1)^2} \tag{4.9}$$

式中：τ_{oct} 为八面体剪应力；$\sigma_{\text{m},2}$ 为有效中间应力，$\sigma_{\text{m},2} = (\sigma_1+\sigma_3)/2$。

根据茂木强度准则，当材料内部的畸变能达到极限值而产生屈服破坏时，材料破坏取决于破坏面上的有效中间应力 $\sigma_{\text{m},2}$，而不是破坏面上的平均有效应力 $[\sigma_{\text{oct}} = (\sigma_1+\sigma_2+\sigma_3)/3]$。茂木强度准则的线性形式为

$$\tau_{\text{oct}} = a_{\text{m}} + b_{\text{m}}\sigma_{\text{m},2} \tag{4.10}$$

对于常规三轴压缩试验，有 $\sigma_2 = \sigma_3$，茂木强度准则退化为莫尔-库仑强度强度准则，根据式（4.4）、式（4.9）可得茂木强度准则中参数 a_{m}、b_{m} 与莫尔-库仑强度准则参数 c、φ 的关系：

$$\begin{cases} b_{\text{m}} = \dfrac{\sqrt{8}}{3}\sin\varphi \\ a_{\text{m}} = \dfrac{\sqrt{8}}{3}c\cos\varphi \end{cases} \tag{4.11}$$

4.2 柱状节理岩体力学特性原位真三轴试验

白鹤滩水电站坝址区柱状节理玄武岩各向异性特征明显，开挖后具有明显松弛效应。在前期研究中已采用刚性承压板法、柔性板中心孔法、原位直剪试验方法等对其变形强度特性进行了系统研究，为了进一步研究地下洞室围岩开挖松弛过程中柱状节理玄武岩力学性能演化规律，在白鹤滩科研试验洞内开展一组六点岩体原位真三轴试验，探讨分析柱状节理玄武岩本构模型、各向异性变形特征、强度特征及破坏机理[163]。

4.2.1 岩体原位真三轴试验应力路径

柱状节理玄武岩岩体原位真三轴试验试样采用人工方法制备，六个试样从洞底向洞外编号依次为 1#～6#，现场照片见图 4.15。

试样被柱状节理和微裂隙切割成镶嵌块体状，块度一般为 5～10 cm。由于柱状节理非完全竖直，试样轴向与柱状节理之间存在一定交角，试样表面柱状节理的出露形态见图 4.16，y（σ_2）方向为洞轴向，x（σ_3）为洞径向，z（σ_1）为铅直向。

图 4.15 白鹤滩水电站柱状节理玄武岩岩体原位真三轴试验照片

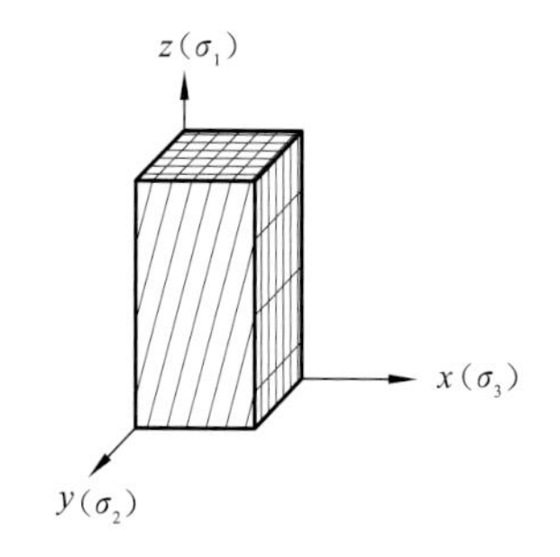

图 4.16 加载方向与柱状节理面延伸方向相互关系

六个试样都是先开展变形试验，再开展强度试验。各试样的应力路径见图 4.17，1～2、3～4、5～6 荷载步分别测试低应力水平下 σ_2、σ_3、σ_1 方向的变形参数；8～9、10～11、12～13 荷载步分别测试高应力水平下 σ_2、σ_3、σ_1 方向的变形参数；16～17 荷载步测试原岩试样卸侧压破坏强度；18～19 荷载步测试破坏试样卸侧压残余强度。

此外，对部分试样，还开展了破坏试样的单点加载强度试验，即前述强度试验结束后，将侧压恢复至指定应力水平，加载 σ_1 直至试样再次破坏，以得到破坏试样的加载强度。

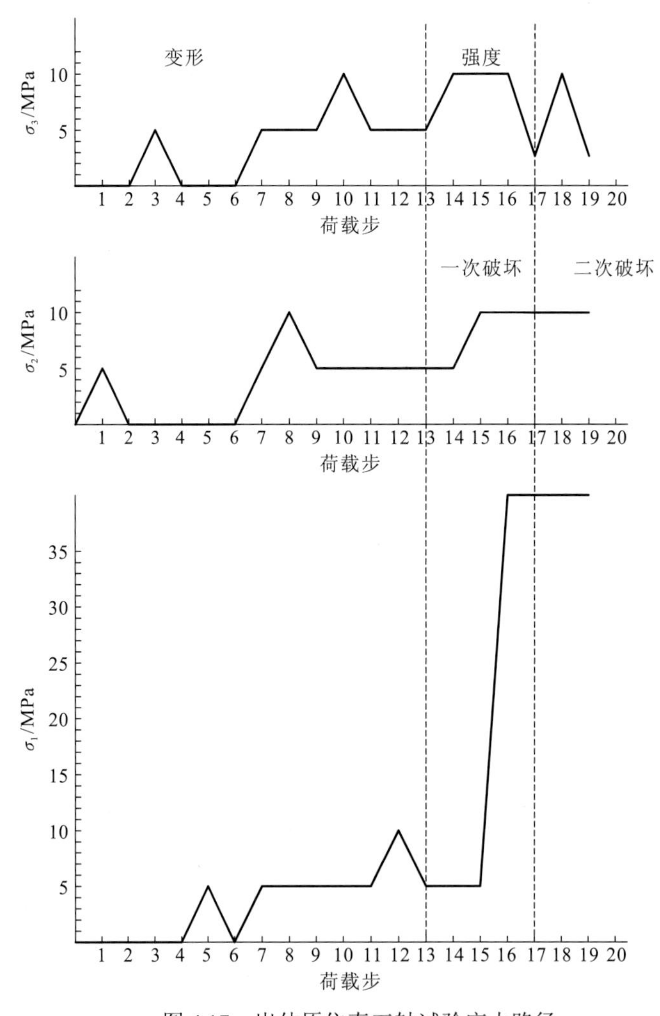

图 4.17　岩体原位真三轴试验应力路径

4.2.2　三向应力作用下柱状节理玄武岩变形特性

为了研究柱状节理玄武岩的各向异性变形特性，针对不同初始应力状态，分别开展了应力为 1～5 MPa、5～10 MPa、2～10 MPa 的三个方向的单向加载变形试验，以及初始侧压为 10 MPa，应力为 10～43 MPa 的铅直方向单向加载变形试验，获得的典型试验曲线见图 4.18～图 4.21。

当岩体试样承受较低静水压力（图 4.18，$\sigma_1=\sigma_2=\sigma_3=1$ MPa），铅直向荷载（σ_1）保持不变，对水平方向（σ_2 或 σ_3 方向）进行单向加载时，相应方向（σ_2 或 σ_3 方向）产生压缩变形，另外两个方向则产生膨胀变形，并且铅直方向上岩体变形曲线呈上凹形，另一水平方向（σ_2 或 σ_3 方向）的变形曲线则呈线性，并且岩体铅直向（σ_1 方向）变形很小，仅为加载方向应变量的 5%左右。试验表明加载初始阶段试样加载方向微裂隙受压闭合，垂直加载方向微裂隙发生一定程度张开。当侧压保持不变，进行铅直向加载时，柱状节理玄武岩 σ_1、σ_2、σ_3 三个方向应力-应变曲线均基本呈线性，并且三个方向应变量差异明显，柱状节理玄武岩表现出各向异性变形特征。

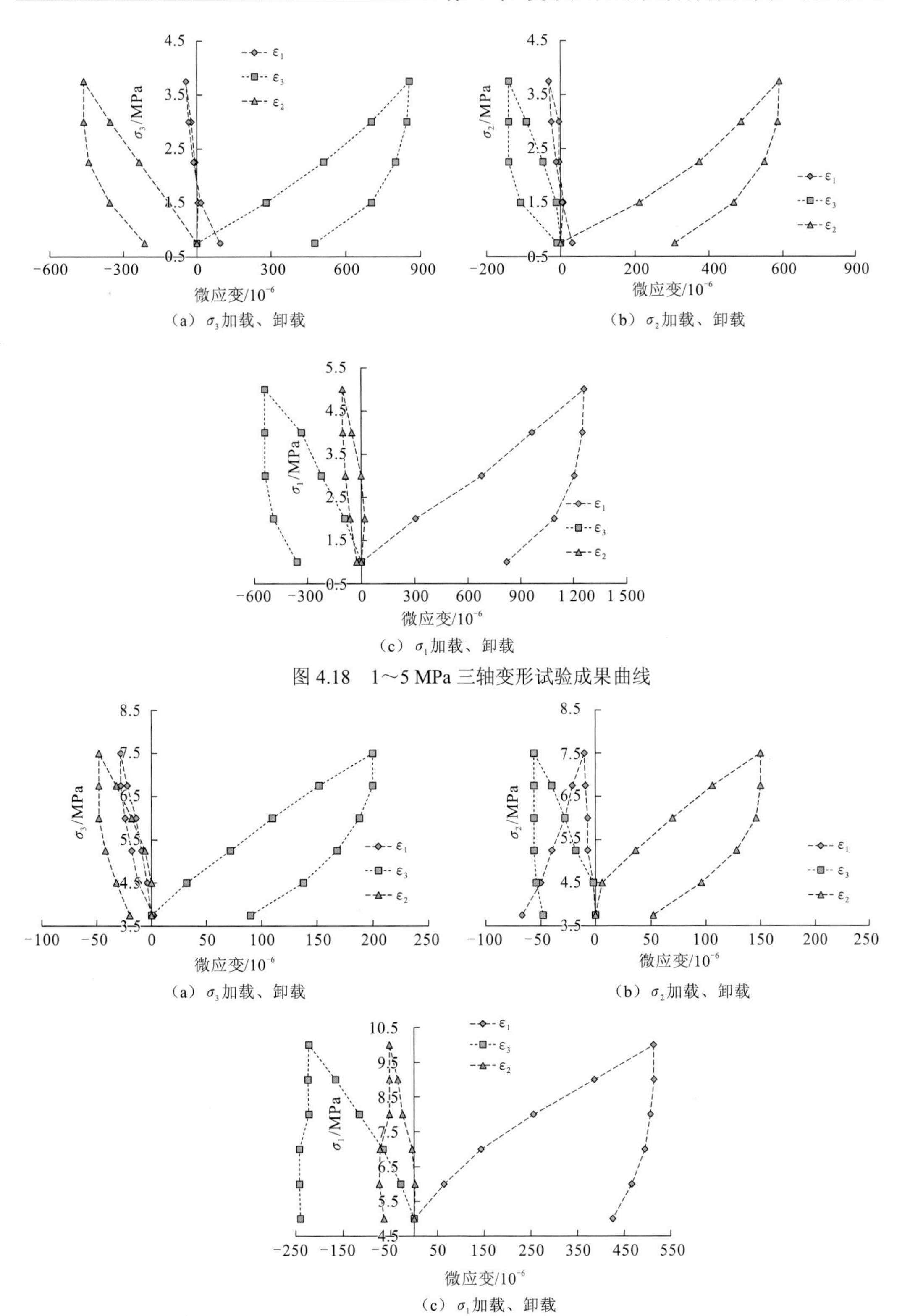

图 4.18　1～5 MPa 三轴变形试验成果曲线

图 4.19　5～10 MPa 三轴变形试验成果曲线

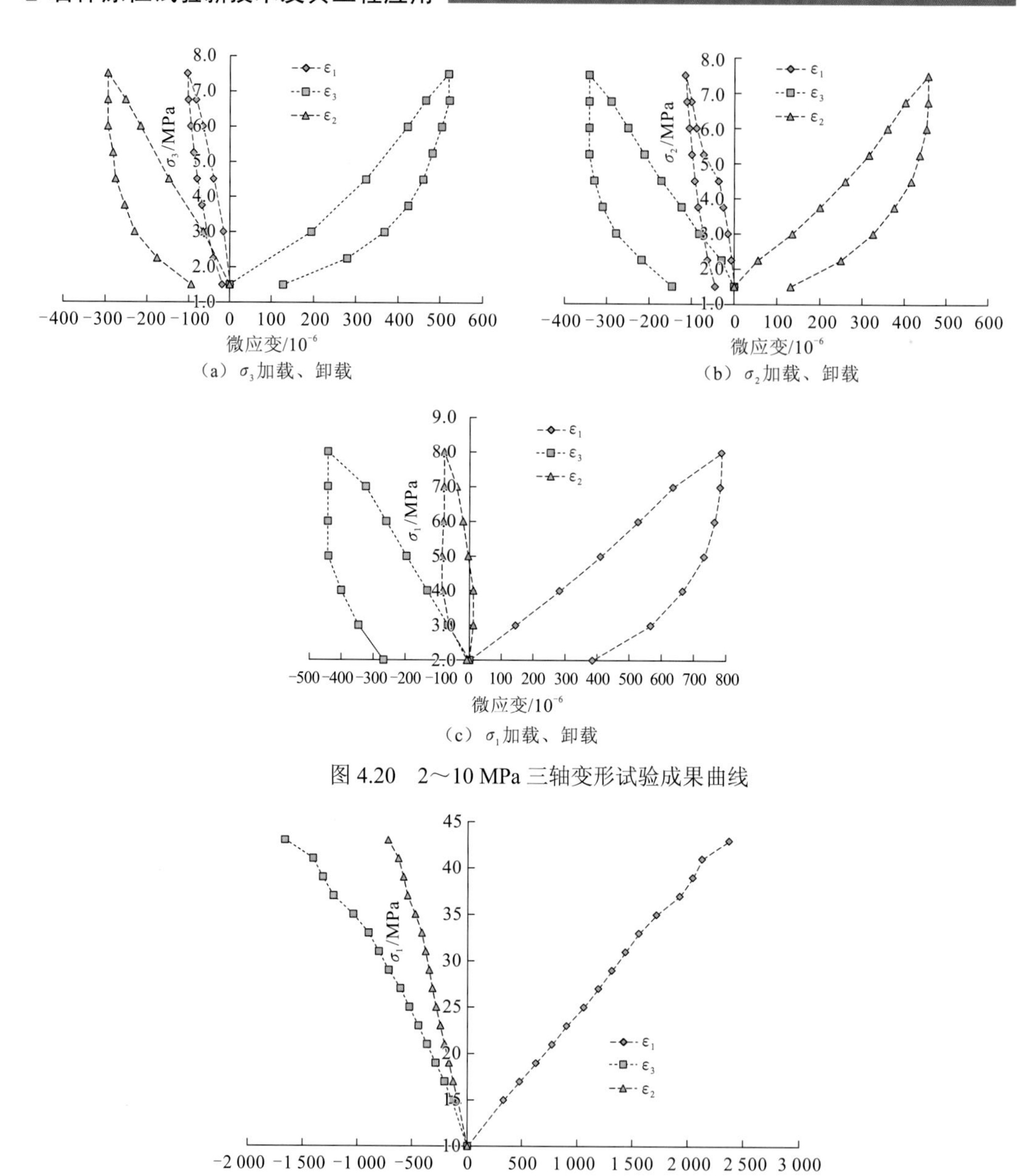

图 4.20　2～10 MPa 三轴变形试验成果曲线

图 4.21　10～43 MPa 三轴变形试验成果曲线

当柱状节理玄武岩试样承受 5 MPa 的静水压力后，再开展单向加载变形试验时，岩体加载方向应力-应变曲线近似呈线性，并且加载方向产生压缩变形，另外两个方向产生膨胀变形。当试样开展水平方向单向加载时，柱状节理玄武岩主要发生另一水平方向的膨胀变形。当侧压不变，试样铅直向加载时，发生铅直向压缩变形与水平方向的膨胀变形，但是水平两个方向的膨胀变形差异明显，σ_2 方向的应变量仅为 σ_3 方向应变量的 25%左右，柱状节理玄武岩同样表现出明显的各向异性特征。

当柱状节理玄武岩由 2 MPa 静水压力开始，进行 2～10 MPa 的单向加载变形试验时，试样的应力-应变曲线特征与 1～5 MPa 的单向加载应力-应变曲线类似，加载方向上岩体变形曲线呈上凹形，垂直加载方向（σ_3 或 σ_2 方向）的变形曲线呈线性，试样三个方向应变量差异明显，柱状节理玄武岩同样表现出各向异性变形特征。

当柱状节理玄武岩试样承受 10 MPa 的静水压力后，再开展铅直向加载的变形试验时，试样的应力-应变曲线近似呈线性，但是试样水平两个方向的膨胀变形仍然差异明显，表现为各向异性。

表 4.1 汇总了六个试样的变形试验成果。由于试样代表性及试验技术控制等方面的问题，试验结果存在一定偏差，为了获得对试验部位岩体变形特征的规律性认识，对试验结果进行统计分析，得到均值与方差，相关统计结果见表 4.2。根据统计分析结果可以看出：

表 4.1　柱状节理玄武岩三轴变形试验成果汇总

应力水平	试样编号	E_3/GPa	E_2/GPa	E_1/GPa	μ_{32}	μ_{31}	μ_{21}	μ_{23}	μ_{13}	μ_{12}
低压 初始侧压为 1 MPa 加载范围为 1～5 MPa	1#	7.39	7.35	8.87	—	0.3	0.14	0.13	0.13	—
	2#	2.43	2.50	3.3	0.49	0.22	0.27	0.34	0.24	0.31
	3#	2.36	1.73	2.78	—	0.17	0.07	0.28	0.31	0.31
	4#	3.50	5.09	3.17	—	0.05	0.05	0.24	0.43	0.08
	5#	2.83	3.47	4.87	0.25	0.07	0.09	0.70	0.46	0.02
	6#	2.53	2.36	4.54	—	0.05	0.47	0.11	0.47	0.08
中等压力 初始侧压为 5 MPa 加载范围为 5～10 MPa	1#	—	—	13.93	—	—	—	—	0.47	—
	2#	8.33	9.87	10	—	0.18	0.13	—	0.4	0.35
	3#	15.00	7.65	8.06	0.2	0.04	—	0.33	0.19	0.26
	4#	18.75	33.33	9.75	0.24	0.14	—	0.38	0.43	0.10
	5#	10.87	10.72	13.59	0.23	0.03	0.01	—	0.43	0.32
	6#	13.89	12.02	11.16	0.36	—	0.14	0.27	0.49	0.14
高压 初始侧压为 10 MPa 加载范围为＞10 MPa	1#	—	—	20.89	—	—	—	—	—	0.27
	2#	—	—	15.15	—	—	—	—	—	—
	3#	—	—	14.42	—	—	—	—	—	—
	4#	—	—	13.92	—	—	—	—	—	0.30
	5#	—	—	15.01	—	—	—	—	—	0.14
	6#	—	—	14.99	—	—	—	—	0.43	0.31

注：一个方向加载、卸载时，另两个方向压力维持初始侧压不变；E_i 为试样沿 i 方向的变形模量，i=1，2，3；v_{ij} 为泊松比，表征沿 i 方向加载时，j 方向应变与 i 方向应变的比值，i，j=1，2，3

表 4.2　岩体原位三轴变形试验成果统计值

应力水平	统计项目	E_3/GPa	E_2/GPa	E_1/GPa	μ_{32}	μ_{31}	μ_{21}	μ_{23}	μ_{13}	μ_{12}
低压 1～4 MPa	均值	3.51	3.75	4.59	—	0.14	0.18	0.30	0.34	0.16
	方差	3.79	4.48	5.07	—	0.01	0.03	0.05	0.02	0.02
中等压力 4～8 MPa	均值	13.37	14.72	11.08	0.26	0.10	0.09	0.33	0.40	0.23
	方差	15.88	110.78	5.30	0.005	0.01	0.01	0.003	0.01	0.01
高压 >8 MPa	均值	—	—	15.73	—	—	—	—	—	0.26
	方差	—	—	6.60	—	—	—	—	—	0.01

（1）柱状节理玄武岩变形参数与其所处的应力状态密切相关。低侧压条件下，柱状节理玄武岩变形模量普遍较低，随侧压增高，柱状节理玄武岩变形模量明显提高。如图4.22所示，柱状节理玄武岩铅直方向变形模量 E_1 在初始侧压为1 MPa时，测试平均值为4.59 GPa，当初始侧压为5 MPa时，测试平均值增至11.08 GPa，当初始侧压为10 MPa时，测试平均值为15.73 GPa。

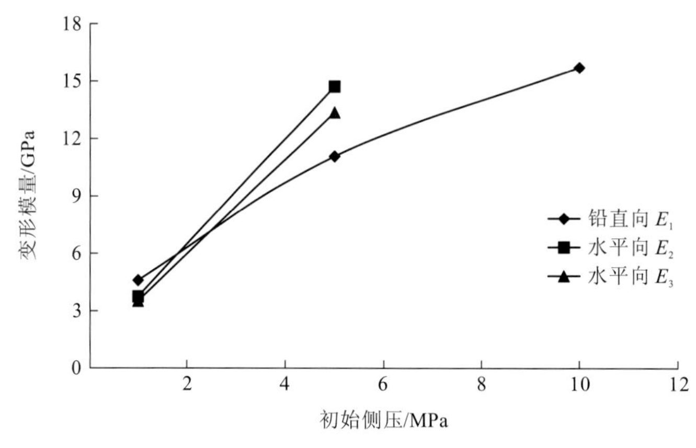

图 4.22　变形模量随侧压变化关系

（2）柱状节理玄武岩表现明显的横贯各向同性变形特征。其中水平向变形模量差异不大，表现为各向同性，但是铅直向变形模量则与水平向变形模量差异明显，表现为各向异性。并且，在低侧压条件下，柱状节理玄武岩铅直向变形模量高于水平向变形模量，但是侧压增加后，在加载范围为5～10 MPa时，柱状节理玄武岩铅直向变形模量则高于水平向变形模量。

（3）需要说明的是将表4.2中的数据代入式（4.2），可以得到反映试验部位柱状节理玄武岩各向异性变形特征的柔度矩阵，其中式(4.12)对应1～5 MPa加载过程，式(4.13)对应5～10 MPa加载过程。如果试验部位岩体为完全线弹性体，两式中的系数矩阵应完全相同，而且都满足对称性。然而实际情况并非如此，说明试验部位岩体不是完全线弹性体，难以用线弹性理论准确刻画。

$$\begin{Bmatrix}\varepsilon_x\\ \varepsilon_y\\ \varepsilon_z\end{Bmatrix}=\begin{bmatrix}\dfrac{1}{2.82} & -\dfrac{0.25}{3.35} & -\dfrac{0.36}{3.97}\\ -\dfrac{0.57}{2.82} & \dfrac{1}{3.35} & -\dfrac{0.12}{3.97}\\ -\dfrac{0.13}{2.82} & -\dfrac{0.14}{3.35} & \dfrac{1}{3.97}\end{bmatrix}\begin{Bmatrix}\sigma_x\\ \sigma_y\\ \sigma_z\end{Bmatrix}=\begin{bmatrix}0.35 & -0.07 & -0.09\\ -0.20 & 0.30 & -0.03\\ -0.05 & -0.04 & 0.25\end{bmatrix}\begin{Bmatrix}\sigma_x\\ \sigma_y\\ \sigma_z\end{Bmatrix} \tag{4.12}$$

$$\begin{Bmatrix}\varepsilon_x\\ \varepsilon_y\\ \varepsilon_z\end{Bmatrix}=\begin{bmatrix}\dfrac{1}{13.25} & -\dfrac{0.40}{10.87} & -\dfrac{0.43}{11.13}\\ -\dfrac{0.28}{13.25} & \dfrac{1}{10.87} & -\dfrac{0.21}{11.13}\\ -\dfrac{0.07}{13.25} & -\dfrac{0.03}{10.87} & \dfrac{1}{11.13}\end{bmatrix}\begin{Bmatrix}\sigma_x\\ \sigma_y\\ \sigma_z\end{Bmatrix}=\begin{bmatrix}0.08 & -0.04 & -0.04\\ -0.02 & 0.09 & -0.02\\ -0.01 & -0.00 & 0.09\end{bmatrix}\begin{Bmatrix}\sigma_x\\ \sigma_y\\ \sigma_z\end{Bmatrix} \tag{4.13}$$

4.2.3 柱状节理玄武岩三轴强度特性

柱状节理玄武岩三轴强度试验为真三轴卸侧压路径试验，开展试验时首先将两个方向侧压和轴压都加载至指定应力，其中侧压为 $\sigma_2=\sigma_3=7.5$ MPa，轴压（σ_1）分别为 35 MPa、27.8 MPa、39.5 MPa、43 MPa、32.5 MPa 和 37 MPa，然后保持轴压 σ_1 和侧压 σ_2 不变，卸侧压 σ_3，直至试样破坏。

柱状节理玄武岩真三轴卸侧压试验典型偏应力-应变曲线见图 4.23。柱状节理玄武岩承受初始静水压力状态后，随着偏应力的增加，岩体试样先后经历弹性阶段、屈服阶段与应变软化阶段。柱状节理玄武岩卸载破坏强度特征值见表 4.3。采用莫尔-库仑强度准则、德鲁克-普拉格强度准则、茂木强度准则拟合柱状节理玄武岩卸侧压破坏强度包络线见图 4.24～图 4.26，抗剪强度参数值见表 4.4。

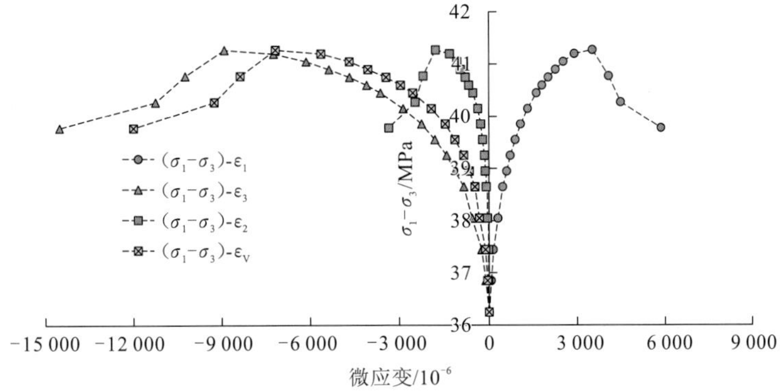

图 4.23 柱状节理玄武岩真三轴卸侧压试验典型偏应力-应变曲线

ε_v 为体应变

表 4.3 柱状节理玄武岩卸侧压破坏强度特征值

试样编号	屈服强度			峰值强度		
	轴压 σ_1/MPa	侧压 σ_2/MPa	侧压 σ_3/MPa	轴压 σ_1/MPa	侧压 σ_2/MPa	侧压 σ_3/MPa
1#	35.0	4.5	1.90	35.0	4.5	1.1
2#	27.8	7.2	1.20	27.8	7.2	0.3
3#	39.5	7.3	2.50	39.5	7.3	1.9
4#	43.0	7.5	2.85	43.0	7.5	1.7
5#	32.5	7.5	1.50	32.5	7.5	0.7
6#	37.0	7.5	1.90	37.0	7.5	1.2

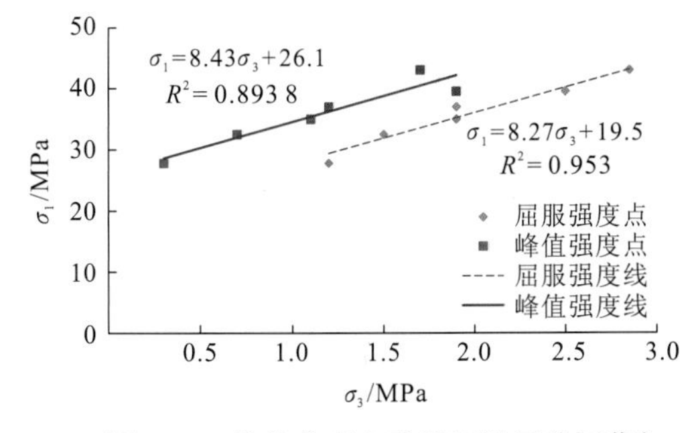

图 4.24 柱状节理玄武岩卸侧压破坏莫尔-库仑强度准则拟合结果

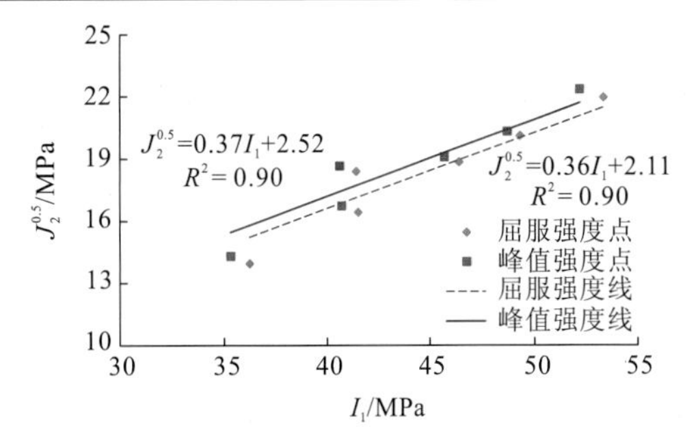

图 4.25 柱状节理玄武岩卸侧压破坏德鲁克-普拉格强度准则拟合结果

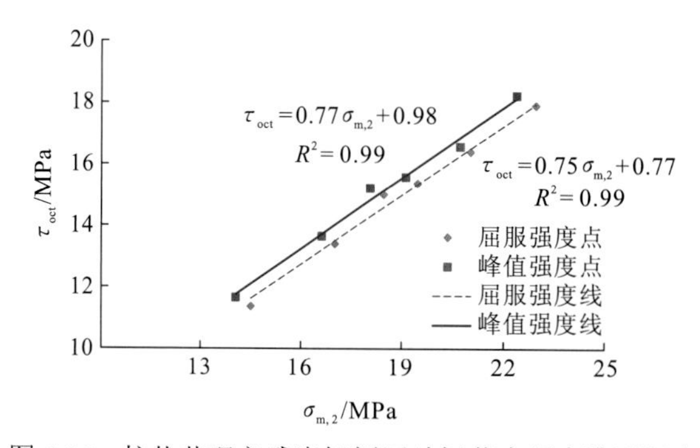

图 4.26　柱状节理玄武岩卸侧压破坏茂木强度准则拟合结果

表 4.4　柱状节理玄武岩卸侧压破坏抗剪强度参数拟合结果

强度准则	屈服强度参数		峰值强度参数	
	内摩擦角 φ /（°）	黏聚力 c/MPa	内摩擦角 φ /（°）	黏聚力 c/MPa
莫尔-库仑强度准则	51.7	3.39	52.0	4.50
德鲁克-普拉格强度准则	45.5	1.99	46.7	2.41
茂木强度准则	52.7	1.35	54.8	1.80

根据分析结果，采用不同的强度准则拟合获得的抗剪强度参数值并不相同，其中内摩擦角 φ 值差别较小，而黏聚力 c 值差别明显。并且，采用考虑中间主应力的强度准则，获得的黏聚力 c 值要比工程中常用的莫尔-库仑强度准则获得的 c 值低近 50%，表明中间主应力对柱状节理玄武岩的岩体强度产生不利影响。

4.2.4　柱状节理玄武岩卸侧压破坏特征

以 1#试样为例，通过对比试验前、后试样表面裂隙形态，可研究试样破坏特征。图 4.27 给出了试验前试样表面原始裂隙分布，图 4.28 给出了试验后试样表面新增裂隙分布。对比分析可以看出：

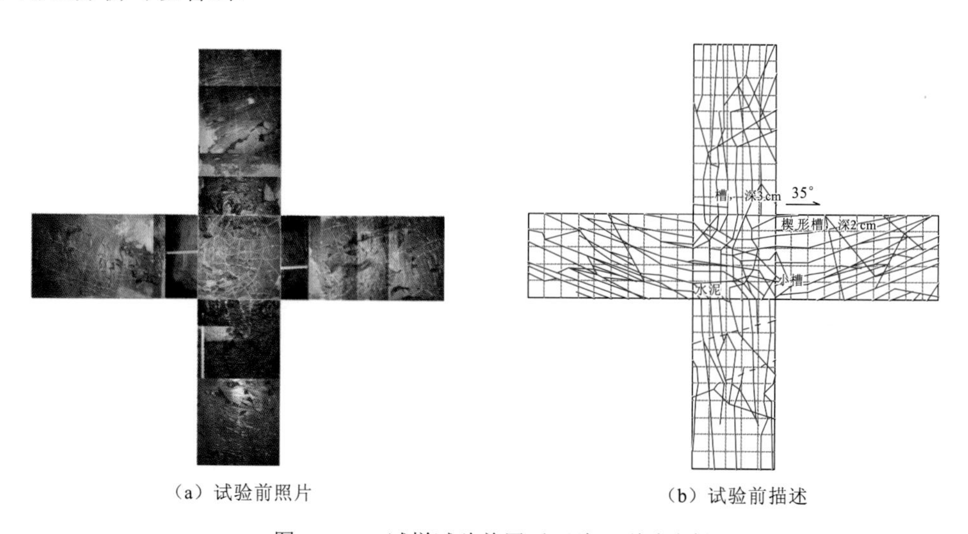

（a）试验前照片　　（b）试验前描述

图 4.27　1#试样试验前展示照片及裂隙素描图

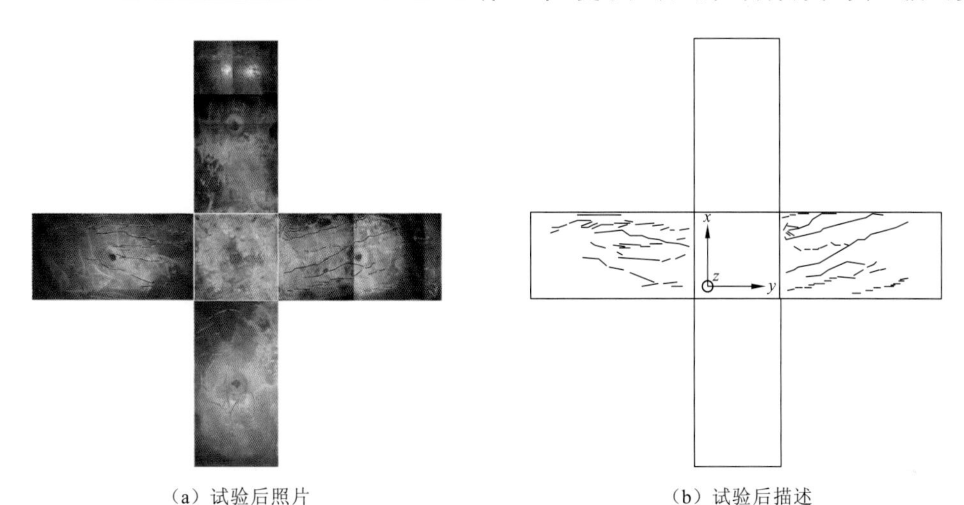

（a）试验后照片　　（b）试验后描述

图 4.28　1#试样试验后展示照片及新增裂隙素描图

（1）柱状节理玄武岩真三轴卸侧压破坏试验为 σ_3 方向单向卸侧压试验，试验过程中产生的主要破坏裂隙大部分出现在 σ_2 加载面上。

（2）柱状节理玄武岩 σ_2 加载面上的破坏裂隙倾角普遍在 70° 左右，与柱状节理面延伸方向一致，表明试样破坏主要是在原柱状节理面基础上的进一步扩展、贯通。

4.3　深埋岩体原位高压真三轴卸侧压破坏试验

针对锦屏二级水电站深埋引水洞开挖过程中的岩爆、塌方、大变形等岩石力学与工程问题，除采用第 3 章介绍的高压变形试验技术对深埋大理岩变形参数进行试验研究外，还采用了岩体原位真三轴试验技术对其在高应力条件下的强度及破坏特征进行了试验研究。

4.3.1　试样制备及试验方案

由于锦屏二级深埋引水隧洞存在高地应力，在清除预留制样平台的爆破及卸荷松弛层过程中，新临空面的产生导致制样平台不断产生新的卸荷松弛而难以制样。因此，迫使大部分试点在试验平硐底板上制作，试点位置分布见图 4.29。选定试点部位后，首先人工凿制 50 cm×50 cm 的平面，地质描述和照相后，贴上钢板，并用圆木或者钢管顶至顶板上，防止继续松弛。然后逐渐向下切割，并一次成型。切割方法：首先用风钻打连环孔，深度超前 30～50 cm，再人工凿制使相连钻孔连通，形成边槽使试体与母岩隔离，再切割边界，完成试样制备，见图 4.30。试体制作完成后进行详细的地质描述和照相，然后用水泥砂浆将其表面封闭，并形成标准尺寸的试样（图 4.31）。

根据引水隧洞的方向，规定试样的局部坐标系：y 向 σ_2 为引水隧洞轴向；x 向 σ_3 为垂直引水隧洞轴线方向；z 向 σ_1 为铅直向。方向规定见图 4.32。

根据深埋引水隧洞开挖过程中，围岩应力变化规律，设定深埋大理岩原位真三轴试验应力路径如下。

1）初次卸侧压应力路径

第一步：同步施加 σ_1=σ_2=σ_3 至 0.75 MPa 接触压力；

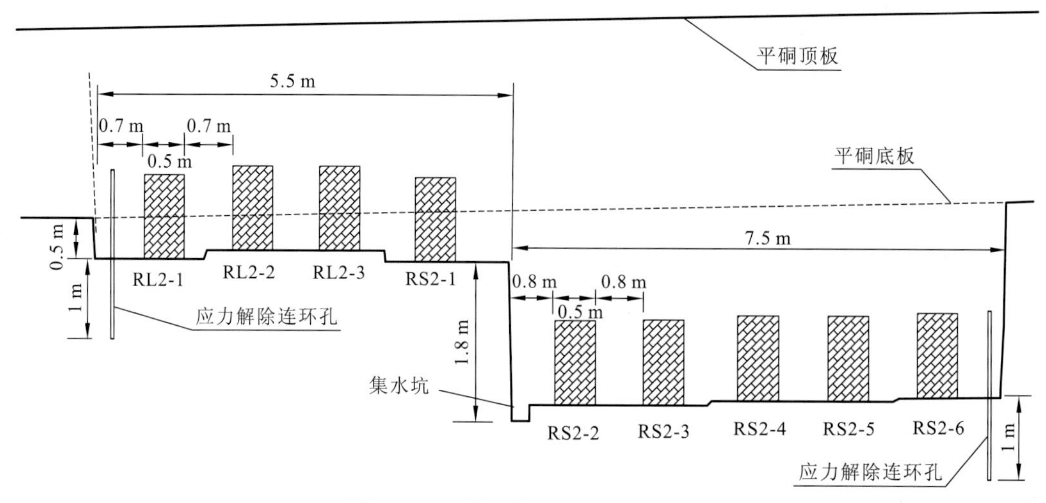

图 4.29　三轴试点位置立面示意图

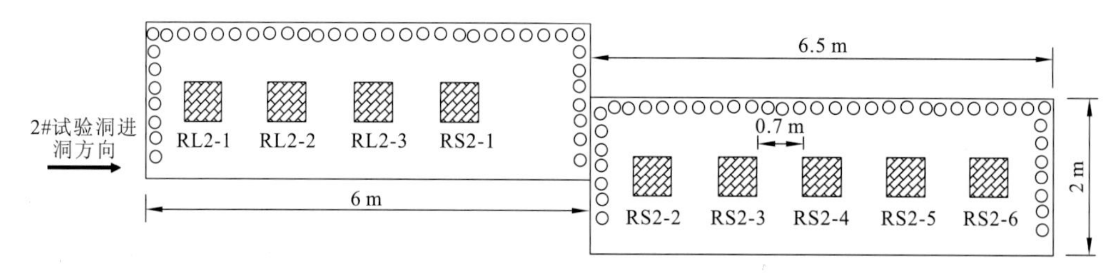

图 4.30　三轴试点及应力解除切割孔布置示意图

（a）　　（b）

图 4.31　三轴试点制样完成后情况

第二步：同步施加 $\sigma_1=\sigma_2=\sigma_3$ 至 11.15 MPa；

第三步：保持 σ_2、σ_3 不变，施加 σ_1 至预估值；

第四步：保持 σ_1、σ_2 不变，卸侧压 σ_3 至破坏。

2）重复卸侧压应力路径

按照以上步骤完成第一次试验后，重复以上步骤进行卸侧压残余强度试验。

3）破坏后加载应力路径

第一步：同步施加 $\sigma_1=\sigma_2=\sigma_3$ 至 0.75 MPa 接触压力并稳定；

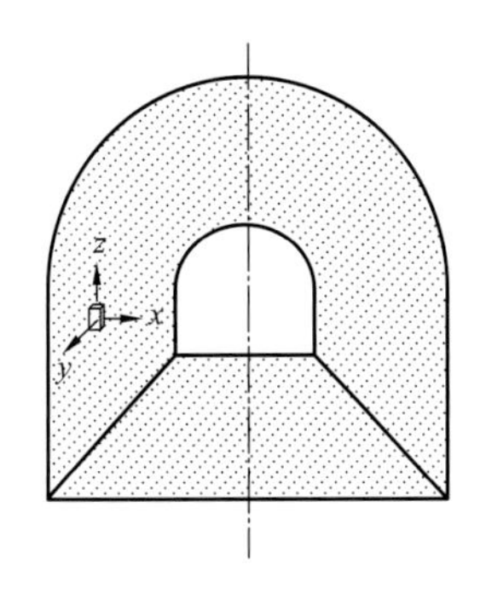

(a) 引水洞方向

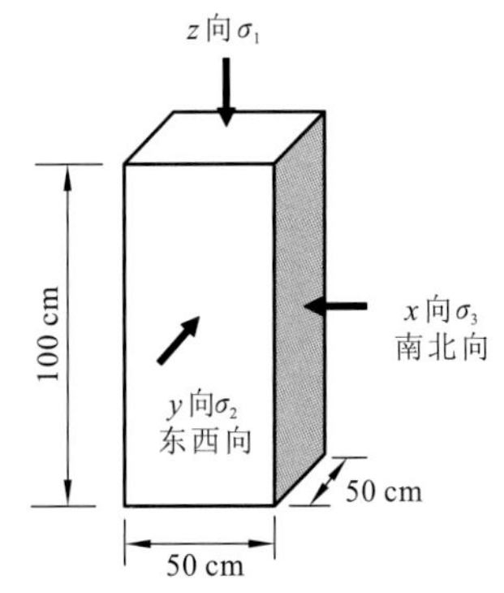

(b) 试样三向加压方向

图 4.32 试点方向及符号示意图

x —水平径向；y —水平切向；z —铅直向

第二步：同步施加 $\sigma_1=\sigma_2=\sigma_3$ 至 σ_3（第一次卸载破坏值），稳定后再同步施加 σ_1 和 σ_2 至 11.15 MPa 并稳定；

第三步：保持 σ_2 和 σ_3 不变，分级施加 σ_1 至破坏。

4）破坏后单点加载、卸载应力路径

为了研究同一试点不同应力水平下的加载及卸载残余强度，在完成以上基本试验内容后，选择部分试点每点进行 3～5 点卸载试验和加载试验。应力路径参照以上步骤进行。

4.3.2 深埋大理岩原位真三轴应力-应变曲线特征

深埋大理岩原位真三轴卸载试验偏应力-应变曲线见图 4.33。由图 4.33 可见，锦屏二级水电站深埋大理岩表现为较明显的弹-脆-塑性特征，达到峰值强度前，呈近似线性关系，达到峰值强度后，应力具有明显降低段，试样发生脆性破坏，并具有一定的残余强度。

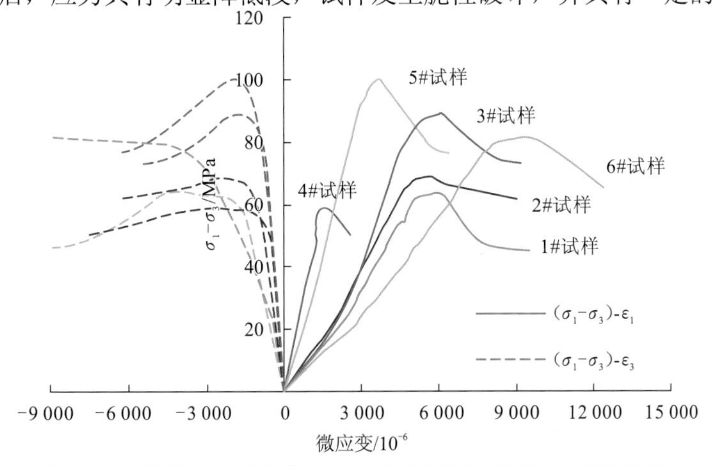

图 4.33 深埋大理岩原位真三轴卸侧压试验偏应力-应变曲线

以试样 RS2-2#为例，深埋大理岩原位真三轴初次卸侧压、二次卸侧压、破坏后加载、破坏后单点加载和卸侧压试验曲线见图 4.34～图 4.38。对比不同情况下试样 RS2-2#的偏应力-应变曲线可知，深埋大理岩在初次卸侧压破坏时表现为弹-脆-塑性特征，破坏后大理岩仍具有一定的强度，并且破坏后大理岩无论是在加载还是在卸侧压应力路径下均表现为弹塑性变形特征。

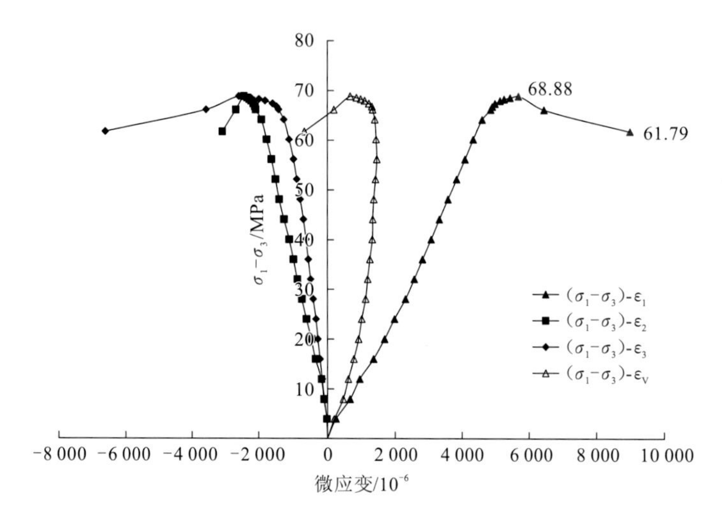

图 4.34　RS2-2#点初次卸侧压全过程曲线

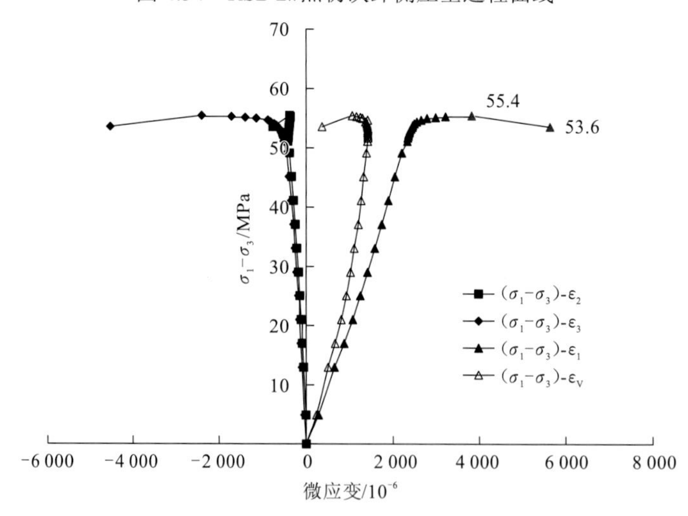

图 4.35　RS2-2#点二次卸侧压全过程曲线

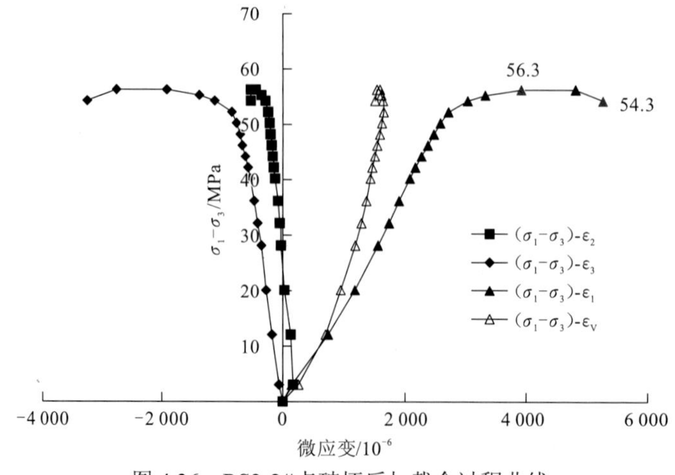

图 4.36　RS2-2#点破坏后加载全过程曲线

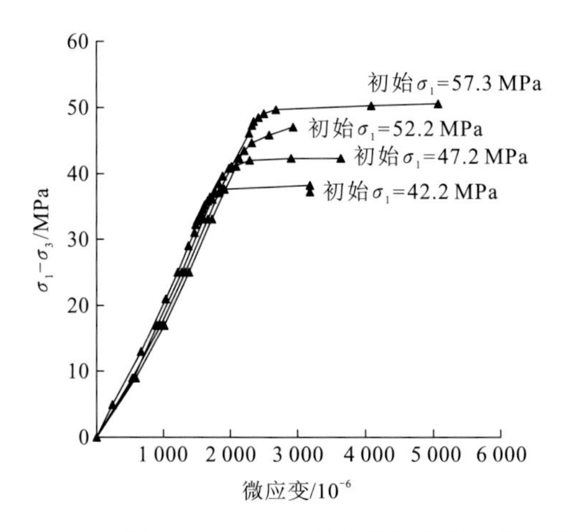

图 4.37 RS2-2#点破坏后单点加载曲线

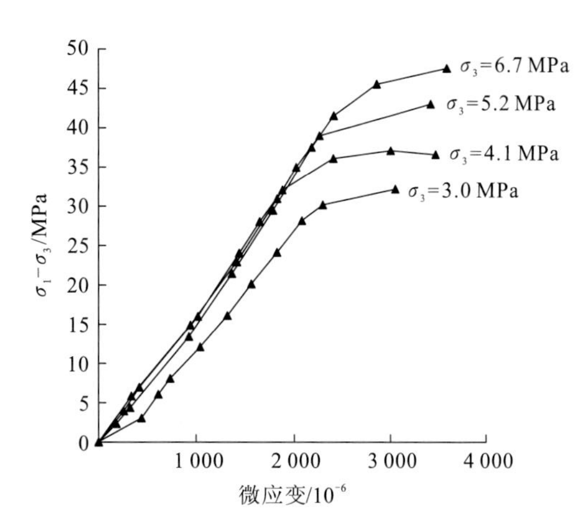

图 4.38 RS2-2#点破坏后单点卸侧压曲线

4.3.3 深埋大理岩原位真三轴强度特性

根据应力-应变关系曲线拐点确定各点各次试验的强度特征值。对于初次卸侧压试验，取比例强度、屈服强度、峰值强度和残余强度；对于破坏后的加载、卸侧压及单点加载、卸侧压试验，仅取破坏峰值强度和残余强度。

1. 初次卸侧压强度参数

深埋大理岩各试样初次卸载的强度特征值见表 4.5，根据表 4.5 绘制 σ_1-σ_3 关系曲线见图 4.39。从图 4.39 中（σ_3，σ_1）点群分布情况看，σ_1-σ_3 相关性并不理想，仔细分析可见，深埋大理岩试样强度不仅与卸荷裂隙多少、松弛程度有关，而且与近东西向陡倾角裂隙的分布数量、性状有关。例如，RS2-2#试样近东西向有明显的 1～2 条具有充填物的裂隙存在，该方向的波速明显低于其他试点；RS2-3#试点也存在这样的裂隙，但不连续且无充填。这是 RS2-2#点和 RS2-3#点卸侧压强度偏低的主要原因，另外，由于 RS2-2#和 RS2-3#点受到裂隙的影响，整体完整性比其他试点差。

表 4.5 初次卸侧压强度特征值汇总

编号	比例强度		屈服强度		峰值强度		残余强度	
	σ_1/MPa	σ_3/MPa	σ_1/MPa	σ_3/MPa	σ_1/MPa	σ_3/MPa	σ_1/MPa	σ_3/MPa
RS2-1#	65.50	6.69	65.5	3.86	65.5	2.38	47.42	2.15
RS2-2#	77.35	9.36	77.35	8.77	77.35	8.17	60.27	8.02
RS2-3#	96.44	9.96	96.44	8.77	96.44	7.28	80.37	7.13
RS2-4#	60.27	4.61	60.27	2.82	60.27	1.63	43.92	1.49
RS2-5#	104.48	8.77	104.48	7.58	104.48	4.31	80.36	3.86
RS2-6#	84.34	8.17	84.34	6.39	84.34	3.27	70.32	2.97

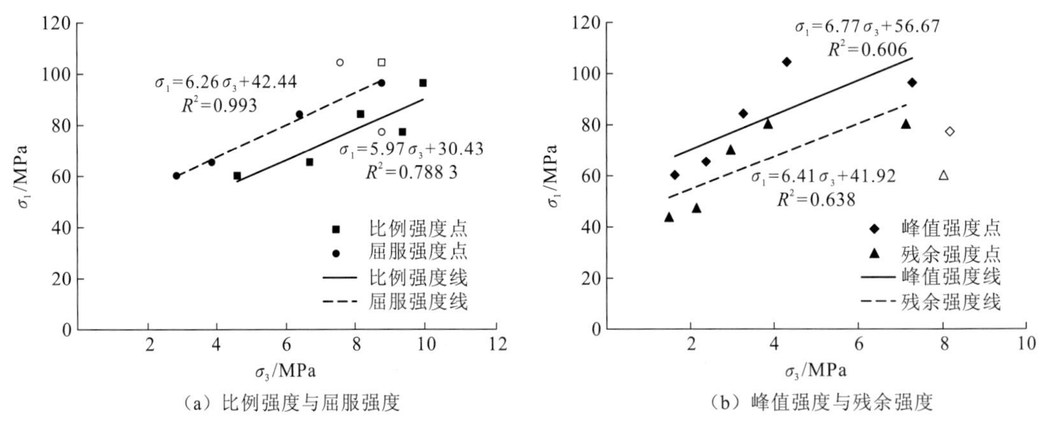

图 4.39　深埋大理岩初次卸侧压试验 σ_1-σ_3 关系曲线

根据莫尔-库仑强度准则可获得大尺寸深埋大理岩初次卸侧压的抗剪强度参数见表 4.6。可见深埋大理岩卸侧压变形破坏各阶段的强度参数具有较好的规律性，f 值由小至大依次为比例强度、屈服强度、残余强度和峰值强度。而 c 值差别较大，以峰值时的 c 值最大，为 10.89 MPa，以比例阶段的 c 值最小，为 6.22 MPa。

表 4.6　初次卸侧压抗剪强度参数成果

强度名称	抗剪强度参数			
	F	R/MPa	f	c /MPa
比例强度	8.81	26.44	1.02	6.22
屈服强度	8.09	44.23	1.05	8.48
峰值强度	6.77	56.67	1.11	10.89
残余强度	6.41	41.92	1.07	8.28

2. 二次卸侧压强度参数

深埋大理岩各试样二次卸载的强度特征值见表 4.7，根据表 4.7 绘制 σ_1-σ_3 关系曲线，见图 4.40。根据莫尔-库仑强度准则可获得深埋大理岩破坏后试样二次卸侧压的抗剪强度参数，见表 4.8。

表 4.7　大理岩二次卸侧压强度特征值汇总

编号	峰值强度		残余强度	
	σ_1 /MPa	σ_3 /MPa	σ_1 /MPa	σ_3 /MPa
RS2-1#	52.24	3.72	47.82	2.97
RS2-2#	62.28	6.84	60.27	6.69
RS2-3#	76.35	6.54	73.33	6.46
RS2-4#	52.24	2.82	51.23	2.53
RS2-5#	84.38	7.88	80.37	7.58
RS2-6#	70.32	3.72	65.30	3.57

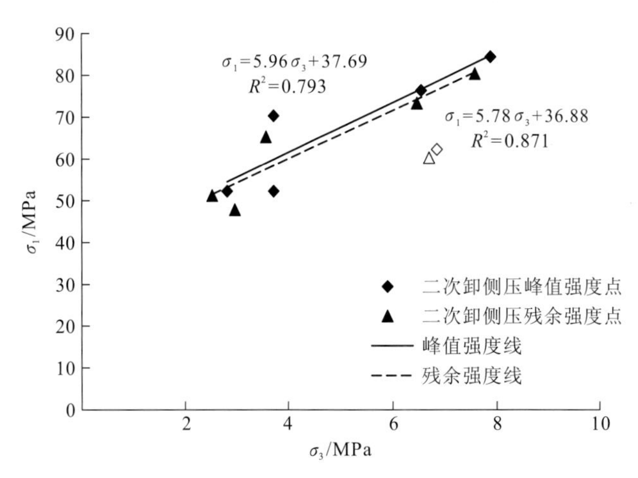

图 4.40 大理岩二次卸侧压试验 σ_1-σ_3 关系曲线

表 4.8 大理岩二次卸侧压的抗剪强度参数

强度名称	抗剪强度参数			
	F	*R*/MPa	*f*	*c*/MPa
峰值强度	5.96	37.69	1.02	7.72
残余强度	5.78	36.88	0.99	7.67

3. 破坏试样加载强度参数

深埋大理岩试样破坏后加载试验的各试点强度特征值统计成果见表 4.9，根据表 4.9 绘制 σ_1-σ_3 关系曲线，见图 4.41，抗剪强度参数见表 4.10。与二次卸侧压强度相比，深埋大理岩破坏后试样的加载峰值强度参数 *f* 值低于二次卸侧压峰值强度参数 *f* 值，加载峰值强度参数 *c* 值高于卸侧压峰值强度参数 *c* 值。

表 4.9 大理岩试样破坏后加载试验强度特征值汇总

编号	峰值强度		残余强度	
	σ_1 /MPa	σ_3 /MPa	σ_1 /MPa	σ_3 /MPa
RS2-1#	49.22	2.97	45.41	2.97
RS2-2#	64.29	8.02	62.28	8.02
RS2-3#	76.35	7.13	72.83	7.13
RS2-4#	54.24	2.53	52.64	2.53
RS2-5#	78.36	7.58	74.34	7.58
RS2-6#	62.28	2.97	57.46	2.97

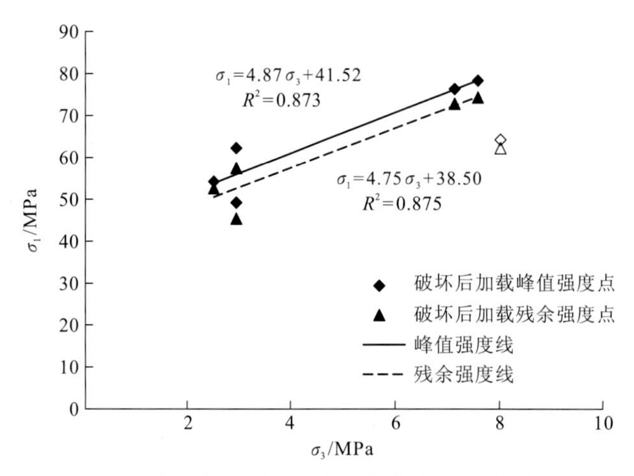

图 4.41　大理岩试样破坏后加载试验 σ_1-σ_3 关系曲线

表 4.10　大理岩试样破坏后加载试验抗剪强度参数

强度名称	抗剪强度参数			
	F	R/MPa	f	c/MPa
峰值强度	4.87	41.52	0.88	9.41
残余强度	4.75	38.50	0.86	8.83

4. 破坏试样单点卸侧压强度参数

分别对 RS2-1#、RS2-2#、RS2-3#和 RS2-6#试点进行了单点卸侧压试验，强度特征值见表 4.11。根据表 4.11 数据绘制 σ_1-σ_3 关系曲线，见图 4.42。根据莫尔-库仑强度准则整理得到破坏后试样的单点卸侧压强度参数，见表 4.12。可见，除了 RS2-2#点外，单点卸侧压强度参数的 f 值高于初次和二次卸侧压强度参数的 f 值，而 c 值则降低比较明显。但从所有试样点的综合情况来看，深埋大理岩破坏后的单点卸侧压强度参数与二次卸侧压强度参数差别不大。

表 4.11　单点卸侧压试验峰值强度

编号	应力名称	试验序次					
		1	2	3	4	5	6
RS2-1#	σ_1/MPa	44.20	36.16	28.13	40.18	—	—
	σ_3/MPa	2.82	2.01	1.19	2.38	—	—
RS2-2#	σ_1/MPa	42.19	47.22	57.26	52.24	—	—
	σ_3/MPa	4.01	4.9	6.69	4.90	—	—
RS2-3#	σ_1/MPa	28.13	40.18	76.35	—	—	—
	σ_3/MPa	1.19	2.38	6.46	—	—	—
RS2-6#	σ_1/MPa	35.17	50.6	48.22	64.29	56.26	40.18
	σ_3/MPa	0.37	2.82	2.08	4.01	2.97	1.34

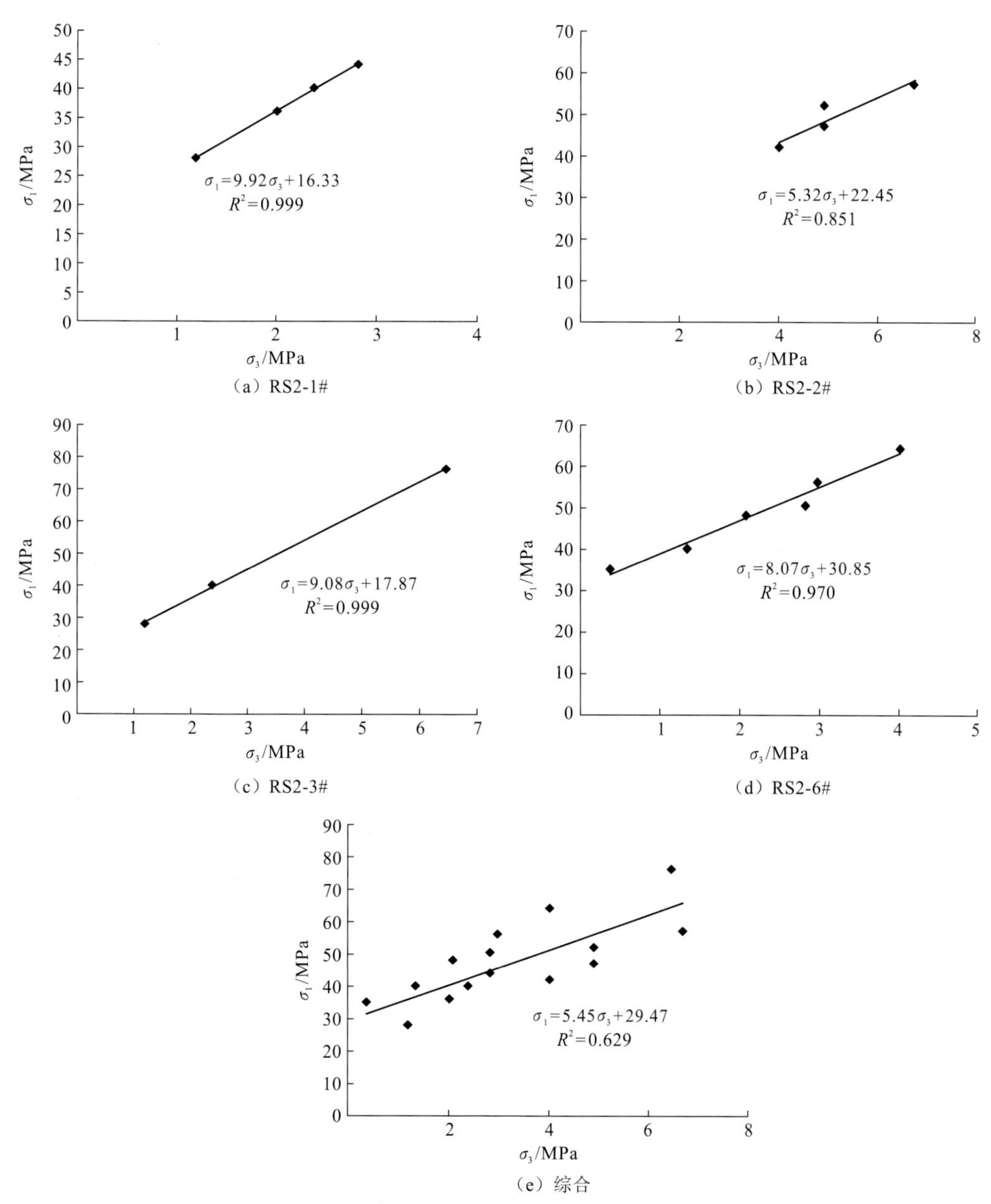

图 4.42 深埋大理岩破坏后单点卸侧压试验 σ_1-σ_3 关系曲线

表 4.12 单点卸侧压强度参数值

编号	强度参数			
	F	R/MPa	f	c/MPa
RS2-1#	9.92	16.33	1.56	2.59
RS2-2#	5.32	22.45	0.94	4.87
RS2-3#	9.08	17.87	1.34	2.97
RS2-6#	8.07	30.85	1.24	5.43
综合	5.45	29.47	1.10	5.03

5. 破坏试样单点加载强度参数

对 RS2-2#和 RS2-6#试点进行了试样破坏后不等侧压加载试验，σ_1-σ_3 关系曲线见图 4.43，强度参数见表 4.13。可见，RS2-2#和 RS2-6#试样单点加载强度参数差别较大，但总体上 f 值高于破坏后的加载试验强度参数 f 值，而强度参数 c 值则同样比较低。

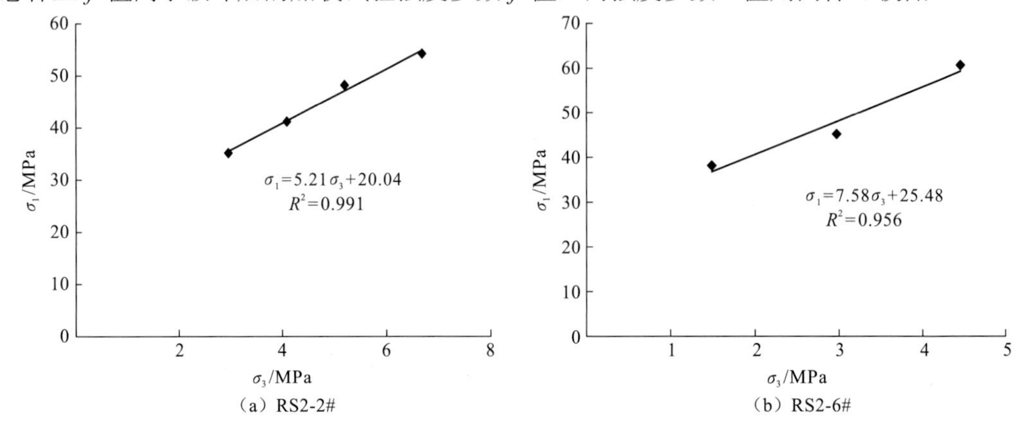

图 4.43　破坏试样单点加载试验 σ_1-σ_3 关系曲线

表 4.13　破坏试样单点加载强度参数

编号	强度参数			
	F	R/MPa	f	c/MPa
RS2-2#	5.21	20.04	0.92	4.39
RS2-6#	7.58	25.48	1.19	4.63

此外，对比分析试样 RS2-2#和 RS2-6#破坏后的单点加载和卸侧压试验结果，可以发现，深埋大理岩破坏试样的加载强度参数低于其卸侧压强度参数，其差别大小与岩体结构有关。

6. 不同中间主应力单点卸侧压强度参数

为了研究不同中间主应力，深埋大理岩卸侧压强度参数，对 RS2-6#试样进行了中间主应力分别为 11.15 MPa 和 7.43 MPa 的单点卸侧压对比试验，σ_1-σ_3 关系曲线见图 4.44，试验结果表明降低中间主应力后，其强度参数也相应降低。

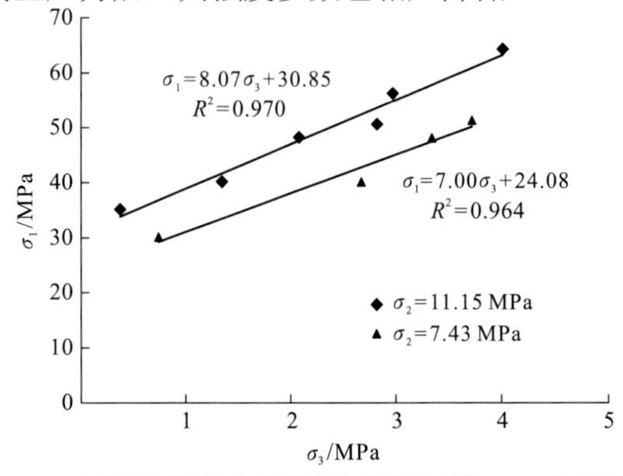

图 4.44　不同中间主应力单点卸侧压试验 σ_1-σ_3 关系曲线

综合以上各试样不同应力路径强度试验，获得深埋大理岩在不同应力路径下的强度参数，见表 4.14。

表 4.14 深埋大理岩不同应力路径真三轴试验成果汇总

试点编号	应力路径	强度参数			
		F	R/MPa	f	c/MPa
RS2-1#～RS2-6#	初次卸侧压	6.76	56.75	1.11	10.89
	二次卸侧压	5.96	37.69	1.02	7.72
	破坏后加载 σ_1	4.87	41.52	0.88	9.41
RS2-2#	破坏后单点卸侧压	5.32	22.45	0.94	4.87
	破坏后单点加载	5.21	20.04	0.92	4.39
RS2-6#	破坏后单点卸侧压（σ_2=11.15 MPa）	8.07	30.85	1.24	5.43
	破坏后单点加载 σ_1（σ_2=11.15 MPa）	7.58	25.48	1.19	4.63
	破坏后单点卸侧压（σ_2=7.43 MPa）	7.00	24.08	1.14	4.55
RS2-1#～RS2-6#综合	破坏后单点卸侧压*	5.32～9.92 5.45	16.33～30.85 29.47	0.94～1.56 0.95	2.59～5.43 6.31
	破坏后单点加载 σ_1	5.11～7.57	20.10～29.07	0.91～1.19	4.44～5.28

* 数据格式为 $\frac{\text{最小值} \sim \text{最大值}}{\text{平均值}}$

4.3.4 深埋大理岩原位真三轴破坏特征

深埋大理岩原位真三轴试验前后典型试样照片见图 4.45。大理岩试样卸侧压破坏多表现为脆性破坏特征，并具有明显的主破坏面，主破坏面走向主要为中间主应力方向（东西向），大多数试样主破坏面倾向南，倾角为 45°～90°。由于多次反复加载、卸载，破坏面多见擦痕。

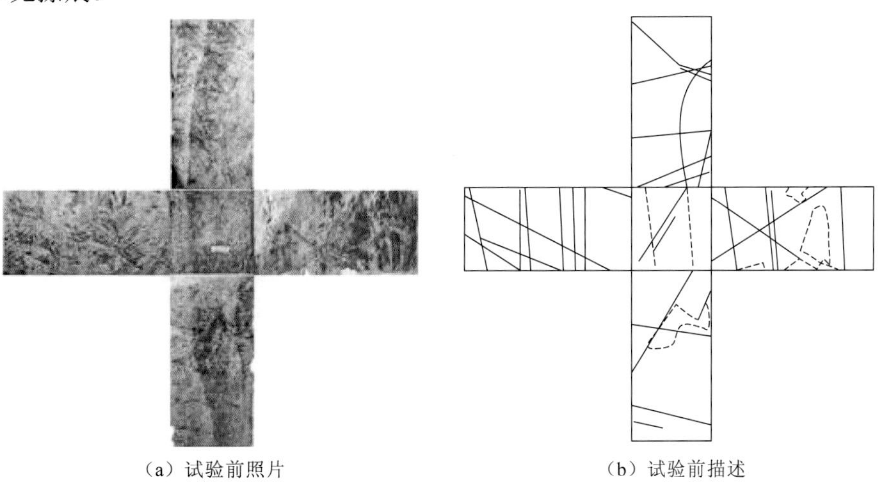

（a）试验前照片　　（b）试验前描述

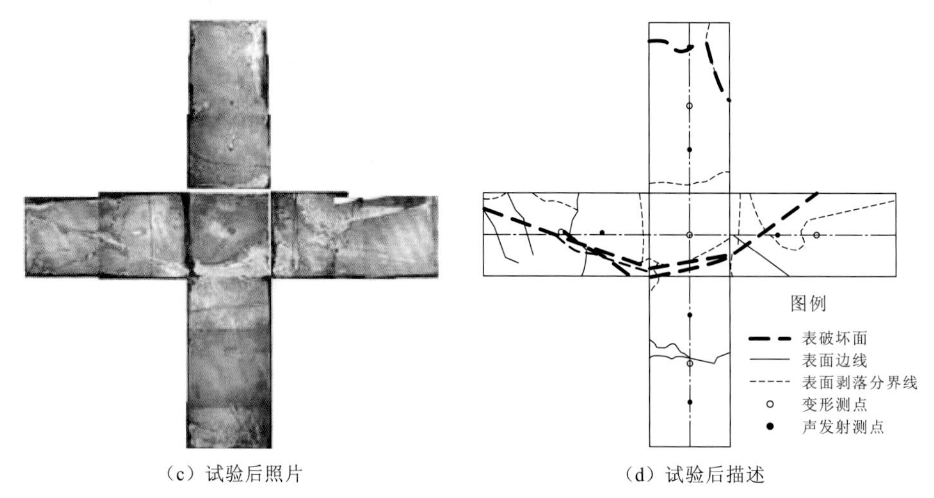

（c）试验后照片　　（d）试验后描述

图 4.45　RS2-2#试点岩体原位真三轴试验前后照片及描述

（a）（b）试验前试样见 2～3 条卸载裂隙，走向 218°，倾角为 35°～42°；东西面上见 1 条竖向裂隙，走向 342°，倾角为 62°；（c）（d）试验后可见 1 条明显的破坏裂隙，贯穿中间主应力 σ_2 加压方向的两个面及顶面，并向南面底部剪出，倾角为 53°，顶面错动高度为 2～5 cm，破坏面擦痕明显

4.4　薄层大理岩化白云岩力学特性原位真三轴试验

乌东德水电站地下厂房尾水洞部分洞段位于中元古界落雪组第四段（Pt_2l^4）极薄层—薄层大理岩化白云岩地层，该地层为横观各向同性的层状结构岩体。地下洞室开挖时围岩垂直洞壁卸载，研究岩体卸载力学特性具有重要工程意义，而岩体的层状结构特征则使问题趋于复杂。

地下洞室围岩在开挖过程中的力学响应与地应力、岩体扰动状况、岩体结构及其与洞室结构的组合特征等密切相关。岩体原位真三轴试验试样尺寸较大，可以一定程度上反映岩体结构影响，加卸载方向及应力路径可以模拟洞室开挖过程围岩应力变化情况，试验结果能较真实地反映薄层状岩体洞室开挖卸载条件下的变形和强度特性。

4.4.1　试验布置及试验方案

试验布置于乌东德水电站地下厂房勘探平硐，共完成八点原位真三轴试验。试验岩体为薄层大理岩化白云岩，灰白色，层厚为 1～3 cm，层面平直闭合，充填 1 mm 厚千枚岩薄膜，光滑，层面倾角为 80°。原位真三轴试验的试样为长方形柱体，长 50 cm，宽 50 cm，高 100 cm，包含 20～30 条层面。试样顶面水平，侧面铅直，一侧垂直于层面，另一侧近平行于层面（与层面夹角为 10° 左右），底面与原岩相连（图 4.46）。

乌东德地下厂房区最大地应力为 7～13 MPa，尾水洞部分洞段侧壁与层面小角度相交，围岩稳定条件最差。据此设计试验应力路径如下：主应力 σ_1、σ_2、σ_3 方向分别铅直、水平平行于层面、水平近垂直于层面（与层面夹角为 80° 左右，以下分析岩体变形性质时，视为近垂直于层面），见图 4.47。

图 4.46 薄层大理岩化白云岩三轴试样照片

薄层大理岩化白云岩原位真三轴试验应力路径见图 4.48，分为两个阶段，第一个阶段为变形特性试验研究阶段，具体是分别在压力为 0.2～4 MPa、4～8 MPa 时，逐次在三个主应力方向进行加载、卸载循环变形试验，研究薄层大理岩化白云岩的各向异性、应力-应变非线性变形特征。第二个阶段为强度特性试验研究阶段，具体为以 $\sigma_1=\sigma_2=\sigma_3=8$ MPa 为静水压力，模拟洞室开挖过程围岩应力变化情况，先加载 σ_1 至预定值，后卸载 σ_3 至破坏，研究薄层大理岩化白云岩的卸侧压变形非线性及卸侧压强度特性。整个试验过程采用压力控制，分级施加，每级稳定 10 min。

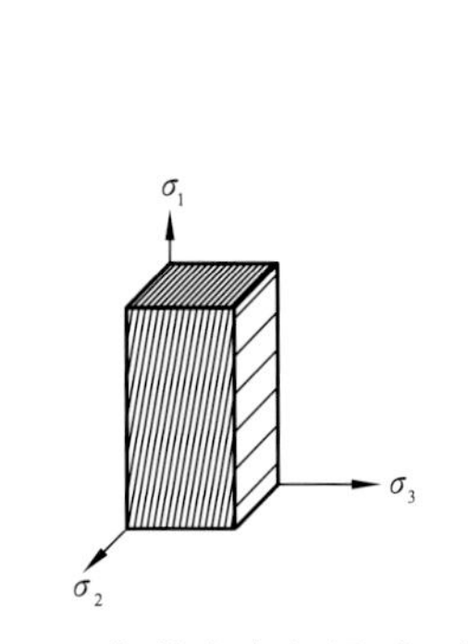

图 4.47 加载方向与层面延伸方向相互关系

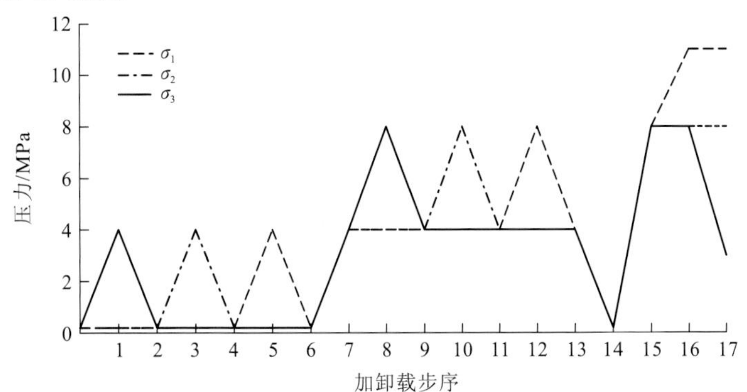

图 4.48 应力路径示意图

试验加卸载步序共 17 步，具体如下：

第 1～6 步：低压力段变形试验。当压力为 0.2～4 MPa 时，在一个方向进行加载、卸载循环，另两个方向压力保持在 0.2 MPa，三个方向逐次轮转。

第 7 步：同步施加 σ_1、σ_2、σ_3 到 4.0 MPa。

第 8～13 步：中压力段变形试验。当压力为 4.0～8.0 MPa 时，在一个方向进行加载、卸载循环，另两个方向压力保持在 4.0 MPa，三个方向逐次轮转。

第 14 步：同步卸载 σ_1、σ_2、σ_3 到 0.2 MPa。

第 15 步：同步施加 σ_1、σ_2、σ_3 到 8.0 MPa。

第 16 步：保持 $\sigma_2=\sigma_3=8$ MPa，加载 σ_1 至低于预估强度的应力 σ_1'。

第 17 步：卸侧压强度试验。保持 $\sigma_1=\sigma_1'$，$\sigma_2=8.0$ MPa，σ_3 从 8.0 MPa 卸载，直至破坏。因原位试验条件所限，未进行峰后测试。

4.4.2 薄层大理岩化白云岩各向异性变形特征

薄层大理岩化白云岩各加卸载步序典型应力-应变关系曲线见图 4.49～图 4.55。为表达变形的加载、卸载特性及各向异性，图中应力采用主应力，而不是偏应力。薄层大理岩化白云岩应力-应变曲线表明：

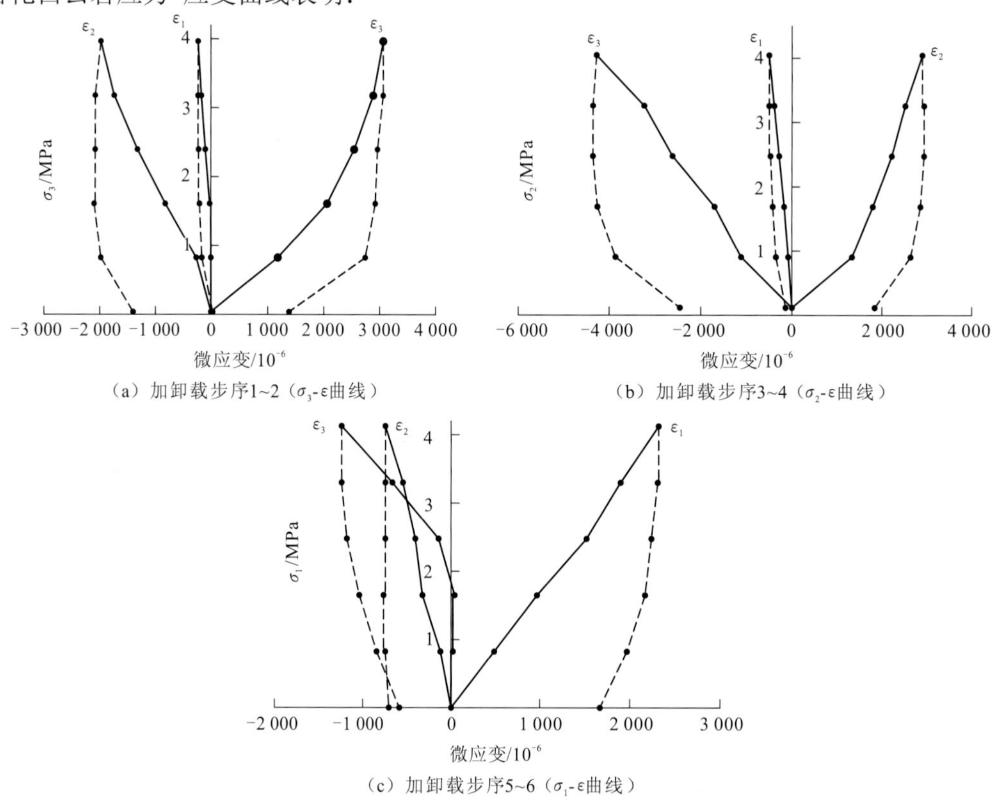

（a）加卸载步序1~2（σ_3-ε曲线）

（b）加卸载步序3~4（σ_2-ε曲线）

（c）加卸载步序5~6（σ_1-ε曲线）

图 4.49　0.2～4.0 MPa 三轴变形试验成果曲线

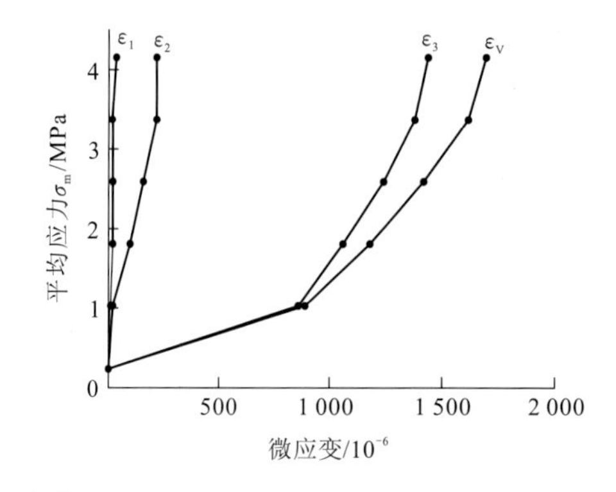

图 4.50　加卸载步序 7（同步施加 σ_1、σ_2、σ_3 到 4.0 MPa）应力-应变曲线

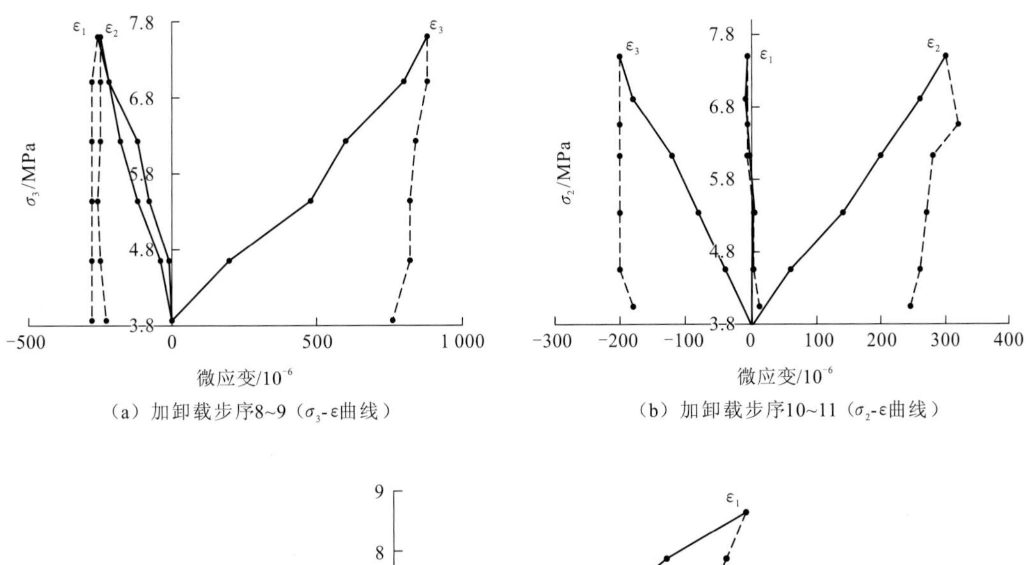

（a）加卸载步序8~9（σ_3-ε曲线）

（b）加卸载步序10~11（σ_2-ε曲线）

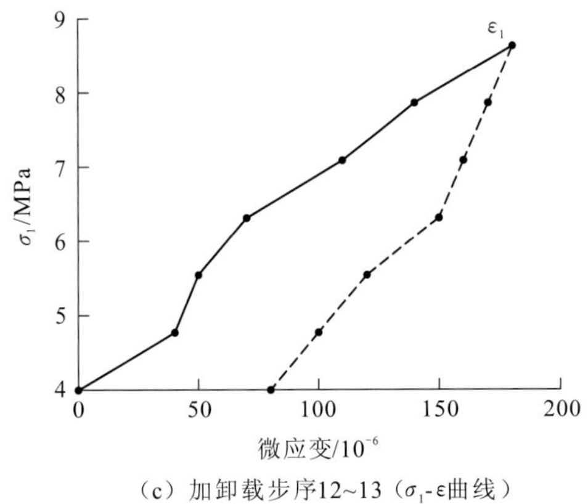

（c）加卸载步序12~13（σ_1-ε曲线）

图 4.51　4.0～8.0 MPa 三轴变形试验成果曲线

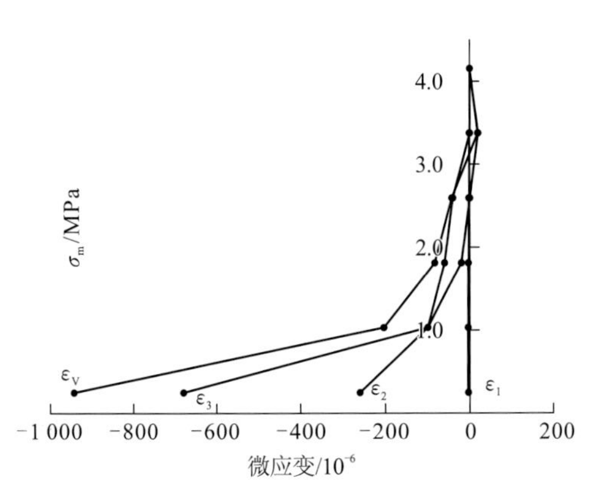

图 4.52　加卸载步序 14（同步卸载 σ_1、σ_2、σ_3 到 0.2 MPa）应力-应变曲线

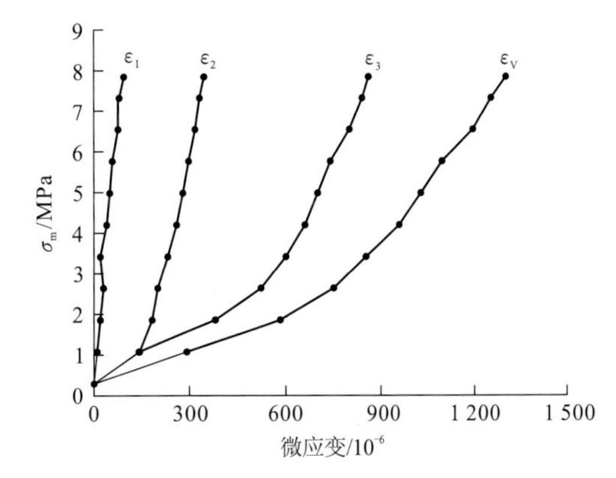

图 4.53　加卸载步序 15（同步施加 σ_1、σ_2、σ_3 到 8.0 MPa）应力-应变曲线

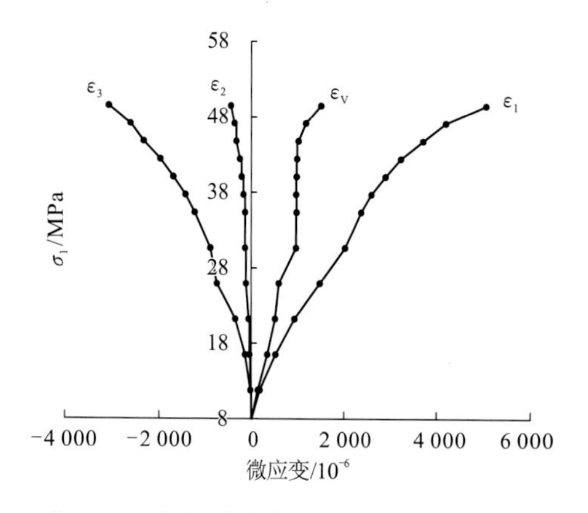

图 4.54　加卸载步序 16（保持 σ_2、σ_3 不变，施加 σ_1 至 55.8 MPa）应力-应变曲线

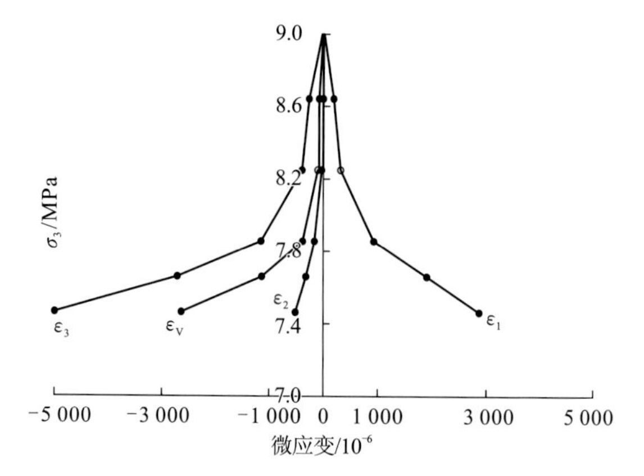

图 4.55　加卸载步序 17（卸载 σ_3 至破坏）应力-应变曲线

（1）加载初始段（压力范围 0.2～4.0 MPa）变形曲线呈上凹形，水平仅垂直层面 ε_3 方向上凹更明显（图 4.49），4.0～8.0 MPa 加载过程三个方向的变形曲线大体呈直线（图 4.51）。其原因主要为在加载初始阶段，结构面受压闭合，而随着围压应力水平的增加，结构面闭合量趋于稳定后，岩体试样整体上表现为随着应力的增加，其变形量近似线性增加。

（2）薄层大理岩化白云岩表现出正交各向异性变形特性。受其层状结构影响，近垂直于层面 σ_3 方向变形量最大，平行于层面 σ_2 方向变形量次之，铅直向 σ_1 方向变形量最小。

（3）加载 σ_1、σ_2 时薄层大理岩化白云岩的侧胀系数较大，平均值为 0.52，反之，加载 σ_3 过程中其侧胀系数较小，平均值为 0.25。其原因为加载 σ_1、σ_2 时层面张开，垂直层面方向膨胀明显，水平 σ_3 方向近垂直于层面，加载 σ_3 时层面闭合，侧向膨胀不明显。

（4）薄层大理岩化白云岩加载过程中塑性变形较大。在一个加载、卸载循环中，卸载残余变形与加载变形的比值为 0.4～0.8，体现了薄层大理岩化白云岩为软岩的变形特征。

（5）卸载变形具有非线性。卸载初始段回弹变形较小，卸载接近零时回弹变形急剧增加。原因是卸载变形包括岩块回弹、结构面张开两部分，前者大体呈弹性，后者以卸载荷载克服结构面的内摩擦力为前提，随卸载量增加，更多的结构面张开。

（6）由图 4.55 可知，在卸载 σ_3 破坏的过程中，薄层大理岩化白云岩体积变形未经历压缩，而是持续、加速扩容。原因是层面张开，垂直层面的回弹变形大于平行层面的压缩变形。

薄层大理岩化白云岩变形模量根据式（4.3）计算，统计结果见表 4.15。在应力为 0.2～4.0 MPa 时，铅直向 σ_1 方向变形模量平均值为 2.71 GPa（加卸载步序 1）、平行于层面 σ_2 方向变形模量平均值为 3.13 GPa（加卸载步序 3），近垂直于层面 σ_3 方向变形模量平均值为 1.98 GPa（加卸载步序 5）。在应力为 4.0～8.0 MPa 时，铅直向 σ_1 方向变形模量平均值为 22.66 GPa（加卸载步序 1）、平行于层面 σ_2 方向变形模量平均值为 13.05 GPa（加卸载步序 3），近垂直于层面 σ_3 方向变形模量平均值为 5.33 GPa（加卸载步序 5）。统计结果表明，受层面影响薄层大理岩化白云岩的变形模量表现为明显的各向异性，垂直于层面方向变形模量明显低于平行于层面方向的变形模量。此外，围压对薄层大理岩化白云岩的变形模量也具有明显影响，中等应力水平下，其变形模量可比低应力水平的变形模量提高 3～8 倍。

表 4.15　薄层大理岩化白云岩三轴变形试验结果

应力范围	试点编号	铅直 σ_1 方向	平行于层面 σ_2 方向	近垂直于层面 σ_3 方向		侧膨胀系数		
		E_1/GPa	E_2/GPa	E_3/GPa		$\varepsilon_2/\varepsilon_3$	$\varepsilon_1/\varepsilon_3$	$\varepsilon_1/\varepsilon_2$
		加载	加载	加载	卸载			
0.2～4.0 MPa	R1	1.68	3.35	2.07	—	0.19	0.27	0.14
	R2	1.42	0.48	0.35	—	0.92	0.20	0.24
	R3	4.00	5.58	2.73	—	0.42	0.12	0.19
	R4	5.76	5.88	2.09	—	0.04	0.13	0.76
	R5	1.49	2.03	1.58	—	0.91	0.20	0.27
	R6	1.36	2.87	1.63	—	0.48	0.10	0.37
	R7	1.79	2.05	1.24	—	0.31	0.27	0.33
	R8	4.17	2.82	4.13	—	0.42	0.27	0.14
	平均值	2.71	3.13	1.98	—	0.46	0.20	0.31
4.0～8.0 MPa	R2	—	4.07	0.84	1.96	0.44	0.05	—
	R3	—	12.22	8.68	11.27	0.16	0.11	0.06
	R4	21.93	25.47	7.31	0.87	0.10	0.08	0.31
	R5	26.42	13.36	4.83	0.92	0.42	0.19	0.10
	R6	16.30	14.18	4.13	2.72	0.30	0.31	0.19
	R7	18.24	—	3.90	1.26	0.40	0.23	—
	R8	30.39	8.97	7.62	1.90	0.32	0.18	—
	平均值	22.66	13.05	5.33	2.99	0.31	0.16	0.17
8.0～25.0 MPa	R2	8.76	—	—	—	—	—	—
	R3	37.38	—	—	—	—	—	—
	R4	24.68	—	—	—	—	—	—
	R5	15.22	—	—	—	—	—	—
	R6	10.90	—	—	—	—	—	—
	R7	10.72	—	—	—	—	—	—
	R8	24.44	—	—	—	—	—	—
	平均值	18.87	—	—	—	—	—	—

对于薄层大理岩化白云岩的卸载试验过程，若以卸载应变 ε_i' 与卸载应力 $\Delta\sigma_i'$ 关系曲线描述回弹变形，采用对数式（4.14）拟合该曲线（图 4.56），对式（4.14）求导，并将导函数中的 ε_i' 代换为 $\Delta\sigma_i'$，得到回弹模量 E_{ei} 与 $\Delta\sigma_i'$ 的相关式（4.15）：

$$\Delta\sigma_i' = A\ln(B\varepsilon_i + 1) \tag{4.14}$$

$$E_{ei} = AB\mathrm{e}^{-\Delta\sigma_i'/A} \tag{4.15}$$

其中，

$$\Delta\sigma_i' = \sigma_i^0 - \sigma_i \tag{4.16}$$

式中：E_{ei}为回弹模量（i=1，2，3），MPa；ε_i'为卸载应变（i=1，2，3）；A、B为拟合参数；$\Delta\sigma_i'$为卸载应力（i=1，2，3），MPa；σ_{i0}为卸载起始应力（i=1，2，3），MPa，为4.0 MPa（加卸载步序 2、4）或 8.0 MPa（加卸载步序 17）。

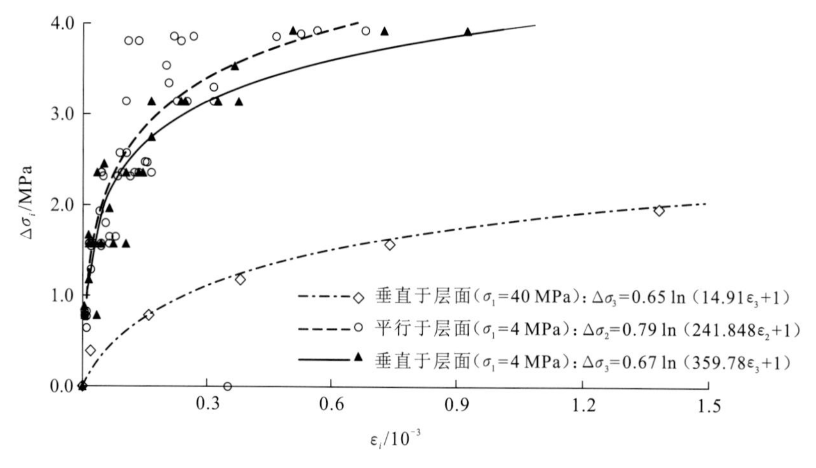

图 4.56　ε_i与$\Delta\sigma$拟合关系曲线

薄层大理岩化白云岩加卸载步序 2、加卸载步序 4、加卸载步序 17 卸载过程回弹模量和卸载应力关系典型曲线见图 4.57。结果表明：回弹模量随卸载应力增加而降低；垂直于层面方向的回弹模量小于平行于层面方向的回弹模量；轴向应力σ_1=40 MPa 条件下，σ_3方向卸载的回弹模量显著小于σ_1=4 MPa 条件下的回弹模量，并且垂直于层面的卸载回弹模量与侧压负相关。

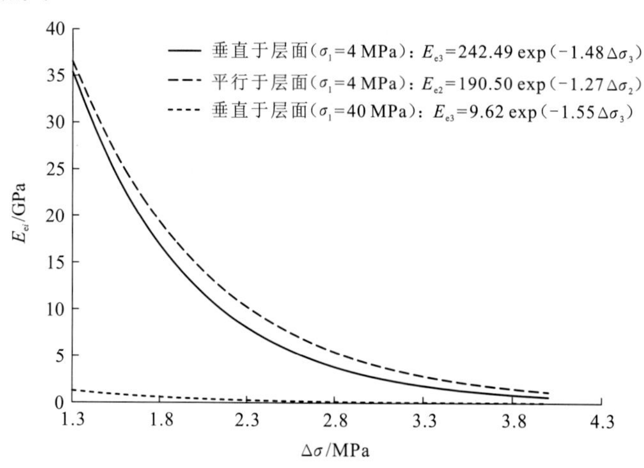

图 4.57　E_{ei}与$\Delta\sigma$经验关系曲线

4.4.3　薄层大理岩化白云岩卸侧压破坏强度特性

保持σ_2=σ_3=8 MPa，加载σ_1至低于预估强度的较高应力，然后卸侧压σ_3至破坏，破坏应力及有关应力不变量见表 4.16。

表 4.16 破坏应力及有关应力不变量

试点编号	σ_1 /MPa	σ_2 /MPa	σ_3 /MPa	I_1 /MPa	$J_2^{0.5}$ /MPa
1	48.88	8	5.73	62.61	24.28
2	35.38	8	1.30	44.68	18.06
3	45.67	8	2.79	56.46	23.40
4	47.60	8	5.54	61.14	23.61
5	49.49	8	4.46	61.95	25.04
6	40.07	8	4.48	52.55	19.61
7	55.83	8	7.46	71.29	27.77

按照莫尔-库仑破坏条件，当岩体存在弱面，且弱面走向平行于 σ_2 时，岩体沿弱面破坏满足式（4.17）：

$$\sigma_1 = \frac{2c_{\rm m} + (\tan\varphi_{\rm m} + \sin 2\beta_{\rm m} - \tan\varphi_{\rm m}\cos 2\beta_{\rm m})\sigma_3}{\sin 2\beta_{\rm m} - \tan\varphi_{\rm m}\cos 2\beta_{\rm m} - \tan\varphi_{\rm m}} \tag{4.17}$$

式中：$c_{\rm m}$ 为弱面黏聚力，MPa；$\varphi_{\rm m}$ 为弱面内摩擦角；$\beta_{\rm m}$ 为弱面法线与 σ_1 的夹角。

按式（4.4）拟合 σ_1 与 σ_3，得到 F=3.44，R=30 MPa（图 4.58）。

比较式（4.17）与式（4.4），得到

$$\begin{cases} \dfrac{2c_{\rm m}}{\sin 2\beta_{\rm m} - \tan\varphi_{\rm m}\cos 2\beta_{\rm m} - \tan\varphi_{\rm m}} = 30 \\ \dfrac{\tan\varphi_{\rm m} + \sin 2\beta_{\rm m} - \tan\varphi_{\rm m}\cos 2\beta_{\rm m}}{\sin 2\beta_{\rm m} - \tan\varphi_{\rm m}\cos 2\beta_{\rm m} - \tan\varphi_{\rm m}} = 3.44 \end{cases} \tag{4.18}$$

将 $\beta_{\rm m}$=80° 代入式（4.18）求解，得到层面内摩擦角 $\varphi_{\rm m}$=21.26°，黏聚力 $c_{\rm m}$=4.78（MPa）。由于试样局部切层破坏，此参数偏高。

若将岩体视为均质体，可按式（4.5）计算岩体莫尔-库仑强度参数，得到岩体内摩擦角 φ=37.82°，黏聚力 c=8.09 MPa，高于层面参数值。

将岩体视为均质体，考虑中主应力 σ_2 的影响，可采用德鲁克-普拉格强度准则描述岩体强度特性，根据式（4.6）拟合 $J_2^{0.5}$ 与 I_1 的相关式（图 4.59），得到 α=0.38，k=0.92 MPa。

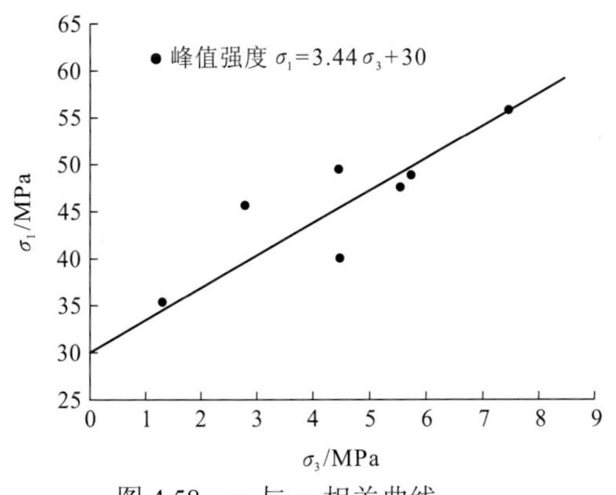

图 4.58 σ_1 与 σ_3 相关曲线

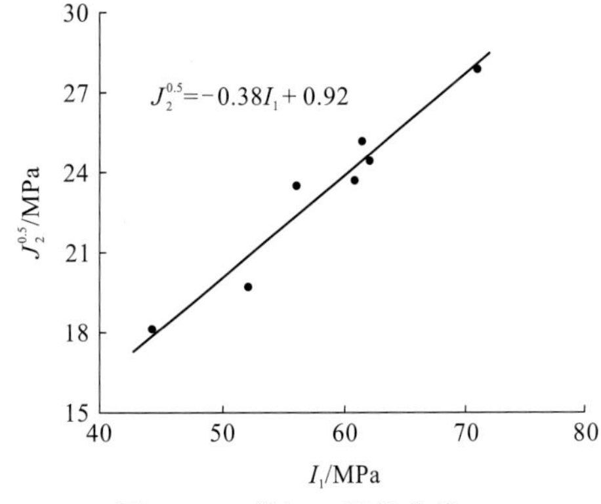

图 4.59 $J_2^{0.5}$ 与 I_1 相关曲线

按受压破坏德鲁克-普拉格强度准则与莫尔-库仑强度准则统一的条件，换算得到薄层大理岩化白云岩的φ=47.72°，c=0.90 MPa，与直接采用莫尔-库仑准则得到的参数差异较大。

图 4.60　试样破坏形态

由于试验岩体为层状结构，非均质连续体，在很大程度上并不符合德鲁克-普拉格强度准则在受压破坏时与莫尔-库仑强度准则统一的条件，相应的岩体强度参数仅可作为洞室开挖特定工程环境下围岩强度的经验参数。

4.4.4　薄层大理岩化白云岩卸侧压破坏模式

薄层大理岩化白云岩变形数据及试样破坏形态表明，随着σ_3的卸载，试样经历以下变形、破坏过程：①较连续的层面剪切、张开；②层面切割形成的临空块体沿层面剪切滑移；③滑移块体对侧角部切层剪切破坏。可见，试样破坏形式为：基本沿层面剪切破坏，局部横切岩层破坏。破坏后试样见图 4.60。

4.5　石英云母片岩变形破坏特性原位真三轴试验

丹巴水电站发电引水隧洞 80%左右处于属于较软岩—软岩的石英云母片岩中。石英云母片岩岩石单轴抗压强度低，在开挖卸荷和反复扰动情况下存在明显松弛。加之初始地应力水平较高，洞室开挖过程中石英云母片岩将遭受复杂应力路径下的加载、卸载过程和非常不利的应力状态，可能出现塑性大变形及局部失稳等现象。目前国内外对深埋软岩大跨度洞室研究较少，对石英云母片岩的破坏机理、成洞特性及支护措施等，都缺乏可供借鉴的系统研究成果。为了较准确地把握深埋石英云母片岩软岩强度特性，在丹巴水电站 CPD1 长探洞洞深约 540 m 处开展了一组七点石英云母片岩原位真三轴试验研究。

4.5.1　试样制备及试验方案

现场共制备了七个试样，编号分别为 1#、2#、4#、7#、9#、11#和 13#。制备完成的试样形态见图 4.61。成型之后的试样高 100 cm，长、宽分别为 50 cm，为方柱体。试样底部与基岩相连，其他五面临空。

石英云母片岩片理产状为 55°∠80°，布置原位真三轴试样的试验支洞，洞轴线方向与石英云母片岩片理走向近一致（N35° W）。因此，原位真三轴试验加载方向规定如下：σ_1方向为铅直向（z 坐标轴），σ_2方向为平行于片理面方向（支洞轴向，y 坐标轴），σ_3方向为近垂直于片理面方向（支洞径向，x 坐标轴）。试样总体沿石英云母片岩片理面方向制备，但是因为片理面不是完全直立，所以试样与片理面之间有一定夹角。原位三轴试样总体形态见图 4.62，原位真三轴试验照片见图 4.63。

（a）

（b）

图 4.61 成型后的试样照片

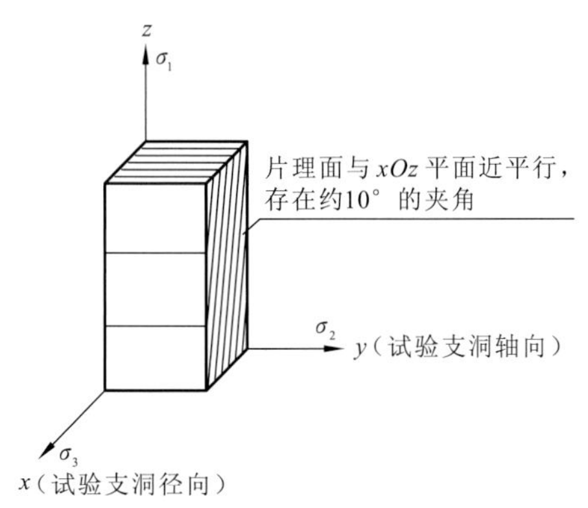

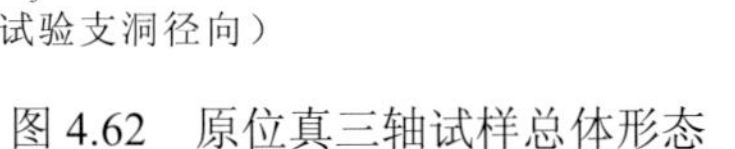

图 4.62 原位真三轴试样总体形态

图 4.63 丹巴水电站软岩岩体原位真三轴试验照片

对每个试样，都是先进行变形试验，再进行强度试验。

变形试验围压应力分为 0～3 MPa、3～6 MPa、6～9 MPa 三个阶段。每个阶段均进行三个方向的变形试验。变形试验阶段，保持两个方向围压应力不变，在剩余方向上单循环加卸载 3 MPa 应力，通过伺服控制系统采集三个方向的应力和变形，绘制应力-应变关系曲线，并计算该方向变形参数。

开展强度试验时，先进行卸侧压 σ_3 的真三轴峰值强度试验，然后对破坏样进行卸侧压 σ_3 的真三轴残余强度试验。具体试验应力路径为：

（1）首先将 σ_3、σ_2 和 σ_1 同步施加至 0.2 MPa 接触压力，稳定 5 min 后开始采集数据。

（2）将 σ_3、σ_2、σ_1 同步施加至 9 MPa，稳定 5～10 min。

（3）保持 σ_3、σ_2 不变，然后将轴压 σ_1 增加至指定压力；七个试样中，最高轴压为 60 MPa（2#试样），最低轴压约为 18 MPa（1#试样），其他五个试样的轴压介于两者之间。轴压施加至指定值后，稳定 5～10 min。

（4）保持 σ_2、σ_1 不变，σ_3 由 9 MPa 匀速卸载，直至试样破坏（σ_3 方向垂直于片理面）。

（5）试样破坏后，保持 σ_3 的残余值和 σ_2 不变，匀速卸 σ_1 至 9 MPa，重复步骤（2）～（4），进行破坏试样的残余强度试验。

（6）参照上述应力路径，针对部分试样进行单点多次卸侧压 σ_3、加轴压 σ_1 残余强度试验。

4.5.2 石英云母片岩各向异性变形特性

石英云母片岩 0～3 MPa、3～6 MPa、6～9 MPa 三个阶段的典型应力-应变关系曲线见图 4.64～图 4.66。试验曲线表明：

（1）加载初始段（围压水平为 0～3 MPa）变形曲线呈上凹形。在 3～6 MPa 应力水平段，水平 σ_2 与 σ_3 方向加载、卸载时，石英云母片岩应力-应变曲线近似呈线性，铅直 σ_1 方向加载、卸载时，应力-应变曲线则呈上凸形。在 6～9 MPa 应力水平段，σ_1、σ_2、σ_3 方向单独加载、卸载时，石英云母片岩应力-应变曲线均表现为上凸形。

（2）在同等围压水平下，近垂直于片理面 σ_3 方向加载、卸载时，平行于层面 σ_2 方向与铅直 σ_1 方向的变形量均较小，主要表现为层理面受压闭合变形。平行于层面 σ_2 方向加载、卸载时，铅直 σ_1 方向的变形量基本为零，近垂直于片理面 σ_3 方向则表现出明显的层理面张开膨胀变形。铅直 σ_1 方向加载、卸载时，水平 σ_2、σ_3 方向均表现为一定的膨胀变形，但是近垂直于片理面 σ_3 方向的膨胀变形量要大于平行于层面 σ_2 方向的膨胀变形量。

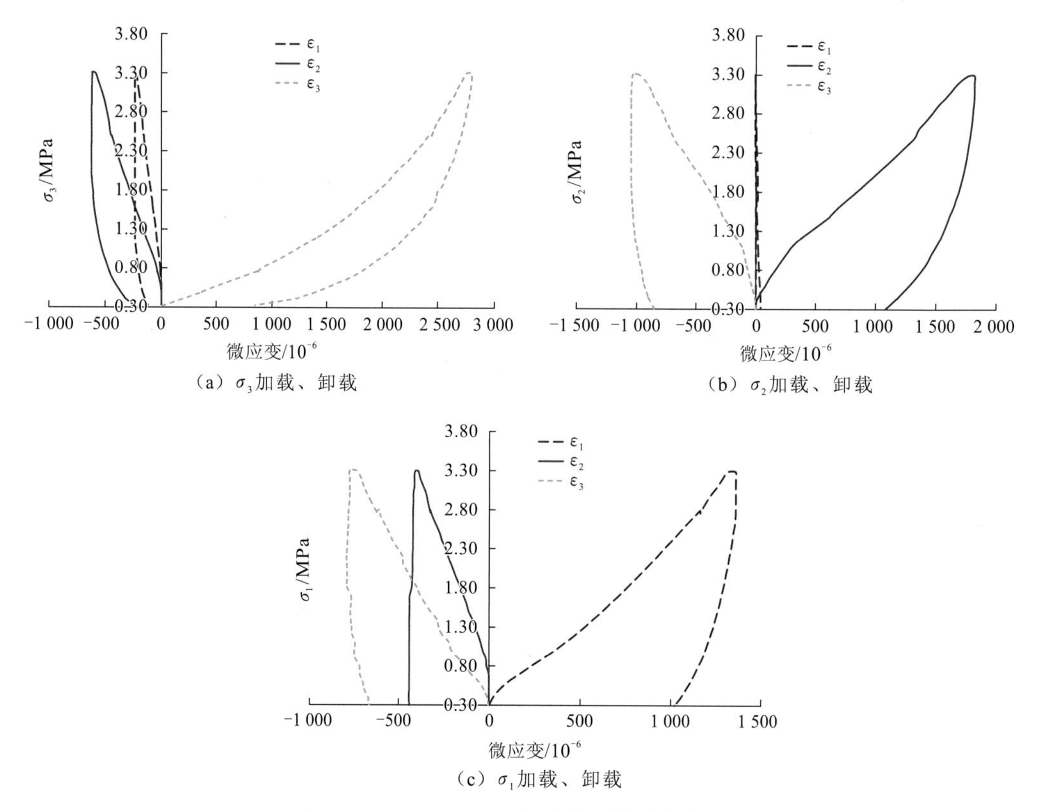

（a）σ_3 加载、卸载

（b）σ_2 加载、卸载

（c）σ_1 加载、卸载

图 4.64　0～3 MPa 三轴变形试验成果曲线

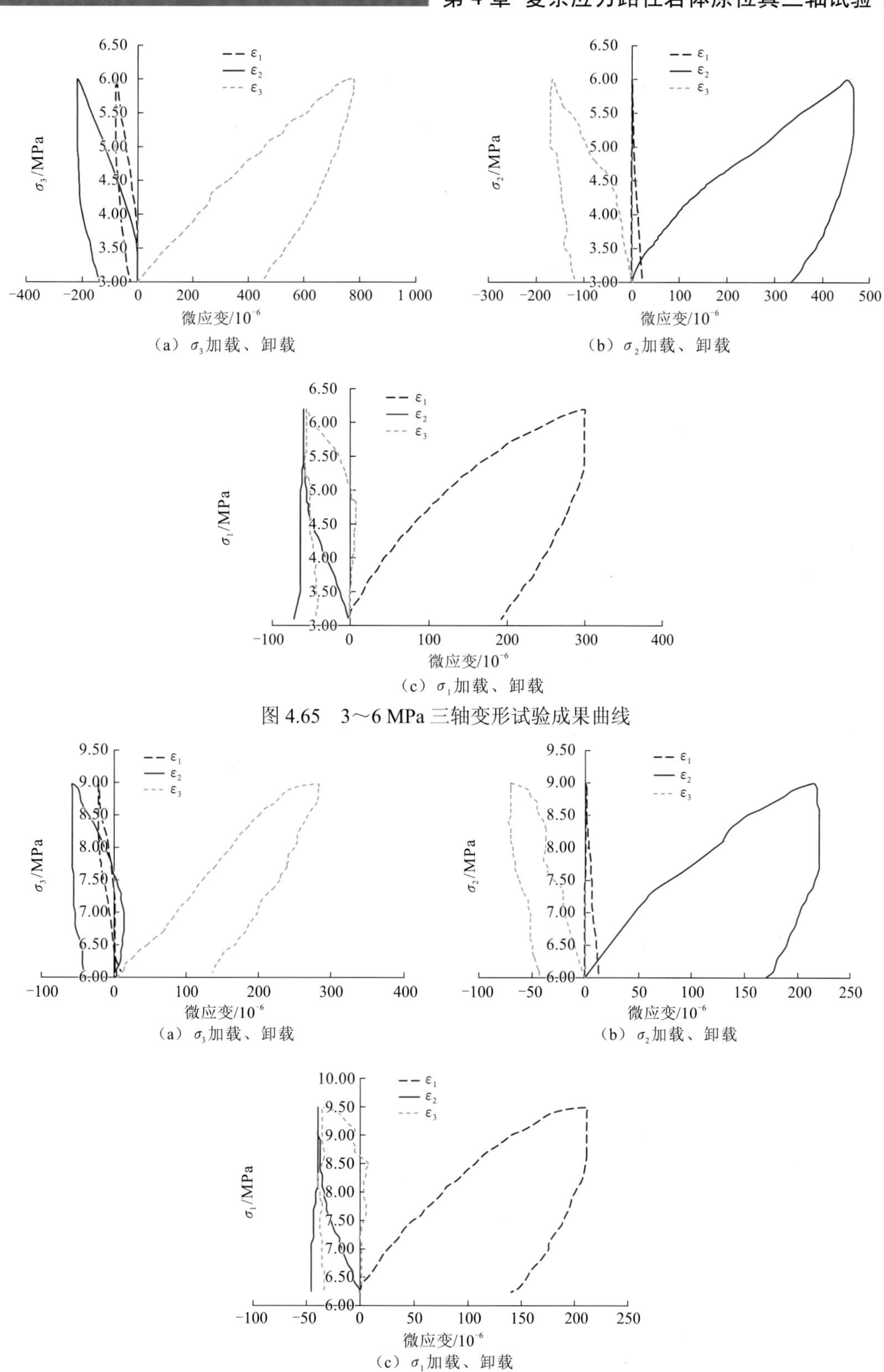

图 4.65　3～6 MPa 三轴变形试验成果曲线

图 4.66　6～9 MPa 三轴变形试验成果曲线

（3）石英云母片岩表现出正交各向异性变形特性。受层理面影响，在同等应力水平水平下，近垂直于层面 σ_3 方向变形量最大，平行于层面 σ_2 方向变形量次之，铅直 σ_1 方向变形量最小。

（4）石英云母片岩加载过程中塑性变形较大。在一个加载、卸载循环中，卸载残余变形与加载变形的比值为 0.3～0.8，体现了石英云母片岩为软岩的变形特征。

石英云母片岩变形模量根据式（4.3）计算，并按《水利水电工程岩石试验规程》（SL 264—2001）和《岩土工程勘察规范》（GB 50021—2001）中建议的数据处理方法，首先按三倍标准差法剔除异常值，然后对剔除异常值后的样本数据进行统计，得到均值和方差，统计结果见表 4.17。

表 4.17　石英云母片岩真三轴变形试验成果

试样编号	变形模量								
	0～3 MPa			3～6 MPa			6～9 MPa		
	E_3/GPa	E_2/GPa	E_1/GPa	E_3/GPa	E_2/GPa	E_1/GPa	E_3/GPa	E_2/GPa	E_1/GPa
1#	1.69	5.05	6.29	4.48	12.55	13.87	—	—	—
2#	1.33	4.81	3.47	4.77	9.55	7.21	5.52	12.66	18.87
4#	1.85	5.65	8.88	4.27	12.24	13.45	17.31	8.7	15
7#	0.45	1.11	2.62	4.07	3.12	5.77	8.9	9.09	12.55
9#	1.31	4	14.36	2.96	11.58	17.14	6.1	21.9	22.39
11#	1.89	4.44	11.24	4.77	9.12	18.52	8.8	16.13	22.9
13#	1.07	1.65	2.29	3.84	6.48	10.4	10.56	13.76	15.57
平均值	1.37	3.82	7.02	4.17	9.23	12.34	9.53	13.71	17.88
方差	0.26	3.05	21.67	0.40	11.77	23.01	18.07	24.10	17.71
有效样本均值	1.37	3.82	7.02	4.17	9.23	12.34	9.53	13.71	17.88

在应力为0～3 MPa时，铅直向σ_1方向变形模量平均值为7.02 GPa，平行于层面σ_2方向变形模量平均值为3.82 GPa，近垂直于层面σ_3方向变形模量平均值为1.37 GPa。在应力为3～6 MPa时，铅直向σ_1方向变形模量平均值为12.34 GPa，平行于层面σ_2方向变形模量平均值为9.23 GPa，近垂直于层面σ_3方向变形模量平均值为4.17 GPa。在应力为6～9 MPa时，铅直向σ_1方向变形模量平均值为17.88 GPa，平行于层面σ_2方向变形模量平均值为13.71 GPa，近垂直于层面σ_3方向变形模量平均值为9.53 GPa。统计结果表明，受层理面影响，石英云母片岩的变形模量表现出明显的各向异性，垂直于层面方向变形模量明显低于平行于层面方向的变形模量。

石英云母片岩不同方向变形模量平均值随侧压水平的变化曲线见图 4.67。随着侧压水平的升高，石英云母片岩各方向的变形模量均明显提高，但是侧压大小对石英云母片岩变形模量的各向异性特征影响不大。

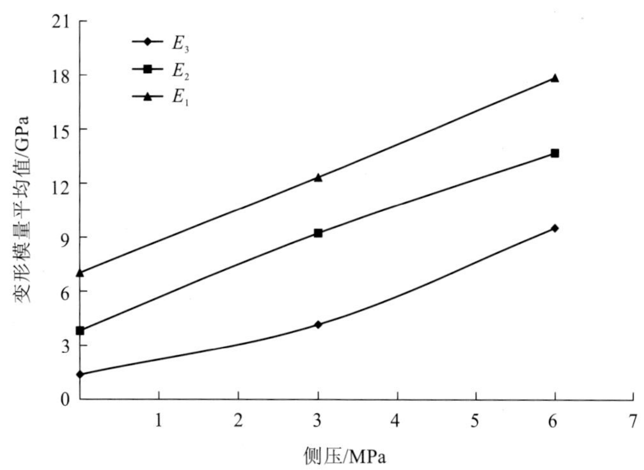

图 4.67 各方向变形模量平均值随侧压水平的变化关系

4.5.3 石英云母片岩真三轴强度特性

石英云母片岩真三轴卸侧压试验典型偏应力-应变曲线见图 4.68。试样承受初始静水压力状态后，随着偏应力的增加，先后经历弹性阶段、屈服阶段与塑性流动阶段，表现出典型的弹塑性材料性质。

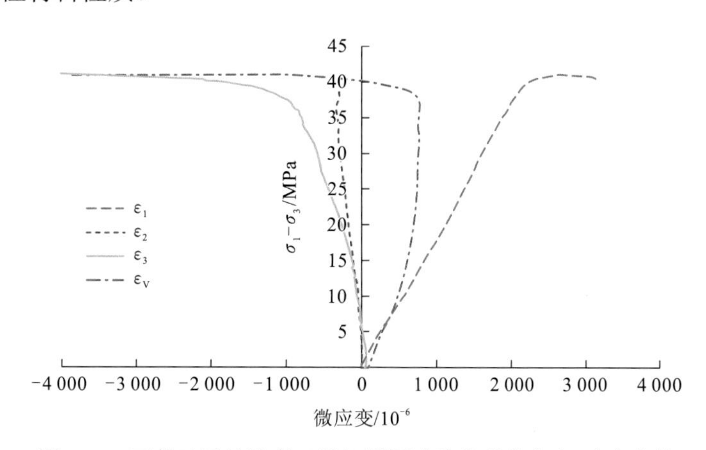

图 4.68 石英云母片岩真三轴卸侧压试验典型偏应力-应变曲线

根据应力-应变关系曲线拐点确定各试样不同应力路径下的强度特征值。

1. 初次卸侧压强度参数

石英云母片岩初次卸侧压破坏强度特征值见表 4.18。采用莫尔-库仑强度准则、德鲁克-普拉格强度准则、茂木强度准则拟合石英云母片岩卸侧压破坏强度线性关系见图 4.69～图 4.71，抗剪强度参数值见表 4.19。

表 4.18　石英云母片岩初次卸侧压破坏强度特征值

试样编号	峰值强度		
	轴压 σ_1 / MPa	侧压 σ_2 / MPa	侧压 σ_3 / MPa
1#	18.78	6.00	0.10
2#	60.00	9.00	4.82
4#	35.00	9.00	3.33
7#	43.00	9.00	5.36
9#	45.00	9.00	3.95
11#	30.00	9.00	1.21
13#	28.00	9.00	2.42

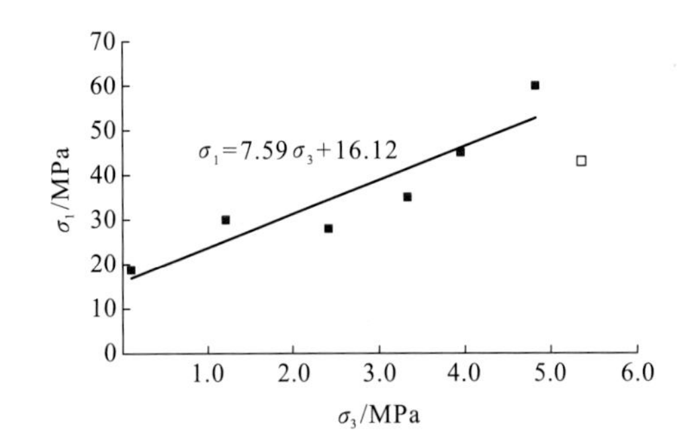

图 4.69　石英云母片岩卸侧压破坏莫尔-库仑强度准则拟合结果

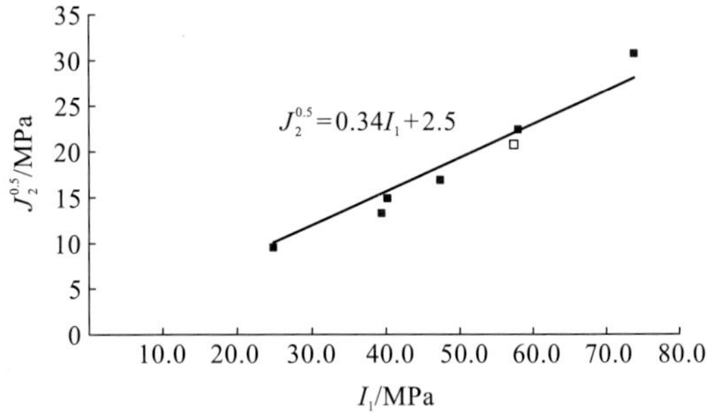

图 4.70　石英云母片岩卸侧压破坏德鲁克-普拉格强度准则拟合结果

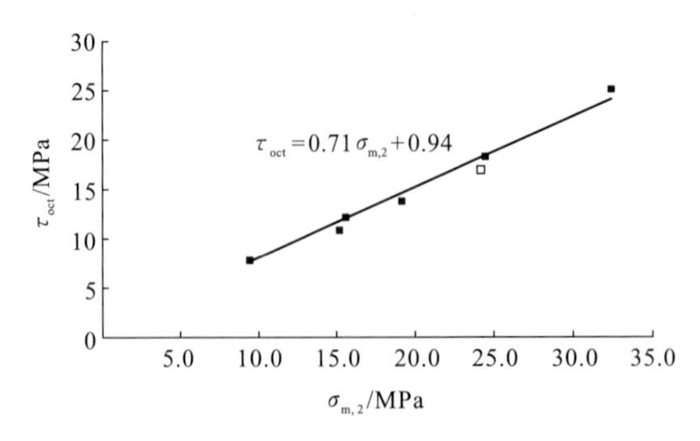

图 4.71　石英云母片岩卸侧压破坏茂木强度准则拟合结果

表 4.19　石英云母片岩卸侧压破坏抗剪强度参数拟合结果

强度准则	峰值抗剪强度参数	
	内摩擦角 φ /(°)	黏聚力 c/MPa
莫尔-库仑强度准则	50.1	2.9
德鲁克-普拉格强度准则	42.9	2.3
茂木强度准则	48.9	1.5

依据图 4.69 所示的最大、最小主应力相关关系，根据莫尔-库仑强度准则，可计算在不考虑中间主应力影响时石英云母片岩的抗剪强度参数 φ 值为 50.1°，c 值为 2.9 MPa。

依据德鲁克-普拉格强度准则包络线的拟合结果，获得考虑中间主应力时石英云母片岩初次卸侧压破坏德鲁克-普拉格强度准则参数为：α =0.34，k=2.5 MPa。根据式（4.7）所示的德鲁克-普拉格强度准则中的强度参数与莫尔-库仑强度准则中的强度参数的转换关系，计算得石英云母片岩初次卸侧压破坏强度参数 φ 值为 42.9°，c 值为 2.3 MPa。

根据茂木强度准则，获得考虑中间主应力时，石英云母片岩另一组强度参数，φ 值为 48.9°，c 值为 1.5 MPa。

对比分析不考虑中间主应力与考虑中间主应力时计算得到的石英云母片岩的抗剪强度参数，可以看出中间主应力对石英云母片岩强度参数分析结果的影响明显，考虑中间主应力影响时，强度参数的分析结果要偏小。

2. 破坏样单点多次卸侧压破坏强度参数

石英云母片岩试样初次卸侧压破坏后，针对部分试样，开展了破坏后试样的单点多次卸侧压破坏试验。

每一个单点卸侧压破坏试验时的应力路径和初次卸侧压破坏试验应力路径都相似：先将 σ_3、σ_2、σ_1 三个方向的应力都施加至 9 MPa，然后保持 σ_3、σ_2 两个方向应力不变，将 σ_1 方向应力进一步增加至指定应力；σ_1 方向应力施加到位后，待变形稳定，逐步卸侧压 σ_3 方向应力至试样破坏。各个试样的单点多次卸侧压破坏强度见表 4.20。依据表 4.20 中的数据，分别绘制用最大、最小主应力和 I_1、$J_2^{0.5}$ 表征的强度点及其拟合关系，见图 4.72、图 4.73。

表 4.20 各试样单点多次卸载破坏强度

试样	轴压 σ_1 / MPa	侧压 σ_2 / MPa	侧压 σ_3 / MPa	I_1 / MPa	J_2 /（MPa）^{2}	$J_2^{0.5}$ / MPa
1#	18.78	6.00	0.30	25.1	89.6	9.5
2#	45.00	9.00	4.04	58.0	499.7	22.4
	25.00	9.00	1.65	35.7	142.5	11.9
	35.00	9.00	2.85	46.9	291.2	17.1
	30.00	9.00	2.16	41.2	210.5	14.5
	40.00	9.00	3.84	52.8	382.5	19.6
9#	45.00	9.00	5.78	59.8	474.1	21.8
	25.00	9.00	2.32	36.3	135.8	11.7
	35.00	9.00	5.00	49.0	265.3	16.3
	30.00	9.00	3.89	42.9	191.5	13.8
	20.00	9.00	2.15	31.2	81.1	9.0
11#	30.00	9.00	2.82	41.8	203.0	14.2
	20.00	9.00	1.66	30.7	85.2	9.2
	25.00	9.00	1.86	35.9	140.4	11.8

续表

试样	轴压 σ_1 / MPa	侧压 σ_2 / MPa	侧压 σ_3 / MPa	I_1 / MPa	J_2 / (MPa)^2	$J_2^{0.5}$ / MPa
13#	28.00	9.00	2.75	39.8	172.9	13.2
	15.00	9.00	1.67	25.7	44.6	6.7
	25.00	9.00	2.30	36.3	136.0	11.7
	35.00	9.00	4.28	48.3	273.7	16.5

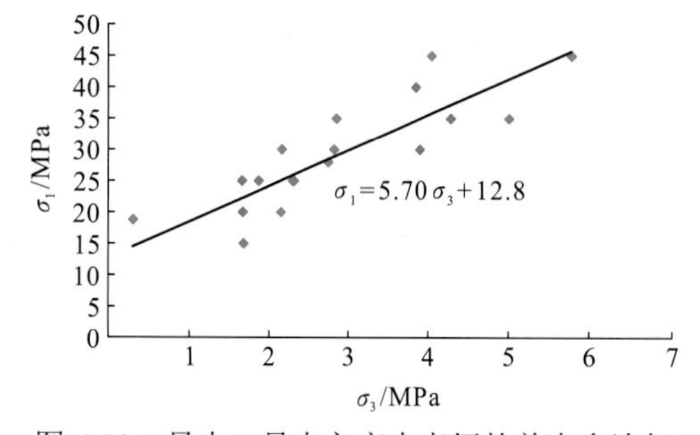

图 4.72 最大、最小主应力表征的单点多次卸侧压破坏试验强度点及拟合关系

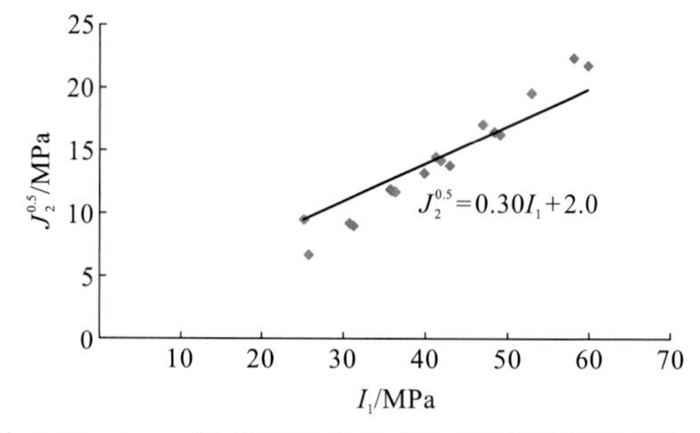

图 4.73 I_1、$J_2^{0.5}$ 表征的单点多次卸侧压破坏试验强度点及德鲁克-普拉格强度准则拟合

依据图 4.73 中的德鲁克-普拉格强度准则包络线，可计算得试样单点多次卸侧压破坏时的强度参数 φ 值为 38.3°，黏聚力 c 值为 1.8 MPa。

不考虑中间主应力时将各试样的强度特征值进行线性拟合，得 σ_1 和 σ_3 之间的拟合关系式为 $\sigma_1=5.70\sigma_3+12.80$。根据式（4.5）获得不考虑中间主应力时强度参数 φ 值为 44.4°，黏聚力 c 值为 2.7 MPa。

3. 破坏样单点多次加轴压 σ_1 破坏强度参数

针对 1#、4#两个试样，初次卸侧压破坏后，还开展了破坏样单点多次加轴压 σ_1 试验。破坏样单点多次加轴压 σ_1 试验应力路径如下：先将 σ_2 和 σ_1 施加至 9 MPa，同时将 σ_3 施加至指定值，待变形稳定后，再逐步增加 σ_1 至试样再次破坏。各个试样的单点多次加轴压 σ_1 破坏强度特征值见表 4.21。

表 4.21 1#和 4#试样单点多次加载破坏强度

试样	轴压 σ_1 / MPa	侧压 σ_2 / MPa	侧压 σ_3 / MPa	I_1 / MPa	J_2 / (MPa)^2	$J_2^{0.5}$ / MPa
1#	24.30	6.00	0.50	30.8	155.3	12.5
	17.10	6.00	0.20	23.3	73.7	8.6
4#	22.41	9.00	0.84	32.3	118.6	10.9
	25.64	9.00	1.65	36.3	151.1	12.3
	27.95	9.00	2.48	39.4	175.1	13.2
	36.61	9.00	3.33	48.9	317.0	17.8
	36.30	9.00	4.14	49.4	300.5	17.3
	35.62	9.00	4.90	49.5	278.2	16.7

4#试样由于反复加载破坏，强度越来越低，在拟合强度包络线时，没有考虑 4#试样的最后两个强度点。将其他强度点进行线性拟合，得 σ_1 和 σ_3 之间的拟合关系式为 $\sigma_1=6.77\sigma_3+14.00$（图 4.74）。利用式（4.5）计算可得不考虑中间主应力影响时破坏样单点多次加载破坏时的强度参数 φ 值为 48.0°，黏聚力 c 值为 2.7 MPa。

考虑中间主应力影响时，得 I_1 和 $J_2^{0.5}$ 之间的拟合关系为：$J_2^{0.5}=0.32I_1+1.5$（图 4.75）。计算得考虑中间主应力影响时破坏样单点多次加载破坏时的强度参数 φ 值为 40.0°，黏聚力 c 值为 1.3 MPa。

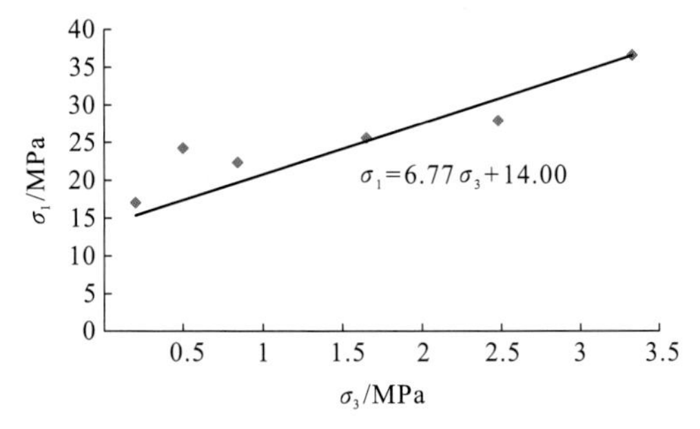

图 4.74 最大、最小主应力表征的单点多次加载破坏试验强度点及参数拟合

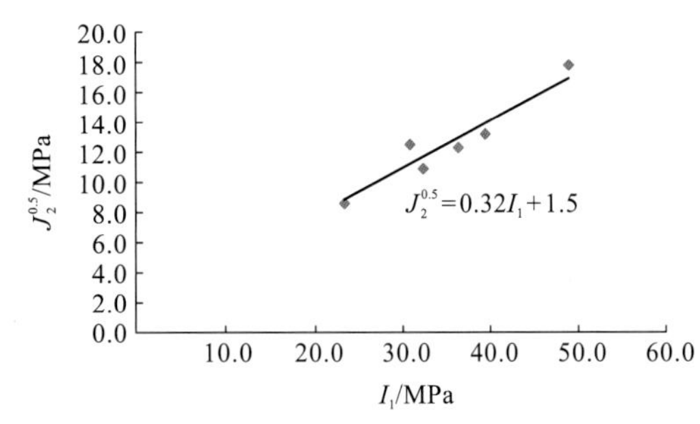

图 4.75 I_1、$J_2^{0.5}$ 表征的单点多次加载破坏试验强度点及德鲁克-普拉格强度准则拟合

4. 强度试验成果综合分析

将不同应力路径下得到的试样三轴强度特征值点绘在同一坐标系中，如图 4.76、图 4.77 所示，成果综合对比见表 4.22，从中可以看出：

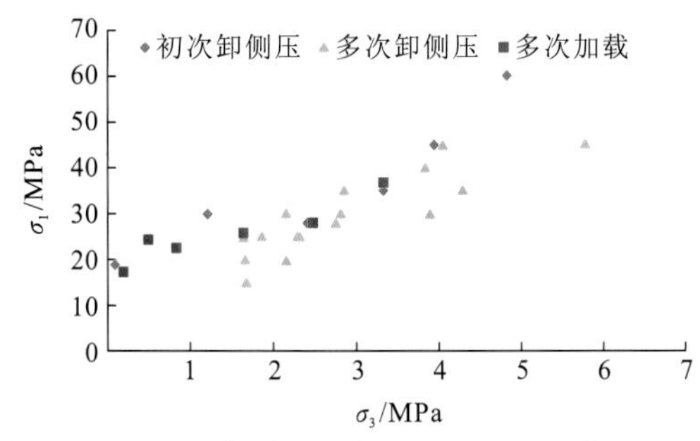

图 4.76 不同类型强度点综合对比（强度点用最大、最小主应力表征）

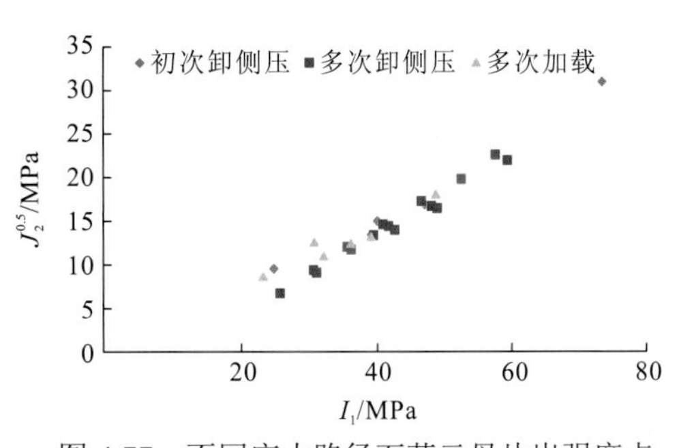

图 4.77 不同应力路径石英云母片岩强度点

表 4.22 三轴强度试验成果综合对比

试验类型		莫尔-库仑强度准则		德鲁克-普拉格强度准则			
		φ /（°）	c/MPa	α	k	φ /（°）	c/MPa
三轴试验	初次卸侧压 σ_3	50.1	2.9	0.34	2.5	42.9	2.3
	破坏样单点多次卸侧压 σ_3	44.4	2.7	0.30	2.0	38.3	1.8
	破坏样单点多次加载	48.0	2.7	0.32	1.5	40.0	1.3

（1）初次卸侧压破坏试验时，由于试验对象为完整试样，试验所得强度要明显高于破坏样强度。

（2）虽然同为破坏样，单点多次加载试验的强度特征值和单点多次卸侧压试验的强度特征值也存在差别，加载试验强度参数的φ值要略高，c值略低，这说明试验时应力路径不同，岩体强度试验结果也会有所不同。

4.5.4 石英云母片岩原位真三轴试验破坏特征

石英云母片岩试样真三轴卸侧压破坏后的典型照片及破坏形态概化图见图4.78。石英云母片岩试样卸载破坏形态具有以下几个特征。

（a）试样破坏照片

（b）破坏形态概化图

图 4.78 7#试样的破坏形态

（1）试样主破坏面具有方向性。主破坏面的延伸扩展方向与试样中片理面的方向基本一致。

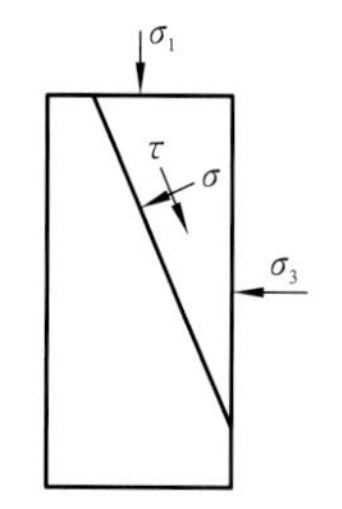

图 4.79 石英云母片岩真三轴卸侧压破坏力学模式

（2）试样破坏以剪切滑移破坏为主，整体溃曲破坏迹象不明显。这说明在真三轴试验卸侧压 σ_3 过程中，当达到一定的应力差之后，在试样中部沿片理面剪切破坏，形成主破裂面。试样的破坏可简化成图 4.79 所示的力学模式。

（3）根据石英云母片岩真三轴卸侧压破坏模式，可以分析在该地层中进行地下洞室开挖时围岩失稳破坏特征为：地下洞室围岩的破坏受应力状态和片理面共同控制，片理面的发育方向与围岩的破坏形态有直接关系。洞壁上，如果片理面顺向倾出，洞壁围岩将容易出现大范围破坏，洞室围岩的实际破坏形态以剪切破坏为主，出现溃曲破坏的可能性较小。

第5章 岩体原位流变试验

岩体流变是指岩体的应力-应变状态随时间变化的现象。岩体含有节理、裂隙、层面等不连续面，具有较明显的流变属性。作为分析建筑物地基、地下洞室及边坡、滑坡长期变形和长期稳定性的基础性研究工作，岩体流变性质研究必不可少。岩体流变特性原位试验是研究岩体流变特性的主要手段之一，通过试验可获得岩体流变本构模型、流变参数及长期强度，在此基础上，研究岩体流变、松弛、弹性后效和滞后效应等岩体流变特性。

因试件尺寸效应，室内流变试验结果难以全面反映工程岩体流变特性。随着稳压、测量设备的改进，提出了气-液恒定稳压伺服控制与滚轴丝杠组合式加载新方法，研发了岩体原位载荷流变试验高应力复杂路径真三轴流变试验新技术，应用于三峡船闸高边坡花岗岩、锦屏二级深埋大理岩、乌东德薄层大理岩、丹巴水电站石英云母片岩、构皮滩垂直升船机地基软岩等复杂岩体流变特性研究，取得了重要研究成果。

5.1 岩体原位流变试验新技术

5.1.1 岩体原位载荷流变试验技术

岩体原位载荷流变试验原理是通过刚性或柔性承压板施加恒定载荷于半无限岩体表面，测量岩体表面或深部岩体流变变形，以流变计算值与试验值间差异最小为目标，进行流变模型辨识并反演岩体流变参数。该方法具有试验操作方便、对岩体扰动小等优点，是岩体流变性质研究的重要手段。但试验方法尚不完善，加载方式、流变模型与试验曲线拟合度等问题均需要进一步研究。结合工程需求，长江科学院于 2006 年针对白鹤滩水电站柱状节理玄武岩进行了原位载荷流变试验，首次应用自主研制的 YLB-60 型岩体原位流变试验系统，并基于流变试验曲线，推导基于五参量广义开尔文模型的承压板加载流变公式。

1. YLB-60 型岩体原位流变试验系统

YLB-60 型岩体原位流变试验系统见图 5.1，该试验系统由长江科学院与长春市朝阳试验仪器有限公司联合研制。该系统采用气液泵提供长期恒压荷载，可长期、自动稳压，最高压力为 60 MPa，压力波动为±0.2 MPa；采用计算机自动采集系统自动采集位移、压力数据，不受潮湿环境的影响。克服了现有试验装置在稳压性能、可靠性、通用性方面的不足。

图 5.1 YLB-60 型岩体原位流变试验系统

1）系统构成

（1）伺服载荷子系统。主要构件有：气泵、气液泵、调压阀、加载设备（如液压千斤顶、液压钢枕）、压力传感器。

（2）变形测量子系统。主要构件有：位移传感器（可选配数值千分表、光栅传感器等电子测表）、压力传感器。

（3）自动采集子系统。主要构件有：数据线、计算机。

构件连接见图 5.2。

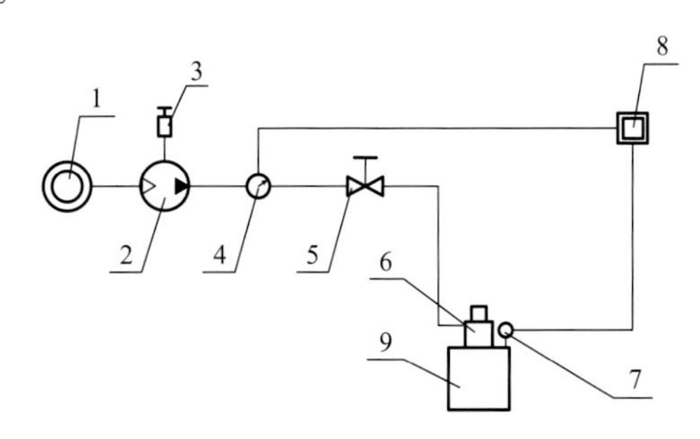

图 5.2 YLB-60 型岩体原位流变试验系统结构示意图

1—气泵；2—气液泵；3—调压阀；4—压力传感器；5—控制阀；

6—加载设备；7—位移传感器；8—计算机；9—岩体试件

2）实施方式

（1）气泵 1 通过气管与气液泵 2 连接，其作用为提供有压气源。设定气泵 1 的启动气压阈值 P_1 及停止运行的气压阈值 P_2，当气泵 1 气缸内的气压低于 P_1 时，气泵 1 自动启动，直至气缸内的气压达到 P_2，气泵 1 停止运行。

（2）气液泵 2 一端通过气管连接气泵 1，另一端通过液压管经控制阀 5 连接加载设备 6，其作用是提供恒定液压。先关闭控制阀 5，调节调压阀 3，气液泵 2 开始运行，直至压力传感器 4 压力值达到试验压力 P_3 并保持恒定，气液泵 2 停止运行；开启控制阀 5，通过加载设备 6 给岩体试件 9 施加载荷，液压下降，气液泵 2 再次运行，直至液压恢复到试验压力 P_3；气液泵 2 停止运行。气泵 1 的启动气压阈值 P_1 的设定，使当气液泵 2 的液压达到试验压力 P_3 时，气液泵 2 的气压低于气泵 1 的启动气压阈值 P_1。

（3）加载设备 6 安装于岩体试件 9 表面，通过液压管与气液泵 2 连接，其作用是提供试验载荷。当岩体试件 9 在加载设备 6 的作用下产生变形时，液压降低，气液泵 2 开始运行，直至液压恢复到试验压力 P_3，气液泵 2 停止运行。加载设备 6 可以是单个千斤顶或液压钢枕，也可以是多个千斤顶（或液压钢枕）并联，当加载设备 6 是多个千斤顶（或液压钢枕）并联使用时，千斤顶（或液压钢枕）可以与相同数量的试件分别相接。

（4）位移传感器 7 安装于岩体试件 9 的位移测点，通过数据线与计算机 8 连接，其作用是测量岩体试件 9 位移测点处的位移。

（5）计算机 8 通过数据线与位移传感器 7、压力传感器 4 连接，其作用是实时记录岩体试件 9 的变形、试验压力，并形成图表。

3）性能指标及特点

主要性能指标：

（1）最大输出压力为 33 MPa；

（2）压力波幅为±0.2 MPa；

（3）变形测量精度为 1μm。

功能特点：

（1）长期自动补压；

（2）长期连续变形测量；

（3）压力、变形数据自动采集；

（4）良好的通用性，可任意选配出力设备，可组合数套载荷系统，以满足不同试验的需要；

（5）机械式压力控制，适应现场试验洞室潮湿环境；

（6）安装拆卸方便。

2. 加载方式

加载方式包括多级循环加载、多级单调加载、一级循环加载三种加载方式，见图 5.3。

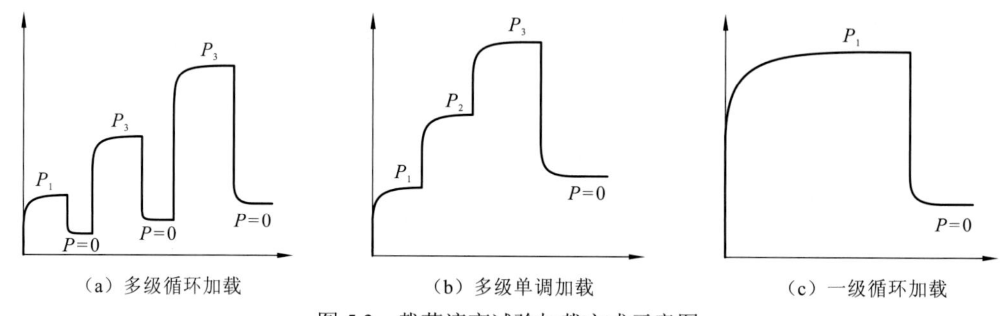

（a）多级循环加载　　（b）多级单调加载　　（c）一级循环加载

图 5.3　载荷流变试验加载方式示意图

多级加载时，各压力级别的流变基于玻尔兹曼线性叠加原理，按式（5.1）计算：

$$w(t) = P_1 J(t) + \sum_{i=1}^{r} (P_i - P_{i-1}) J(t - \zeta_i) \tag{5.1}$$

式中：$w(t)$为流变变形；$J(t)$为流变柔量；$P_i(i=1, 2, \cdots, r)$为第 i 级压力，MPa；ζ_i 为 P_i 作用时刻。

一般而言，流变试验采用多级加载方式的理由主要为：

（1）研究流变非线性，即应力大小对流变柔量的影响；

（2）通过绘制等时簇曲线，获得长期强度；

（3）不同压力下的流变试验结果可相互印证；

（4）考虑试验的不确定性，可取各级压力下流变参数的统计值。

为了研究工程岩体流变问题，考虑到以下原因，常常采用一级循环加载方式。

（1）岩体含有裂隙和结构面，变形是非线性的，软岩的非线性更加显著，且卸荷有较大残余变形，多级加载时，采用玻尔兹曼线性叠加法计算各级压力下的流变，将产生累计误差。工程岩体流变问题研究注重岩体在工程压力下的力学响应，采用一级循环加载，试验压力为工程压力，可避免多级加载带来的误差。

（2）载荷流变试验的解析基于岩体为线性黏弹性的假设，根据相应原理求解承压板表面变形的公式不能考虑非线性，非线性的影响反映在模型参数取值中。

3. 五参量广义开尔文流变公式

载荷流变试验是通过刚性或柔性承压板施加恒定荷载于半无限岩体表面，测量板下岩体表面和/或深部流变。承压板载荷条件下岩体变形的弹性解一般表示为

$$w = f_c P \frac{1-\mu_0^2}{E_e} \tag{5.2}$$

或

$$w = f_c P \frac{3K+4G}{2G(2G+6K)} \tag{5.3}$$

式中：P 为压力；f_c 为系数，与承压板性质（刚性或柔性）、承压板几何尺寸、测点位置有关；μ_0 为泊松比；E_e 为弹性模量；K 为体积模量；G 为剪切模量。

假定岩体变为弹性，偏应变为五参量广义开尔文黏弹性，求解岩体黏弹性本构方程。为表达简便，偏应力和偏应变分别用 σ、ε 表示。

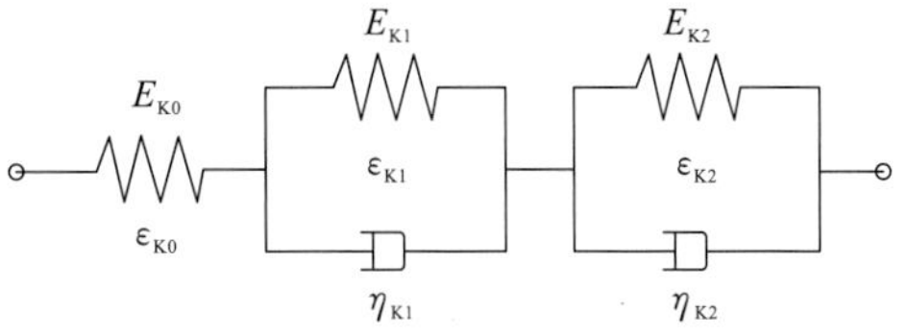

图 5.4　五参量广义开尔文模型

五参量广义开尔文模型见图 5.4。

ε、σ 可分别表示为

$$\varepsilon = \varepsilon_{K0} + \varepsilon_{K1} + \varepsilon_{K2} \tag{5.4}$$

$$\sigma = E_{K0}\varepsilon_{K0} \tag{5.5}$$

或

$$\begin{cases} \sigma = E_{K1}\varepsilon_{K1} + \eta_{K1}\dot{\varepsilon}_{K1} \\ \sigma = E_{K2}\varepsilon_{K2} + \eta_{K2}\dot{\varepsilon}_{K2} \end{cases} \tag{5.6}$$

通过拉普拉斯变换和逆变换，联立式（5.4）～式（5.6），解得微分型流变本构方程标准形式：

$$p_0\sigma + p_1\dot{\sigma} + p_2\ddot{\sigma} = q_0\varepsilon + q_1\dot{\varepsilon} + q_2\ddot{\varepsilon} \tag{5.7}$$

其中，

$$\begin{cases} p_0 = E_{K1}E_{K2} + E_{K0}E_{K1} + E_{K0}E_{K2} \\ p_1 = E_{K1}\eta_{K2} + E_{K2}\eta_{K1} + E_{K0}\eta_{K1} + E_{K0}\eta_{K2} \\ p_2 = \eta_{K1}\eta_{K2} \\ q_0 = E_{K0}E_{K1}E_{K2} \\ q_1 = E_{K0}E_{K1}\eta_{K2} + E_{K0}E_{K2}\eta_{K1} \\ q_2 = E_{K0}\eta_{K1}\eta_{K2} \end{cases} \tag{5.8}$$

对式（5.8）作拉普拉斯变换，得

$$\begin{cases} \bar{P}'(s_0)\bar{\sigma}(s_0) = \bar{Q}'(s_0)\bar{\varepsilon}(s_0) \\ \bar{P}'(s_0) = E_{K1}E_{K2} + E_{K0}E_{K1} + E_{K0}E_{K2} + (E_{K1}\eta_{K2} + E_{K2}\eta_{K1} \\ \qquad + E_{K0}\eta_{K1} + E_{K0}\eta_{K2})s_0 + \eta_{K1}\eta_{K2}s_0^2 \\ \bar{Q}'(s_0) = E_{K0}E_{K1}E_{K2} + (E_{K0}E_{K1}\eta_{K2} + E_{K0}E_{K2}\eta_{K1})s_0 + E_{K0}\eta_{K1}\eta_{K2}s_0^2 \end{cases} \tag{5.9}$$

式中：s_0为拉普拉斯变换参量。

分别以$\dfrac{P}{s_0}$、$\dfrac{\bar{Q}'(s_0)}{2\bar{P}'(s_0)}$代替式（5.3）中的$P$、$G$，得拉普拉斯空间的解$\bar{w}'(s_0)$，再对$\bar{w}'(s_0)$作拉普拉斯逆变换，得黏弹性解：

$$
\begin{aligned}
w=\frac{f_{\mathrm{c}}P}{E_{\mathrm{K0}}}\Bigg(&\frac{A_2-A_4}{2A_3A_1^{0.5}(E_{\mathrm{K0}}+6K)}\Big\{\Big[3E_{\mathrm{K0}}^4E_{\mathrm{K1}}(E_{\mathrm{K1}}-E_{\mathrm{K2}})\\
&+18E_{\mathrm{K0}}^3E_{\mathrm{K1}}K(E_{\mathrm{K1}}-E_{\mathrm{K2}})-18E_{\mathrm{K0}}^4K(E_{\mathrm{K1}}+E_{\mathrm{K2}})\Big]\eta_{\mathrm{K2}}\\
&+\Big[3E_{\mathrm{K0}}^4E_{\mathrm{K2}}(E_{\mathrm{K2}}-E_{\mathrm{K1}})+18E_{\mathrm{K0}}^3E_{\mathrm{K2}}K(E_{\mathrm{K2}}-E_{\mathrm{K1}})-18E_{\mathrm{K0}}^4K(E_{\mathrm{K1}}+E_{\mathrm{K2}})\Big]\eta_{\mathrm{K1}}\Big\}\\
&+\frac{2}{A_3}\Bigg[2E_{\mathrm{K0}}E_{\mathrm{K1}}E_{\mathrm{K2}}+2E_{\mathrm{K0}}^2(E_{\mathrm{K1}}+E_{\mathrm{K2}})+6K(E_{\mathrm{K1}}+E_{\mathrm{K2}})\\
&+6E_{\mathrm{K0}}K+3E_{\mathrm{K1}}E_{\mathrm{K2}}K+3E_{\mathrm{K0}}^2K\left(\frac{E_{\mathrm{K1}}}{E_{\mathrm{K2}}}+\frac{E_{\mathrm{K2}}}{E_{\mathrm{K1}}}\right)\Bigg]\\
&-\frac{3E_{\mathrm{K0}}^3(E_{\mathrm{K1}}+E_{\mathrm{K2}})(A_2+A_4)}{2A_3(E_{\mathrm{K0}}+6K)}-\frac{E_{\mathrm{K0}}}{2E_{\mathrm{K2}}}\exp\left(-\frac{E_{\mathrm{K2}}t}{\eta_{\mathrm{K2}}}\right)\\
&-\frac{E_{\mathrm{K0}}}{2E_{\mathrm{K1}}}\exp\left(-\frac{E_{\mathrm{K1}}t}{\eta_{\mathrm{K1}}}\right)\Bigg)
\end{aligned}
\tag{5.10}
$$

其中，

$$
\begin{aligned}
A_1=\;&36K^2E_{\mathrm{K0}}^2(\eta_{\mathrm{K1}}^2+\eta_{\mathrm{K2}}^2)+72K^2E_{\mathrm{K0}}^2\eta_{\mathrm{K1}}\eta_{\mathrm{K2}}+(72K^2E_{\mathrm{K0}}\\
&+12KE_{\mathrm{K0}}^2)(E_{\mathrm{K1}}\eta_{\mathrm{K2}}^2+E_{\mathrm{K2}}\eta_{\mathrm{K1}}^2)+(36K^2+E_{\mathrm{K0}}^2+12KE_{\mathrm{K0}})(E_{\mathrm{K1}}^2\eta_{\mathrm{K2}}^2\\
&+E_{\mathrm{K2}}^2\eta_{\mathrm{K1}}^2)-(24KE_{\mathrm{K0}}+72K^2+2E_{\mathrm{K0}}^2)E_{\mathrm{K1}}E_{\mathrm{K2}}\eta_{\mathrm{K1}}\eta_{\mathrm{K2}}-(72K^2E_{\mathrm{K0}}\\
&+12KE_{\mathrm{K0}}^2)(E_{\mathrm{K1}}+E_{\mathrm{K2}})\eta_{\mathrm{K1}}\eta_{\mathrm{K2}}
\end{aligned}
$$

$$
\begin{aligned}
A_2=\exp\Bigg(&-\{[(E_{\mathrm{K0}}^2+12KE_{\mathrm{K0}}+36K^2)(E_{\mathrm{K2}}^1\eta_{\mathrm{K2}}^2+E_{\mathrm{K2}}^2\eta_{\mathrm{K2}}^1)\\
&+(72K^2E_{\mathrm{K0}}+12KE_{\mathrm{K0}}^2)(E_{\mathrm{K1}}\eta_{\mathrm{K2}}^2+E_{\mathrm{K2}}\eta_{\mathrm{K1}}^2)+36K^2E_{\mathrm{K0}}^2(\eta_{\mathrm{K1}}^2+\eta_{\mathrm{K2}}^2)\\
&+72K^2E_{\mathrm{K0}}^2\eta_{\mathrm{K1}}\eta_{\mathrm{K2}}-(24KE_{\mathrm{K0}}+72K^2+2E_{\mathrm{K0}}^2)E_{\mathrm{K1}}E_{\mathrm{K2}}\eta_{\mathrm{K1}}\eta_{\mathrm{K2}}\\
&-(72K^2E_{\mathrm{K0}}+12KE_{\mathrm{K0}}^2)(E_{\mathrm{K1}}+E_{\mathrm{K2}})\eta_{\mathrm{K1}}\eta_{\mathrm{K2}}]^{0.5}\\
&+(6K+E_{\mathrm{K0}})(E_{\mathrm{K1}}\eta_{\mathrm{K2}}+E_{\mathrm{K2}}\eta_{\mathrm{K1}})+6KE_{\mathrm{K0}}(\eta_{\mathrm{K1}}+\eta_{\mathrm{K2}})\}\frac{t}{2(E_{\mathrm{K0}}+6K)\eta_{\mathrm{K1}}\eta_{\mathrm{K2}}}\Bigg)
\end{aligned}
$$

$$
A_3=(2E_{\mathrm{K0}}+12K)E_{\mathrm{K1}}E_{\mathrm{K2}}+12KE_{\mathrm{K0}}(E_{\mathrm{K1}}+E_{\mathrm{K2}})
$$

$$
\begin{aligned}
A_4=\exp\Bigg(&-\{-[(E_{\mathrm{K0}}^2+12KE_{\mathrm{K0}}+36K^2)(E_{\mathrm{K1}}^2\eta_{\mathrm{K2}}^2+E_{\mathrm{K2}}^2\eta_{\mathrm{K1}}^2)\\
&+(72K^2E_{\mathrm{K0}}+12KE_{\mathrm{K0}}^2)(E_{\mathrm{K1}}\eta_{\mathrm{K2}}^2+E_{\mathrm{K2}}\eta_{\mathrm{K1}}^2)+36K^2E_{\mathrm{K0}}^2(\eta_{\mathrm{K1}}^2+\eta_{\mathrm{K2}}^2)
\end{aligned}
$$

$$+72K^2E_{K0}^2\eta_{K1}\eta_{K2}-(24KE_{K0}+72K^2+2E_{K0}^2)E_{K1}E_{K2}\eta_{K1}\eta_{K2}$$
$$-(72K^2E_{K0}+12KE_{K0}^2)(E_{K1}+E_{K2})\eta_{K1}\eta_{K2}]^{0.5}$$
$$\left.+(6K+E_{K0})(E_{K1}\eta_{K2}+E_{K2}\eta_{K1})+6KE_{K0}(\eta_{K1}+\eta_{K2})\}\frac{t}{2(E_{K0}+6K)\eta_{K1}\eta_{K2}}\right)$$

式中：E_{K0}、E_{K1}、E_{K2} 为五参量开尔文模量中的弹性模量；η_{K1}、η_{K2} 为五参量开尔文模量中的黏滞系数；t 为时间。

当 $t=0$ 或 $t\to\infty$ 时，五参量广义开尔文黏弹性体蜕化为弹性体，式（5.10）应蜕化为弹性式（5.3）。

当 $t=0$ 时，模型与弹簧 E_{K0} 等效，其本构为

$$\sigma=E_{K0}\varepsilon \tag{5.11}$$

注意到物性假定，式（5.11）实为畸变本构，可知 $E_{K0}=2G$。

将 $t=0$ 代入式（5.10），得

$$w=\frac{f_cP}{\pi}\frac{3K+2E_{K0}}{E_{K0}(E_{K0}+6K)} \tag{5.12}$$

将 $E_{K0}=2G$ 代入式（5.12），式（5.12）即化为式（5.3）。

当 $t\to\infty$ 时，模型与弹簧 E_{K0}、E_{K1}、E_{K2} 的串联体等效，其本构为

$$\sigma=1\Big/\left(\frac{1}{E_{K0}}+\frac{1}{E_{K1}}+\frac{1}{E_{K2}}\right)\varepsilon \tag{5.13}$$

由此可知

$$G=\frac{1}{2}\Big/\left(\frac{1}{E_{K0}}+\frac{1}{E_{K1}}+\frac{1}{E_{K2}}\right) \tag{5.14}$$

将式（5.14）代入式（5.3），将 $t\to\infty$ 代入式（5.10），所得等式相同（等式代换略），说明 $t\to\infty$ 时，式（5.10）也可化为弹性公式式（5.3）。

由于 $t=0$，$t\to\infty$ 时，流变公式与弹性变形公式一致，可将瞬时变形、长期变形分别代入式（5.2），求岩体瞬时弹性模量和长期弹性模量。

4. 黏弹性参数

岩体瞬时弹性模量 E_{K0}、模型长期弹性模量 $E_{K\infty}$、模型弹性模量 E_{K0} 用解析法求解：

$$E_{e0}=\frac{f_cP(1-\mu_0^2)}{w_{K0}},\quad E_{K\infty}=\frac{f_cP(1-\mu_0^2)}{w_{K\infty}},\quad E_{K0}=\frac{E_{e0}}{1+\mu_0} \tag{5.15}$$

式中：w_{K0} 为瞬时变形，μm；$w_{K\infty}$ 为长期变形，μm[将 $t=\infty$ 代入式（5.10）]。

需要指出，广义开尔文模型仅反映岩体畸变性质，模型瞬时弹性模量并非岩体瞬时弹性模量，模型长期弹性模量为 $1/(1/E_{K0}+1/E_{K1}+1/E_{K2})$，也非岩体长期弹性模量。模型参数 E_{K1}、E_{K2}、η_{K1}、η_{K2} 通过拟合加载流变试验曲线进行优化取值。

5.1.2　岩体原位真三轴流变试验技术

岩体本身是一种十分复杂的天然材料。地下岩体处于复杂应力状态，简单应力状态

下的岩体流变试验不能完全反映工程实际中的岩体性态，难以适应水电工程中的大型地下厂房、深埋超长大直径引水隧洞、交通工程中深埋隧洞、高应力地区陡高边坡及城市地下空间的开发利用等岩体时效特性研究。岩体真三轴原位流变试验可以研究岩体在卸侧压状态下的流变性质，为地下洞室围岩、边坡岩体开挖过程与运行期长期变形及其长期稳定分析提供基础性研究成果。

1. RXZJ-2000 型岩体真三轴流变试验系统

RXZJ-2000 型岩体真三轴流变试验系统见图 5.5。

图 5.5 RXZJ-2000 型岩体真三轴流变试验系统

1）系统构成

RXZJ-2000 型岩体真三轴流变试验系统由四个部分组成：①加载传力子系统；②伺服与控制子系统；③变形测量子系统；④自动采集子系统。

第一，加载传力子系统构成。

加载传力子系统分为轴向和侧向分系统（图 5.6）。轴向加载系统由钢板、传力柱、千斤顶共 4～6 套组成，根据轴向最大载荷需要，千斤顶数量可以为 4～8 个。其中，千斤顶为出力构件，钢板、传力柱为传力构件。轴压反力由试验部位洞室顶板提供。

侧向加载系统由反力框架、钢板和液压钢枕组成（图 5.7），其中，八个液压钢枕为出力构件，钢板为传力构件。侧向分系统的关键元件有两个：①反力框架。它通过模具一次成型，外形为方形，可承受 1 200 kN 的载荷反力。通过改变反力框架尺寸，还可以进行其他尺寸试样的试验。②液压钢枕。它是用高强薄壁钢板经特殊模具加工而成，外观尺寸为 500 mm×500 mm×50 mm。枕内充液压油，油泵施加压力时，在枕内油压作用下给试样施加均匀压力。液压钢枕的尺寸也可以根据试样尺寸定制。

轴向加载传力分系统中，当试体产生大变形时，轴向千斤顶在伺服控制作用下会自动伸长活塞以补充由试体本身变形产生的沉降，侧向伺服控制系统也在试图保持侧压，使液压钢枕自由伸缩，从而在破坏时不会使上部构件垮塌。

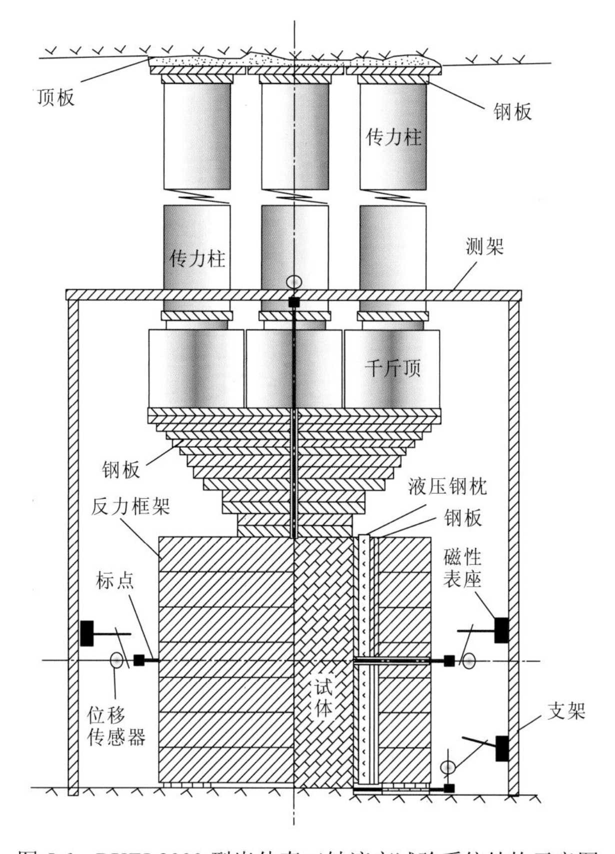

图 5.6　RXZJ-2000 型岩体真三轴流变试验系统结构示意图

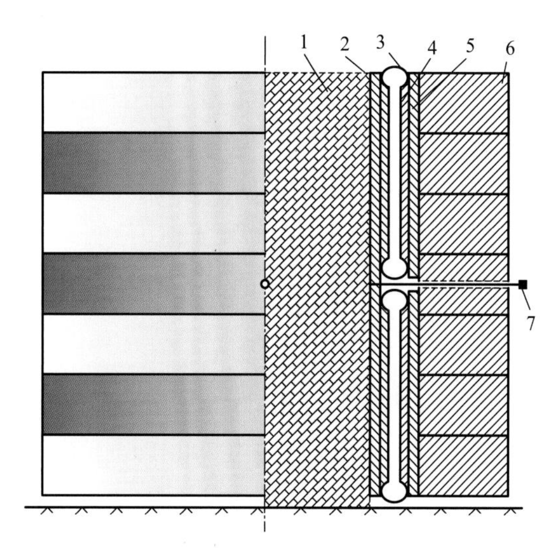

图 5.7　侧向加压系统结构示意图

1—试体；2—内侧钢板；3—液压钢枕；4—砂浆；5—外侧钢板；6—钢框架；7—测量标点

第二，伺服与控制子系统构成。

伺服与控制子系统工作原理见图 5.8。它由独立工作又能通过电脑联动的三个动力源组成。其主要构件为滚轴丝杆式油压出力装置、测量控制元件等。滚轴丝杆式油压出力装置由伺服电机、丝杆式油泵、旋转式充溢器及电子行程限位传感器组成，通过高压油管与千斤顶或者钢枕连接，提供轴向或侧向加载、卸载动力。充溢器主要功能是为出力设备补充油液，测量元件通过线缆与采集控制子系统连接，控制三向伺服机按指令工作。

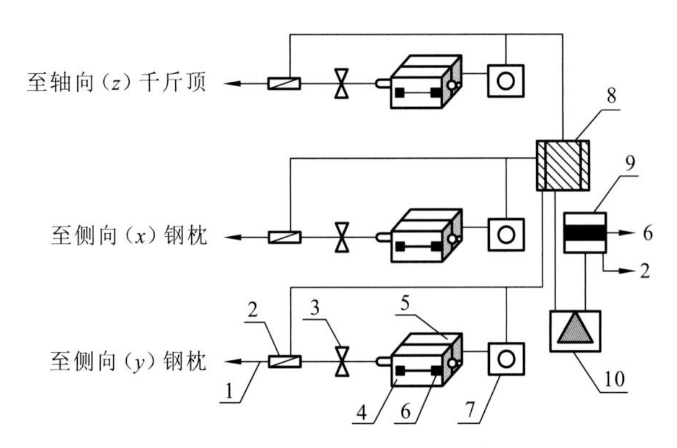

图 5.8　伺服与控制子系统原理

1—高压油管；2—压力传感器；3—液压阀；4—丝杆式油泵；5—充溢器；6—限位传感器；7—伺服电机；8—伺服控制仪；9—位移采集仪；10—计算机

该子系统的核心部件为伺服电机及伺服控制器，产自德国，通过压力传感器反馈的实际压力值与目标值比较后，精细调整差值并逼近目标值而达到自动伺服控制目的。其特点是响应速度快，压力波动小。

第三，变形测量子系统构成。

变形测量子系统见图 5.6，包括支架、位移传感器等，其功能为提供一套独立、不受加载、卸载干扰的稳定结构，用于测量试体三个方向的绝对变形。位移传感器通过数据线与电脑控制平台连接，测试数据实时采集、自动保存，并且能够自动成图。

第四，自动采集子系统构成。

自动采集子系统包括电脑控制平台、内部网络系统、EDC 控制器。EDC 控制器和伺服控制子系统上的压力传感器及位移传感器连接，EDC 控制器通过网线与电脑连接，可实时采集压力和变形并控制压力。采集与控制专用软件界面见图 5.9，有三个压力控制通道、三个行程监视通道和八个位移传感通道。

2）系统性能

（1）高压力。设计最大侧向荷载为 12 000 kN，最大轴向荷载为 30 000 kN，对于 50 cm×50 cm×100 cm 的岩样，侧向最大压力为 20 MPa，轴向最大压力为 120 MPa。

（2）大尺寸。标准试样尺寸为 50 cm×50 cm×100 cm，通过改变反力框架尺寸，最大适用试样尺寸可达 100 cm×100 cm×200 cm。

（3）全过程。整个系统通过软件控制，因此可以获得真三轴压缩试验和真三轴流变试验的全过程曲线。采样间隔可设置为 1 次/0.01 min～1 次/20 min，既能及时捕获瞬间的应力、应变，又能减少长期流变数据量大的麻烦。

（4）高精度。压力分辨率为 10 kPa，压力波幅为±20 kPa，变形分辨率为 1 μm。

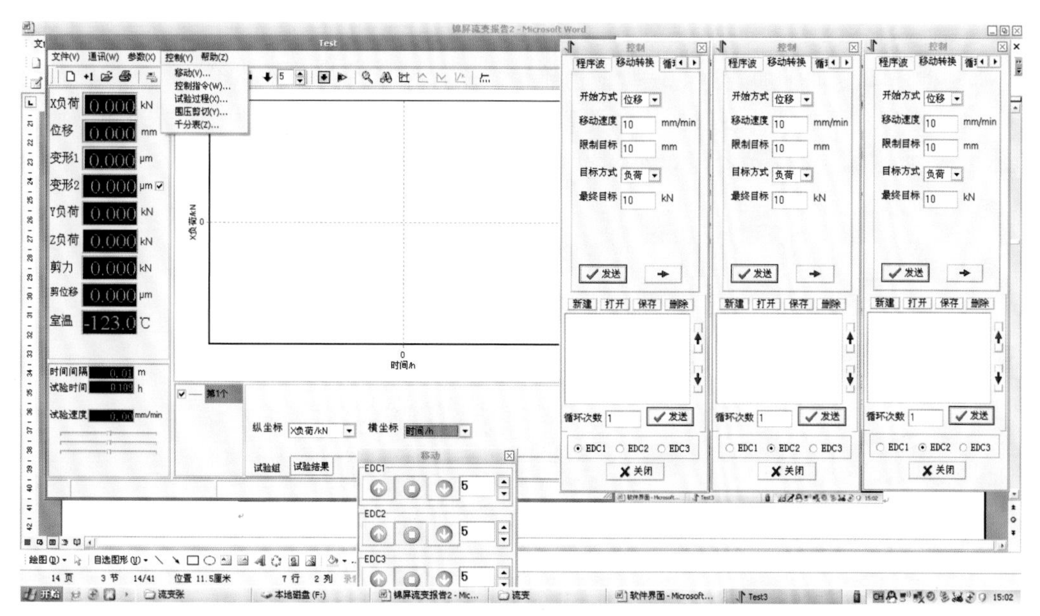

（a）软件控制界面

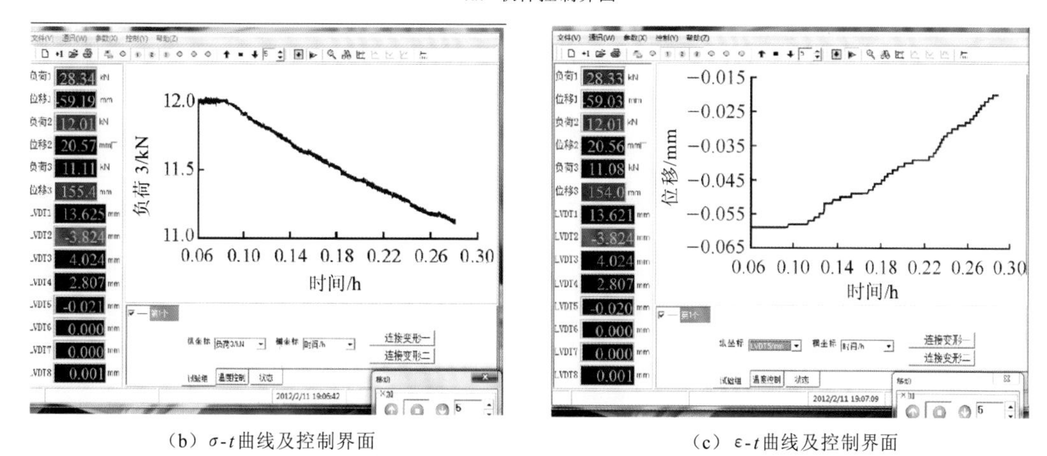

（b）σ-t 曲线及控制界面　　　　（c）ε-t 曲线及控制界面

图 5.9　真三轴流变试验系统软件界面及控制界面

（5）高效率。可长期压力伺服控制，自动连续采集变形数据。

（6）多功能。系统的三个压力系统可独立操控，因此，该系统也可应用于需要两个压力系统的岩体剪切流变试验，以及仅需一个压力系统的载荷流变和单轴压缩流变试验。

（7）安装拆卸方便。整套系统总重量为 15 t 左右，配件数量为 100 件左右。设计制造时充分考虑了运输及现场安装的可操作性，各部件相对独立又紧密联系，单件最大重量为 1 t（单个钢框架，共 7 件）。现场安装专门设计了可拆卸的简易三角行吊，通过滑轮组可方便地移动 6 m，用该行吊安装极为方便，可以精确定位安装。

2. 加载方式

岩体原位真三轴流变试验的试样为方柱体，轴向铅直。根据试验目的可开展围压不变轴压加载流变、轴压不变侧压卸载流变、同步轴压加载侧压卸载流变等不同应力路径的真三轴流变试验。

1）侧压不变轴压加载流变试验应力路径

侧压不变轴压加载流变试验应力路径的示例见图 5.10。图 5.10 中，同步施加轴压和侧压至接触压力，保持 σ_3 不变，再同步施加 $\sigma_1=\sigma_2$ 至预定值，保持 σ_2 和 σ_3 不变，分级施加 σ_1 观测流变，直至破坏。

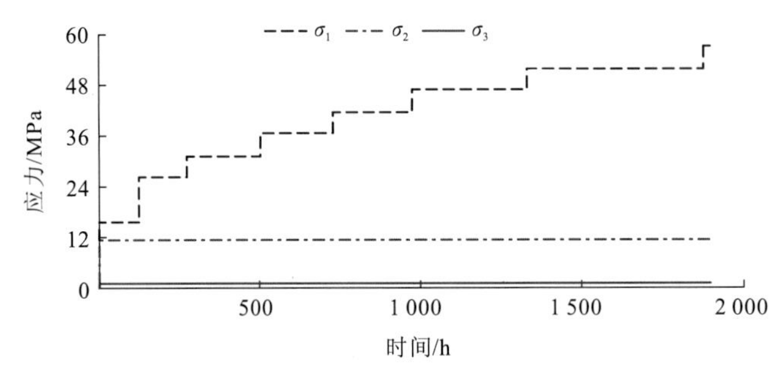

图 5.10　真三轴侧压不变轴压加载流变试验应力路径示例

2）轴压不变侧压卸载流变试验应力路径

轴压不变侧压卸载流变试验应力路径的示例见图 5.11。图 5.11 中，同步施加 $\sigma_1=\sigma_2=\sigma_3$ 至预定值，保持 $\sigma_2=\sigma_3$ 不变，再施加 σ_1 至预估值，保持 σ_1 和 σ_2 不变，分级卸载 σ_3 观测流变，直至破坏。

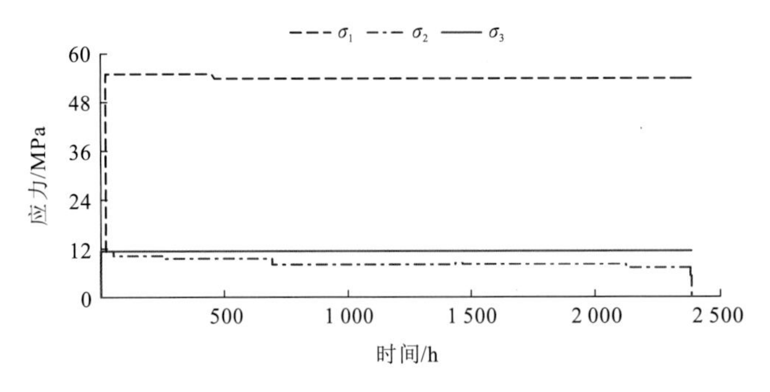

图 5.11　真三轴轴压不变侧压卸载流变试验应力路径示例

3）同步轴压加载侧压卸载流变试验应力路径

同步轴压加载侧压卸载流变试验应力路径示例见图 5.12。图 5.12 中，同步施加 $\sigma_1=\sigma_2=\sigma_3$ 至预定值，保持 σ_2 不变，再分级同步加载 σ_1 和卸载 σ_3 并观测流变，直至破坏。

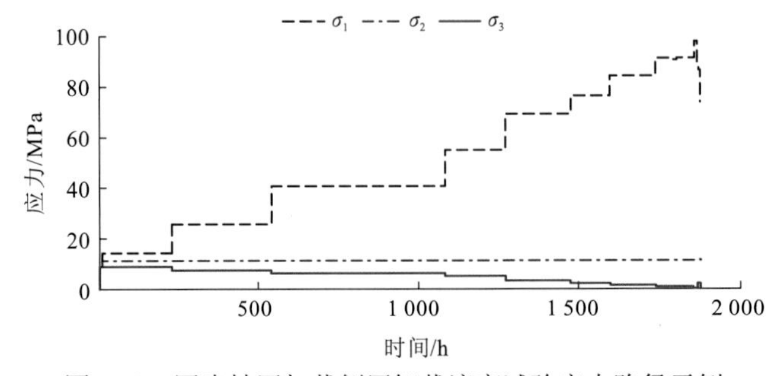

图 5.12　同步轴压加载侧压卸载流变试验应力路径示例

4）稳定标准

加载、卸载阶段每间隔 1 min 采集一次，加载、卸载完成后 24 h 内每间隔 5 min 采集一次，以后每间隔 15 min 采集一次。稳定标准：每级至少观测 5 d，且当 48 h 内位移波动小于等于 1 μm 时认为变形稳定，可以加、卸下一级载荷。

3. 流变模型

岩体流变试验成果一般均具有以下特征：①瞬时弹性；②随应力差增加，经历减速流变、等速流变、加速流变阶段；③有弹性后效和较大的残余变形。按照上述特征，选用三参量广义开尔文模型、伯格斯黏弹性流变模型对流变试验成果进行拟合；通过非线性拟合，选定流变模型，并确定最优模型参数。

1）广义开尔文模型

广义开尔文模型由一个开尔文体和弹簧串联而成，见图 5.13。它能较好反映变形随时间的推移逐渐趋于稳定的变化过程。

一维状态下广义开尔文模型的微分本构方程为

$$\sigma + \frac{n_{\mathrm{K}}}{E_{\mathrm{K0}} + E_{\mathrm{K}}}\dot{\sigma} = \frac{E_{\mathrm{K0}}E_{\mathrm{K}}}{E_{\mathrm{K0}} + E_{\mathrm{K}}}\varepsilon + \frac{E_{\mathrm{K0}}E_{\mathrm{K}}}{E_{\mathrm{K0}} + E_{\mathrm{K}}}\dot{\varepsilon} \tag{5.16}$$

积分可得广义开尔文模型的流变方程为

$$\varepsilon(t) = \left\{\frac{1}{E_{\mathrm{K0}}} + \frac{1}{E_{\mathrm{K}}}\left[1 - \exp\left(-\frac{E_{\mathrm{K}}}{\eta_{\mathrm{K}}}t\right)\right]\right\}\sigma \tag{5.17}$$

2）伯格斯模型

伯格斯模型由四元件组成，见图 5.14。

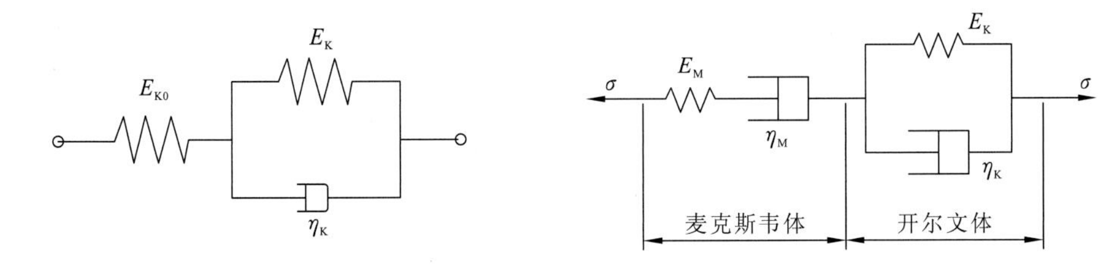

图 5.13　广义开尔文模型　　　　图 5.14　伯格斯模型

伯格斯模型一维微分本构方程：

$$\sigma + \left(\frac{\eta_{\mathrm{M}}}{E_{\mathrm{M}}} + \frac{\eta_{\mathrm{M}} + \eta_{\mathrm{K}}}{E_{\mathrm{K}}}\right)\dot{\sigma} + \frac{\eta_{\mathrm{M}}\eta_{\mathrm{K}}}{E_{\mathrm{M}}E_{\mathrm{K}}}\ddot{\sigma} = \eta_{\mathrm{M}}\dot{\varepsilon} + \frac{\eta_{\mathrm{M}}\eta_{\mathrm{K}}}{E_{\mathrm{K}}}\ddot{\varepsilon} \tag{5.18}$$

一维流变方程为

$$\varepsilon = \left\{\frac{1}{E_{\mathrm{M}}} + \frac{t}{\eta_{\mathrm{M}}} + \frac{1}{E_{\mathrm{K}}}\left[1 - \exp\left(-\frac{E_{\mathrm{K}}}{\eta_{\mathrm{K}}}t\right)\right]\right\}\sigma \tag{5.19}$$

三维流变方程为

$$e_{ij}=\frac{S_{ij}}{2G_{\mathrm{M}}}+\frac{S_{ij}}{2G_{\mathrm{K}}}\left[1-\exp\left(-\frac{G_{\mathrm{K}}}{\eta_{\mathrm{K}}}t\right)\right]+\frac{S_{ij}}{2\eta_{\mathrm{M}}}t \tag{5.20}$$

式中：e_{ij} 为应变张量，S_{ij} 为应力张量，G_{M}、η_{M}、G_{K}、η_{K} 为模型参数，可根据试验结果回归分析求解。

4. 黏弹性参数

视岩体应变为弹性，偏应变为黏弹性，模型瞬时弹性模量 E_{e0}、长期弹性模量 $E_{\mathrm{B}\infty}$、弹性模量 E_{B0} 用解析法求解：

$$E_{\mathrm{e0}}=\frac{\sigma_3-\mu_0\sigma_1}{\varepsilon_{30}},\quad E_{\mathrm{B}\infty}=\frac{\sigma_3-\mu\sigma_1}{\varepsilon_{3\infty}},\quad E_{\mathrm{B0}}=\frac{E_{\mathrm{e0}}}{1+\mu_0} \tag{5.21}$$

式中：ε_{30} 为最小主应力方向瞬时应变；$\varepsilon_{3\infty}$ 为最小主应力长期应变。

当岩体为单轴加载，视主应变为黏弹性时，模型弹性模量 E_{B0} 即为瞬时弹性模量 E_{e0}，则

$$E_{\mathrm{e0}}=E_{\mathrm{B0}}=\frac{\sigma}{\varepsilon_0},\quad E_{\mathrm{B}\infty}=\frac{\sigma}{\varepsilon_\infty} \tag{5.22}$$

E_{M}、η_{M}、E_{K}、η_{K} 等模型参数可根据试验结果回归分析优化求解。

5.2 三峡永久船闸花岗岩原位单轴、三轴压缩流变试验

三峡永久船闸充分利用岩体，将岩体作为其结构的一部分，开挖成陡高边坡，运行条件复杂，使用期长。边坡设计除要确保边坡稳定外，还要限制边坡岩体变形，尤其是要限制开挖完成后的时效变形量。若开挖完成后变形量过大，将破坏后期形成的混凝土结构，特别是当闸首部位岩体变形量超过设计标准时，闸门将不能开启和关闭，影响其正常运行，是三峡工程建设中的关键技术难题之一。

三峡永久船闸边坡岩体流变性状研究，最早是在室内实验室进行的，但试样尺寸较小，试验所取得的流变参数不能代表大尺度裂隙岩体的流变特性。为此，针对三峡船闸边坡岩体开展原位裂隙岩体流变试验研究工作，为船闸边坡岩体长期变形分析提供流变模型和流变参数。

5.2.1 单轴压缩流变试验

岩体单轴、三轴压缩流变试验布置在永久船闸区 3008 平硐 3 号试验支洞，试验岩体为微风化闪云斜长花岗岩，块状结构试验安装见图 5.15。试样为长方形柱体，长 30 cm，宽 30 cm，高 60 cm。将蓄压罐、稳压筒作为稳压装置，千斤顶、氮气瓶作为出力设备，用机械千分表测量变形。

针对三峡永久船闸边坡岩体进行了两个试样原位单轴压缩流变试验，试样编号分别为 Rrb-1、Rrb-3。轴向压力采用分级增量加（卸）载，每级加载后，卸载一级，然后加载下一级，每级压力至少历时 5 d。三峡永久船闸岩体单轴压缩流变曲线见图 5.16。岩体流变具有以下特征：

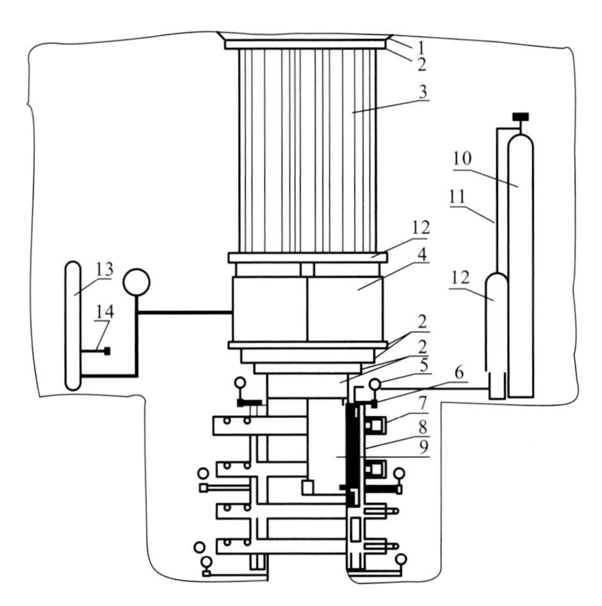

图 5.15　岩体单轴、三轴压缩流变试验安装示意图

1—砂浆；2—钢板；3—传力柱；4—千斤顶；5—测表；6—标点；7—试样；8—反力框架；9—钢板；10—氮气瓶；11—减压阀；12—蓄压罐；13—稳压筒；14—加压进油口

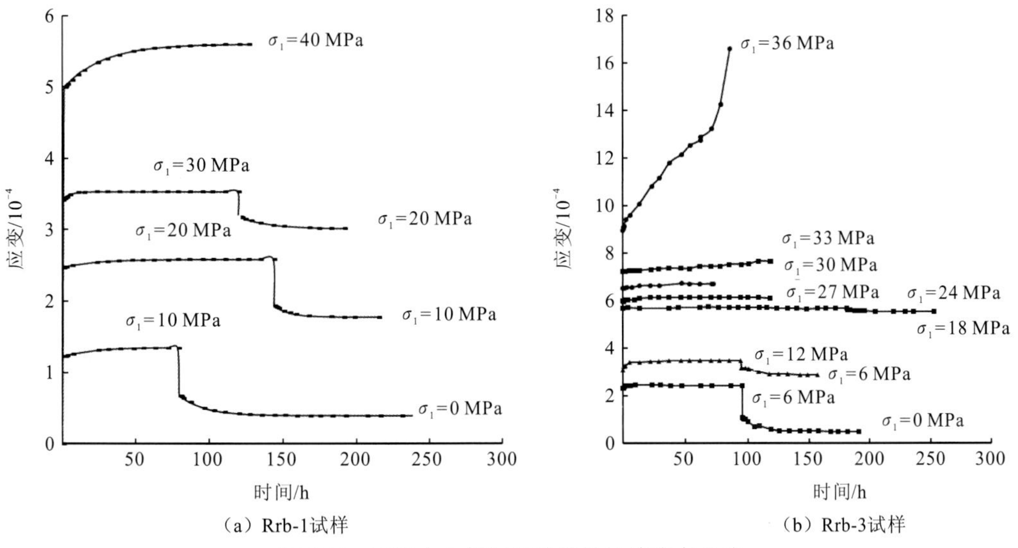

图 5.16　三峡永久船闸岩体单轴压缩流变曲线

（1）加载、卸载均有瞬时变形，呈衰减流变，卸载有残余变形。

（2）岩体加载和卸载流变值与岩体性状及施加应力有关，一般 5～10 d 趋于稳定。压缩时流变变形与瞬时变形比值为 0.02～0.33，平均为 0.08，卸载时流变变形与瞬时变形比值为 0.07～1.0，平均为 0. 50，表明卸载时流变相对更明显。

5.2.2 常规三轴压缩流变试验

针对三峡永久船闸边坡岩体完成一个试样原位常规三轴压缩流变试验，试样编号为Rrb-2，施加侧压 $\sigma_2=\sigma_3=0.6$ MPa。轴向压力 σ_1 采用分级增量加（卸）载，每级加载后，卸载一级，然后加载下一级，每级压力至少历时 5 d。岩体常规三轴压缩流变曲线见图 5.17。岩体流变具有如下特征：

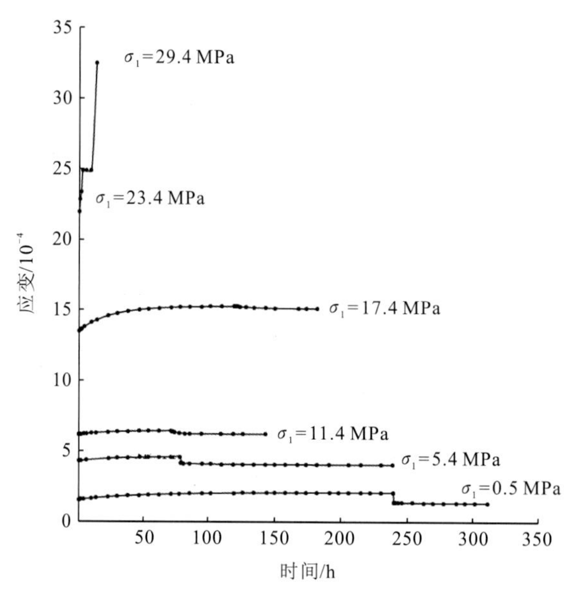

图 5.17 三峡永久船闸花岗岩常规三轴压缩流变曲线（Rrb-2 试样）

（1）轴压 σ_1 加载、卸载均有瞬时变形，呈衰减流变，卸载有残余变形。

（2）轴压 σ_1 岩体加载和卸载流变值与岩体性状及施加应力有关，一般 5～10 d 趋于稳定。加载时流变相对更明显。

5.2.3 流变模型及流变参数

$$\begin{cases} E_{K0}=\dfrac{\sigma_0}{\varepsilon_0} \\ E_K=\dfrac{\sigma_0}{\varepsilon_\infty-\varepsilon_0} \\ \eta_K=\dfrac{E_K t}{\ln\sigma_0-\ln\left[\sigma_0-E_K(\varepsilon-\varepsilon_0)\right]} \end{cases} \tag{5.23}$$

式中：σ_0 为轴向压力，MPa。

根据花岗岩岩体流变特征，采用三参量广义开尔文模型描述岩体流变本构方程如式（5.17），流变参数 E_{K0}、E_K、η_K 按式（5.23）计算确定。加载、卸载流变参数分别见表 5.1、表 5.2。

表 5.1　岩体单轴、三轴流变试验加载流变模型参数

试验编号	侧压 $\sigma_2=\sigma_3$ /MPa	模型参数		
		$E_{K0}/10^4$ MPa	$E_K/10^5$ MPa	η_K /（10^6 MPa • h）
Rrb-1	0	$\frac{8.10 \sim 8.78}{8.29}$	$\frac{6.27 \sim 26.7}{14.60}$	$\frac{12.7 \sim 39.7}{21.35}$
Rrb-2	0.6	$\frac{1.73 \sim 3.40}{2.64}$	$\frac{1.04 \sim 6.26}{3.07}$	$\frac{3.20 \sim 13.8}{7.76}$
Rrb-3	0	$\frac{2.51 \sim 4.60}{4.07}$	$\frac{4.68 \sim 27.0}{15.15}$	$\frac{2.8 \sim 48.7}{20.75}$

注：表中的数据格式为$\frac{最小值\sim最大值}{平均值}$

表 5.2　岩体单轴、三轴流变试验卸载流变模型参数

试验编号	侧压 $\sigma_2=\sigma_3$/MPa	模型参数		
		$E_{K0}/10^4$ MPa	$E_K/10^5$ MPa	η_K /（10^6 MPa • h）
Rrb-1	0	$\frac{14.8 \sim 28.6}{19.60}$	$\frac{3.56 \sim 6.40}{5.22}$	$\frac{6.09 \sim 11.7}{8.13}$
Rrb-2	0.6	$\frac{6.86 \sim 34.80}{18.12}$	$\frac{4.0 \sim 9.82}{7.78}$	$\frac{5.58 \sim 29.5}{15.22}$
Rrb-3	0	$\frac{4.27 \sim 60.0}{28.09}$	$\frac{1.13 \sim 7.39}{3.52}$	$\frac{1.71 \sim 19.6}{8.12}$

注：表中的数据格式为$\frac{最小值\sim最大值}{平均值}$

5.2.4　三峡永久船闸边坡岩体长期变形分析

根据岩体原位流变试验研究成果，结合室内岩块流变试验成果，基于黏弹性位移反演分析成果及工程类比进行综合分析，见表 5.3，确定永久船闸高边坡岩体长期变形分析流变模型和参数，见表 5.4。

表 5.3　三峡永久船闸高边坡微新岩体流变参数试验研究成果

研究方法	研究尺寸 /m	完整性	岩体流变参数		
			E_{K0}/GPa	E_K/GPa	η_K /（MPa • d）
室内岩块流变试验	0.05	完整岩块	40.7	328	686
岩体原位流变试验	0.60	完整岩体	40.7	1 515	864
		裂隙岩体	26.4	307	323
黏弹性位移反演分析	22.0	裂隙岩体	33.4	31	76
综合分析	—	—	30～40	100～200	100～300

表 5.4　三峡永久船闸高边坡岩体长期变形分析流变参数采用值

岩体风化	E_{K0}/MPa	E_K/MPa	η_K/（MPa・d）
微 新	35 000	150 000	200 000
弱风化	10 000	40 000	100 000
强风化	5 00	15 000	5 000
全风化	50	500	2 000

根据试验综合分析取得的岩体流变模型和流变参数，进行三峡永久船闸考虑开挖卸荷效应的岩体流变数值分析。计算结果表明：船闸边坡岩体流变属稳定型流变，岩体流变位移矢量图见图 5.18，北闸室直立墙顶水平向流变位移时程见表 5.5，50 年流变位移值小于 5 mm。

图 5.18　运行期边坡岩体流变位移矢量图

表 5.5　永久船闸北闸室直立墙顶水平向流变位移值

时间	0	1 月	1 年	10 年	30 年	50 年
流变位移/mm	0	2.18	3.15	3.75	4.03	4.16

1995 年 11 月永久船闸一期施工开挖停止，至二期开挖施工开始 4～6 个月的实测岩体时效变形见图 5.19。实测结果表明，在停止开挖期间，边坡上部全强风化和弱风化岩体水平位移仍在继续发展，变形趋于稳定的时间一般为 3～4 个月，2 个月左右完成总时效变形量的 90%。但变形持续过程随不同部位岩体有差异，微新岩体最短，全强风化岩体较长，且时效变形量值也不同，全强风化岩体为 4～5 mm，弱风化与微新岩体为 2～3 mm。计算分析得到的岩体时效变形量值与实测值相当，但变形持续的时间均较实测短一些。

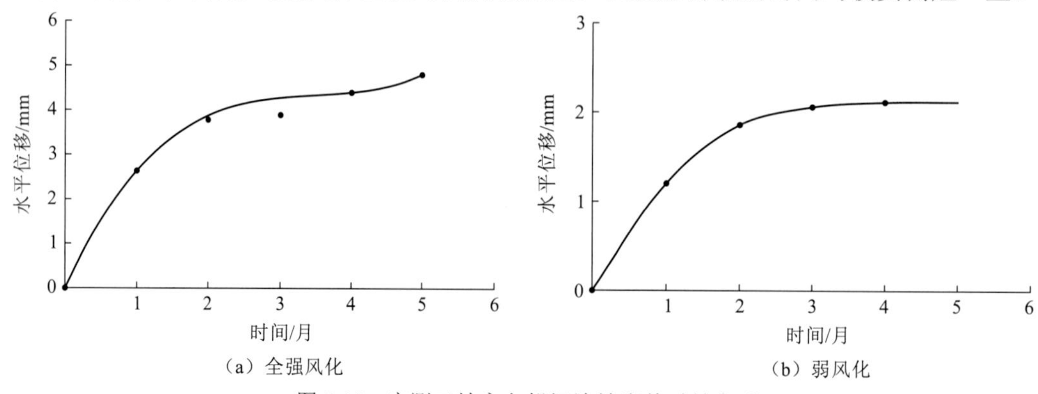

（a）全强风化　（b）弱风化

图 5.19　实测三峡永久船闸边坡岩体时效变形

5.3　薄层大理岩化白云岩真三轴流变试验

金沙江乌东德水电站地下厂房洞室围岩主要为 III_1～II_1 类，左岸、右岸尾水洞部分洞段穿越 Pt_2l^4 极薄层—薄层大理岩化白云岩。左岸地下厂房区最大水平主应力为 10～18 MPa，主要呈 NNE 方向，右岸地下厂房区最大水平主应力为 8～13 MPa，主要呈 NE-EW 方向。

洞室围岩在开挖过程中经历应力调整，洞壁岩体应力调整体现为径向（垂直壁面）应力释放、切向（沿壁面）应力增加。在地下厂房运行期间，应力调整将持续、缓慢进行，相应地，软弱围岩在开挖过程中将产生卸荷变形，在运行期产生流变，洞壁软岩流变现象见图 5.20。

（a）成洞初期，变形不明显

（b）成洞1个月后，洞壁鼓胀剥落

图 5.20　右岸地下厂房薄层大理岩化白云岩夹千枚岩流变现象

针对右岸地下厂房区 Pt_2l^4 薄层大理岩化白云岩，模拟洞室开挖过程围岩应力变化，进行岩体原位卸侧压真三轴流变试验，分析卸侧压应力路径下岩体流变模型与流变参数、长期三轴强度参数，研究软弱围岩卸荷状态时效特性，为地下厂房洞室围岩长期变形稳定分析、开挖支护设计提供依据。

5.3.1　试验布置与加载方案

金沙江乌东德水电站薄层大理岩化白云岩原位真三轴流变试验布置于地下厂房 PD32-2 勘探平硐，共进行 4 个试样岩体真三轴流变试验，见表 5.6。试验段岩体为 Pt_2l^4 薄层大理岩化白云岩，灰白色，层厚 1～3 cm，层面平直闭合，充填 1 mm 厚千枚岩薄膜，倾角为 80°。试样为方柱体，长 50 cm，宽 50 cm，高 100 cm，包含 20～30 条层面。一侧垂直于层面，另一侧近平行于层面，与层面夹角 10° 左右，底面与原岩相连。

表 5.6　原位真三轴流变试验内容及试验布置

试验项目	试样数量	试样编号	试验岩体	试验位置	试验目的
原位真三轴流变试验	4 个	C1～ C4	Pt_2l^4 薄层大理岩化白云岩，层厚 1～3 cm，产状为 170° ∠76° ～83°	右岸高程 831 m，PD32 勘探平硐内 PD32-2 支洞	获得岩体卸载路径垂直/平行于层面的流变模型、流变参数、长期强度参数

根据地下厂房区实测地应力水平与围岩薄层状结构特征，确定试验主应力加压方向：

σ_1、σ_2、σ_3 方向分别为铅直近平行于层面、水平平行于层面、水平近垂直于层面。试验设备采用 YLB-60 型岩体原位流变试验系统，试验应力路径以初始地应力水平为基础压力值，模拟洞室围岩开挖过程应力变化情况，具体为：

（1）施加静水压力至 $\sigma_1=\sigma_2=\sigma_3=7.66$ MPa；

（2）保持 $\sigma_2=\sigma_3=7.66$ MPa，继续加载 σ_1 至 σ_1'（σ_1' 为低于侧压 8 MPa 下的预估屈服强度）；

（3）根据预估卸载破坏强度，分五级卸载 σ_3 直至破坏。σ_3 每卸载一级压力进行一次流变观测，流变稳定后卸载下一级。

5.3.2 岩体流变曲线与流变特征

薄层大理岩化白云岩原位真三轴卸侧压 σ_3 流变试验曲线见图 5.21～图 5.24。根据试验成果分析卸侧压 σ_3 作用下薄层大理岩化白云岩的流变特征如下：

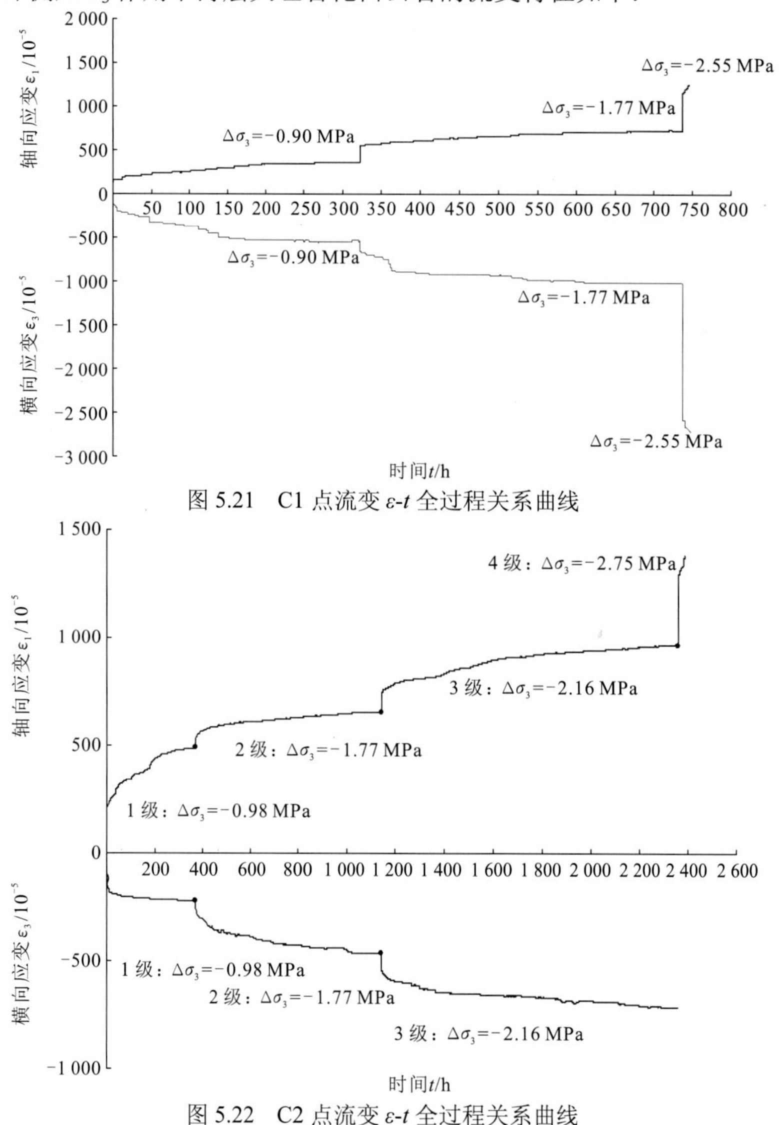

图 5.21 C1 点流变 ε-t 全过程关系曲线

图 5.22 C2 点流变 ε-t 全过程关系曲线

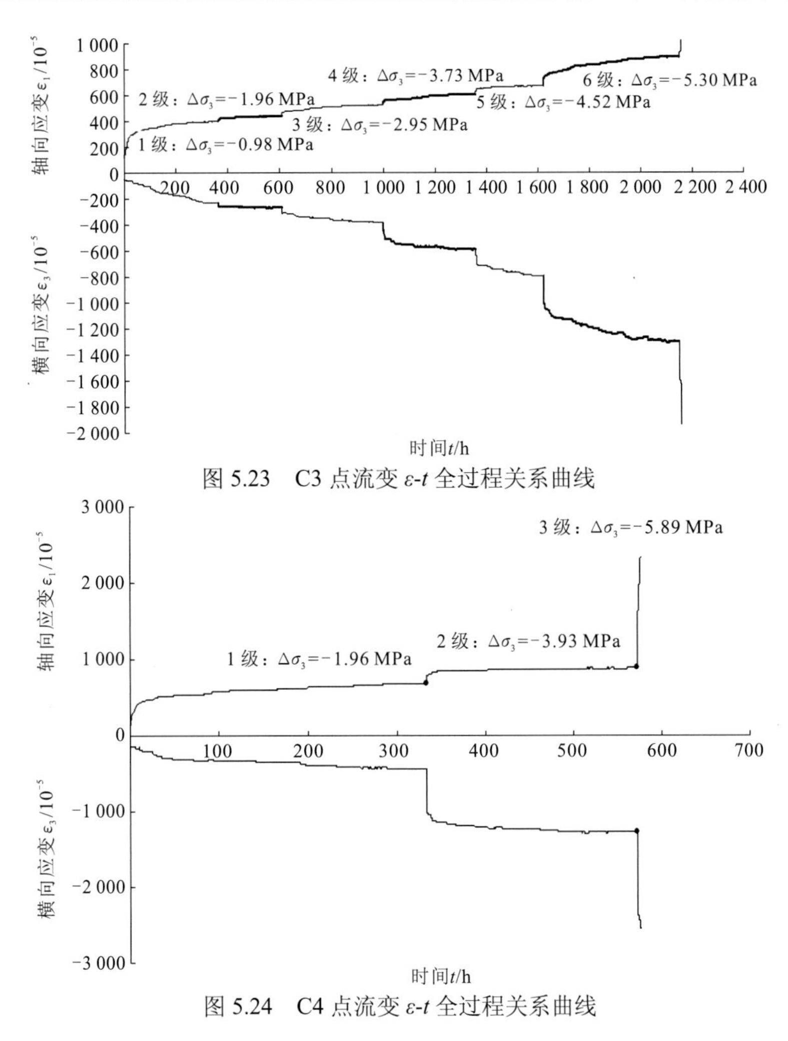

图 5.23　C3 点流变 ε-t 全过程关系曲线

图 5.24　C4 点流变 ε-t 全过程关系曲线

（1）卸侧压 σ_3 过程中，水平平行于层面方向的流变 ε_2 很小，水平垂直于层面方向的流变 ε_3 与铅直平行于层面方向的流变 ε_1 较大。

（2）卸侧压 σ_3 过程中，水平垂直于层面 ε_3 方向的流变变形与铅直平行于层面 ε_1 方向的流变变形均大于卸载瞬时变形。其中水平垂直于层面 ε_3 方向的流变变形占该方向总体变形的 66%～87%，铅直平行于层面 ε_1 方向的流变变形占该方向总体变形的 57%～82%。这表明卸侧压 σ_3 作用下，薄层大理岩化白云岩在铅直平行于层面方向和水平垂直于层面方向均具有明显的流变特征。

5.3.3　流变模型及流变参数

将岩体视为线性黏弹性体，其塑性变形由流变模型参数的量值反映。试验目的在于研究地下洞室开挖过程围岩流变特性，将 $\sigma_1=\sigma_1'$、$\sigma_2=\sigma_3=7.66$ MPa 作为初始应力状态，则仅有垂直层面方向的应力 σ_3 变化，其余方向应力恒定。对于 ε_3，采用一维微分型流变模型计算。试验岩体在破坏载荷之前各级载荷下的流变均为衰减流变，ε_3 采用三参量广义开尔文模型描述。

由于薄层大理岩化白云岩各向异性显著，且卸载 σ_3 时侧胀系数为 0.25，非连续介质变形特征明显，故采用经验模型描述 ε_1 流变。ε_1 的流变方程为

$$\varepsilon_1(t) = A_0 + B_2\left[1 - \mathrm{e}^{-(B_1/1000)t}\right] \tag{5.24}$$

式中：A_0、B_1、B_2 为经验系数。

垂直于层面方向瞬时弹性模量 E_{30}、长期弹性模量 $E_{3\infty}$，以及平行于层面方向经验模型系数 A_0 按式（5.25）用解析法求解：

$$E_{30} = \frac{\Delta\sigma_3}{\varepsilon_{30}},\quad E_{3\infty} = \frac{\Delta\sigma_3}{\varepsilon_{3\infty}},\quad A_0 = \frac{\Delta\sigma_1}{\varepsilon_{10}} \tag{5.25}$$

式中：ε_{30} 为最小主应力方向瞬时应变；ε_{10} 为最大主应力方向瞬时应变；$\varepsilon_{3\infty}$ 为最小主应力方向长期应变。

弹性模量 E_K、黏滞系数 η_K、经验系数 B_1、B_2 通过拟合流变试验曲线进行优化取值。拟合曲线见图 5.25～图 5.28，流变参数见表 5.7。

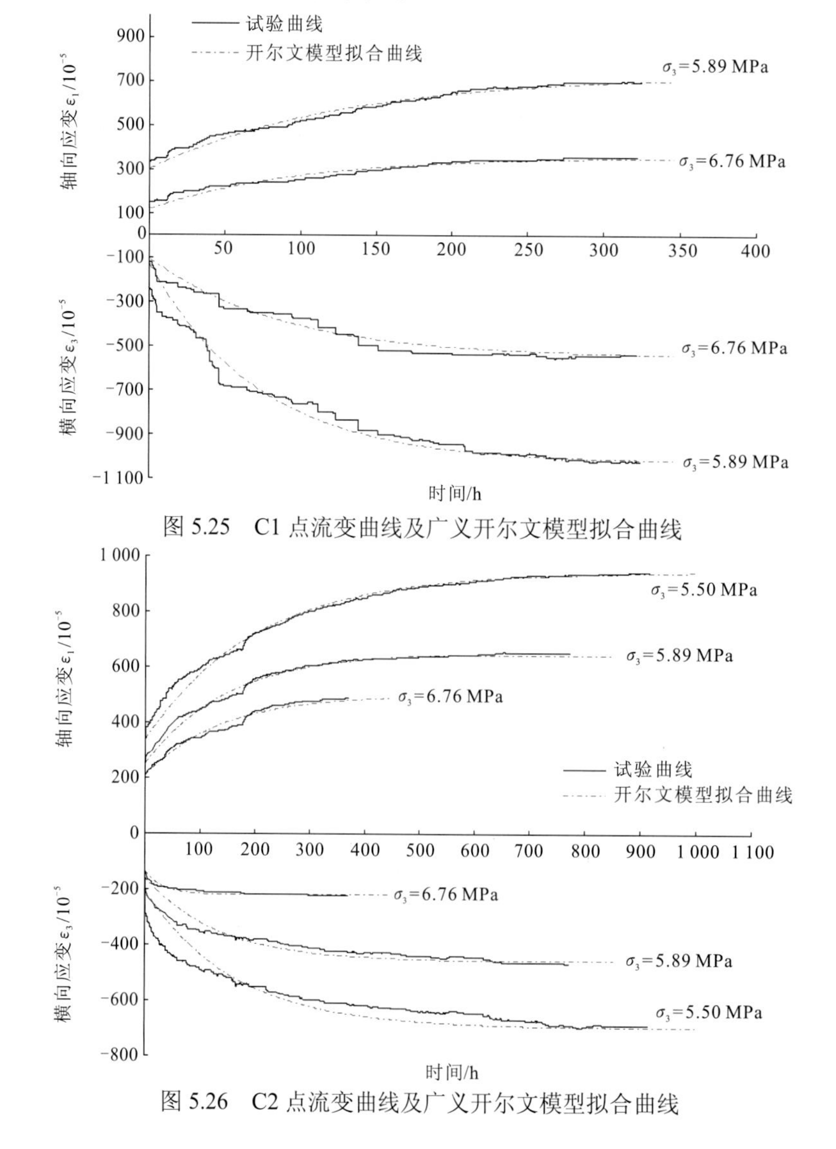

图 5.25　C1 点流变曲线及广义开尔文模型拟合曲线

图 5.26　C2 点流变曲线及广义开尔文模型拟合曲线

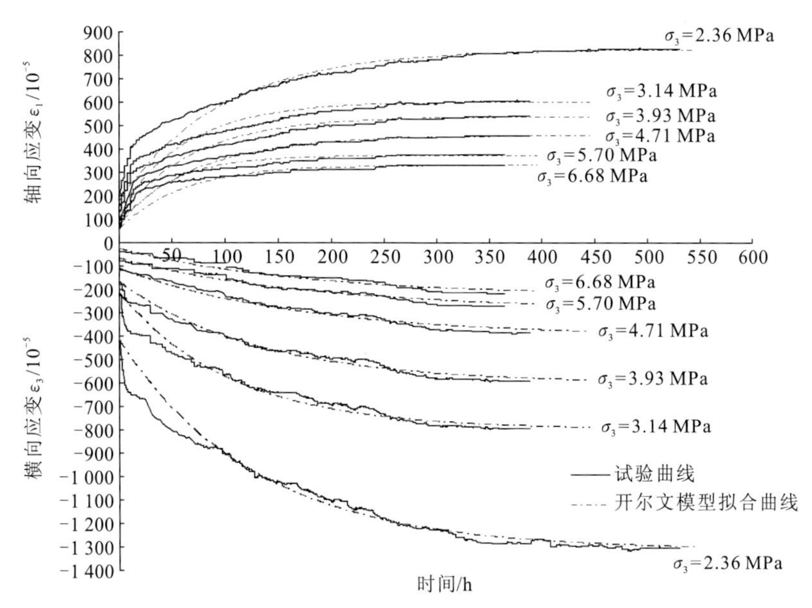

图 5.27　C_3 点流变曲线及广义开尔文模型拟合曲线

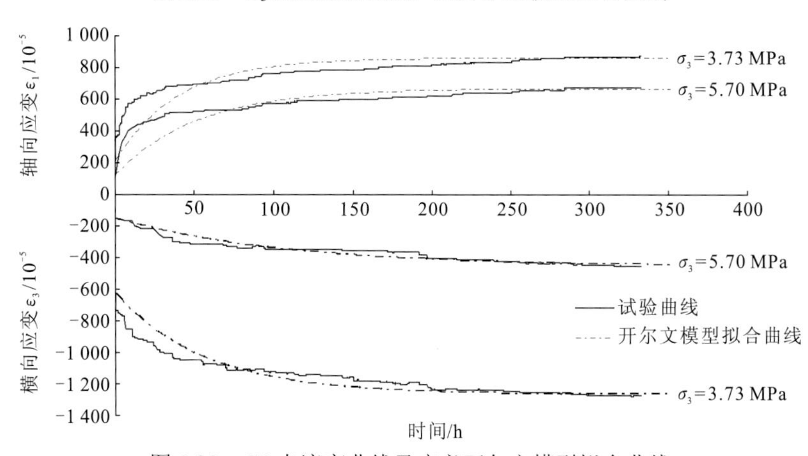

图 5.28　C4 点流变曲线及广义开尔文模型拟合曲线

表 5.7　薄层大理岩化白云岩三轴流变试验流变参数

点号	应力			水平垂直于层面参数					铅直平行于层面参数		
	σ_1 /MPa	σ_2 /MPa	σ_3 /MPa	E_{30} /GPa	E_k /GPa	$E_{3\infty}$ /GPa	η_K /（GPa·h）	$\frac{E_{30}-E_{3\infty}}{E_{30}}$	A_0 /GPa	B_2 /GPa	B_1 /（GPa·h）
C1	50.17	7.66	6.76	8.85	2.04	1.67	176	0.81	0.12	0.24	0.66
			5.89	13.80	1.98	1.74	142	0.87	0.30	0.43	0.82
C2	46.31	7.66	6.76	7.38	10.47	4.11	354	0.44	0.19	0.27	0.58
			5.89	11.20	5.93	3.81	768	0.66	0.25	0.40	0.61
			5.50	10.50	4.42	3.15	708	0.70	0.34	0.51	0.60

续表

点号	应力			水平垂直于层面参数					铅直平行于层面参数		
	σ_1 /MPa	σ_2 /MPa	σ_3 /MPa	E_{30} /GPa	E_k /GPa	$E_{3\infty}$ /GPa	η_K /（GPa・h）	$\frac{E_{30}-E_{3\infty}}{E_{30}}$	A_0 /GPa	B_2 /GPa	B_1 /（GPa・h）
C3	40.07	7.66	6.68	21.30	4.91	4.19	847	0.80	0.12	0.27	1.27
			5.70	22.79	8.90	6.76	1605	0.70	0.13	0.31	0.98
			4.71	22.69	10.20	7.32	1715	0.68	0.15	0.37	0.61
			3.93	19.84	8.65	6.12	1114	0.69	0.17	0.43	0.73
			3.14	19.15	7.79	5.57	817	0.71	0.19	0.47	0.78
			2.36	12.10	5.95	4.01	759	0.67	0.24	0.65	0.82
C4	36.02	7.66	5.70	12.9	6.51	4.34	660	0.66	0.12	0.54	2.89
			3.73	6.25	6.17	3.09	347	0.51	0.21	0.65	2.52
参数统计		最小值		6.25	1.98	1.67	142	0.44	0.12	0.24	0.58
		最大值		22.79	10.47	7.32	1715	0.87	0.34	0.65	2.89
		平均值		14.52	6.46	4.30	770	0.68	0.19	0.43	1.07

5.3.4 长期强度

薄层大理岩化白云岩试样在最后一级破坏荷载作用下，变形加速发展，在 3～24 h 破坏。长期三轴强度通过绘制等时簇曲线，按以下方法确定：

对各级荷载下 ε_1、ε_3 的流变曲线，取 t 在 0 h、1 h、5 h、10 h、20 h、100 h、300 h 等不同时刻的横向应力差 $\Delta\sigma_3$ 及 ε_1、ε_3，绘制 ε_1、ε_3 与 $\Delta\sigma_3$ 等时簇曲线（图 5.29～图 5.32），连接不同历时 ε_3 与$|\Delta\sigma_3|$关系曲线的屈服点，所得曲线随历时增加而趋于平缓，取其水平渐近线与 σ 轴的交点为 $\Delta\sigma_{3\infty}$，则长期三轴强度为（7.66-$\Delta\sigma_{3\infty}$，σ_1）。

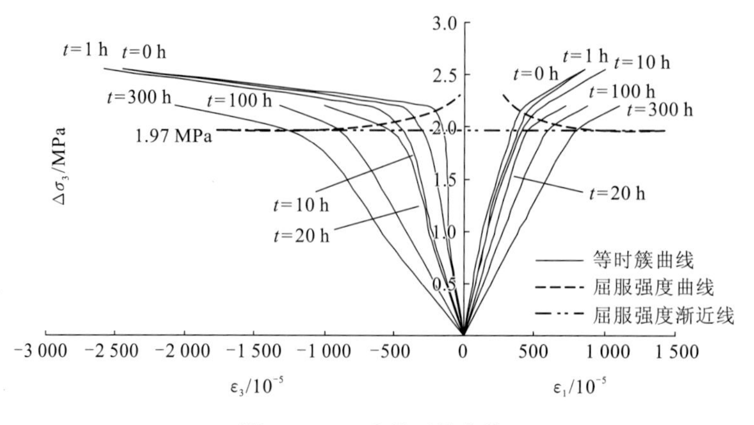

图 5.29　C1 点等时簇曲线

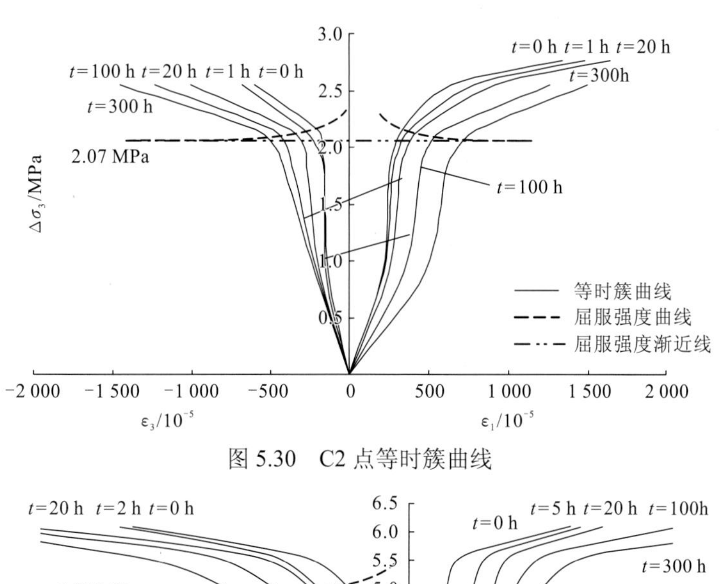

图 5.30　C2 点等时簇曲线

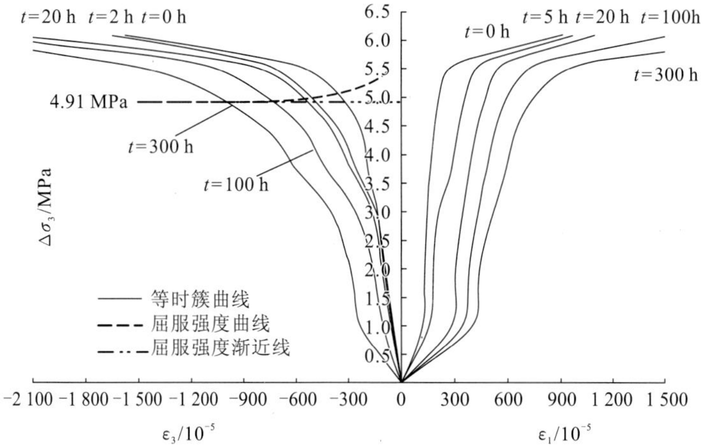

图 5.31　C3 点等时簇曲线

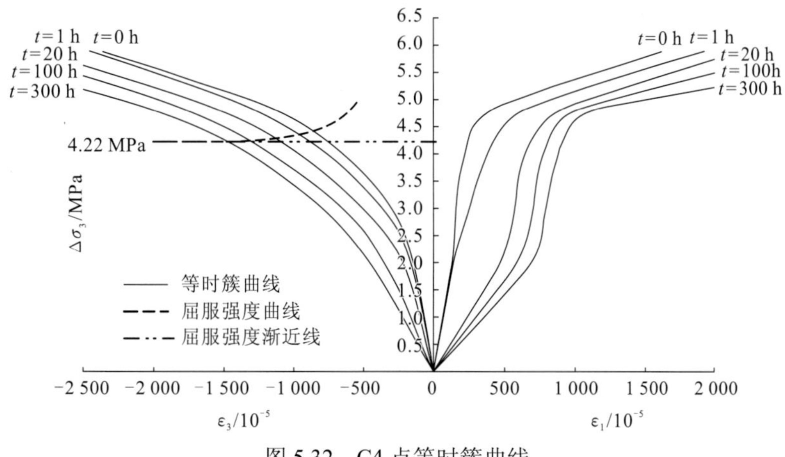

图 5.32　C4 点等时簇曲线

薄层大理岩化白云岩长期三轴强度见表 5.8，根据莫尔-库仑强度准则拟合 σ_1 与 σ_3 的相关关系见图 5.33，计算薄层大理岩化白云岩长期内摩擦系数 f_∞、黏聚力 c_∞，见表 5.9。

表 5.8　长期三轴强度

试点编号	长期强度		流变强度		地质简述
	σ_3 /MPa	σ_1/MPa	σ_3 /MPa	σ_1/MPa	
C1	5.69	50.17	5.91	50.17	薄层大理岩化白云岩夹千枚岩，岩层层厚一般为 1～3 cm，层面平直闭合，充填千枚岩薄膜，面光滑，产状为 170°∠83° 破坏形态：层面张开，继而沿临空的层面剪切破坏
C2	5.59	46.31	5.68	46.31	
C3	2.47	40.07	2.75	40.07	
C4	3.18	36.02	3.44	36.02	

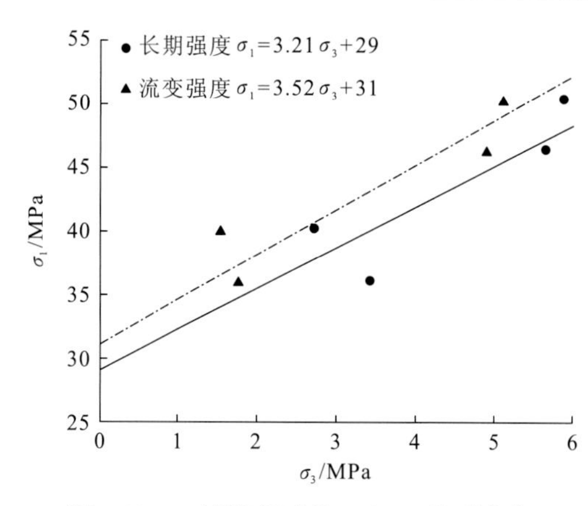

图 5.33　三轴流变试验 σ_1 与 σ_3 关系曲线

表 5.9　流变试验强度参数

长期强度参数				流变强度参数			
F	R/MPa	f_∞	c_∞/MPa	F	R/MPa	f_0	c_0/MPa
3.21	29	0.62	7.93	3.52	31	0.67	8.26

5.4　高应力条件下大理岩原位真三轴流变试验

在高地应力地区，开挖卸荷使洞室周边岩体应力状态改变，应力衰减梯度大，导致近场围岩承载能力随应力状态的改变而下降，引起工程岩体的失稳破坏。由于岩体赋存在高地应力环境中，无论是远离洞室围岩还是近场围岩的力学响应都表现出与浅部岩体较大的差异，其强度具有明显的非线性特征和显著的时效特征。例如，锦屏二级水电站深埋引水隧洞平均埋深 1 610 m，最大埋深 2 525 m，实测最大地应力值为 42～46 MPa。隧洞围岩在高地应力作用下表现出以突发性或持续大变形等形式为主的非线性变形破坏特征。为了研究高应力条件下大理岩流变特性破坏（岩爆）及岩体破坏时效特征，在引水隧洞 A 线辅助洞 2 号科研支洞，对 T_2b 大理岩进行高应力条件下原位真三轴流变试验。

5.4.1　试验布置

试验布置见图 5.34，共进行高应力条件下真三轴流变试验三个试样。试样为方柱体，长、宽为 50 cm，高为 100 cm，底面与原岩相连。制样时先用风钻造切割孔，人工凿制边槽使试体与母岩隔离，再用切割机切割成型，然后水泥砂浆将其表面封闭。

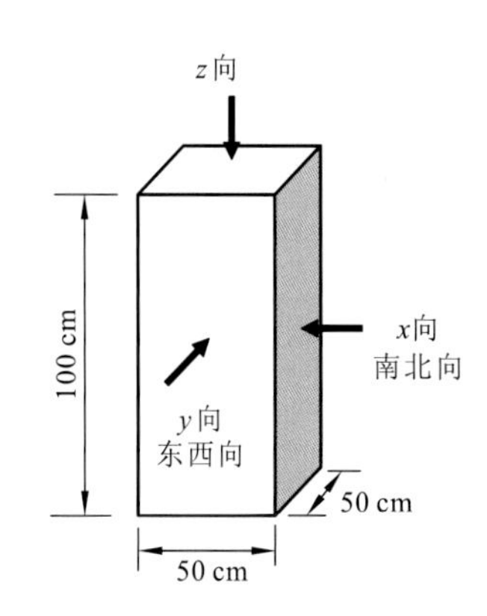

图 5.34　大理岩真三轴流变试样

试验设备采用 RXZJ-2000 型岩体真三轴流变试验系统。为了模拟引水洞围岩开挖应力状态，试样的加载、卸载方向与引水洞开挖后的应力状态一致，规定 x 向为水平径向 σ_3，y 向为水平轴向 σ_2，z 向为铅直向 σ_1。大理岩真三轴流变试验分别采用加轴压 σ_1、卸侧压 σ_3、同步加轴压 σ_1 和卸侧压 σ_3 三种不同的应力路径，详细应力路径见表 5.10。

表 5.10　大理岩原位真三轴流变试验应力路径

试验项目	数量	编号	地层	岩性	应力路径
岩体真三轴流变	一组三点	RL2-2#	T_2b	大理岩	同步施加 σ_1、σ_2、σ_3 至接触压力 0.74 MPa，保持 σ_3=0.74 MPa 不变，再同步施加 σ_1=σ_2=11.15 MPa，保持 σ_2 和 σ_3 不变，分级施加 σ_1 进行流变试验
		RL2-3#	T_2b	大理岩	同步施加 σ_1= σ_2= σ_3 至 11.15 MPa，保持 σ_2=σ_3=11.15 MPa 不变，再施加 σ_1 至 54.25 MPa，保持 σ_1 和 σ_2 不变，分级卸侧压 σ_3 进行流变试验
		RL2-1#	T_2b	大理岩	同步施加 σ_1=σ_2=σ_3 至 11.15 MPa，保持 σ_2=11.15 MPa 不变，再分级同时加载 σ_1 和卸载 σ_3 至破坏

5.4.2　高应力下大理岩流变特征

1. 加载流变特征

RL2-2#为真三轴加轴压 σ_1 流变试验，流变试验曲线见图 5.35，历时 1 900 h。由 ε-t 曲线可见，随着轴向压力的增加，轴向压缩变形增大，侧向膨胀变形也逐渐增大。当轴向压力施加至 57.26 MPa 时，各向变形开始增大，持续 23 h 后压力不能继续维持，变形速率显著增大，试样破坏。

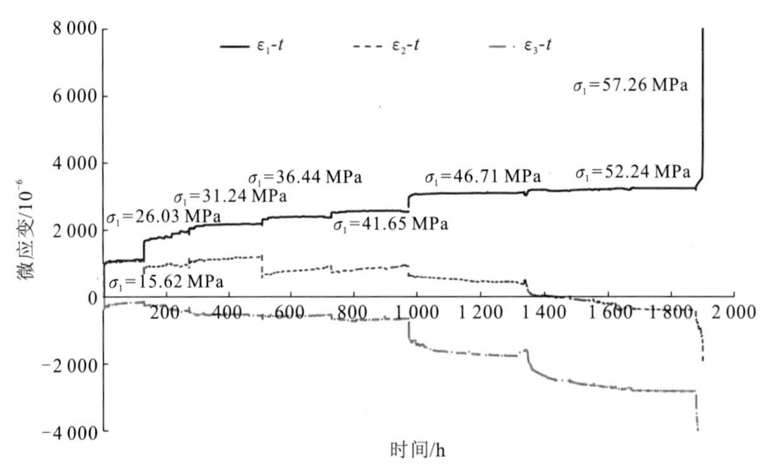

图 5.35　RL2-2#加轴压 σ_1 流变试验 ε-t 全过程曲线

2. 卸载流变特征

RL2-3#为真三轴卸侧压 σ_3 流变试验，流变试验曲线见图 5.36，每级卸侧压 σ_3 的流变稳定时间较其他两个试样长，且变形量大，其中第三级流变时间长达 1 400 h，尚未完全达到稳定，迫于时间原因，卸侧压下一级并观测 250h 后再卸至 5.55 MPa，最后一级仅维持 2.2 h 后试样破坏。

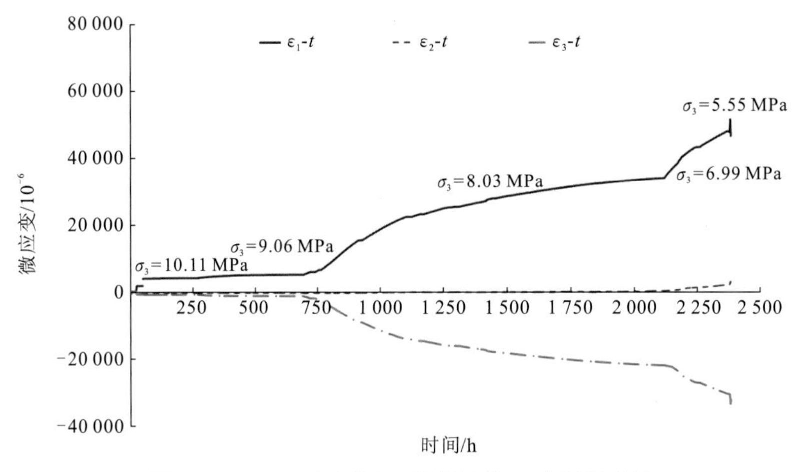

图 5.36　RL2-3#卸侧压 σ_3 流变试验 ε-t 全过程曲线

3. 加轴压 σ_1 卸侧压 σ_3 流变特征

RL2-1#为同时加轴压 σ_1、卸侧压 σ_3 的流变试验，流变试验曲线见图 5.37，由 ε-t 曲线可见，随着轴向压力 σ_1 的增加和侧向压力 σ_3 的降低，轴向压缩变形增大，侧向膨胀变形也逐渐增大。当轴向压力 σ_1 施加至 98.32 Mpa，侧向压力 σ_3 降至 0.74 MPa 时，各向变形开始增大，持续 18.2 h 后压力不能继续维持，变形速率显著增大，试样破坏。

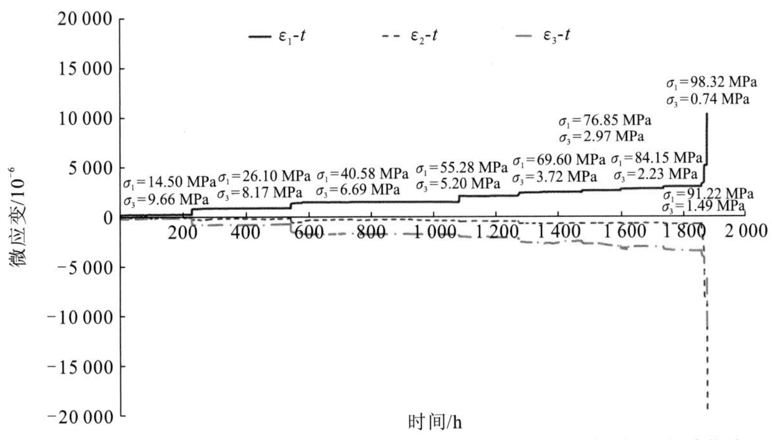

图 5.37　RL2-1#同时加轴压 σ_1、卸侧压 σ_3 流变试验 ε-t 全过程关系曲线

5.4.3　深埋大理岩流变模型及流变参数

1. 加轴压 σ_1 流变

根据 RL2-2#大理岩真三轴加轴压 σ_1 流变曲线特征，可采用四元件伯格斯组合模型描述大理岩真三轴加轴压 σ_1 应力路径下的流变特征（图 5.38）。按伯格斯模型，反演每一级压力下流变参数 E_M、η_M、E_K、η_K，见表 5.11。

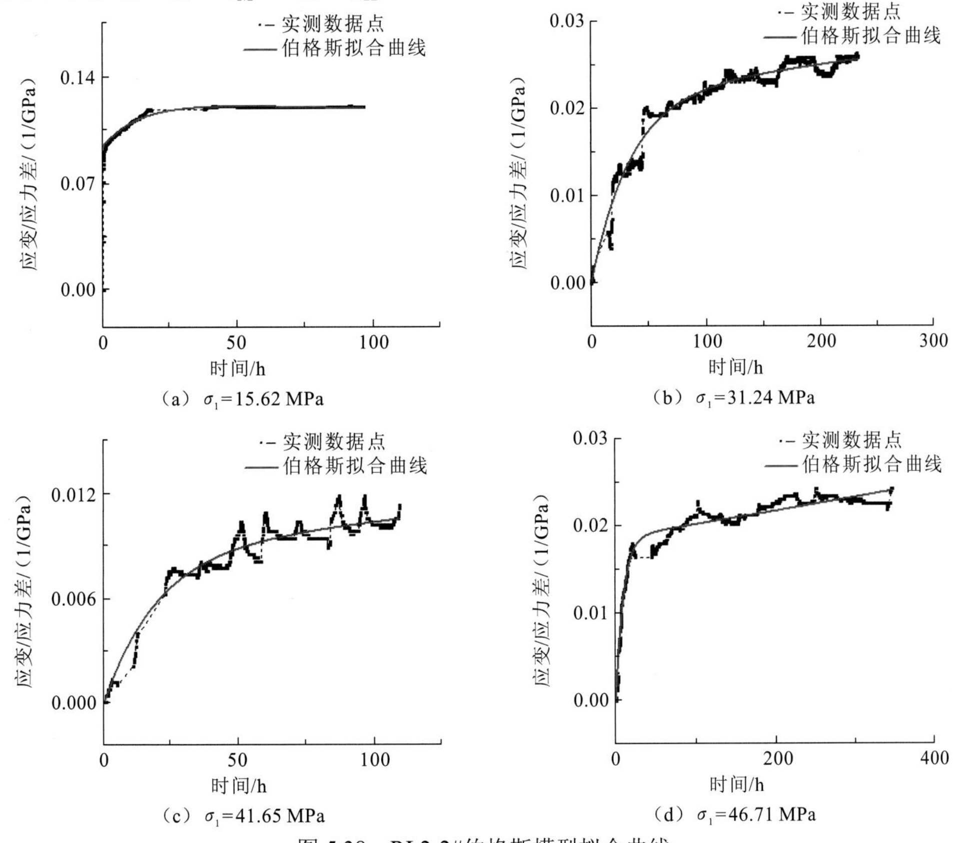

图 5.38　RL2-2#伯格斯模型拟合曲线

表 5.11　加轴压 σ_1 应力路径各级压力流变参数拟合结果

拟合结果		轴压 σ_1/MPa						
		15.62	26.03	31.24	36.44	41.65	46.71	52.24
流变参数	E_M/MPa	1.06×10^4	1.57×10^4	$6.41\times10_4$	3.76×10^4	5.36×10^4	1.11×10^4	4.63×10^4
	η_M/（MPa·h）	1.00×10^8	4.91×10^6	6.11×10^7	1.28×10^8	1.19×10^8	6.33×10^7	5.13×10^7
	E_K/（MPa）	4.30×10^4	2.67×10^5	4.58×10^4	6.43×10^4	1.15×10^5	5.37×10^4	1.03×10^5
	η_K/（MPa·h）	4.60×10^5	1.75×10^5	1.62×10^6	1.58×10^6	4.68×10^6	5.09×10^5	3.42×10^5

将各级应力下的参数去掉最大值和最小值后取平均值，得到加轴压 σ_1 时流变参数统计结果：E_M =32.85 GPa；η_M =78 954 GPa • h；E_K =76.36 GPa；η_K =901 GPa • h。

加轴压 σ_1 时大理岩流变本构模型表达为

$$\varepsilon=\left\{\frac{1}{32.85}+\frac{t}{78\,954}+\frac{1}{76.36}\left[1-\exp\left(-0.085t\right)\right]\right\}\sigma \tag{5.28}$$

2. 卸侧压 σ_3 流变

根据 RL2-3#大理岩真三轴卸侧压 σ_3 流变曲线特征，可采用四元件伯格斯组合模型描述大理岩真三轴卸载应力路径下的流变特性（图 5.39）。按伯格斯模型，反演每一级压力下流变参数 E_M、η_M、E_K、η_K，见表 5.12。

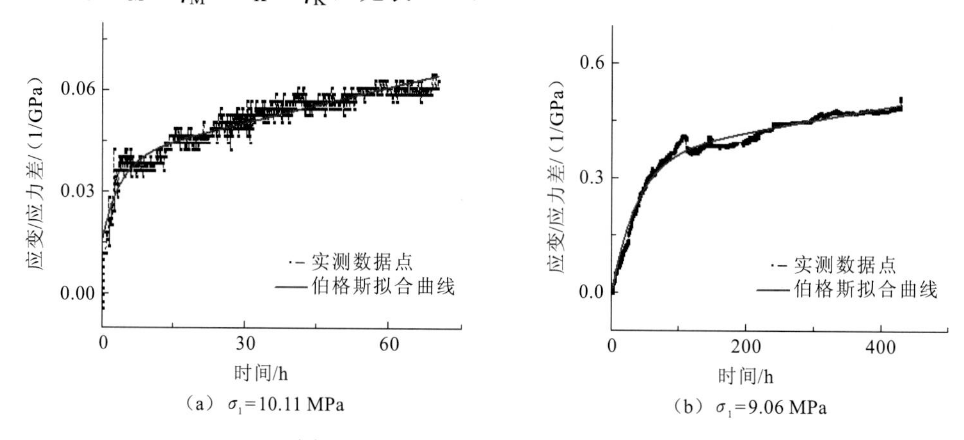

图 5.39　RL2-3#伯格斯模型拟合曲线

表 5.12　卸侧压 σ_3 应力路径各级压力下流变参数拟合结果

拟合结果		侧压 σ_3/MPa	
		10.11	9.06
流变参数	E_M/MPa	6.00×10^4	8.33×10^4
	η_M/（MPa • h）	2.82×10^6	3.15×10^6
	E_K/MPa	4.27×10^4	2.88×10^3
	η_K/（MPa • h）	1.58×10^5	1.11×10^5

卸侧压 σ_3 时的流变参数与加轴压 σ_1 时的流变参数存在较大的差异。加轴压 σ_1 时瞬时变形明显，E_M 较小；但卸侧压 σ_3 时，瞬时变形不明显，E_M 较大，可是 E_K、η_K 和 η_M 都明显小于加轴压 σ_1 应力路径。卸侧压 σ_3 时，随着 σ_3 的降低，长期变形越发明显，σ_3 卸载至 10.11 MPa 时的 E_K 为 42.7 GPa，但 σ_3 卸载至 9.06 MPa 时的 E_K 只有 2.88 GPa，表明高应力条件下单独卸侧压 σ_3 时大理岩流变特征更加明显。

3. 加轴压 σ_1 卸侧压 σ_3 流变

由于同步加轴压卸侧压的流变试验应力路径复杂，流变本构模型目前尚无相关的理论支持。因此，仅研究 RL2-1#轴向应变 ε_1，采用三元件广义开尔文组合模型描述大理岩同步加轴压卸侧压流变特征。流变试验曲线及拟合曲线见图 5.40，流变参数见表 5.13。

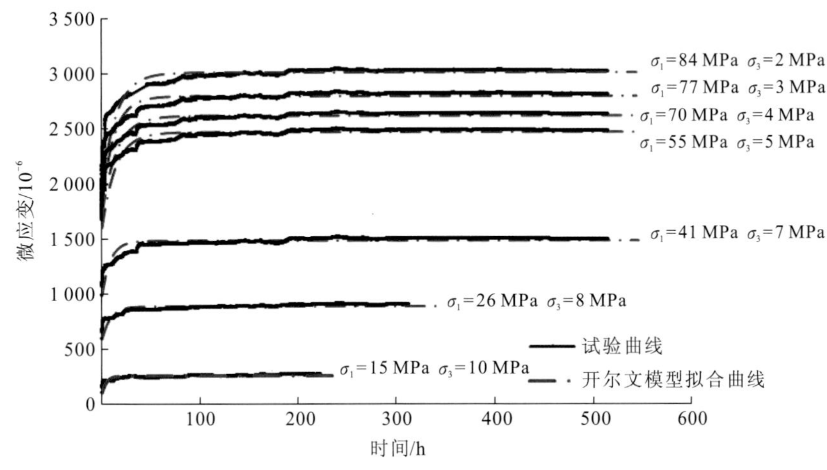

图 5.40　RL2-1#流变试验曲线及开尔文模型拟合曲线

表 5.13　RL2-1#同步加轴压卸侧压时各级应力状态下广义开尔文流变模型参数

应力状态			模型参数		
σ_1/MPa	σ_2/MPa	σ_3/MPa	E_{K0}/GPa	E_K/GPa	η_K/（GPa・h）
15	11.15	10	26.91	15.08	66.84
26	11.15	8	18.53	30.52	256.68
41	11.15	7	22.68	37.68	320.48
70	11.15	4	27.73	42.65	597.84
77	11.15	3	28.74	46.42	687.42
84	11.15	2	29.88	47.49	608.71

5.4.4　深埋大理岩流变破坏特征

不同应力路径大理岩流变试验完成后，对每个试点的五个面进行照相和描述，分析大理岩真三轴流变破坏特征。

（1）RL2-2#为加轴压 σ_1 流变试验破坏，试样制备完成后，侧面见 3～6 条卸荷裂隙，倾角为 45°～55°，上部节理较多，略张开。破坏后照片及素描图见图 5.41，主破裂面明显，贯穿 2#、3#、4#和 5#面，形成三角体，破坏面倾向 3#面，倾角为 55°～60°。破坏体与主体基本上脱离。

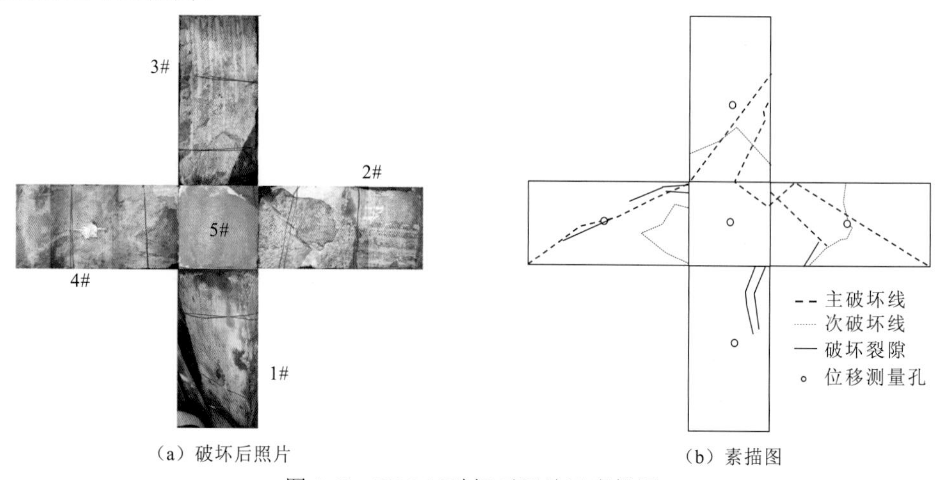

（a）破坏后照片　　（b）素描图

图 5.41　RL2-2#破坏后照片及素描图

（2）RL2-3#为卸侧压 σ_3 流变试验破坏。试样制备完成后，卸荷裂隙较多，尤其是 1#和 3#面裂隙有 6～8 条，上部裂隙贯通，下部部分裂隙贯通，倾角为 40°～45°。试样破坏后照片及素描图见图 5.42，主破裂面贯穿 1#、5#、3#面，倾向 2#面并从 2#面底部剪出，且错位达 5 cm 以上，破裂面倾角为 55°～65°。破坏体与试样主体完全脱离。

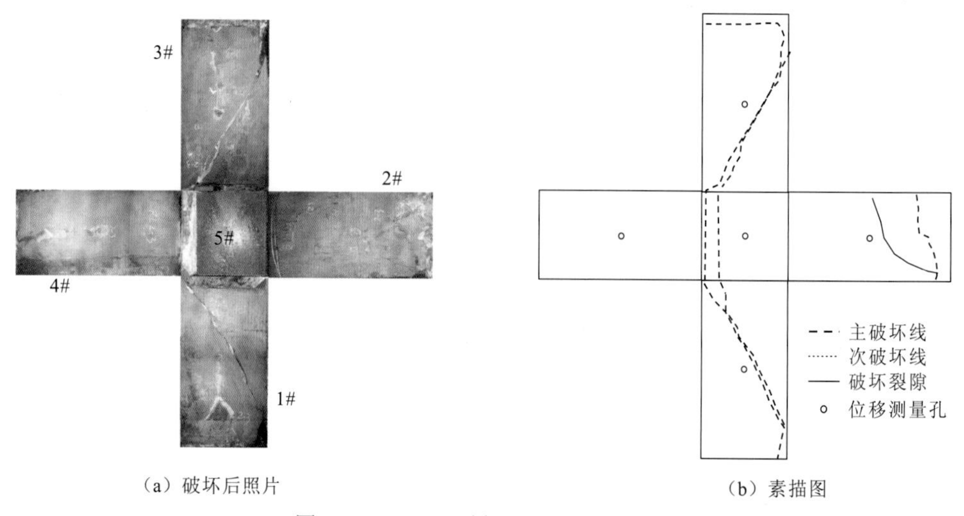

（a）破坏后照片　　（b）素描图

图 5.42　RL2-3#破坏后照片及素描图

（3）RL2-1#为同步加轴压 σ_1 卸侧压 σ_3 流变试验破坏。试样制备完成后，见 2～4 条卸荷裂隙，倾角为 40°～45°，上部节理较多，略张开。试样破坏后照片及素描图见图 5.43，有 2～4 条主破裂面贯穿 2#、5#和 4#面，上部主破裂面密集但未延伸至底部，3#面见 1 条主破裂面贯通至底部，总体上破裂面主要倾向 3#面并从 3#面中下部剪出，上部部分破裂面倾向 2#和 3#面并从中上部剪出，剪出面错位达 5 cm 以上，破裂面倾角分别为 45°～50°和 65°～70°。破坏体大部分与试样主体完全脱离。

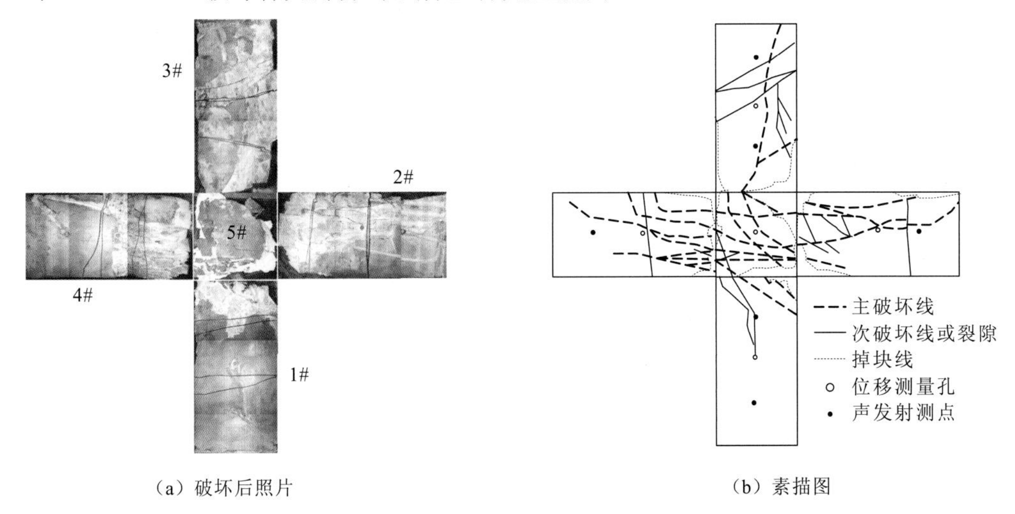

（a）破坏后照片　　（b）素描图

图 5.43　RL2-1#破坏后照片及素描图

综上所述，由于应力路径不同，大理岩流变破坏形式也有所差别，总体上主破裂面沿卸侧压 σ_3 方向或以 σ_3 方向为主。倾角为 55°～70°。

5.5　石英云母片岩真三轴卸侧压流变试验

丹巴水电站发电引水隧洞 80%处于属于较软岩—软岩的石英云母片岩中。最大埋深达 1 200 m，初始地应力水平较高，实测大主应力接近 30 MPa，洞室开挖可能出现塑性大变形、流变及失稳破坏。为研究石英云母片岩的流变特征，在丹巴水电站 CPD1 勘探平硐的试验支洞内开展了一组五点原位真三轴卸侧压流变试验。

5.5.1　试样制备与加载方案

试样为方形柱体，长 50 cm，宽 50 cm，高 100 cm，底部与原岩相连。试样总体沿石英云母片岩片理面方向制备，但由于片理面不是完全直立的，试样与片理面之间有 10°夹角，见图 5.44。

试验设备采用 RXZJ-2000 型岩体真三轴流变试验系统。

为了反映地下洞室围岩的实际受力状态，石英云母片岩真三轴卸侧压流变试验采用三向不等压真三轴、卸小主应力直至破坏的应力路径。试验应力路径及载荷施加步骤如下：

（1）σ_2、σ_3 和 σ_1 同步施加至 0.2 MPa 接触压力，稳定 5 min 后开始采集数据。

（2）σ_2、σ_3 和 σ_1 同步施加至 9 MPa，稳定 0.5～2 h。

（3）保持 σ_2、σ_3 不变，匀速施加 σ_1 至预估值 σ_1'，稳定 12～24 h。五个试样 σ_1' 为 22～55 MPa。

（4）保持 σ_2、σ_1 不变，σ_3 由 9 MPa 分级卸载直至试样破坏。

(a) 试样照片

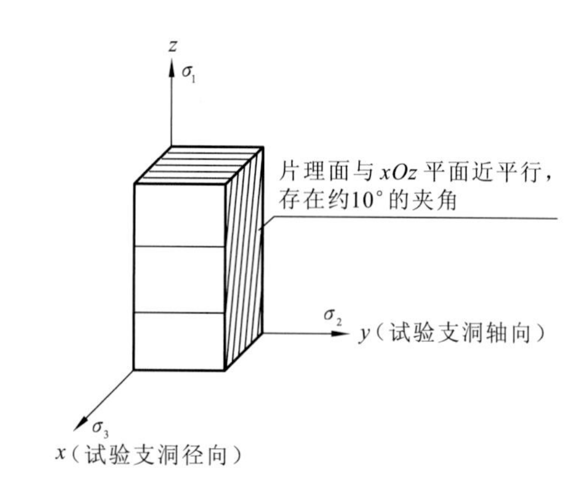

(b) 加压方向与片理面关系

图 5.44 石英云母片岩真三轴卸侧压流变试样

5.5.2 石英云母片岩真三轴卸侧压流变特征

石英云母片岩真三轴卸侧压流变试验曲线见图 5.45～图 5.49。根据试验成果，卸侧压应力路径下石英云母片岩的流变特征如下：

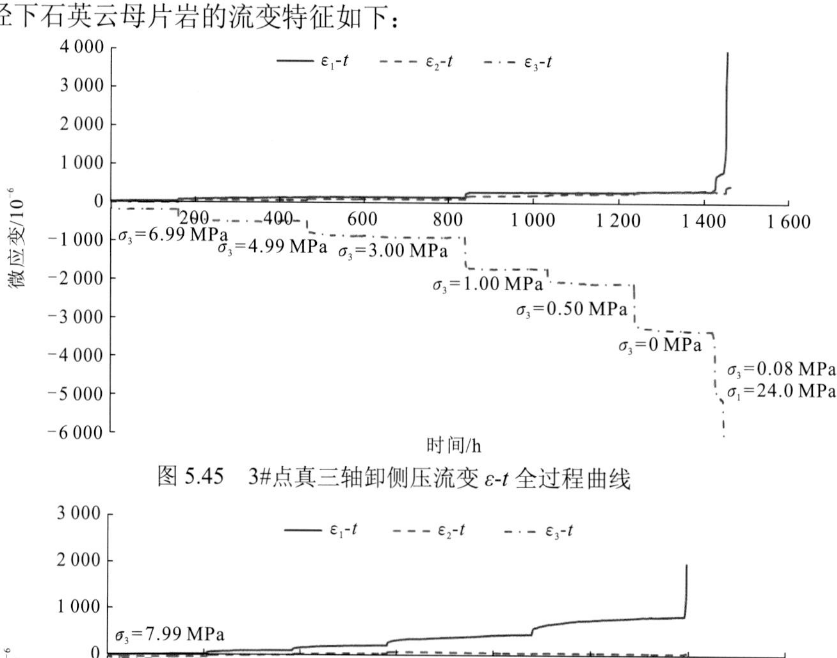

图 5.45 3#点真三轴卸侧压流变 ε-t 全过程曲线

图 5.46 6#点真三轴卸侧压流变 ε-t 全过程曲线

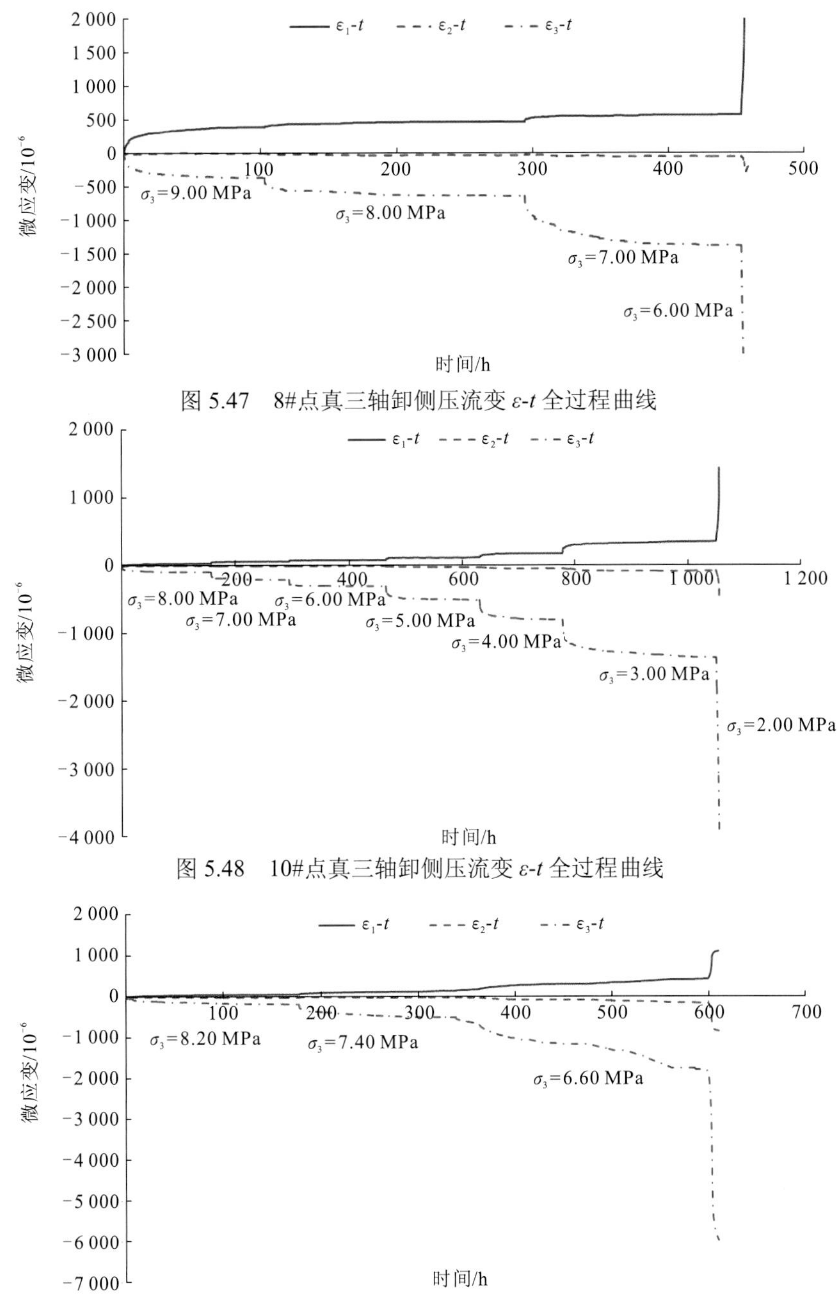

图 5.47　8#点真三轴卸侧压流变 ε-t 全过程曲线

图 5.48　10#点真三轴卸侧压流变 ε-t 全过程曲线

图 5.49　12#点真三轴卸侧压流变 ε-t 全过程曲线

（1）卸侧压有明显的瞬时变形和流变变形，随着侧压 σ_3 的卸载，试样由衰减流变转变为加速流变，至试样破坏。

（2）岩体卸侧压 σ_3 流变量值与岩体性状及施加应力有关，一般 10～15 d 趋于稳定，并且随着卸侧压 σ_3 的增加，试样流变变形趋于稳定的时间越来越长。

（3）卸侧压 σ_3 过程中，水平平行于片理方向的流变 ε_2 很小，水平近垂直于片理方向的流变 ε_3 最大。

（4）卸侧压 σ_3 过程中，水平近垂直于片理 ε_3 方向的流变变形一般大于卸侧压瞬时变形，其中流变变形占总变形的 55%～80%。铅直平行于片理 ε_1 方向的流变变形一般也大于瞬时变形，但瞬时变形量与流变变形量均明显小于水平近垂直于片理 ε_3 方向的卸侧压瞬时变形和流变变形。这表明卸侧压应力路径下，石英云母片岩在水平近垂直于片理方向流变变形最明显，铅直平行于片理方向次之，水平平行于片理方向流变特征则不明显。

5.5.3 石英云母片岩真三轴卸侧压流变模型及流变参数

考虑石英云母片岩岩体结构正交各向异性及卸荷各向异性，水平近垂直于片理 ε_3 方向卸侧压流变特征最为显著，现采用线性叠加法计算 ε_3 方向在各级压力下的流变变形。以 $\sigma_1=\sigma_1'$、$\sigma_2=\sigma_3=9$ MPa 为初始应力状态，则仅有水平近垂直于片理方向的应力 σ_3 变化，σ_1 及 σ_2 应力恒定，因而对于 ε_3，可采用一维微分型理论流变模型计算。

石英云母片岩的真三轴卸侧压流变曲线显示出以下特征：①瞬时弹性；②随应力差增加，经历减速流变、等速流变、加速流变阶段；③有弹性后效和较大的残余变形。基于以上特征，采用伯格斯模型描述岩体流变，通过非线性拟合流变曲线确定模型参数。各试样部分典型伯格斯模型拟合曲线见图 5.50～图 5.54，伯格斯模型拟合流变参数见表 5.14。

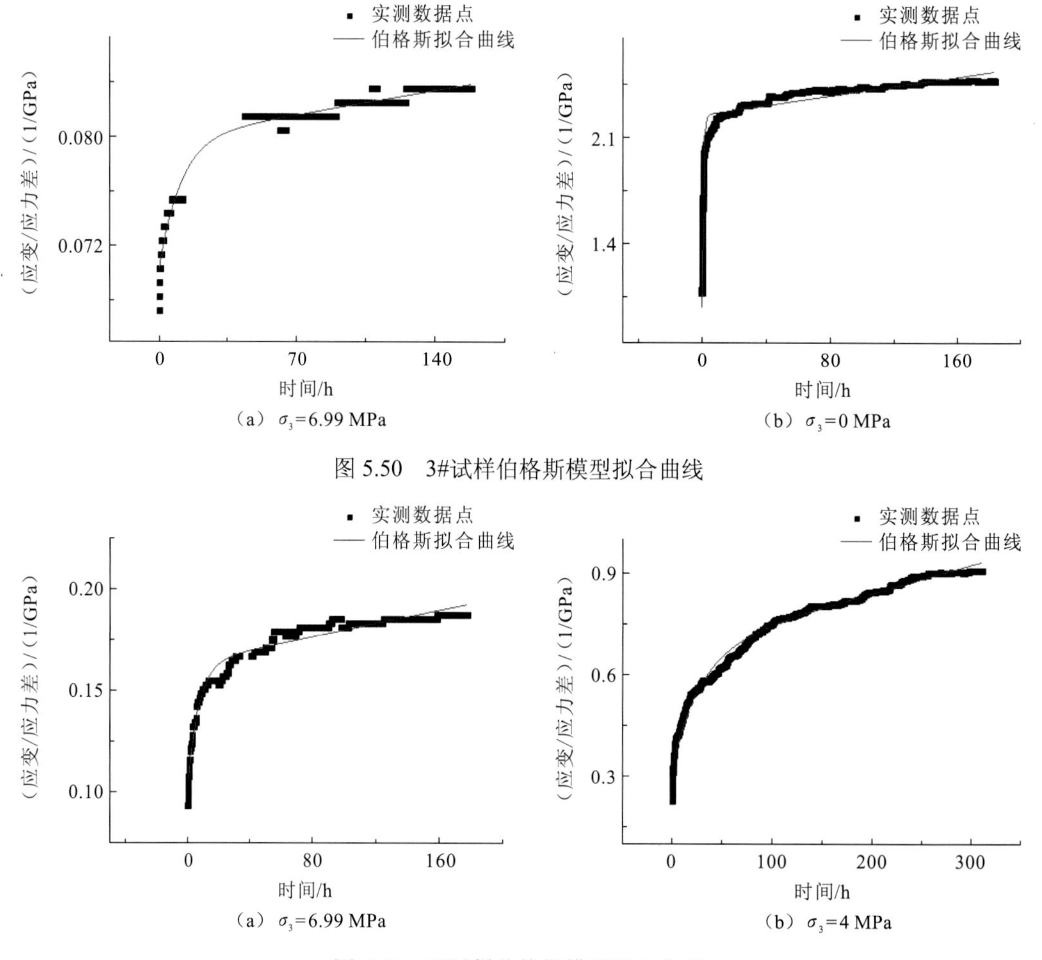

（a）σ_3=6.99 MPa （b）σ_3=0 MPa

图 5.50 3#试样伯格斯模型拟合曲线

（a）σ_3=6.99 MPa （b）σ_3=4 MPa

图 5.51 6#试样伯格斯模型拟合曲线

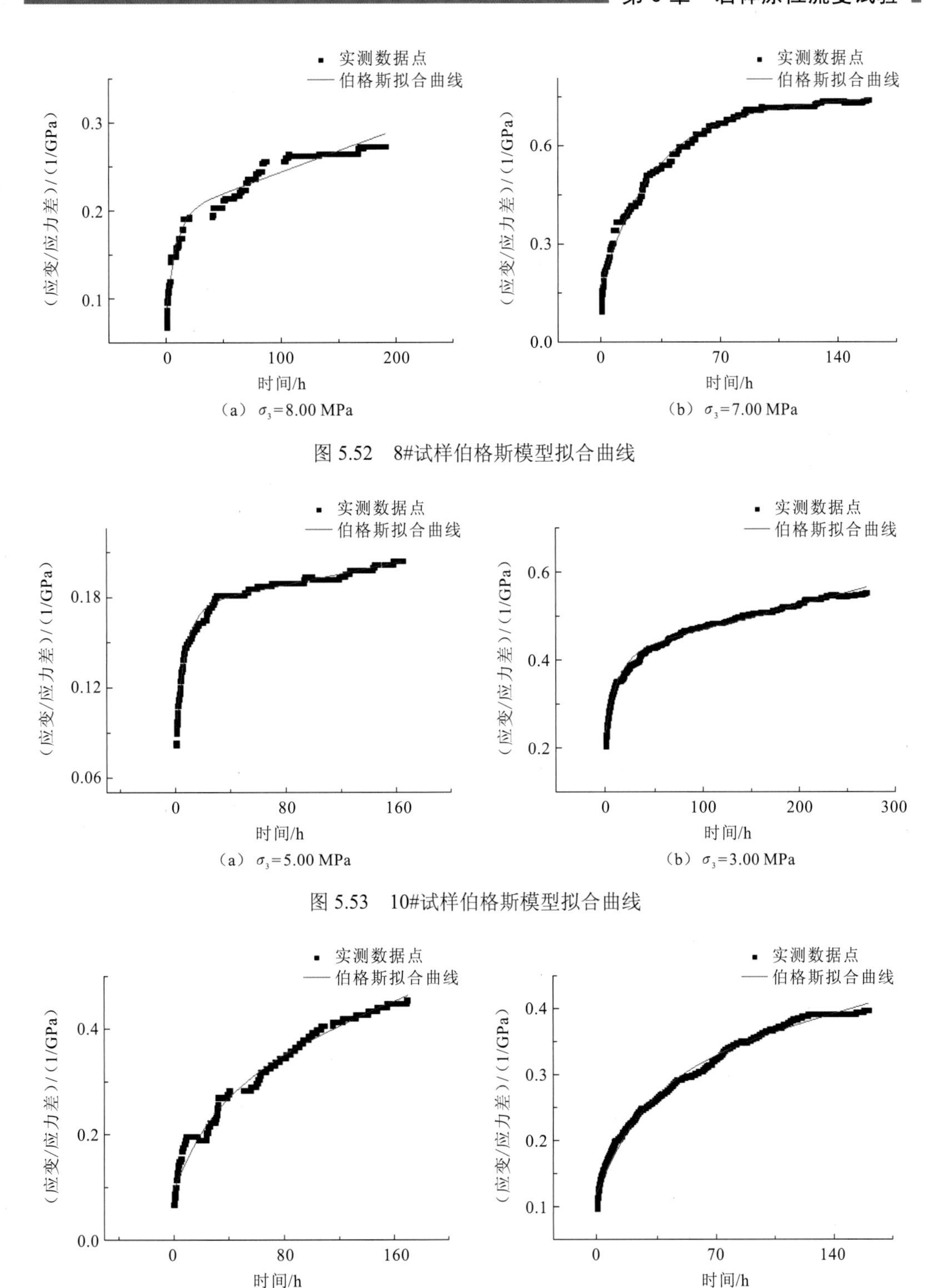

（a）σ_3=8.00 MPa　（b）σ_3=7.00 MPa

图 5.52　8#试样伯格斯模型拟合曲线

（a）σ_3=5.00 MPa　（b）σ_3=3.00 MPa

图 5.53　10#试样伯格斯模型拟合曲线

（a）σ_3=8.20 MPa　（b）σ_3=7.40 MPa

图 5.54　12#试样伯格斯模型拟合曲线

表 5.14　石英云母片岩卸侧压流变试验伯格斯模型参数

试验编号	卸载级数	应力			模型参数			
		σ_1/MPa	σ_2/MPa	σ_3/MPa	E_M/GPa	η_M/（GPa・h）	E_K/Gpa	η_K/（GPa・h）
3#	1	22	9	6.99	14.29	39 062.50	104.17	1 144.69
	6	22	9	0.00	1.01	641.03	0.80	0.67
6#	1	34	9	8.00	25.61	10 593.22	20.93	327.02
	2	34	9	6.99	9.49	6 097.56	17.07	127.48
	3	34	9	6.00	6.69	3 750.94	14.18	176.54
	4	34	9	5.00	5.01	2 172.97	6.58	54.82
	5	34	9	4.00	2.99	1 188.92	2.94	86.86
8#	1	46	9	8.00	11.41	2 072.12	9.19	78.63
	2	46	9	7.00	5.78	2 994.91	1.92	55.09
10#	4	40	9	5.00	10.91	5 524.86	12.16	91.79
	5	40	9	4.00	8.66	2 127.66	8.37	60.41
	6	40	9	3.00	4.34	1 757.47	5.43	68.53
12#	2	55	9	8.20	10.27	909.09	5.48	176.90
	3	55	9	7.40	8.36	1 415.43	5.66	159.21

5.5.4　石英云母片岩长期强度

根据各试样的单级流变曲线，整理得到等时簇曲线，并确定屈服极限点的拟合线和水平渐近线，见图 5.55～图 5.59。

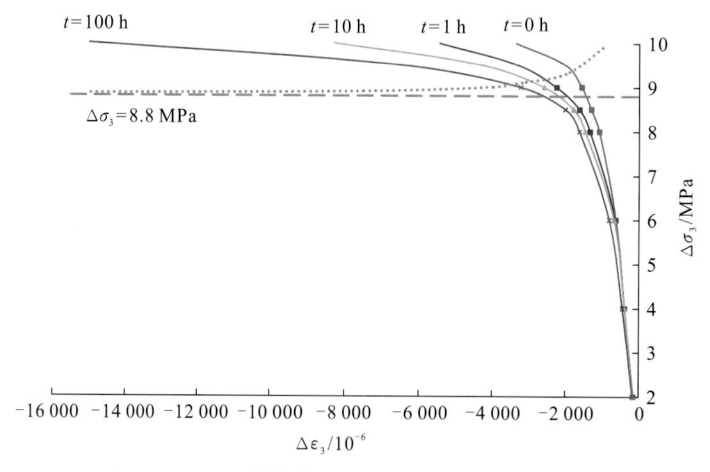

图 5.55　3#试样的等时簇曲线和长期强度点取值

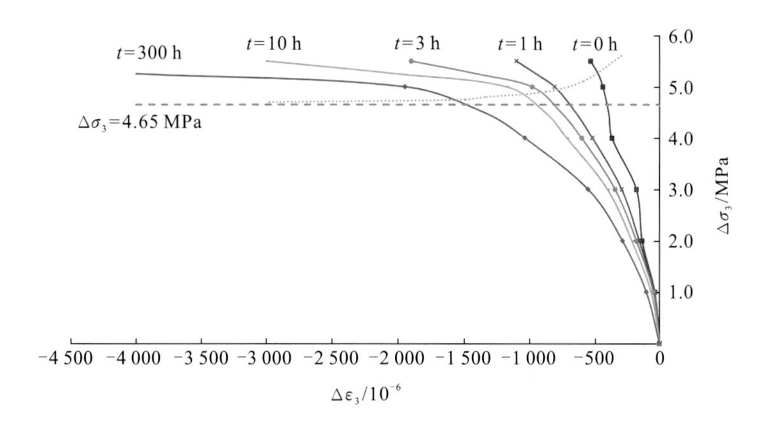

图 5.56　6#试样的等时簇曲线和长期强度点取值

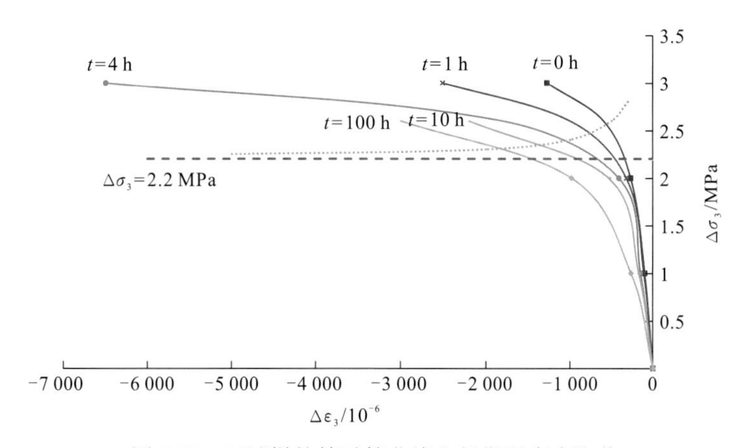

图 5.57　8#试样的等时簇曲线和长期强度点取值

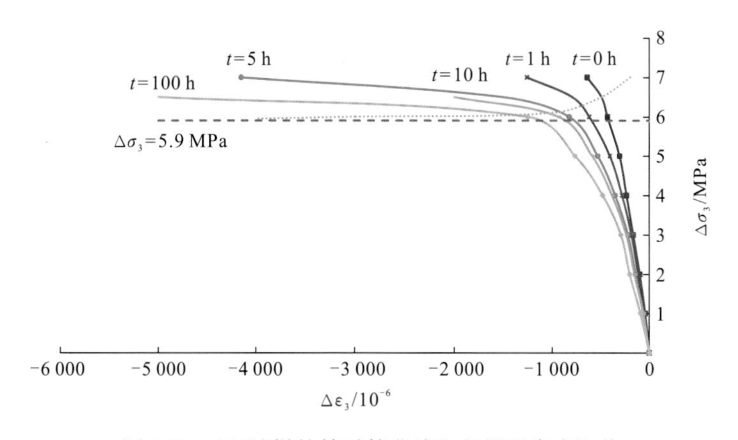

图 5.58　10#试样的等时簇曲线和长期强度点取值

通过绘制等时簇曲线确定石英云母片岩的长期三轴强度，见表 5.15。

考虑中间主应力，根据德鲁克-普拉格强度准则，计算得石英云母片长期抗剪强度参数 φ_{∞}值为 41.7°，c_{∞}值为 1.81 MPa。

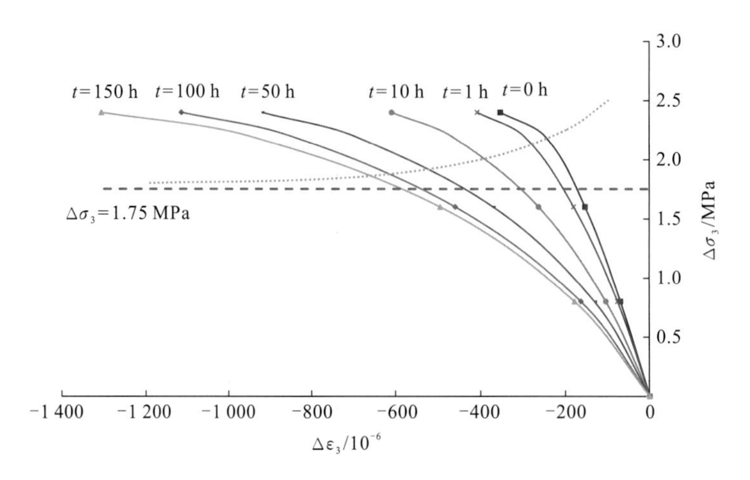

图 5.59　12#试样的等时簇曲线和长期强度点取值

表 5.15　石英云母片岩卸侧压流变试验长期三轴强度

点号	σ_1/MPa	σ_2/MPa	σ_3/MPa
3#	22	9	0.20
6#	34	9	4.35
8#	46	9	6.80
10#	40	9	3.10
12#	55	9	7.25

5.6　柱状节理玄武岩原位载荷流变试验

金沙江白鹤滩水电站拦河坝为混凝土双曲拱坝，最大坝高 289 m，主要建基岩体为上二叠统峨眉山组玄武岩，部分岩体柱状节理发育。作为高拱坝坝基岩体，柱状节理玄武岩的流变特性直接影响大坝长期变形和长期稳定性。

5.6.1　试验目的与加载方案

为深化对金沙江白鹤滩坝址区柱状节理玄武岩力学特性的研究，在进行常规岩石力学试验基础上，专门进行了两组六点原位载荷流变试验，以深入研究柱状节理玄武岩的流变特性。

试验岩体为左岸坝肩部位上二叠统第三层（$P_2\beta_3^{3-2}$）厚层柱状节理玄武岩，青灰色，微风化，柱状镶嵌结构，柱体密度为 4～5 个/m，以不规则四边形、五边形为主，柱截面直径为 20～30 cm，柱长为 2 m，柱体倾伏角为 69°，岩石块度大于 10 cm 的占 55%～75%，5～10 cm 的占 10%～25%。属 III_1 类岩体。超声波平均波速为 4 866～5 395 m/s。

试验设备采用 YLB-60 岩体原位流变试验系统。凿制尺寸为 4 m×4 m 的平整岩体作为试验点，在中心尺寸为 50 cm×65 cm 的矩形区域加载。柔性承压板采用两个尺寸为 30 cm×50 cm 的矩形液压枕，变形测量采用数字千分表。液压枕和测点布置见图 5.60，试验现场照片见图 5.61。

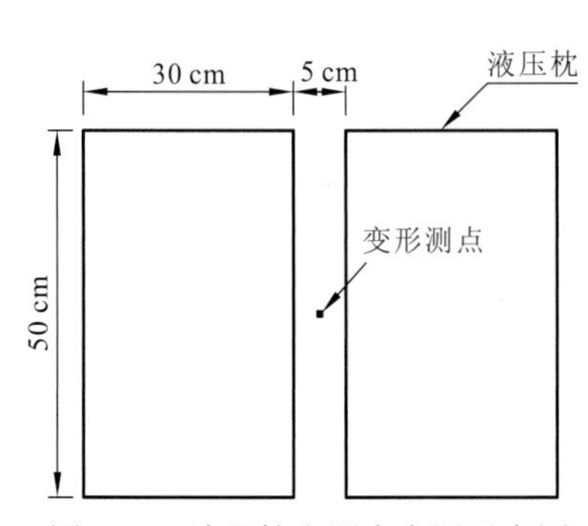

图 5.60　液压枕和测点布置示意图

图 5.61　柱状节理玄武岩载荷流变试验现场照片

试验点为 C11～C13、C21～C23。环境条件：潮湿，温差为 2 ℃/d。加载方式为：岩体载荷流变试验最大压力为 11.23～12.14 MPa， C11、C12、C21、C23 试验点载荷一次加到试验最大值，待流变稳定后卸载，回弹流变稳定后结束试验。C13、C22 试验点为二次循环加载。气-液自动稳压，其压力波动为±1%。

变形测量测点位于双枕中缝中点，数值千分表测量，数据自动采集，加载前 24 h 采集间隔为 2 min，以后采集间隔为 10 min。

5.6.2　流变曲线与流变特征

柱状节理玄武岩变形-时间全过程典型曲线见图 5.62、图 5.63。根据试验成果分析，柱状节理玄武岩流变变形具有以下特征：

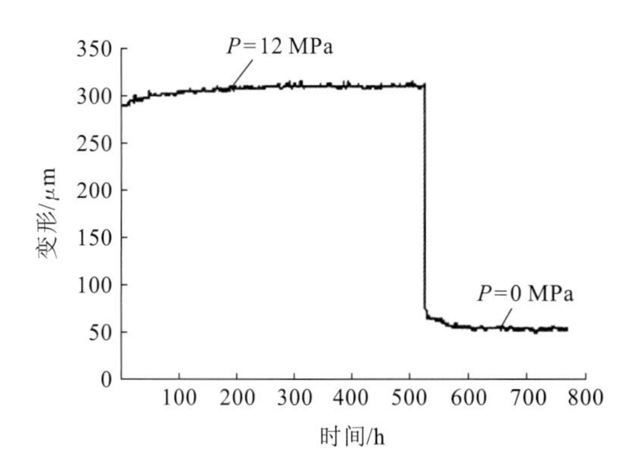

图 5.62　C21 试验点变形-时间全过程典型曲线

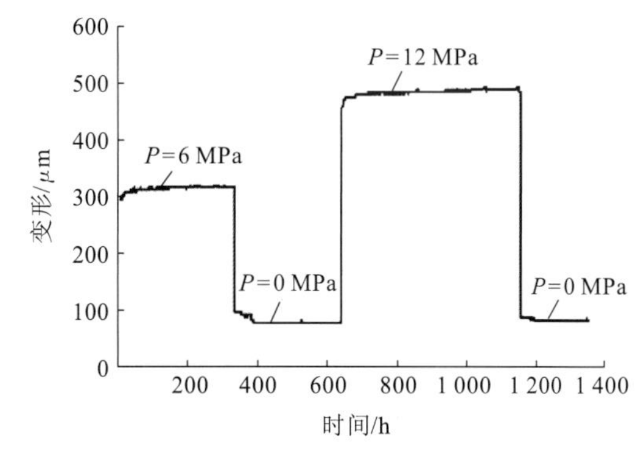

图 5.63　C22 试验点变形-时间全过程典型曲线

（1）试验荷载作用下，柱状节理玄武岩具有瞬时弹性变形，加载瞬时变形为 248～621 μm。

（2）恒载下呈衰减流变，最大流变变形量为 267～675 μm，流变变形与总变形的比值为 7%～12%，流变趋于稳定的时间为 337～602 h。

（3）卸载有瞬时回弹，有弹性后效，回复变形稳定所需时间为 54～355 h。

（4）具有残余变形。残余变形与总变形的比值为 16%～33%。

5.6.3　流变模型及流变参数

假定柱状节理玄武岩体变为弹性，畸变为黏弹性，可采用三参量广义开尔文模型和五参量广义开尔文模型拟合柱状节理玄武岩载荷流变试验曲线，见图 5.64、图 5.65。

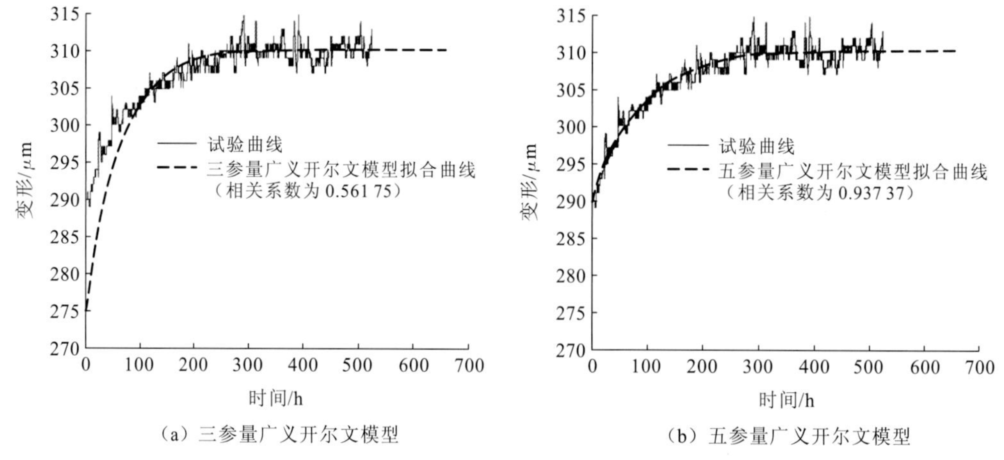

（a）三参量广义开尔文模型　（b）五参量广义开尔文模型

图 5.64　C21 试验点载荷流变试验曲线及广义开尔文模型

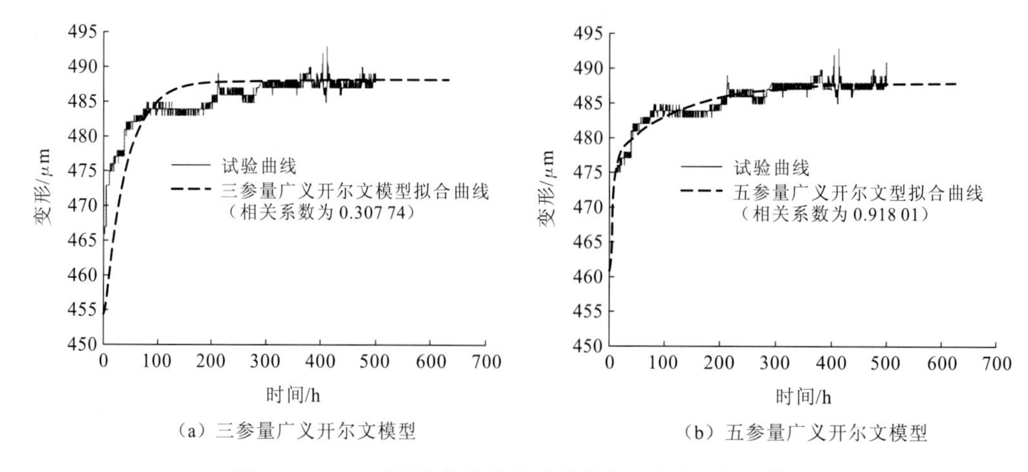

（a）三参量广义开尔文模型　（b）五参量广义开尔文模型

图 5.65　C22 试验点载荷流变试验曲线及广义开尔文模型

瞬时弹性模量 E_{e0}、长期弹性模量 $E_{K\infty}$、弹性模量 E_H 按式（5.15）求解，模型参数通过拟合加载流变试验曲线进行优化取值，流变模型参数见表 5.16。

表 5.16　柱状节理玄武岩流变模型参数

试点编号	压力/MPa	三参量广义开尔文模型			五参量广义开尔文模型					E_{e0}/GPa	$E_{K\infty}$/GPa
		E_{K0}/GPa	E_K/GPa	η_K/（GPa·h）	E_{K0}/GPa	E_{K1}/GPa	η_{K1}/（GPa·h）	E_{K2}/GPa	H_{K2}/（GPa·h）		
C11	11.23	13	98	1 380	13	148	45	291	12 973	17	15
C12	12.06	18	173	8 951	18	538	40	252	18 623	23	21
C13	6.07	6	67	321	6	81	22	428	8 051	8	7
	11.38	7	56	550	7	103	11	124	2 057	9	8
C21	11.38	15	79	5 000	15	179	69	140	13 038	18	16
C22	6.43	8	65	2 651	8	97	1 738	188	25 915	10	9
	12.06	10	94	3 840	10	140	695	287	35 435	12	11
C23	12.14	8	49	6 900	8	138	527	72	17 385	9	8

柱状节理玄武岩瞬时弹性模量为 9～23 GPa，平均为 14.67 GPa，长期弹性模量为 8～21 GPa，平均为 13.17 GPa，长期弹性模量较瞬时弹性模量降低 8.3%～11.8%，平均降低 10.4%。按各点在 11.23～12.14 MPa 载荷作用下的流变参数平均值确定三参量广义开尔文模型、五参量广义开尔文模型流变本构方程分别为

$$\varepsilon(t)=\frac{\sigma}{13}+\frac{\sigma}{100}\left(1-\mathrm{e}^{-\frac{100}{3944}t}\right) \tag{5.29}$$

$$\varepsilon(t)=\frac{\sigma}{13}+\frac{\sigma}{222}\left(1-\mathrm{e}^{-\frac{222}{172}t}\right)+\frac{\sigma}{219}\left(1-\mathrm{e}^{-\frac{219}{16425}t}\right) \tag{5.30}$$

5.7　软岩地基载荷流变试验

乌江构皮滩水电站通航建筑物为三级垂直升船机，由三座垂直升船机、两级中间渠道及上下游引航道组成。其中第二级垂直升船机建基面高程为 495 m，最大提升高度为 127 m，建筑物总高度为 176.5 m，基础坐落于下奥陶统湄潭组（O_1m^1）地层，该地层为灰绿色页岩夹少量薄层钙质粉—细砂岩及薄层生物碎屑灰岩，局部页岩挤压强烈，层间错动发育。由于第二级垂直升船机建筑物高度大，地基软弱且塔柱刚度较小，地震、风振等动力效应显著，结构受力十分复杂，建筑物及地基的安全性和变形控制是工程的关键技术问题。

5.7.1　试验目的与试验方案

乌江构皮滩通航建筑物第二级垂直升船机地基岩体主要为下奥陶统湄潭组（O_1m^1）页岩，属软岩。为研究页岩地基的流变特性，为第二级升船机基础稳定分析和处理方案研究提供岩体力学研究成果，采用原位载荷流变试验技术，开展页岩地基及桩-页岩复合

地基的原位流变试验研究。

构皮滩垂直升船机页岩地基原位载荷流变试验共开展一组三点，桩-页岩复合地基缩尺模型流变试验开展一点，试验布置见表 5.17。

表 5.17 页岩地基流变试验内容及试验布置

试验内容	试验点数	试验编号	试验岩体	试验成果
页岩地基原位载荷流变试验	3	C1～ C3	O_1m^1 层灰绿色页岩夹少量薄层钙质粉—细砂岩及薄层生物碎屑灰岩，岩层总体走向为 20°～40°，倾向 NW，倾角为 45°左右	①页岩地基流变特征 ②页岩地基流变模型及参数
桩-页岩复合地基缩尺模型流变试验	1	D1	9根基桩与岩体组成复合桩基，基桩矩形布置，桩深为6 m，桩直径25 cm，桩中心间距为75 cm，桩顶和岩体表面浇筑钢筋混凝土承台，承台尺寸为225 cm×225 cm×30 cm。地基岩体地层从上至下依次为：0～2 m完整页岩、2～5.5 m页岩与灰岩互层、5.5～6.5 m破碎页岩、6.5 m以下完整页岩	①承台、桩体的流变特征 ②桩-页岩复合地基的流变模型及参数

1. 页岩地基流变试验方案

页岩地基流变试验采用圆形刚性承压板载荷流变方法试验场景见图 5.66。施加恒定荷载于刚性承压板表面，测量承压板表面流变变形，基于试验流变曲线数值反演岩体流变模型及其参数。试验设备采用 YLB-60 型岩体原位流变试验系统，直径为 50.5 cm 的圆形刚性承压板，测量设备采用光栅传感器，测量精度为 1 μm，变形数据通过电脑自动采集。

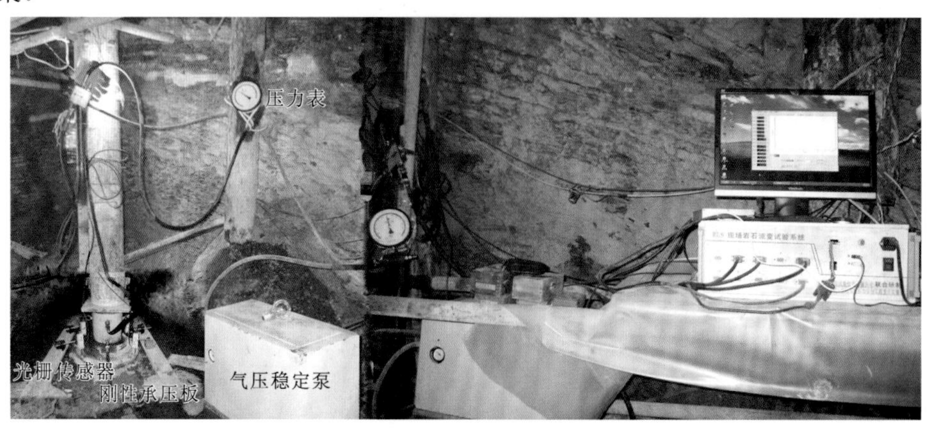

图 5.66 页岩地基原位载荷流变试验

页岩地基流变试验重点研究工程应力作用下地基岩体的流变特性。其中，C1 点压力分 1.5 MPa、2 MPa 两级施加，C2 点压力分 0.58 MPa、1.25 MPa、1.5 MPa 三级施加，C3 点仅施加 1.5 MPa 一级压力。每级压力下流变稳定后施加下级压力，C1、C3 点最后一级流变稳定后卸载，至回复流变稳定后结束试验，C2 点最后一级流变稳定后对试验点泡水，研究泡水时页岩流变特性的影响。

2. 桩-页岩复合地基流变试验方案

桩-页岩复合地基模型与试验安装见图 5.67，9 根基桩与岩体组成复合地基，基桩矩形布置，桩长为 6 m，桩直径为 25 cm，桩中心间距为 75 cm，桩顶和岩体表面浇筑钢筋混凝土承台，承台尺寸为 225 cm×225 cm×30 cm。桩、承台均由 C25 钢筋混凝土浇筑而成。地基岩体地层从上至下依次为：0～2 m 为完整页岩、2～5.5 m 为页岩与灰岩互层、5.5～6.5 m 为破碎页岩、6.5 m 以下为完整页岩。

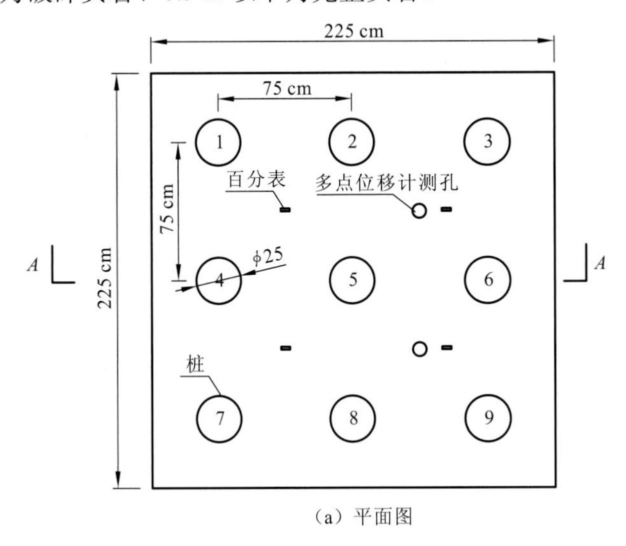

（a）平面图

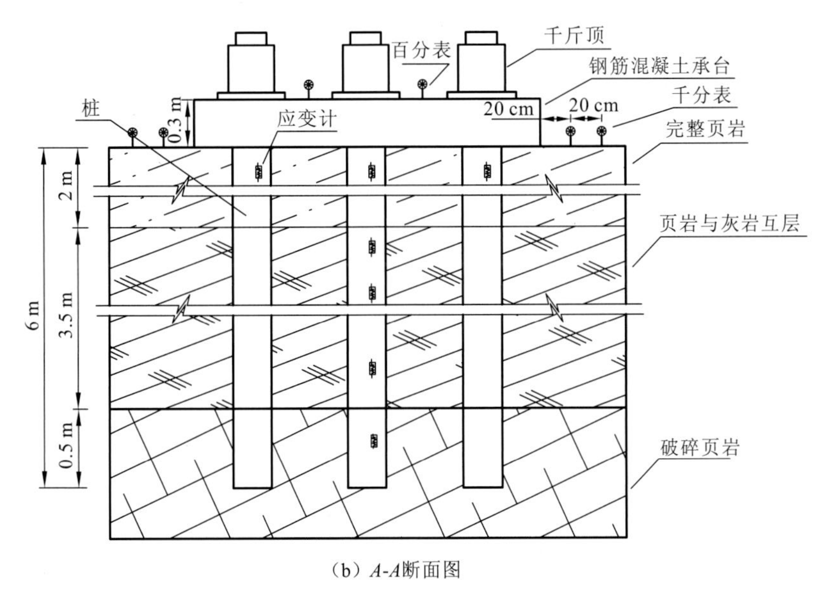

（b）A-A断面图

图 5.67　桩-页岩复合地基模型与试验安装示意图

桩-页岩复合地基原位载荷流变试验场景见图 5.68，承台表面对称布置四个百分表测量桩基沉降，承台外 20 cm 和 40 cm 岩体表面布置千分表用来测量桩基外侧岩体沉降。中心桩体内沿深度埋设五个应变计（试验中仅 1 m、1.8 m、2.8 m 深度应变计有效），其余桩体在深 1 m 处埋设一个应变计，测量桩体应变。布置两个多点位移计测孔，埋设两个多点位移计，测量深部岩体沉降。采用九台 3 000 kN 千斤顶施加荷载，千斤顶中心与桩中心一一对应。

图 5.68　桩-页岩复合地基原位载荷流变试验

首先按 1.5 MPa 压分五级逐级一次循环加载，然后在 1.5 MPa 恒定压力下进行流变观测，当 48 h 变形≤1 μm 时，认为变形稳定，最后卸载，测读回弹变形。

5.7.2　页岩地基流变特征与流变模型

C1～C3 点流变试验变形-时间全过程曲线见图 5.69。根据试验成果，分析页岩地基具有以下流变变形特征：

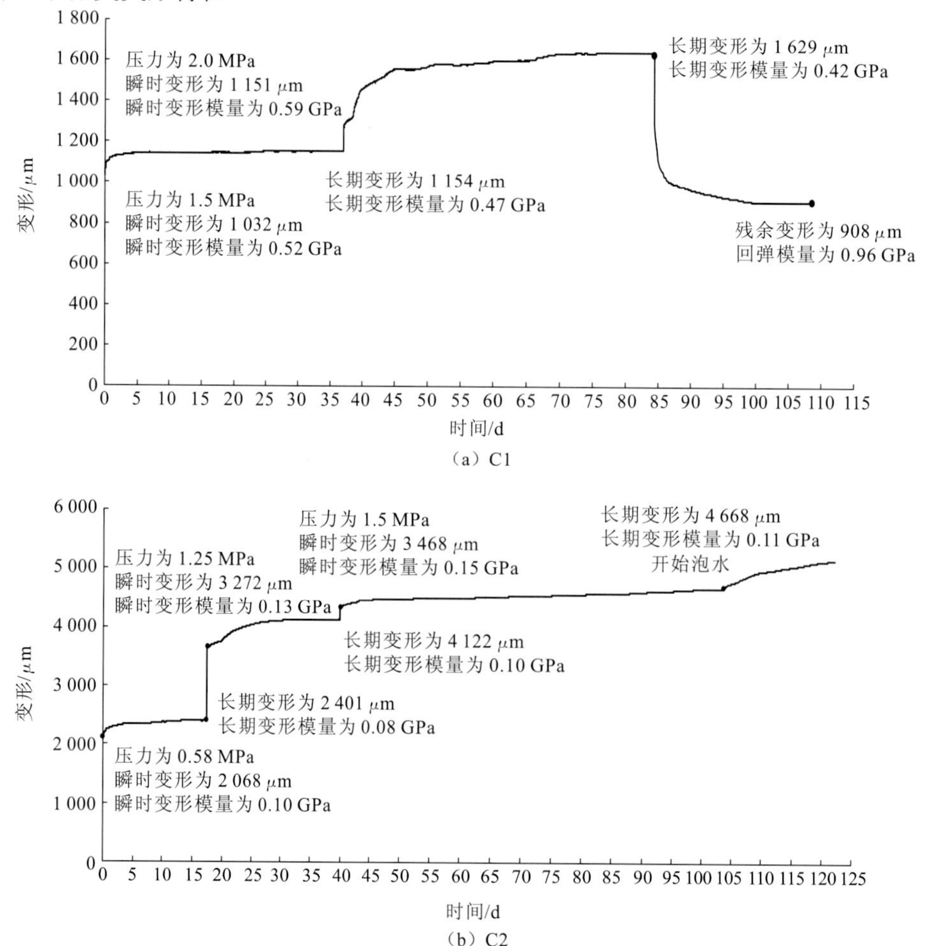

（a）C1

（b）C2

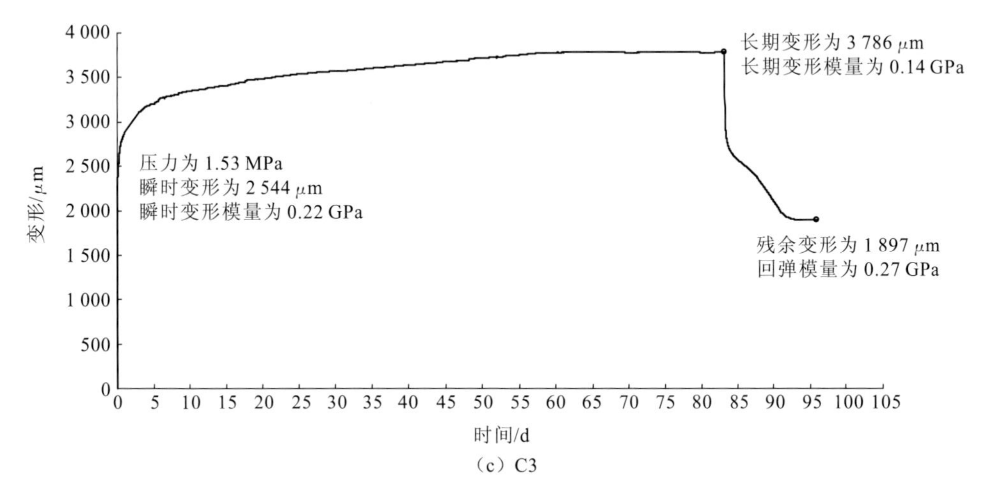

（c）C3

图 5.69 页岩地基流变试验变形-时间全过程关系曲

（1）加载有瞬时变形。各点瞬时变形为 1 032～3 468 μm。

（2）恒载下呈衰减流变，流变经起始段加速衰减、较长时间的等速流变阶段后，流变速率趋于零。例如，采用移动平均法对加载变形数据平滑处理，计算 24 h 时间间隔的变形速率，见图 5.70。C1 点在 2.0 MPa 压力作用下，0～228 h 流变速率递减，228～886 h 大体呈等速流变，流变速率在 0.179 μm/h 上下波动，886～1 105 h 流变速率大体为零；C3 点在 1.5 MPa 压力作用下，0～451 h 流变速率递减，451～1 361 h 大体呈等速流变，流变速率在 0.391 μm/h 上下波动，1 361～1 505 h 流变速率递减，1 505～1 999 h 流变速率大体为零。

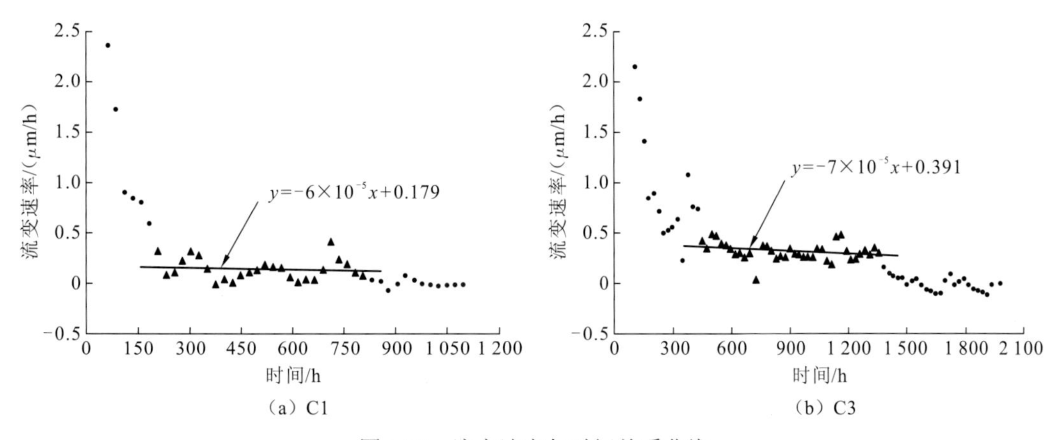

（a）C1　　（b）C3

图 5.70　流变速率与时间关系曲线

（3）卸荷有瞬时回弹，并有较大残余变形。C1 点残余变形为 908 μm，与总变形的比值为 0.55；C3 点残余变形为 1 897 μm，与总变形的比值为 0.51。

（4）泡水对岩体流变影响明显。C2 点在 1.50 MPa 压力下流变稳定后泡水，岩体再次出现流变，且 18 d 后流变仍未稳定。

根据流变试验结果，页岩地基瞬时变形模量、长期变形模量分别由瞬时变形、长期变形计算得到，见表 5.18。根据计算结果可知，1.50 MPa 压力下页岩瞬时变形模量为 0.15～0.50 GPa，平均值为 0.29 GPa，长期变形模量为 0.11～0.45 GPa，平均值为 0.23 GPa，长期变形模量比瞬时变形模量降低 10.6%～32.8%，平均降低 23%。

表 5.18　页岩地基刚性承压板流变试验变形与变形模量

编号	压力 /MPa	稳定时间 /d	瞬时变形 /μm	长期变形 /μm	残余变形 /μm	瞬时变形模量 E_{e0}/GPa	长期变形模量 $E_{K\infty}$/GPa	回弹模量 /GPa	$\frac{E_{K\infty}-E_{e0}}{E_{K\infty}}$ /%
C1	1.50	36.9	1 032	1 154	—	0.50	0.45	—	10.6
	2.00	47.4	1 151	1 629	908	0.60	0.42	0.96	29.3
C2	0.58	17.5	2 068	2 401	—	0.10	0.08	—	13.9
	1.25	22.5	3 272	4 122	—	0.13	0.10	—	20.6
	1.50	63.3	3 468	4 668	—	0.15	0.11	—	25.7
C3	1.53	83.2	2 544	3 786	1897	0.21	0.14	0.28	32.8

作为一种简化处理，假定页岩体积变形为弹性，畸变为黏弹性，塑性由黏弹性流变模型参数的量值反映。页岩地基流变试验曲线以及采用五参量广义开尔文模型拟合曲线见图 5.71，黏弹性流变模型参数见表 5.19。

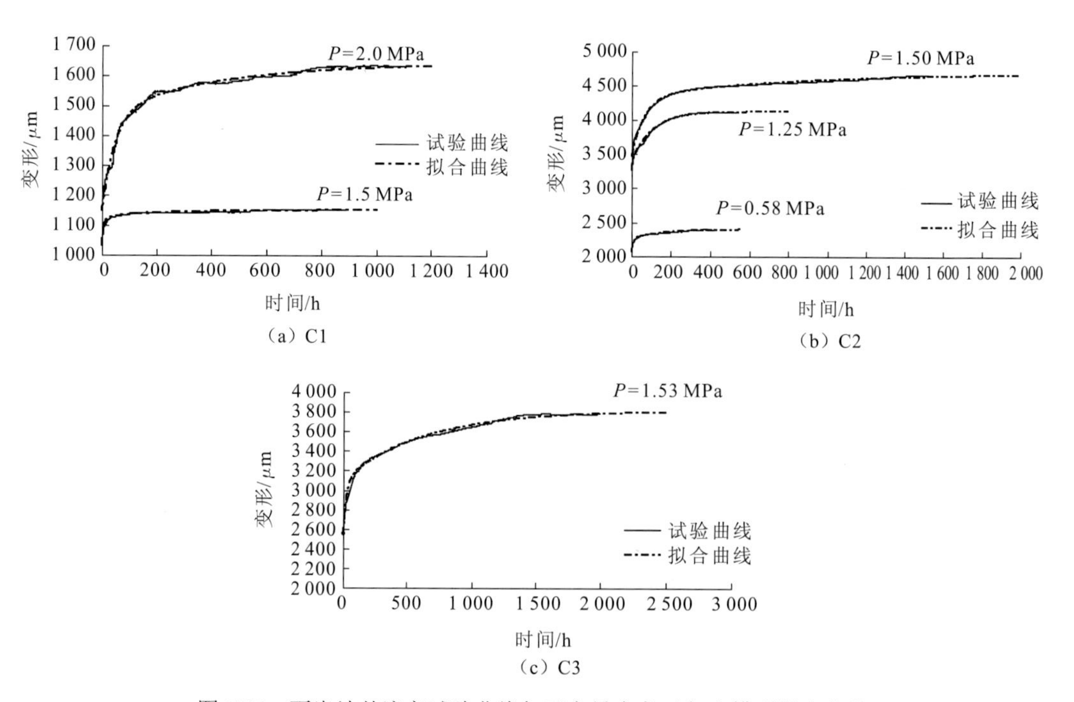

图 5.71　页岩地基流变试验曲线与五参量广义开尔文模型拟合曲线

表 5.19　黏弹性流变模型参数

试验点编号	试验压力/MPa	K	E_{K0}/Gpa	E_{K1}/GPa	E_{K2}/GPa	η_{K1}/（GPa·d）	η_{K2}/（GPa·d）
C1	1.50	0.69	0.36	3.18	11.80	21.4	2569.3
	2.00	0.82	0.43	1.26	2.30	58.2	944.8
C2	0.58	0.13	0.07	0.61	0.81	3.8	115.6
	1.25	0.18	0.09	2.01	0.35	4.41	36.22
	1.50	0.20	0.11	0.35	0.84	22.3	684.0
C3	1.53	0.28	0.15	0.54	0.43	12.8	278.0
1.50 MPa 压力下平均值		0.39	0.21	1.36	4.36	18.8	1177.1

5.7.3　桩-页岩复合地基流变特征与流变模型

桩-页岩复合地基载荷流变试验，承台沉降流变曲线、桩体应变流变曲线、岩体深部位移流变曲线、岩体沉降沿孔深分布曲线见图 5.72～图 5.75。桩-页岩复合地基流变变形具有以下特征：在 1.51 MPa 恒压下呈衰减流变，变形随时间增长，但变形速率逐渐减小；卸载后有瞬时回弹和弹性后效，但回弹很快稳定，具有较大残余变形。

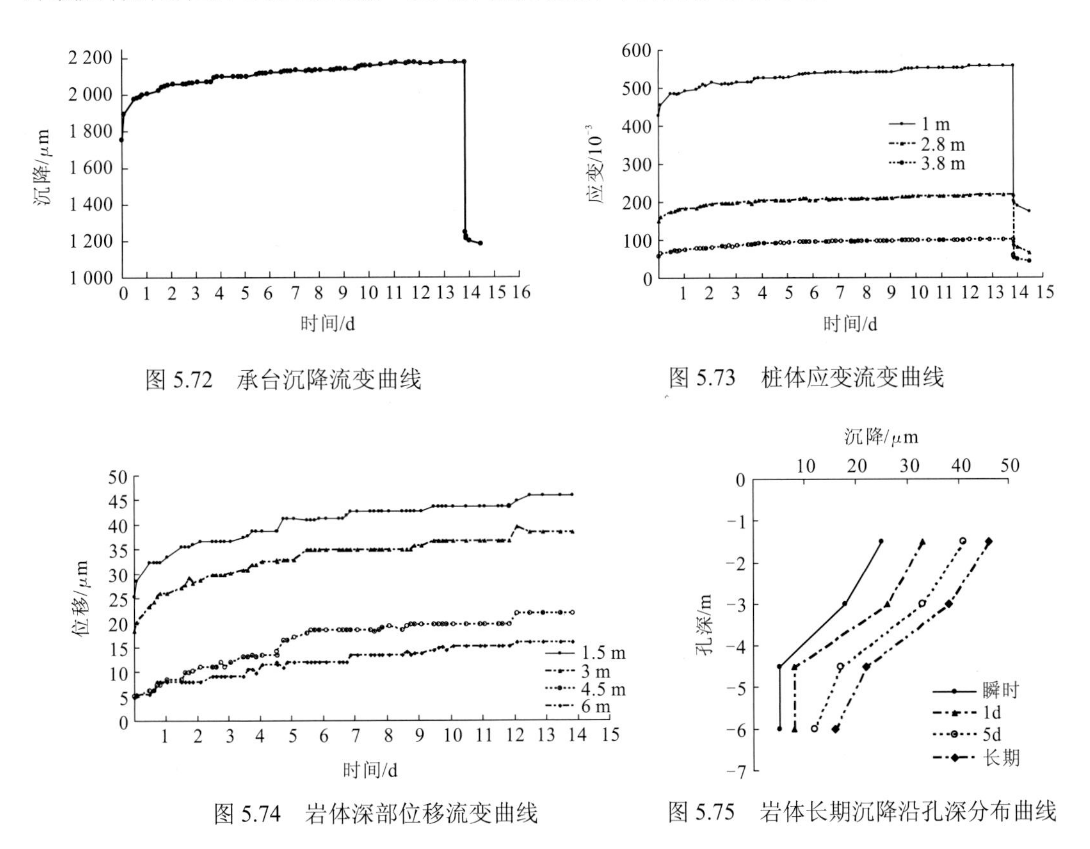

图 5.72　承台沉降流变曲线

图 5.73　桩体应变流变曲线

图 5.74　岩体深部位移流变曲线

图 5.75　岩体长期沉降沿孔深分布曲线

视复合地基为均质体，计算复合地基瞬时等效变形模量，根据长期变形计算长期等效变形模量，流变特征数据见表 5.20。桩-页岩复合地基瞬时等效变形模量为 1.49 Gpa，长期等效变形模量为 1.20 GPa，长期等效变形模量比瞬时等效变形模量降低 19.5%。桩-页岩复合地基等效变形模量较地基岩体变形模量明显提高。

表 5.20 桩-页岩复合地基流变特征数据

压力/MPa	稳定时间/d	瞬时变形/μm	长期变形/μm	残余变形/μm	瞬时等效变形模量/GPa	长期等效变形模量/GPa	(瞬时等效变形模量－长期等效变形模量)/瞬时等效变形模量/%
1.50	13.84	1 758	2 178	1 180	1.49	1.20	19.5

将复合地基流变试验等效为矩形刚性承压板载荷流变试验，采用五参量广义开尔文流变公式拟合流变曲线得到流变模型参数。拟合曲线见图 5.76，流变模型参数见表 5.21。根据试验成果，桩-页岩复合地基流变趋于稳定时间比页岩地基明显缩短，黏弹性流变参数明显提高。

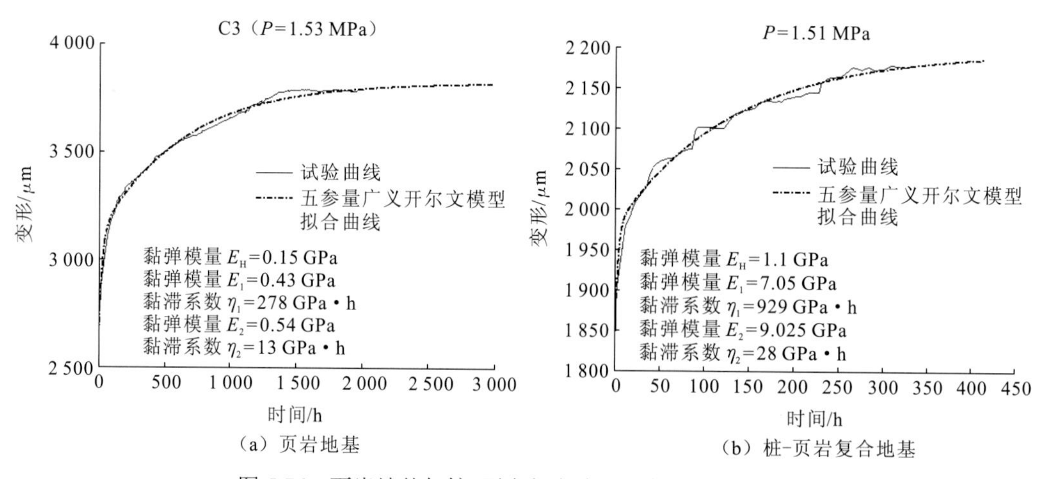

图 5.76 页岩地基与桩-页岩复合地基流变试验拟合曲线

表 5.21 桩-页岩复合地基五参量广义开尔文流变模型参数

研究对象	试点编号	试验压力/MPa	流变稳定时间/h	E_{K0}/GPa	E_{K1}/GPa	η_{K1}/（GPa・h）	E_{K2}/GPa	η_{K2}/（GPa・h）
页岩	C3	1.53	1 992	0.15	0.43	278	0.54	13
桩-页岩复合地基	D1	1.51	332	1.10	7.05	929	9.03	28

5.7.4 桩-页岩复合地基流变机理分析

桩-页岩复合地基受力情况如图 5.77 所示，上部载荷通过承台传递给桩与页岩，由它们共同承担。

桩承担载荷主要部分并产生下沉流变，桩与页岩相对错动及桩底剩余端承力对页岩施加压力产生沉降，两者流变协调构成桩的下沉流变。页岩直接分担部分载荷，产生沉降流变。桩的下沉流变与页岩下沉流变协调，构成桩-页岩复合地基流变特征。

页岩流变主要由三部分组成：一是承台下页岩直接分担上部载荷沉降流变，由于分担载荷不大，相对流变较小；二是桩侧摩阻力带动桩周页岩沉降流变，这部分影响范围有限；三是桩底页岩承受桩底剩余端承力产生沉降流变，由于剩余端承力较小，且影响范围不大，这部分沉降流变很小。根据桩间页岩多点位移计测量成果，其沉降变形及流变量值都不大。

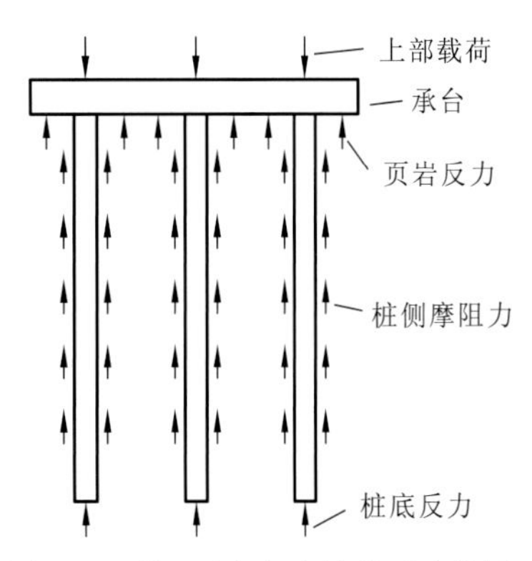

图 5.77　桩-页岩复合地基受力简图

承台使承台下页岩、桩间页岩、桩端页岩共同承担上部载荷，承台、桩、页岩共同作用，相互影响。一方面，桩承担上部主要载荷部分，这部分主要载荷通过刚性桩向页岩深部转移；另一方面，施加载荷通过承台对页岩产生附加应力，在该应力作用下，桩的侧摩阻力提高，减小桩的下沉流变，从而改善复合地基流变特性。

第6章　裂隙岩体变形破坏过程精细测试

岩体包含不同尺度的裂纹、裂隙或节理，变形及破坏过程十分复杂。岩体中结构面大多不连续，在外加载荷作用下，岩体破坏过程如何刻画、破坏机理如何分析、破坏过程如何再现等都需要深入的探索。对岩体渐进破坏过程及裂隙扩展进行精细测试，不但可以推进岩石力学试验可视化技术发展，并且可以为探索岩体微细观破裂机理、破裂演变规律及其与宏观破坏特征之间的复杂关系，为实现岩体渐进破坏过程精细模拟奠定基础，进而推进坝基、边坡和地下洞室岩体破坏数值模拟技术与稳定性分析方法的发展。

本章以岩体超声波测试技术为基础，综合集成 SCT 扫描、声发射三维定位和红外热成像技术，对室内岩石单轴压缩渐进破坏过程、大尺寸岩体真三轴加载和卸侧压破坏过程、岩体直接剪切破坏过程进行精细探测，一定程度上揭示了岩体裂纹扩展、岩体细观变形破坏与岩体变形强度特性之间的相互关系，研究了岩体不同应力状态下的破坏机制。

6.1　精细测试综合集成技术

6.1.1　岩体结构超声 CT 成像

超声波是由机械振动源在弹性介质中激发的一种机械振动波，其实质是以应力波的形式传递振动能量，其必要条件是要有振动源和能传递机械振动的弹性介质（实际上包括几乎所有的气体、液体和固体），它能透入物体内部并可以在物体中传播。超声波在介质中的传播速度、振动频率和波长三者之间的关系为 $v_c=\lambda_c \cdot p_h$。并且，在不同的介质中和不同的超声波波型具有不同的传播速度。

岩体破坏过程超声测试，主要是基于超声波在试样中的传播特性进行的。利用声源产生超声波，采用一定的方式使超声波进入岩体试样后，超声波在岩体试样中传播并与岩体材料及其中的缺陷相互作用，当超声波在其声路上遇到缺陷时，由于有反射、衍射、散射等现象发生，以及岩体材料内部显微组织异常，超声波传播方向或特征将被改变；改变后的超声波通过检测设备被接收，并可对其进行处理和分析；根据接收的超声波的特征，评估岩体试样本身及其内部是否存在缺陷与缺陷的特性。

超声波计算机层析扫描技术（声波层析成像技术、超声波 CT 技术）是以动力学特征为基础的波动方程层析成像技术。依据声波的几何原理和在不同介质中传播速度的差异，将声波从发射点到接收点的传播时间表现为探测区域介质速度参数的线积分，然后通过沿线积分路径进行反投影来重建介质速度参数的分布图像，可以提供缺陷的完整二维图像或三维立体图像，通过图像可以直观展布缺陷的空间状态。

超声波 CT 成像主要有透射型和反射型两种，而图像重建也有射线理论（几何声学理论）和衍射理论（波动声学理论）两种。透射型 CT 的超声波发射器和接收器位于被测介质的两侧，根据接收透射的超声波来得到介质的信息；反射型 CT 的超声波发射器和接收器位于介质的同一侧，通过接收反射的超声回波来得到图像信息。

目前，常采用超声波对测法和斜测法（透射型）探测岩体内部缺陷，但用常规的超声法探测岩体的内部缺陷尚存在一些不足，如只能依据某些测线得到的异常值经验地推断岩体内部缺陷，且精确度不高；仅能给出某些测线而不是全断面的岩体质量状况等。岩体试样超声波 CT 成像仪就是利用 CT 技术三维立体扫描岩体，形成立体三维图像。超声透射 CT 成像的概念是由 Greenleaf 等首先提出的[165]。围绕介质选择多个方向发射超声波，利用 X-CT 中的图像重建方法如滤波反射投影算法及代数重建算法等来重建被测介质的声学参数（声速、衰减系数）的分布图像。

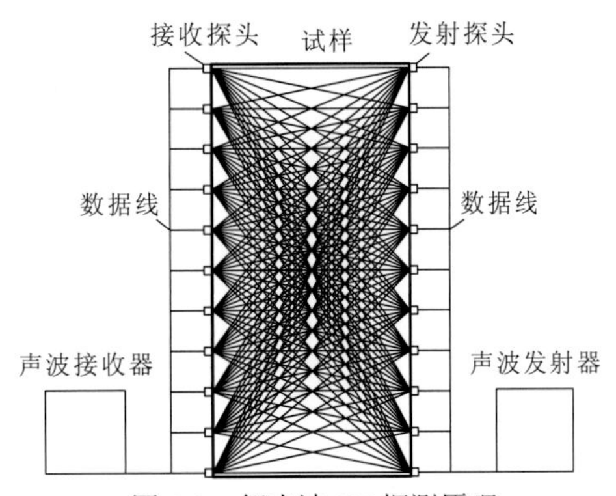

图 6.1　超声波 CT 探测原理

岩体试样超声波 CT 探测原理见图 6.1。在试样对立面上，布设声波发射探头和声波接收探头阵列（图 6.1 中每个面上布设 10 行、5 列，共计 50 个探头），每一个发射探头所发出的声波信息都被对立面上的接收探头所接收。依据各发射探头和各接收探头之间的波速，可以建立如图 6.1 所示的波速网络，依据波速网络反演出缺陷位置及缺陷程度，进而完成裂隙定位探测。

6.1.2 SCT 扫描成像

1. CT 成像基本原理

计算机层析成像（computerized tomography，CT，又称为计算机断层扫描），是一种影像诊断学技术。

CT 是 G. N. Hounsfield 于 1969 年设计成功的。不同于普通的 X 射线成像，CT 是用 X 射线束从多个方向对人体检查部位具有一定厚度的层面进行扫描，由探测器接收透过该层面的 X 射线，转变为可见光后，由光电转换器转变为电信号，再经过模拟/数字转换器转为数字，输入计算机处理。图像处理时将选定层面分成若干个体积相同的立方体（称为体素），见图 6.2。CT 所显示的断层解剖图像，其密度分辨率明显优于 X 射线图像，而且可以清楚地辨认各层面上的信息。CT 技术自诞生以来一直用于医学，但近年来随着该技术的成熟和普及，人们逐渐将其运用于工业探伤及岩体损伤开裂分析，使之成为无损检测的新手段。

CT 扫描所得数据经计算可获得每个体素的 X 射线衰减系数（或称吸收系数），再排列构成数字矩阵。数字矩阵中的每个数字经数/模转换器转为由黑到白不等灰度的小方块（称为像素），并按原有的矩阵顺序排列，即构成了 CT 图像。CT 成像流程见图 6.3。

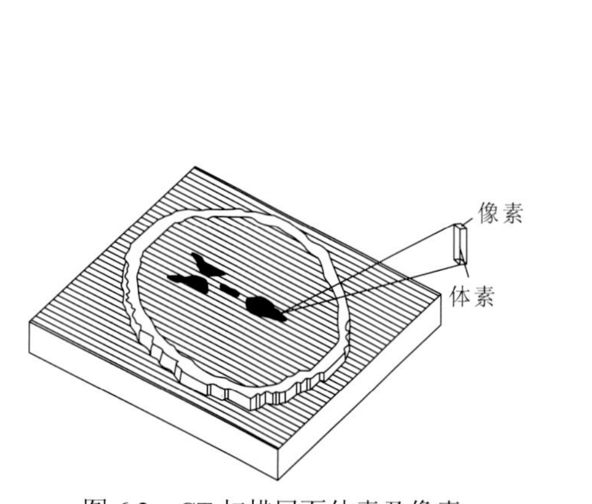

图 6.2　CT 扫描层面体素及像素

高压发生器
X射线管
物体
探测器
模/数转换器
计算机
对比增强器
模/数转换器
显示器

图 6.3　CT 装置及成像流程示意图

从 X 射线管中发出的 X 射线围绕着物体旋转扫描，信号穿过物体会产生衰减，模/数转换器会接收到各层面的大量信号，经过放大和模/数转换后，可得到层面各点 X 射线的衰减量或者吸收量，X 射线穿透物体的变化规律可用方程表示如下。

设该信号的穿透衰减规律为

$$I = I_0 \exp(-\mu_{\mathrm{m}} \rho x_0) \tag{6.1}$$

式中：I 为穿透物体后的光强，cd；I_0 为 X 射线穿透物体前由 X 射线管发射的光强，cd；μ_m 为物体单位质量吸收系数，m^2/kg；ρ 为物体的密度，kg/m^3；x_0 为 X 射线管发射源到物体的长度，m。

可设 μ_m 与 X 射线入射波长有关，于是可令

$$\mu' = \mu_m \rho \tag{6.2}$$

式中：μ'为物体对 X 射线的吸收系数。

由 μ'的变化值定义 CT 数：

$$H = \frac{\mu' - \mu_w}{\mu_w}\alpha \tag{6.3}$$

式中：H 为亨斯菲尔德数，表征 CT 数的大小，Hu；μ'为受测物体的 X 射线吸收系数，空气为 0，空气的 CT 数为-1 000；μ_w 为水的 X 射线吸收系数，为 1.0，CT 数为 0。

CT 图像是由一定数目从黑到白不同灰度的像素按矩阵排列构成的灰阶图像，这些像素反映的是相应体素的 X 射线吸收系数，从而反映其物质密度的异同，即物质的密度越大，CT 数就越大。像素点越小，数目越多，构成的图像越精细，即空间分辨率越高。

因此，岩石的损伤乃至破裂，不仅可以通过 CT 图像来描述，而且可以利用 CT 数对损伤破坏过程进行数学描述，从而可以与应力-应变关系相对应，提出新的本构关系及相应的本构模型。

2. SCT

CT 设备发展迅速，性能不断提高，最初设计成功的 CT 装置，需逐一层面地扫描，扫描时间长，且每个层面扫描时间在 4 min 以上，像素大，空间分辨率低，图像质量差。1989 年设计成功 SCT，之后又发展为多层螺旋 CT（multi-slice spiral CT，MSCT），由层面扫描改为连续扫描，且 CT 的性能有很大的提高。

CT 主要有以下三部分：扫描部分，包含 X 射线管、探测器和扫描架，用于扫描监测部位；计算机运算系统，将扫描收集到的数据进行分析运算；图像显示和存储系统，显示重构的图像。CT 的探测器是一种高转换率的探测器，其数目少则几百个，多则上千个，其目的是获得更多的信息。计算机运算系统是 CT 的核心，左右着 CT 的性能，随着计算机技术的飞速发展，CT 技术也有了长足的进步。当今 CT 的运行控制和数据运算都是由性能强大的计算机工作站完成的，按照扫描方式，CT 可以划分为固定式和旋转式。SCT 是在旋转扫描基础上，通过滑环技术和扫描床连续平直移动实现的，从而保证了扫描的连续性（图 6.4）。

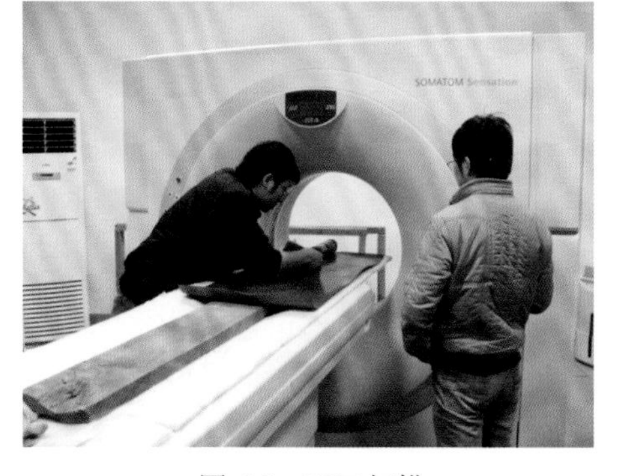

图 6.4　SCT 扫描

SCT 最突出的特点是快速容积扫描，在短时间内，对身体的较长范围进行不间断的数据采集，为增强 CT 的成像功能如图像后处理创造了良好的条件。近些年开发的 MSCT 进一步提高了 SCT 的性能。MSCT 可以是 2 层、4 层、8 层、16 层、24 层、40 层，乃至

64 层，设计上多采用锥形 X 射线束和多排宽探测器。例如，16 层 SCT 采用 24 排或 40 排宽探测器。MSCT 装置与一般 SCT 相比，扫描时间更短，管球旋转 360°一般只要 0.5 s，扫描层厚可更薄，连续扫描的范围更长，连续扫描时间更是超过了 100 s，特别是随着连续层面数据精度的提高，经计算机后期处理可获得高分辨率的三维立体图像。

6.1.3 声发射定位技术

固体物质在外界条件作用下，其内部将产生局部应力集中。由于应力集中区的高能状态是不稳定的，它必将向稳定的低能状态过渡，在这一过渡过程中，应变能将以弹性波的方式快速释放，即声发射现象。一般情况下，声发射信号的强度很弱，人耳不能直接听到，需要借助灵敏的电子仪器才能检测出来。用仪器检测、分析和利用声发射信号推断声发射源的技术称为声发射技术。

裂隙的形成和扩展是一种主要的声发射源。裂隙的形成和扩展与岩体的塑性变形有关，一旦裂隙形成，岩体局部的应力集中得到释放，产生声发射。例如，在岩石单轴压缩试验中，随着压力的不断增加，岩石内部的微小空洞开始聚合，进而形成微裂隙，随着微裂隙的不断增加，它们相互贯通形成较大的裂纹，逐渐进入其扩展的亚临界状态，随着载荷的上升，裂隙会完全贯通从而导致岩体失稳。

岩体的断裂过程大体上可分为三个阶段：起裂阶段、裂隙扩展、最终断裂。这三个阶段都可以成为强烈的声发射源。关于裂隙的形成已经提出过不少模型，如位错塞积理论、位错反应理论和位错销毁理论等，这些模型都得到了一部分试验事实的支持。

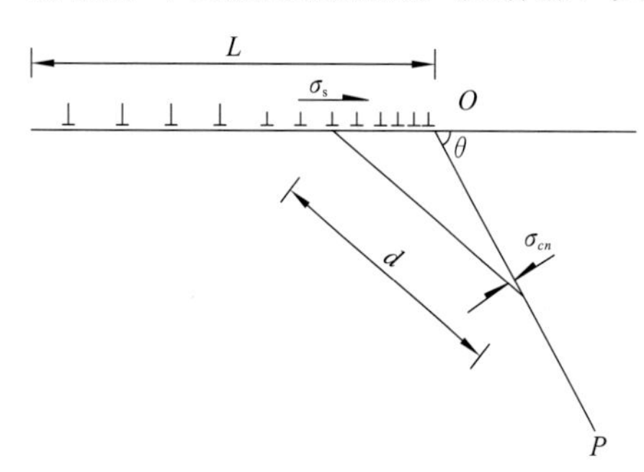

图 6.5　形成裂纹的一种机制

用 Stroh[194]提出的比较适用于脆性断裂的位错塞积理论来讨论裂隙的形成与声发射的关系。在滑移带的一端，由于位错向前碰到了障碍如晶界、杂质和硬质点等，位错塞积，从而造成应力集中。例如，图 6.5 中在切应力 σ_s 的作用下，滑移面上的刃形位错沿着滑移面前进，在 O 点处位错遇到了障碍物，使位错不能继续前进而塞积。把所有位错的力场加在一起，在 OP 方向距“塞积头” c 处的正交应力 σ_{cn} 为

$$\sigma_{cn}=\sigma_s\sqrt{\frac{L}{d}}f(\theta)\quad (d\ll L)\tag{6.4}$$

根据格里菲斯理论，从能量的观点考虑，当

$$\sigma_{cn}=\sqrt{\frac{4\gamma E}{\pi d(1-\mu^2)}}\tag{6.5}$$

时，就产生裂隙。式中：E 为弹性模量；μ 为泊松比；γ 为表面能。

研究表明，在微观裂隙扩展成为宏观裂隙之前，需要经过裂隙的慢扩展阶段。理论计算表明，裂隙扩展所需要的能量比裂隙形成需要的能量大 100～1 000 倍。裂隙扩展是间断进行的，大多数岩石材料是具有弹塑性的，裂隙向前扩展一步，将积蓄的能量释放

出来，裂隙尖端区域卸载。这样，裂隙扩展产生的声发射很可能比裂隙形成的声发射还大得多。当裂隙扩展到接近临界裂隙长度时，就开始失稳扩展，成为快速断裂。

固体中声源可以同时产生纵波和横波，可根据弹性波的传播规律处理声发射波。根据波动方程式（6.6），可以得出固体弹性介质中两种不同类型波的波动方程。

$$\begin{cases} \rho \dfrac{\partial^2 \xi}{\partial t^2} = (\lambda + G)\dfrac{\partial \Delta}{\partial x} + G\nabla^2 \xi \\ \rho \dfrac{\partial^2 \eta}{\partial t^2} = (\lambda + G)\dfrac{\partial \Delta}{\partial y} + G\nabla^2 \eta \\ \rho \dfrac{\partial^2 \zeta}{\partial t^2} = (\lambda + G)\dfrac{\partial \Delta}{\partial z} + G\nabla^2 \zeta \end{cases} \tag{6.6}$$

分别对 x、y、z 求微分，然后相加，得

$$\rho \frac{\partial^2 \Delta}{\partial t^2} = (\lambda + G)\nabla^2 \Delta + G\nabla^2 \Delta \tag{6.7}$$

或

$$\frac{\partial^2 \Delta}{\partial t^2} = \frac{\lambda + 2G}{\rho}\nabla^2 \Delta = G^2\nabla^2 \Delta \tag{6.8}$$

式中：Δ 为体积的相对变形，即在固体弹性介质中压缩变形 Δ 以波动形式传播，称为弹性介质中的压缩波，其传播速度为

$$V_P = \sqrt{\frac{\lambda + 2G}{\rho}} \tag{6.9}$$

$$V_P = \sqrt{\frac{K + \frac{4}{3}G}{\rho}} \tag{6.10}$$

式中：λ 为拉梅常数，K 为体积弹性模量，G 为剪切模量，ρ 为物体密度。

一般情况，固体中会同时出现纵波和横波，质点位移 ξ、η、ζ 都是（x，t）的函数，于是形成沿 x 方向振动并沿 x 方向传播的压缩波和在 y、z 方向垂直振动沿 x 方向传播的切变波，合成“纵横波”。

纵波和横波传播到不同材料界面时，可产生反射、折射和模式转换。在实际物体中，声发射波的传播要比理想介质中的传播复杂得多。在半无限大固体中的某一点产生声发射波，当传播到表面上某点时，纵波、横波和表面波相继到达，互相干涉，呈现复杂的模式（图6.6）。与地震的情况一样，首先到达的是纵波，然后到达的是横波，最后到达的是表面波。厚度接近波长的薄板中会发生板波。厚度远大于波长的厚壁结构中，波的传播变得更为复杂（图 6.7），这样传播的波称为循轨波。

一个声发射脉冲，不仅在侧面而且在两端面多次反射，叠加在一起形成持续时间很长的多次反射波，其结果是声发射脉冲激励试样的固有振动频率，使其在共振频率附近的振动增强。在这种情况下，只有将观测到的频谱除去响应因子的影响，才有可能得到原始波形的频谱，若能同时判断相位特性，才有可能再现原始波形。

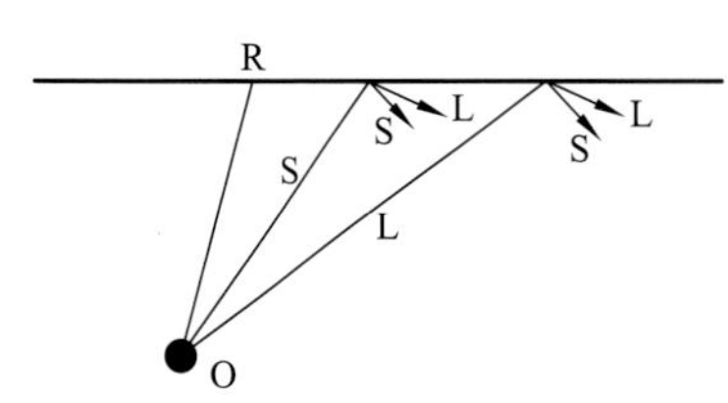

图 6.6 半无限大物体内声发射波的传递

O—波源；L—纵波；S—横波；R—表面波

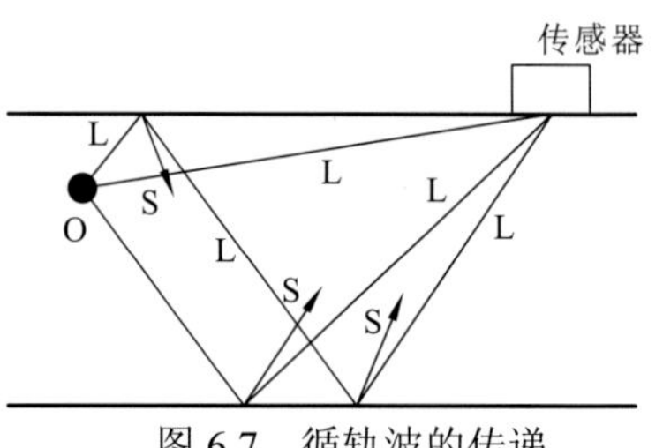

图 6.7 循轨波的传递

声波在固体中传播时，还会产生波前扩展，从而产生扩散损失，并且会因内摩擦及组织界面的散射而使在规定方向传播的声能衰减。引起波幅下降的衰减机制有很多种，但并非所有的衰减机制都引起能量的损失，某些衰减机制仅引起波传播模式的转变和能量的再分布，并无实际的能量损失。弹性波传播的主要衰减因素有：几何衰减、色散衰减、散射和衍射衰减、由能量损耗机制（内摩擦）引起的衰减及其他因素。为便于比较和分析，把材料内部不同因素和过程引发的衰减与频率 f_h 的关系列于表 6.1。

表 6.1 各种衰减的 α_h-f_h 关系

衰减种类	α_h-f_h 关系	备 注
内摩擦张弛	$\alpha_h=R_h f_h^2$	R_h 为常数，在张弛频率附近此关系式不成立
内摩擦滞后	$\alpha_h=A_h f_h$	A_h 为常数
位错运动	$\alpha_h=B_h f_h+C_h f_h^2$	B_h、C_h 为常数
散射衰减	$\alpha_h=D_h f_h+E_h f_h^4$	D_h、E_h 为常数

固体介质中传播的声发射信号含有声发射源的特征信息，要利用这些信息反映材料特性或缺陷发展情况，就要在固体表面接收这种声发射信号。然而，在实际声发射检测中，检测到的信号是经过多次反射和波形变换的复杂信号。信号由传感器接收，再经过电子线路处理，最后显示声发射信号。显然，由于电路的作用，仪器显示出的信号与声发射源相比发生了变化。按照传输网络系统（图 6.8），可以把与仪器显示结果相关的响应函数 $O(S)$ 看成是初始信号 $E(S)$ 与传递函数 $G(S)$ 之积。可见，若能求得传递函数 $G(S)$，就可以求出原始的声发射信号，并由此直接表征声发射源的性质。目前所采用的表征参数都是通过对仪器输出波形的处理而得到的。

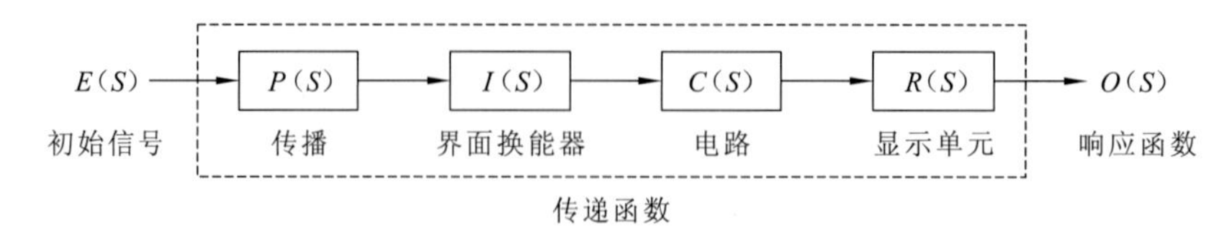

图 6.8 传递函数示意图

$$O(S)=E(S)[P(S)I(S)C(S)R(S)]=E(S)G(S) \tag{6.11}$$

超过门槛的声发射信号由特征提取电路变换为几个信号参数。连续信号参数包括振铃计数、平均信号电平（average signal level，ASL）和有效值电压（root mean square，RMS），而突发信号参数包括撞击计数、事件计数、振铃计数、幅值、能量计数、上升时间、持续时间和时差。常用突发信号特征参数见图 6.9。

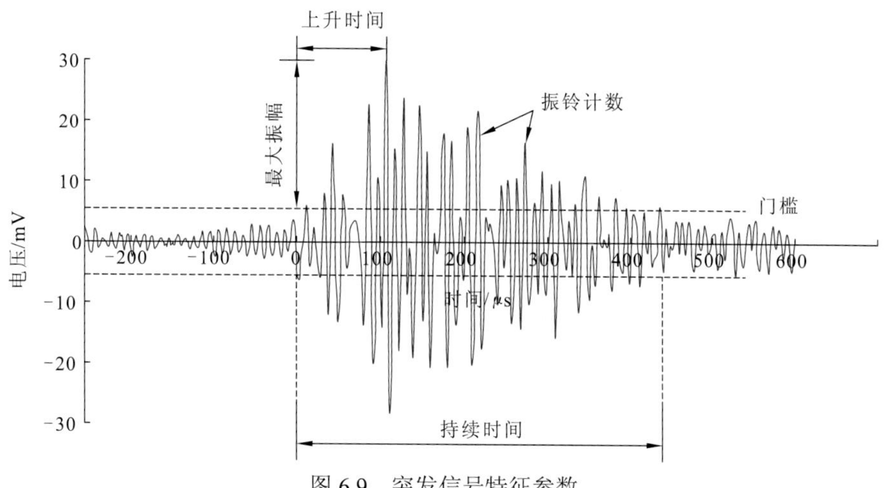

图 6.9　突发信号特征参数

常用声发射信号特征参数的含义和用途见表 6.2。

表 6.2　声发射信号特征参数

参　数	含　义	特点与用途
撞击和撞击计数	撞击是通过门槛并导致一个系统通道累计数据的任一声发射信号。撞击计数则是系统对撞击的累计计数，可分为总计数和计数率	反映声发射活动的总量和频度，常用于声发射活动性评价
事件计数	由一个或几个撞击鉴别所得声发射事件的个数，可分为总计数、计数率。一个阵列中，一个或几个撞击对应一个事件	反映声发射事件的总量和频度，用于源的活动性和定位集中度评价
振铃计数	越过门槛信号的振荡次数，可分为总计数和计数率	信号处理简便，适于两类信号，又能粗略反映信号强度和频度，因而广泛用于声发射活动性评价，但甚受门槛的影响
幅值	事件信号波形的最大振幅值，通常用 dB 表示(传感器输出 1 μV 为 0 dB)	与事件的大小没有直接关系，不受门槛的影响，直接决定事件的可测性，常用于波源的类型鉴别、强度及衰减的测量
能量计数	事件信号检波包络线下的面积，可分为总计数和计数率	反映事件的相对能量或强度，对门槛、工作频率和传播特性不甚敏感，可取代振铃计数，也用于波源的类型鉴别
持续时间	事件信号第一次越过门槛至最终降至门槛所历程的时间间隔，以 μs 表示	与振铃计数十分相似，但常用于特殊波源类型和噪声的鉴别
上升时间	事件信号第一次越过门槛至最大振幅所历程的时间间隔，以 μs 表示	因易受传播的影响，其物理意义不明确，有时用于机电噪声鉴别
有效值电压	采样时间内，信号电平的均方根值，以 V 表示	与声发射的大小有关。测量简便，不受门槛的影响，适用于连续性信号，主要用于连续型声发射活动性评价
平均信号电平	采样时间内，信号电平的均值，以 dB 表示	提供的信息和应用与有效值电压相似。对幅度动态范围要求高而时间分辨率要求不高的连续型信号尤为有用

续表

参 数	含 义	特点与用途
时差	同一个声发射波到达各传感器的时间差，以 μs 表示	取决于波源的位置、传感器间距和传播速度，用于波源的位置计算
外变量	试验过程外加变量，包括历程时间、载荷、位移、温度及疲劳周次	不属于信号参数，但属于撞击信号参数的数据集，用于声发射活动性分析

声发射源定位是在固体材料表面按一定的几何关系放置几个传感器，组成传感器阵列，然后在检测过程中根据各个声发射传感器检测到的声发射信号的特征参数来确定和计算声发射源的位置，源定位是声发射技术的重要功能。

声发射源定位的方法有很多，详见图 6.10，根据待定位材料的物理特性及定位信号特征可划分为突发信号定位和连续信号定位；其中突发信号定位又可分为区域定位和时差定位，区域定位主要用于复合材料等，而时差定位主要用于混凝土构件、岩石试样等。

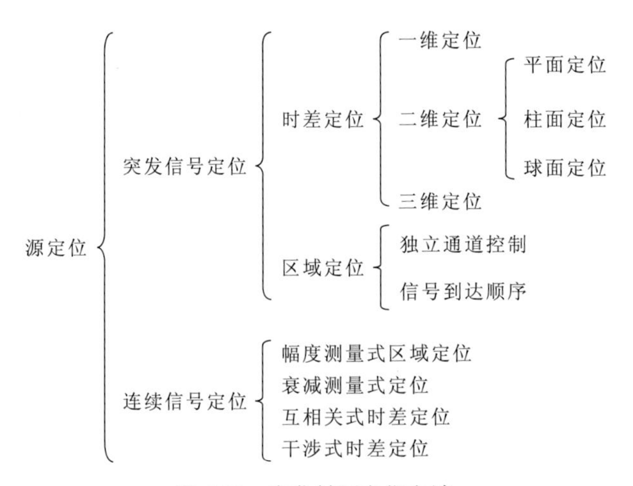

图 6.10　声发射源定位方法

定位计算的基础理论是通过声速及时差的相关关系计算的，三维立体定位至少需要四只传感器。现在建立一个三维的坐标系见图 6.11，S_0 为声发射源位置，T_i 为声发射信号接收传感器（i=1，2，…），则声发射源与各探头的空间距离为$|S_0T_i|$。在声发射定位理论中，所有的时间考虑为本事件中第一个撞击到达不同距离的传感器的时间，若声发射信号在该三维空间的传播速度为 v，两个传感器接收到第一个撞击的时差为

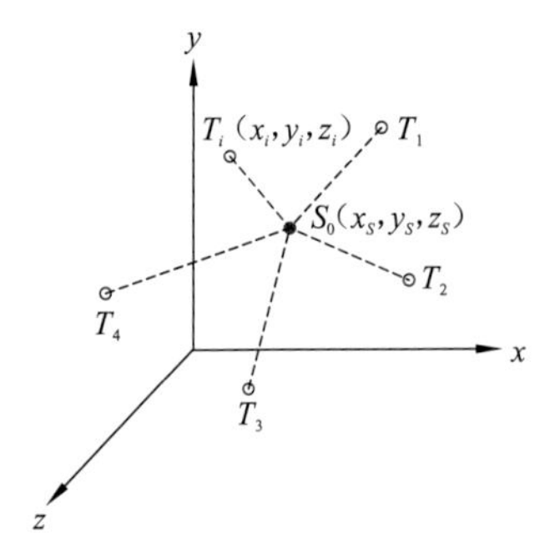

图 6.11　三维坐标系中传感器和声源的位置

$$\Delta t_i = t_i - t_k = \left(|S_0T_i| - |S_0T_k|\right) / v \quad (i=1, 2, \cdots; k=1, 2, \cdots) \tag{6.12}$$

根据声发射信号接收系统记录的撞击到达两个不同传感器的时间，就可计算获得撞击到达两个传感器的观测时差 $\Delta t_{i\text{obs}}$。对于一组给定的声发射源三维坐标，根据式（6.13）可得到到达两个传感器的计算时差 $\Delta t_{i\text{cal}}$。

根据多重回归分析理论，定义：

$$\chi^2 = \sum(\Delta t_{i\text{obs}} - \Delta t_{i\text{cal}})^2 \tag{6.13}$$

通过式（6.13）寻求使χ^2达到最小值的坐标，将其作为声发射源坐标。

6.1.4　红外热成像

1800 年，英国物理学家赫歇尔发现了红外线，从此开辟了人类应用红外技术的广阔道路。第二次世界大战后，由美国德克萨兰仪器公司开发研制的第一代用于军事领域的红外成像装置，称为红外巡视系统。20 世纪 60 年代早期，瑞典阿佳红外系统公司研制成功第二代红外成像装置，它在红外巡视系统的基础上增加了测温的功能，称为红外热像仪；1988 年推出的全功能热像仪，将温度的测量、修改、分析、图像采集、存储合于一体。90 年代中期，美国菲力尔公司首先研制成功由军用技术转民用并商品化的新一代红外热像仪，属于焦平面阵列式结构的一种凝视成像装置，技术功能更加先进，现场测温时只需对准目标摄取图像，并将上述信息存储到机内的存储卡上，即完成全部操作，可回到室内用软件进行各种参数的设定、修改和数据分析，最后直接得出检测报告，由于技术的改进和结构的改变，它取代了复杂的机械扫描，仪器重量已小于 2 kg，使用中如同手持摄像机。

红外线是波长为 0.75～1 000 μm 的电磁波，任何高于热力学温度零度的物体都是红外辐射源，当物体内部存在缺陷时，它将改变物体的热传导，使物体表面温度分布发生变化，红外检测仪可以测量表面温度分布变化，探测缺陷的位置。物体的温度越高，它所辐射的红外能量就越强。岩石破坏过程中伴随着应变能的聚集和释放，应变能会部分转化为热能，导致岩石局部温度上升。由于内部缺陷（裂纹）的存在，其导热性并不均匀，从而其表面温度的分布也不均匀，于是可通过温度的变化过程反观应变能，乃至裂纹的变化过程。例如，图 6.12 为红外检测物体表面温度变化示意图。

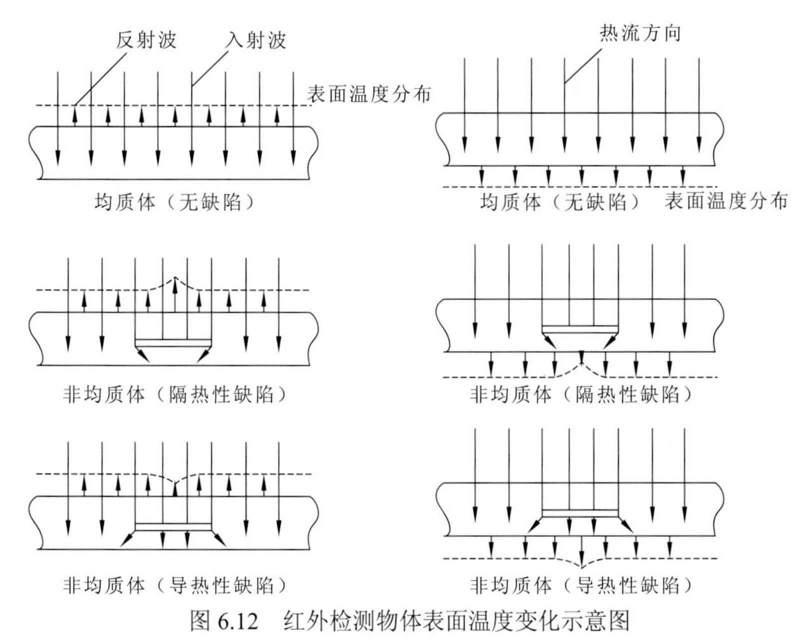

图 6.12　红外检测物体表面温度变化示意图

红外热像仪是利用红外探测器、光学成像物镜和光机扫描系统（目前先进的焦平面技术则省去了光机扫描系统）接收被测目标的红外辐射能量分布图形，反映到红外探测器的光敏元上，在光学系统和红外探测器之间，有一个光机扫描机构对被测物体的红外热像进行扫描，并聚焦在单元或分光探测器上，由探测器将红外辐射能转换成电信号，经放大处理、转换，标准视频信号通过电视屏或监测器显示红外热像图。

红外热像仪基本工作原理为普朗克定律：

$$I_{\upsilon}(\lambda_c,T)=\frac{C_1}{\lambda_c^5\exp(C_2/\lambda_c k_c T)-1} \tag{6.14}$$

式中：I_{υ} 为辐射率，在单位时间内从单位表面积和单位立体角内以单位频率间隔或单位波长间隔辐射出的能量；λ_c 为波长，m；T 为温度，K；k_c 为普朗克常数，J/s；C_1 为第 1 辐射常数，描述单位频率间隔内的辐射率，$C_1=2hc^2$；C_2 为第 2 辐射常数，单位波长间隔内的辐射率，$C_2=T_h\upsilon_c$；T_h 为黑体的温度，K；υ_c 为光速，m/s。

波长一定，测出红外辐射率 I_{υ}，就能算出温度值 T，通过与黑体基准参量比较，仪器处理器能详细计算出各测点实际的温度值，且以不同颜色的温标显示出检测面温度分布的变化。

岩石破坏是在受载情况下其内部微裂隙产生、发展、贯通的结果，外部的机械能在岩石内部逐渐聚集的过程中会伴随着热红外辐射的变化即岩石温度的变化。因此，可以通过红外热像仪观测岩石热红外辐射的变化，根据岩石热红外辐射的变化特征及规律来研究岩石破坏的过程。

红外热像仪一般分光机扫描成像系统和非扫描成像系统。光机扫描成像系统采用单元或多元（元数有 8、10、16、23、48、55、60、120、180，甚至更多）光电导、光伏红外探测器，用单元探测器时速度慢，主要是帧幅响应的时间不够快，多元阵列探测器可做成高速实时热像仪。非扫描成像的热像仪，如近几年推出的阵列式凝视成像的焦平面热像仪，属新一代的热成像装置，在性能上大大优于光机扫描式热像仪，按焦平面阵列结构可分为单片式、准单片式、平面混合式和 Z 型混合式。

NEC TH9100PMV 红外热成像及数据采集存储设备，其分辨率为 320×240，热敏度为 0.03 ℃，图像采集率为 60 f/s，工作波段为 8～14 μm。红外热成像仪见图 6.13。试验时将红外热像仪放置在离岩样表面 1 m 左右处，并将测温焦点正对岩样表面中心点处，观察岩样破坏过程中热红外辐射的特征，以及裂纹形成、扩展情况。试验加载速率的控制方式可采用等应力速率，为了将热红外图像和应力-应变曲线进行对比，两者的采样频率设为同步，均设置为 1 次/s，并且同时开始采样和记录。为了减少周围环境对岩石热红外辐射的扰动，试验开始之前实验室内尽可能地减少太阳光的散射影响，待室内温度趋于稳定的时候试验开始进行。

图 6.13　红外热成像仪

6.2 岩体破坏过程波速-应力-应变关系及特征强度判断

为研究岩体应力-声波变化规律，在岩石原位真三轴伺服系统中配套研发了超声波测试模块，以便在岩石力学试验过程中进行超声波跟踪测试。超声波测试系统主要由超声波仪、转换开关、声波换能器组成，声波换能器安装于侧向垫板内，声波换能器通过屏蔽线及转换装置与超声波仪连接（图 6.14）。

（a）现场试验照片

（b）声波换能器安装照片

（c）超声波仪

图 6.14　超声波跟踪测试照片

试样采用锦屏二级深埋引水隧洞 T_2b 大理岩，试样尺寸为 150 mm×150 mm×300 mm。现场开展单轴压缩、真三轴加载破坏、真三轴卸侧压破坏三种不同应力路径下的变形破坏试验，每间隔 1～5 MPa 超声波仪采集一次，每次采集两个方向的声波值（图 6.15）。

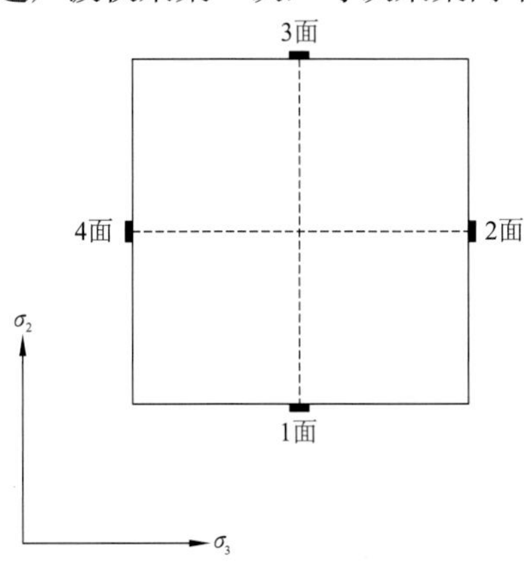

图 6.15　超声波测试换能器、测线及方向说明（平面图）

6.2.1 岩体单轴压缩全过程波速-应力-应变关系

R10#试样（图 6.16）进行单轴压缩试验同时进行超声波跟踪测试。试验前，R10#1-3方向波速为 5 233 m/s，2-4 方向波速为 4 438 m/s，5-6 方向波速为 5 155 m/s，各个面上见黑色不连续条带。试验过程中，侧向保持 0.2 MPa 的接触压力，施加轴向压力至 36.76 MPa，试样破坏，破坏后各个面上见多条裂隙，其中以 1-5-3 面上裂隙张开严重。

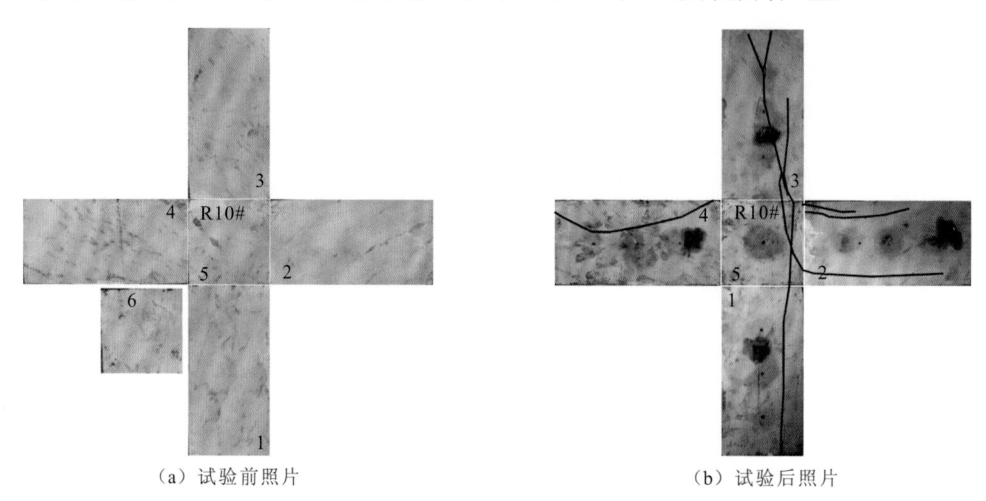

（a）试验前照片　　（b）试验后照片

图 6.16　R10#试样试验前后照片

R10#试样应力-应变全过程曲线见图 6.17，破坏后的残余强度较低且侧向应变很大，破坏后试块完全松散。R10#试样 V_{24}-ε_1 关系曲线见图 6.18。从 R10#试样 σ_1-ε_1、V_{24}-ε_1 关系曲线可见，该试块在轴向施加至 3 MPa 以前，波速由 4 240 m/s 提高至 5 240 m/s，表明 0～3 MPa 为试块卸荷裂隙压缩阶段，在 3～13 MPa 阶段随着压力的提高，波速由 5 430 m/s 增加至 5 540 m/s，说明随着压力的提高波速基本稳定在 5 500 m/s，对应 σ_1-ε_1 的线性段。当轴压超过 13 MPa 时，波速显著下降，但轴向应变无显著变化，表明试块内部裂隙开始扩展；随着压力的进一步增加，波速基本上线性降低，至 30.5 MPa 后，波速降低速度增

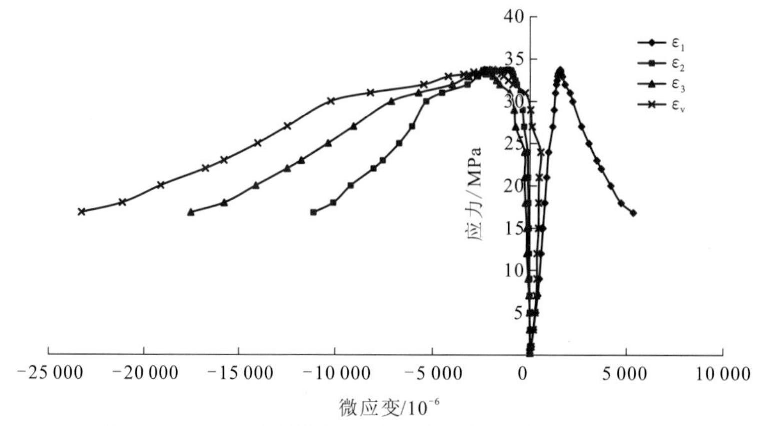

图 6.17　R10#试样单轴压缩试验应力-应变全过程曲线

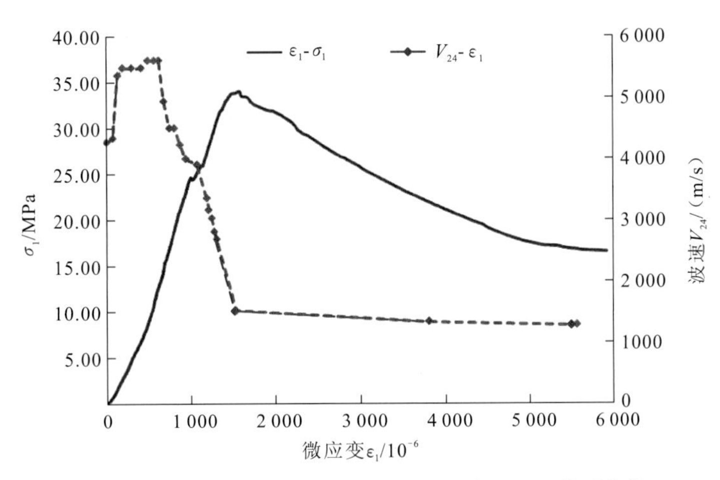

图 6.18　R10#试样单轴压缩试验 σ_1-ε_1 与 V_{24}-ε_1 关系曲线

大；压力从 30.5 MPa 施加至 33.6 MPa 时试块突然破坏，波速由 2 670 m/s 迅速降低至 1 520 m/s。然后，轴向压力不能维持并迅速降低至 16.2 MPa，波速也降低至 1 120 m/s，在伺服控制作用下，压力能基本维持，波速也基本上不变化，因此残余强度为 16.2 MPa。可见，在全过程中，波速反映了试块在应力作用下的压缩—起裂—屈服—破坏过程，与应力-应变曲线具有较好的对应关系。

6.2.2　岩体真三轴加载破坏全过程波速-应力-应变关系

对 R21#试样（图 6.19）开展真三轴加载破坏试验并进行全程超声波测试。试验前，R21#试样 σ_2 方向（1-3 方向）波速为 6 285 m/s，σ_3 方向（2-4 方向）波速为 4 522 m/s，5-6 方向波速为 6 224 m/s，1-5-3 面上见一条卸荷裂隙，局部方解石充填，1 面下部略张开，各个面上少量不连续的方解石充填裂隙。破坏后在 1-5-3 面上见三条贯通的裂隙面。

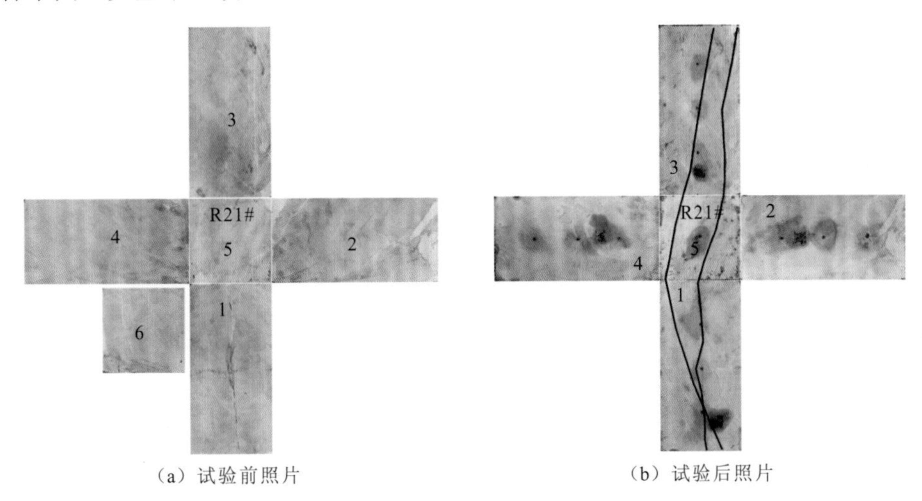

（a）试验前照片　　（b）试验后照片

图 6.19　R21#试样试验前后照片

R21#试样加载破坏试验应力路径为：首先施加 $\sigma_1=\sigma_2=\sigma_3$ 至 6.1 MPa，保持 σ_3 不变，同步施加 $\sigma_1=\sigma_2=35.5$ MPa，然后加载 σ_1 直至试样破坏。

R21#试样（$\sigma_1-\sigma_3$）-ε 全过程曲线见图 6.20。其典型特征是当 σ_1 大于 σ_3 时，σ_3 方向的应变为负值，表现为向外膨胀，而 σ_2 方向的应变为正值，表现为向内压缩。当 $\sigma_1-\sigma_3$ 大于 30 MPa 时，σ_2 方向的应变基本不变化，或者略有减小，而 σ_3 方向虽然应变变化速率减小，但仍然继续向外膨胀。从（$\sigma_1-\sigma_3$）-ε_V 可见，在 30 MPa 后至破坏前试样体积应变基本不变或者略有减小，破坏后，ε_1、ε_3 及 ε_V 显著增大，而 ε_2 基本不变。

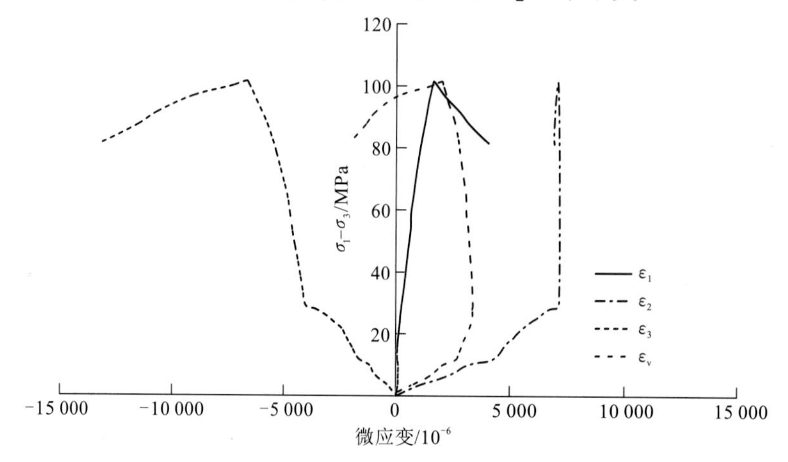

图 6.20　R21#试样真三轴加载试验（$\sigma_1-\sigma_3$）-ε 全过程曲线

R21#试样（$\sigma_1-\sigma_3$）-ε_1、（$\sigma_1-\sigma_3$）-ε_V 与 V_{24}-ε_1 关系曲线见图 6.21，当 σ_1、σ_2 和 σ_3 同步开始加载至 6.1 MPa，σ_3 方向（2-4 方向）超声波的波速基本保持不变；此后，σ_3 保持不变，σ_1、σ_2 同步加载至 21 MPa 时，σ_3 方向超声波的波速仍基本保持不变；σ_1、σ_2 由 21 MPa 同步加载至 35.5 MPa 时，σ_3 方向超声波的波速发生第一次明显降低，这一阶段对应于试样 σ_3 方向的向外膨胀，σ_2 方向的向内压缩。此后，σ_2、σ_3 保持不变，σ_1 施加至 70 MPa 之前，σ_3 方向超声波的波速又基本保持在 3 400 m/s，σ_1 由 70 MPa 加载至 101.6 MPa 这一阶段，超声波波速则下降至 3 000 m/s 并保持不变；此后，随着 σ_1 的增大，ε_1 和 ε_3 明显增大，σ_3 方向波速不断下降，表明试样达到极限破坏强度。

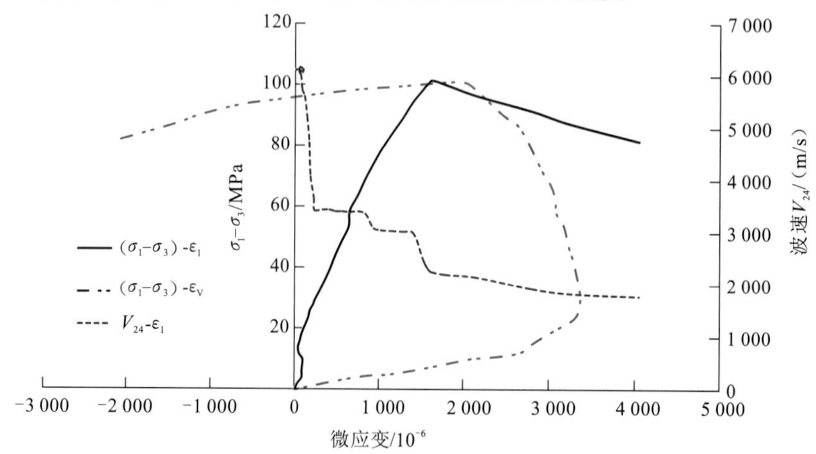

图 6.21　R21#试样真三轴加载试验（$\sigma_1-\sigma_3$）-ε_1、（$\sigma_1-\sigma_3$）-ε_V 与 V_{24}-ε_1 关系曲线

6.2.3　岩体真三轴卸侧压破坏波速-应力-应变关系

对 R8#试样（图 6.22）进行真三轴卸侧压破坏试验并进行全程超声波测试。试验前，试样 1-3 方向波速为 3 866 m/s，见一条未贯通的裂隙，2-4 方向波速为 5 804 m/s，5-6 方向波速为 5 576 m/s，各个面上见方解石条带和黑色条带。

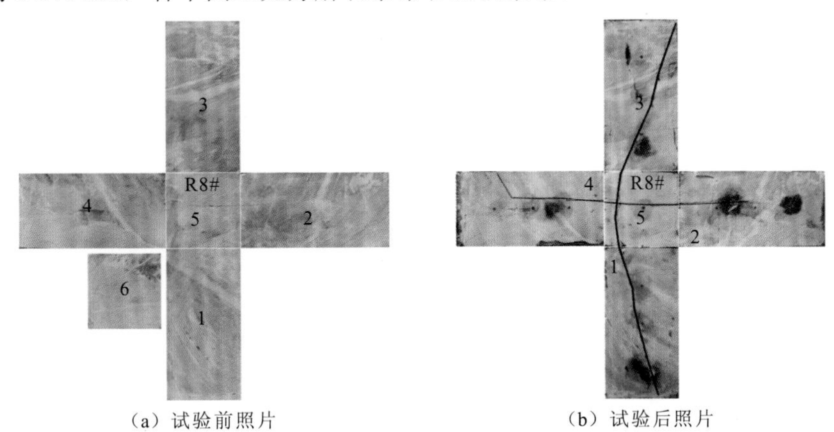

（a）试验前照片　　（b）试验后照片

图 6.22　R8#试样试验前后照片

卸侧压破坏强度试验应力路径为：首先将 σ_1、σ_2 和 σ_3 加载至 35 MPa，保持 σ_2 和 σ_3 不变，将 σ_1 加载至预估值 142 MPa，然后连续卸侧压 σ_3 直至试样破坏。破坏后在 1-5-3 面上见一条贯通破裂面，2-5-4 面上的原生裂隙有张开现象。

图 6.23 为 R8#试样（σ_1−σ_3）-ε 全过程曲线，该曲线明显地显示了峰值强度和残余强度。ε_V 的全过程曲线反映了试样的压缩、强化和扩容破坏过程。

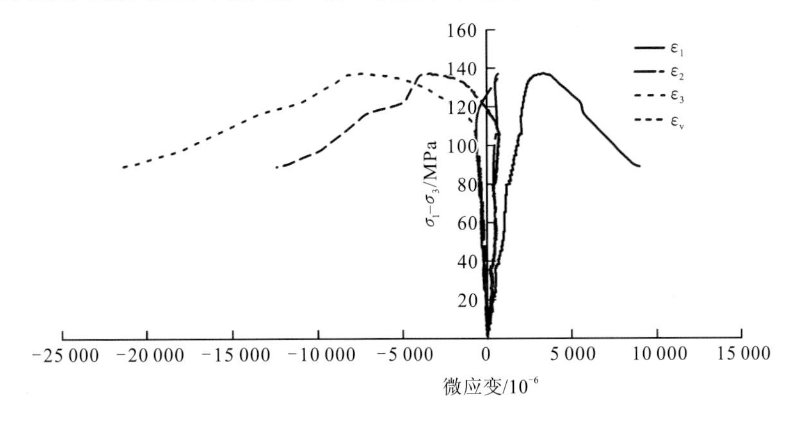

图 6.23　R8#试样真三轴加载试验（σ_1−σ_3）-ε 全过程曲线

R8#试样（σ_1−σ_3）-ε_1、（σ_1−σ_3）-ε_V、V_{24}-ε_1 和 A_{24}-ε_1 关系曲线见图 6.24，试样在三向应力作用下，随着围压的逐渐增大，超声波波速有显著的提高，初始加载至 σ_1=σ_2=σ_3=35 MPa 时，σ_3 方向（2-4 方向）波速由 5 261 m/s 提高至 5 976 m/s，而振幅在 0～7 MPa 时迅速增大，7 MPa 后稳定。当 σ_3 开始卸载时，ε_3 方向的变形逐渐增大，对应于超声波波速的减小，振幅降低。σ_3 从 35 MPa 下降至 16.15 MPa 时，变形线性增大，超声波波速

和振幅基本不变，16.15～9.01 MPa 时，超声波波速和变形开始线性减小，振幅有明显的减小，表明岩体内部微裂隙开始扩展，9 MPa 以后，超声波波速明显降低，振幅大幅度降低，变形速率逐渐增大，表明岩体内部微裂隙开始加速扩展，至 4.84 MPa 时岩体破坏，超声波波速、振幅显著降低，变形速率增大。

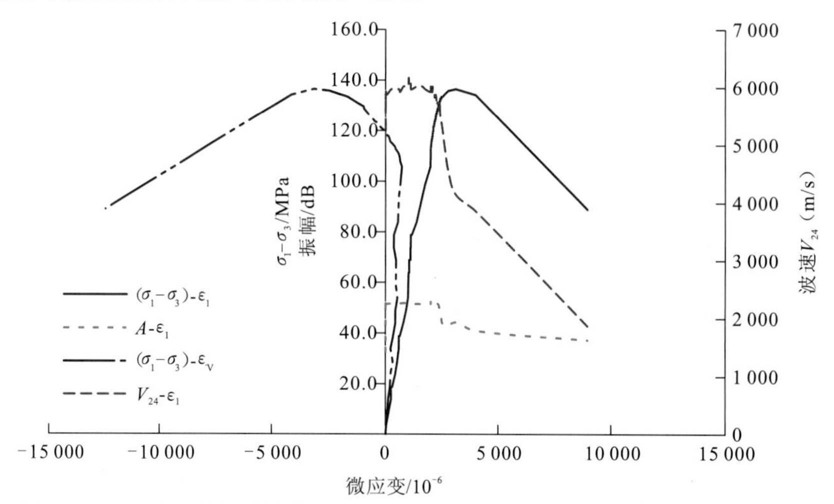

图 6.24　R8#真三轴卸载试验（σ_1-σ_3）-ε_1、（σ_1-σ_3）-ε_V、A-ε_1 与 V_{24}-ε_1 关系曲线

6.2.4　基于波速-应力-应变关系的岩体强度特征值判定

综合单轴压缩试验、真三轴卸侧压破坏试验及真三轴加载破坏试验波速-应力-应变全过程曲线，可以发现试样超声波波速、振幅等声学参数的变化规律与试样的应力、应变变化具有高度一致性，因此可采用超声波跟踪测试方法判断岩体试样的特征强度点。

例如，R10#试样单轴压缩试验，根据图 6.25 可得，试样在轴向施加至 3 MPa 以前，波速由 4 240 m/s 提高至 5 240 m/s，表明 0～3 MPa 为试块卸荷裂隙压密阶段；轴向加载

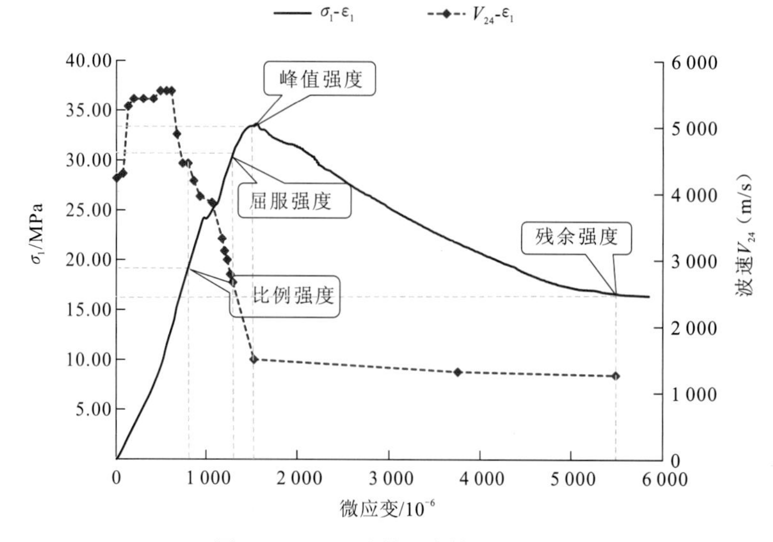

图 6.25　R10#试样强度特征值判定

超过 13 MPa 后波速显著下降，表明试样内部裂隙开始扩展，因此判断该点为比例强度点；加载至 30.5 MPa 后，波速降低速度增大，可判断 30.5 MPa 为屈服强度点；压力从 30.5 MPa 施加至 33.6 MPa 时，试样突然破坏，波速由 2 670 m/s 迅速降低至 1 520 m/s，然后，轴向压力不能维持并迅速降低至 16.2 MPa，波速也降低至 1 120 m/s，在伺服控制作用下，压力能基本维持，波速也基本上不变化，因此残余强度为 16.2 MPa。

R21#试样真三轴加载试验，分析图 6.26 可得，σ_3 加载至 6.1 MPa，σ_1、σ_2 加载至 35.5 MPa 后，σ_1 加载至 70 MPa 之前，σ_3 方向超声波的波速基本保持在 3 400 m/s 不变，此后试样声波波速产生明显下降，因此该点为比例极限点。σ_1 加载至 101.6 MPa 后，试样声波波速再次出现拐点，因此判断该点为屈服强度点。此后，随着 σ_1 的增大，试样声波波速持续下降，直至 σ_1 达到峰值后，试样波速再次相对平稳。在自动伺服的作用下，继续保持各个方向的荷载，各方向的应变不断增大，试样声波波速缓慢降低至最低平稳值，可判断该点为残余强度点。

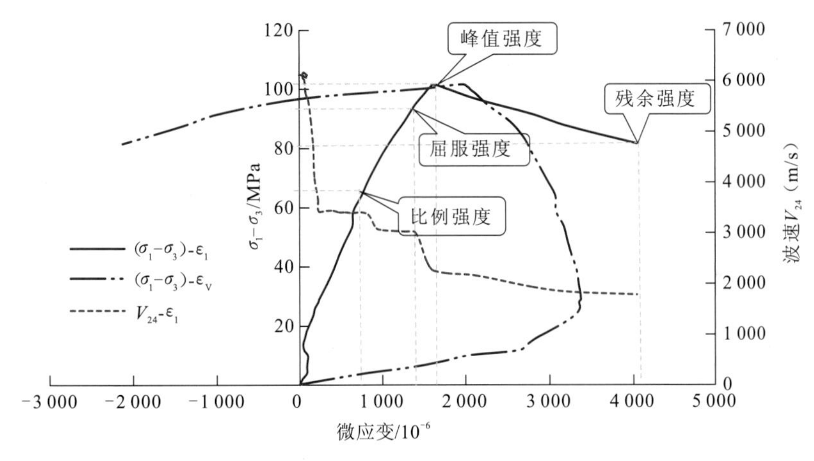

图 6.26　R21#试样强度特征值判定

R8#试样真三轴卸侧压试验，分析图 6.27 可得，σ_3 卸载至 16.15 MPa 时，声波速度和振幅基本不变，可判定其比例强度点为 σ_1=142.06 MPa、σ_3=16.15 MPa；σ_3 卸载至 9 MPa

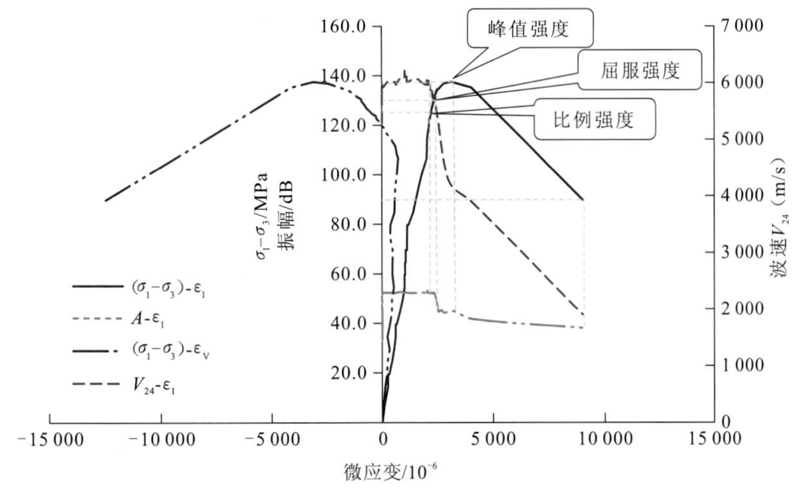

图 6.27　R8#试样强度特征值判定

以后，声波速度明显降低，振幅大幅度降低，变形速率逐渐增大，表明岩体内部微裂隙开始加速扩展，此点即为其屈服强度点；σ_3 卸载至 4.84 MPa 时声波速度、振幅显著降低，变形速率增大，岩体破坏，此点可判定为其峰值强度点。

根据以上分析可判断得到各试点的特征强度值，见表 6.3。

表 6.3　各试样特征强度值

编号	试验类型	比例强度		屈服强度		峰值强度		残余强度	
		σ_1 / MPa	σ_3 / MPa	σ_1 / MPa	σ_3 / MPa	σ_1 / MPa	σ_3 / MPa	σ_1 / MPa	σ_3 / MPa
R10#	单轴压缩	13.00	0	30.50	0	33.77	0	16.20	0
R21#	真三轴加载	60.47	6.10	101.60	6.10	107.66	6.10	86.07	6.10
R8#	真三轴卸载	142.06	16.15	142.06	9.00	142.06	4.84	87.66	4.84

6.3　含裂纹岩块单轴压缩破裂过程精细探测

6.3.1　含裂纹岩块渐进破坏过程的红外热成像

红外热成像测试岩石试样采用大理岩，标准方柱状试样尺寸为 50 mm×50 mm×100 mm，微风化，整体呈灰绿色，局部夹白色带状硅质体。试验加载平台使用 RMT-150 液压伺服岩石力学试验系统，红外热辐射探测设备使用 NEC TH9100PMV 红外热成像及数据采集存储设备，其分辨率为 320×240，热敏度为 0.03 ℃，图像采集率为 60 f/s，工作波段为 8～14 μm。

试验时将红外热像仪放置在离岩样表面 1 m 左右处，并将测温焦点正对岩样表面中心点处，观察岩样在单轴抗压条件下热红外辐射的特征，以及裂纹形成、扩展情况。试验加载采用等应力速率的控制方式，加载速率为 0.5 kN/s。为了将热红外图像和应力-应变曲线进行对比，两者的采样频率设为同步，均设置为 1 次/s，并且同时开始采样和记录。为了减少周围环境对岩石热红外辐射的扰动，试验开始之前实验室内尽可能地减少太阳光的散射影响；岩样后部放上一块挡板，屏蔽掉试验机油管的红外辐射。待室内温度趋于稳定的时候试验开始进行。

1. 岩石单轴受压破坏过程红外辐射温度变化特征

大理岩试样单轴受压破坏应力-应变全过程曲线见图 6.28，相应的大理岩试样红外辐射温度变化曲线见图 6.29。

根据探测结果可以发现，在整个加载过程的前半部分，红外辐射温度表现出明显的波动性，在临破裂前，呈现出上升的趋势。究其原因，主要是试样存在初始的内部缺陷或裂隙，加载后岩石内部缺陷或裂隙被压实、挤密，从而导致应力分布不均，应力集中区温度上升，而松弛区温度呈现出下降之势。这种压实作用使岩样内部应力重新分布，与之对应的红外辐射温度也表现出波动性。当进入加载过程的后半部分，即弹性压缩和屈服破坏阶段时，随着应力的不断增加，裂隙的增多和贯通，摩擦作用越来越明显，导致热红外辐射温度不断上升。

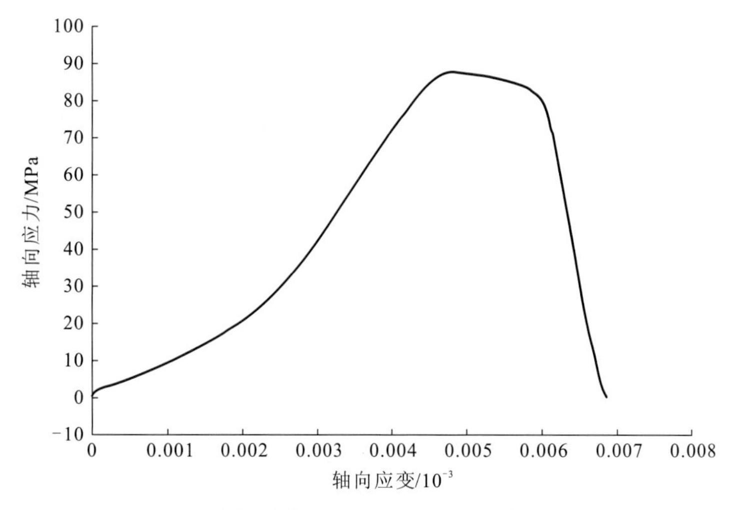

图 6.28　岩样单轴受压破坏应力-应变全过程曲线

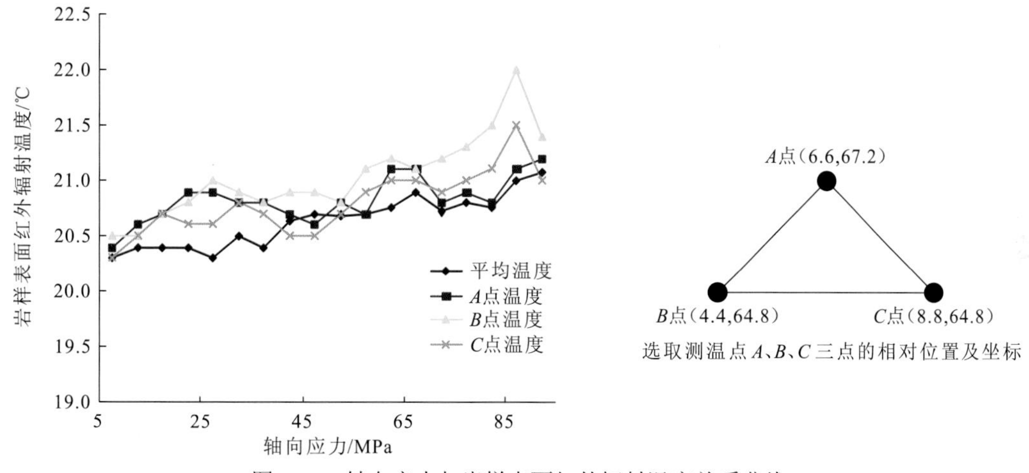

图 6.29　轴向应力与岩样表面红外辐射温度关系曲线

2. 岩石红外热像云图与破坏过程分析

图 6.30 为岩石试样受压破坏过程中不同阶段的表面热红外辐射温度云图，可以看到当大理岩试样在单轴压缩加载至 $\sigma=0.5\sigma_c$ 时，其左侧表面出现了零星的高温亮斑，随着载荷增长至 $\sigma=0.7\sigma_c$，试样表面的高温亮斑数量也不断增加，而且一些亮斑开始相互融合、贯通，初步形成了热红外辐射高温条带。当载荷增至 $\sigma=0.75\sigma_c$ 时，大部分的高温亮斑均贯通形成了高温条带。之后当载荷升至 $\sigma=0.9\sigma_c$ 时，岩样左侧表面出现高温区域和低温区域，$\sigma=0.95\sigma_c$ 时效果更趋明显，直至岩样发生破坏。

将不同加载阶段下岩石的温度云图同图 6.31 岩石破坏后的图像进行比较可以发现：岩石在临近破坏前，在未来破裂面上出现热红外异常变化，而这些岩石受载红外热像图所显示出的高、低温热红外辐射区域实际上可视为微破裂形成过程中的热反应。

由于岩石是一种脆性材料，受载条件下其微细观结构上会产生大量的微破裂，这些微破裂多是由矿物颗粒（或晶粒）摩擦热效应产生的，而不同性质的岩石微破裂，其摩

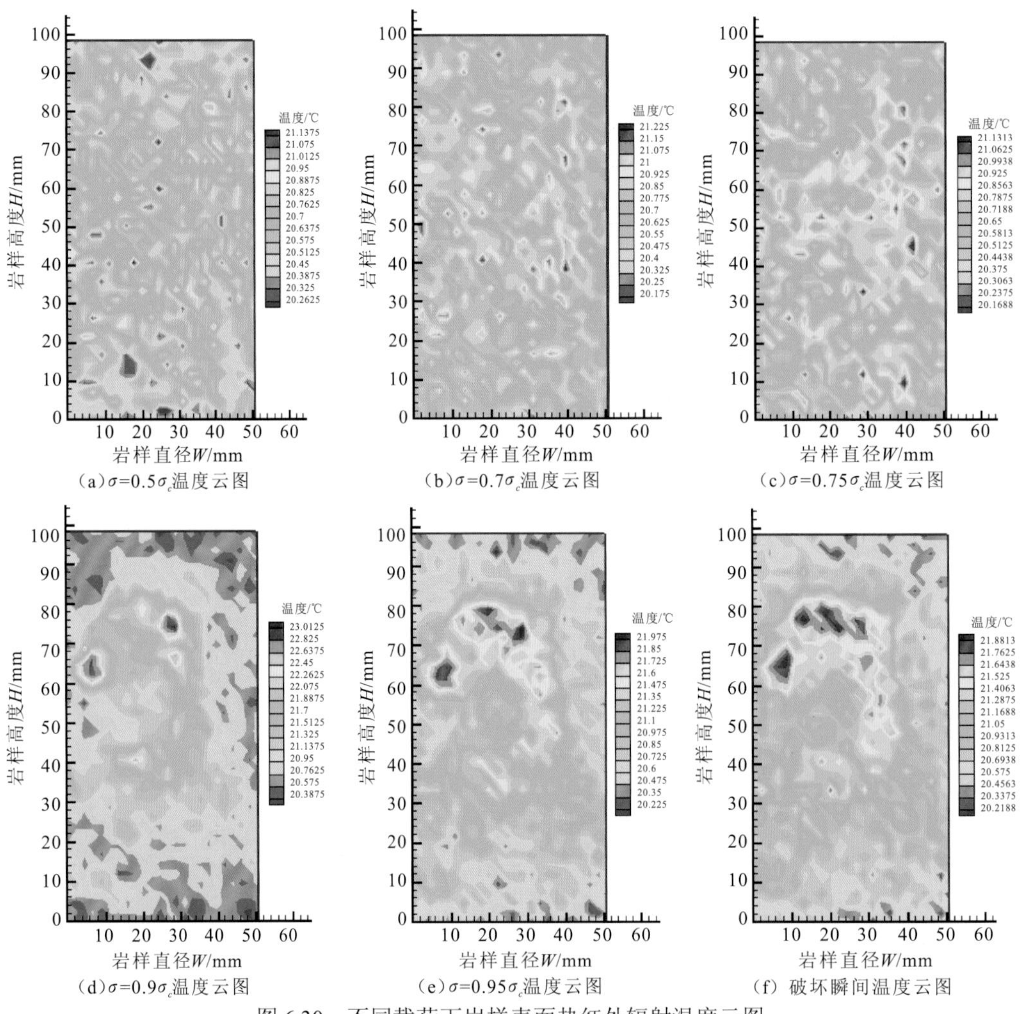

(a) $\sigma=0.5\sigma_c$温度云图　(b) $\sigma=0.7\sigma_c$温度云图　(c) $\sigma=0.75\sigma_c$温度云图

(d) $\sigma=0.9\sigma_c$温度云图　(e) $\sigma=0.95\sigma_c$温度云图　(f) 破坏瞬间温度云图

图 6.30　不同载荷下岩样表面热红外辐射温度云图

图 6.31　岩样破坏后的图像

擦热效应也会有所不同。当微破裂为张性破裂时，由于破裂面之间不发生摩擦，无摩擦热效应产生，此时破裂体膨胀吸热并导致温度降低；而当微破裂为剪性破裂时，由于破裂之面会发生错动和摩擦，会有摩擦热效应产生，必然导致温度上升。因此，岩石试样不同温度的辐射条带预示不同的破裂性质：高温区域预示剪性破裂，低温区域则预示张性破裂。因此，红外热像仪在岩石加载前期探测到的岩石表面出现的亮斑实际上反映剪性微破裂的生成；而后期亮斑数增加、发展，则反映了微破裂发展的时空过程；最后亮斑发展贯通成高温和低温区域实际是剪性和张性微破裂的空间表现。总之，条带区域状热红外异常及其迁移扩展反映了微破裂产生、迁移、发展的时空过程。

6.3.2　岩块破裂过程微裂纹空间形态 CT 扫描重建

岩块破裂过程微裂纹空间形态 CT 扫描试验的岩样为花岗岩，粗颗粒，灰白色夹暗色云母颗粒，微风化，表面试样完整。利用 RMT-150 岩石加载试验平台对岩样按照预估强度进行三阶段的单轴抗压试验，图 6.32 为岩样加载过程曲线。岩样 CT 扫描采用西门子 SOMATOM Sensation 40 CT 高精度 CT 设备。每一阶段加载完成后利用 CT 机观察岩样内部裂纹的扩展情况：

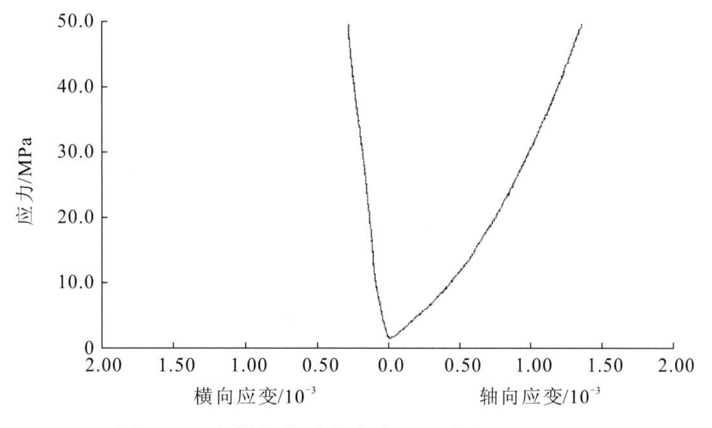

图 6.32　岩样加载过程曲线（压力为 50 MPa）

加载压力为 50 MPa 时，CT 横截面扫描切片见图 6.33，裂纹空间形态 CT 三维重建见图 6.34。

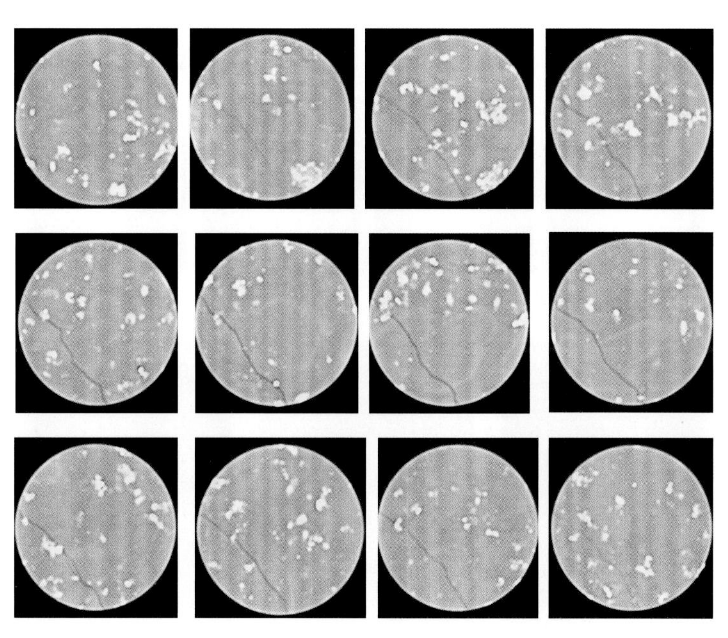

图 6.33　CT 横截面扫描切片（压力为 50 MPa）

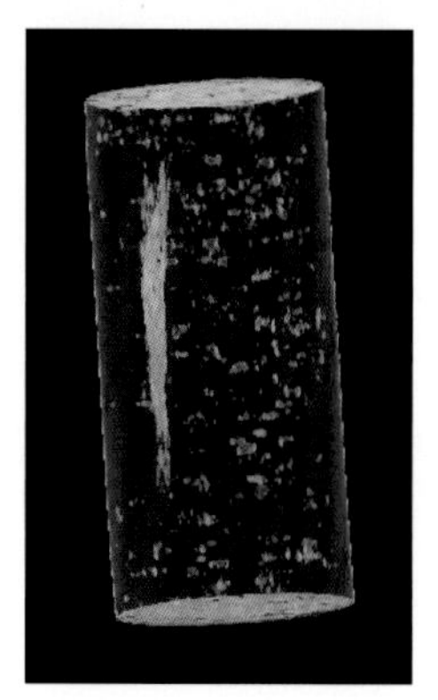

图 6.34　裂纹空间形态 CT 扫描重建（压力为 50 MPa）

加载压力为 65 MPa 时，CT 横截面扫描切片见图 6.35，裂纹空间形态 CT 三维重建见图 6.36。

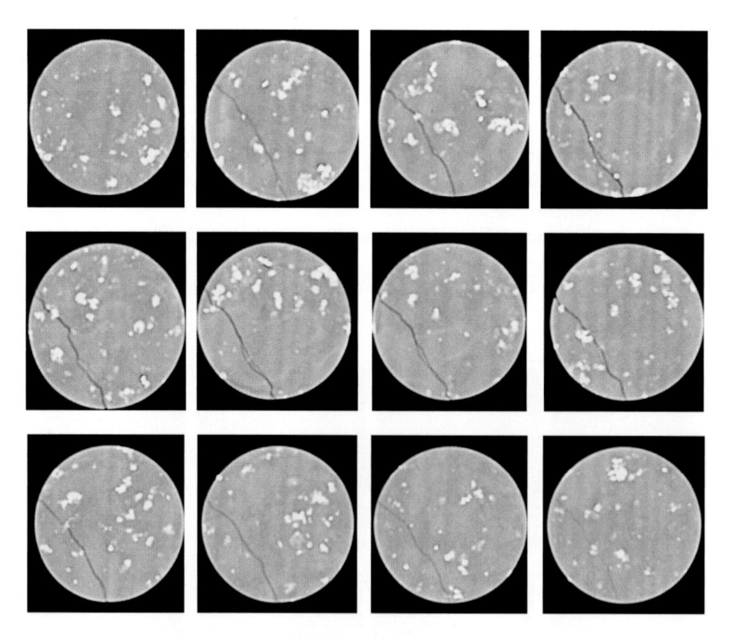

图 6.35　CT 横截面扫描切片（压力为 65 MPa）

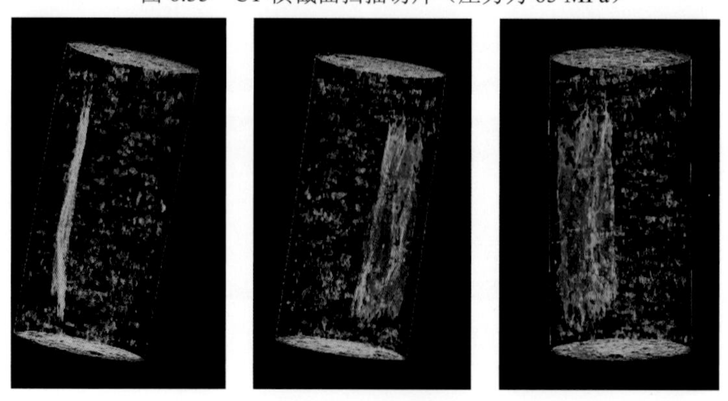

图 6.36　裂纹空间形态 CT 扫描重建（压力为 65 MPa）

不同阶段岩石试样的 CT 三维重建图可清晰地显示出随着压力的增加，其内部微裂纹的扩展状况。

6.3.3　基于声发射技术的含裂纹岩块渐进破坏过程的精细描述

含裂纹岩块试样的岩性为灰黑色微晶质微风化柱状节理玄武岩。由于柱状节理玄武岩岩心破碎，完整性较差，制成岩块试样的高度为 79.29 mm，等效直径为 62.96 mm，高径比为 1.26。试样照片及素描图分别见图 6.37、图 6.38。岩块平均波速为 3 420 m/s。试验过程精细测试采用 SAMOS 声发射系统，传感器为 R6I-AST 一体化探头，频率为 20～200 kHz。传感器安装见图 6.39。

图 6.37　柱状节理玄武岩试样

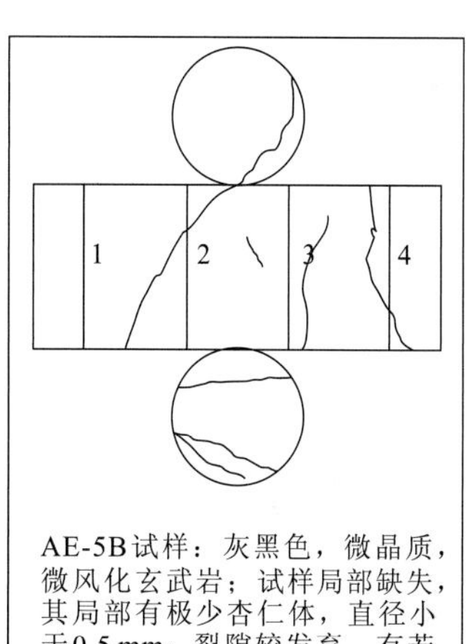

图 6.38　柱状节理玄武岩试样素描

为了声发射仪器数据采集的准确性，试验过程采用 0.06kN/s 的低加载速率。为避免加载过程中，试样上下端部的摩擦及应力集中对岩石试样自身声发射特征的影响，试验前对试样端部抹黄油，以及垫具有吸声效果的橡皮薄层材料。

1. 含裂纹岩块声发射特征参数的时序变化规律

柱状节理玄武岩试样单轴压缩过程声发射事件累计数与载荷关系见图 6.40；试样声发射事件累计数与单位时间撞击数关系见图 6.41；试样声发射能量释放率变化见图 6.42。根据图 6.40～图 6.42，含裂纹岩块加载过程中声发射信号的特征参数随着载荷的增加具有较好的规律性。

图 6.39　传感器安装图

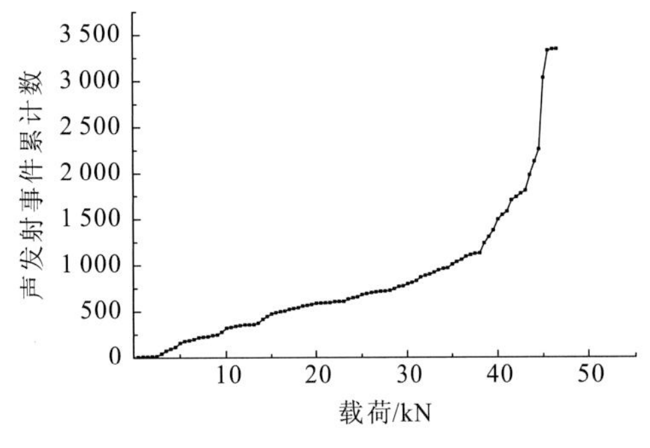

图 6.40 柱状节理玄武岩试样单轴压缩过程声发射事件累计数与载荷关系图

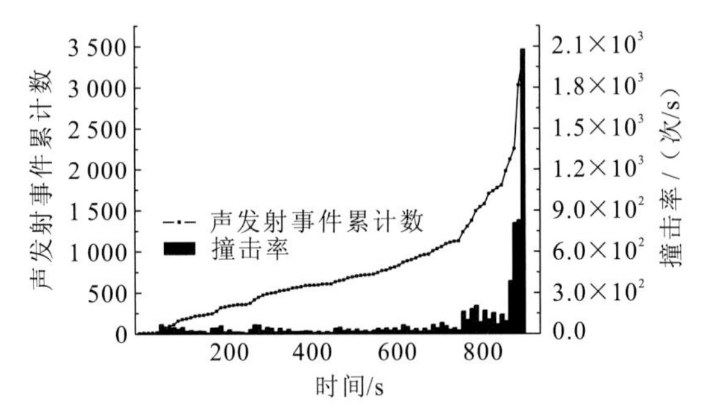

图 6.41 柱状节理玄武岩试样声发射事件累计数与单位时间撞击数变化规律

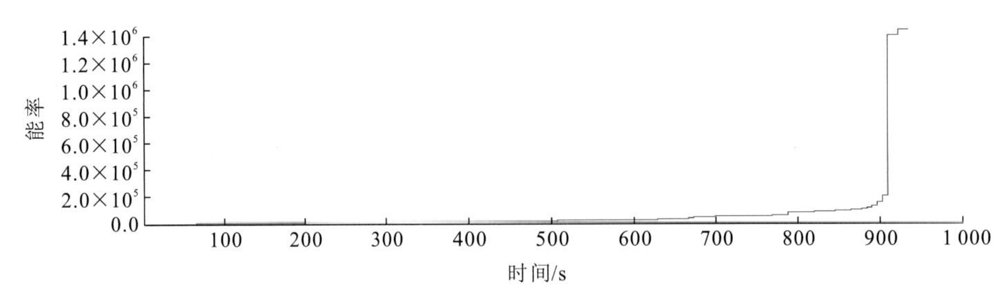

图 6.42 柱状节理玄武岩试样声发射能量释放率变化图

在加载的初始阶段，柱状节理玄武岩试样的声发射事件累计数经历一短暂的平静期（图 6.40），这一阶段基本无声发射事件，撞击率也基本为零（图 6.41），而此时能量变化较小。之后，声发射事件累计数及撞击率都出现了小幅度的突增，该阶段试样内原始裂纹闭合、岩块不均匀性及试样加工时的平整度导致加载初期试样内部不断进行应力调整，从而产生较多声发射事件，且声发射事件比较杂乱。

随着载荷的增加直至峰值应力的 70%，试样的声发射事件累计数一直处于平缓的增长状态，但是撞击率无明显的变化，这一平缓增长的阶段是由试样自身存在的翼形裂纹面不断激活，并且沿裂纹尖端扩展所致。

随后声发射事件累计数曲线出现了明显的转折点，撞击率也出现了突增现象，不过随后又出现了小幅度的下降，似进入短暂的相对平静期。此阶段声发射是由位错运动、滑移及裂纹扩展产生的。

当加载至峰值应力的 90%时，试样进入裂隙的非稳定扩展阶段，声发射事件累计数及撞击率在短时间内急剧增加，能量曲线在经过前期的缓慢上升后，此时也急剧上升，即短时间内应变能剧烈的释放，见图 6.42；此阶段裂纹扩展是不可控制的，声发射相关的物理量变化剧烈，这主要是由裂纹快速扩展贯通，应变能迅速释放，并在裂纹面上产生剧烈摩擦所致。

从声发射事件累计曲线整体来看，试样破坏前出现短时间内剧增的情况，即破坏前兆现象，此后直至破坏前，试样声发射事件进入了相对平静期，曲线平缓，基本无声发射事件增加。

2. 含裂纹岩块破坏过程中声发射事件的空间定位

各压力阶段柱状节理玄武岩试样声发射事件空间定位见图 6.43。

（1）当压力加至峰值的 10%时，试样 3、4 号传感器之间出现零星的声发射定位事件,尤其是靠近 2 号传感器位置；根据前期的试样描述，AE-5B 试样存在多条微裂纹，随着压力的施加，试样内部产生应力调整，微裂纹开始逐渐唤醒。

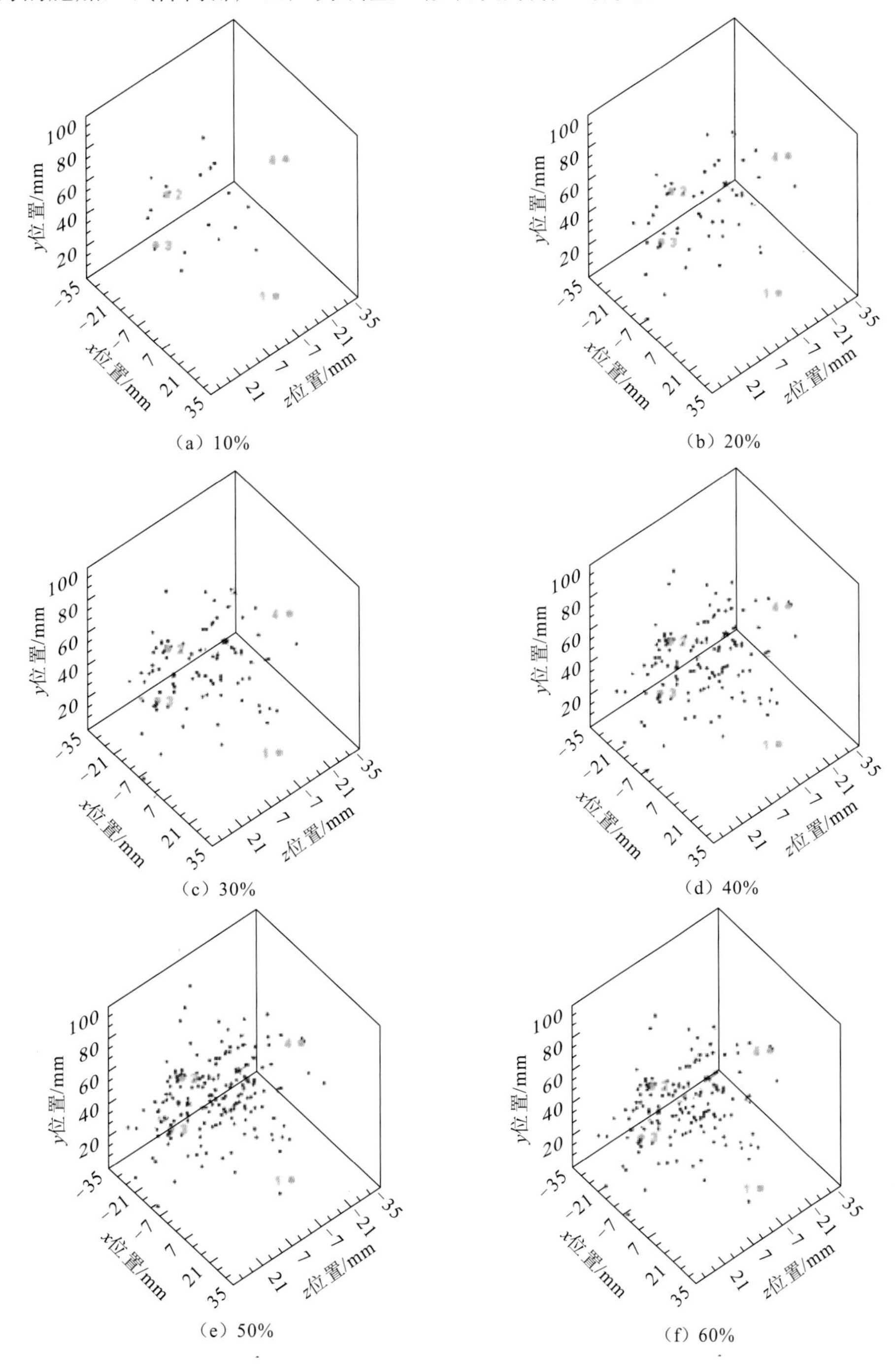

（a）10%　　（b）20%

（c）30%　　（d）40%

（e）50%　　（f）60%

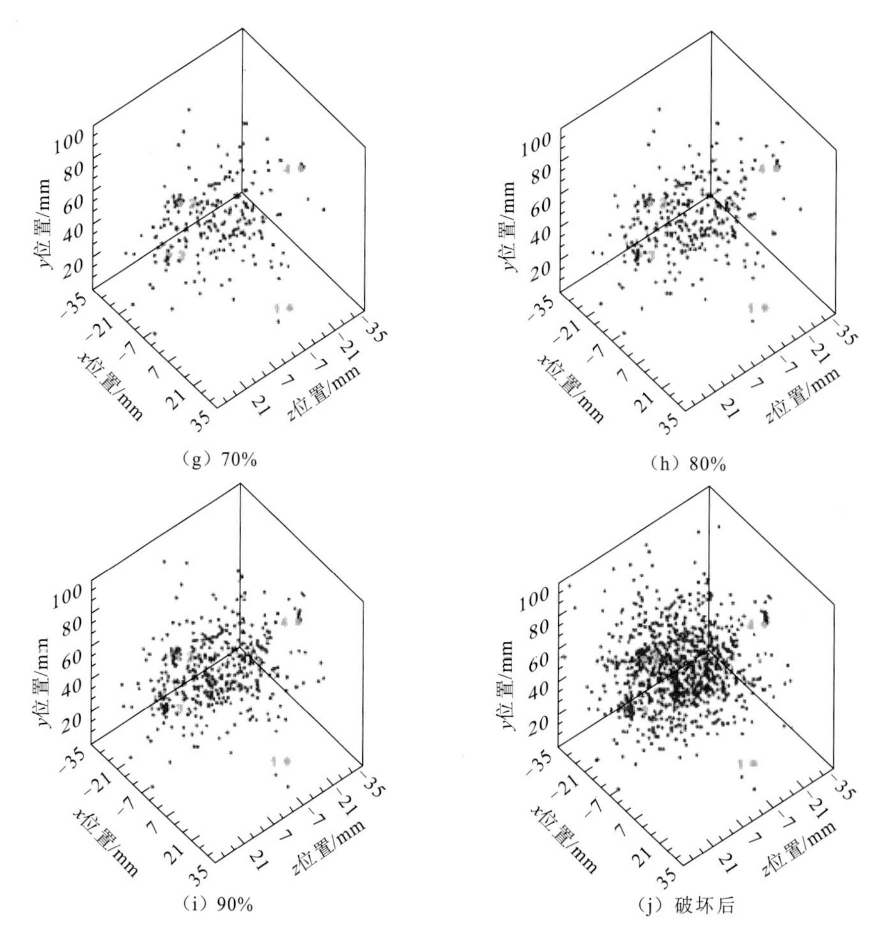

（g）70%　（h）80%

（i）90%　（j）破坏后

图 6.43　各压力阶段柱状节理玄武岩试样声发射事件空间定位图（峰值的 10%至破坏）

（2）当压力加至峰值的 20%时，试样 3、4 号传感器之间出现的声发射定位事件渐增，主要是因为内部微裂纹较发育，应力持续调整。继续加载至峰值的 40%时，试样内声发射定位事件数量略微增加，即进入平静期，表明该试样处于弹性变形阶段。

（3）当压力加至峰值的 50%时，试样中部突然增加了数个声发射定位事件；此后直至峰值的 70%，试样中部持续出现声发射定位事件，与此同时声发射定位事件逐渐向上下两端部发展。

（4）当压力加至峰值的 70%时，试样内部的声发射定位事件突然增加，这种现象持续到峰值的 90%，表明试样进入相对稳定的扩展阶段。

（5）当压力超过峰值的 90%时，试样声发射定位事件数量急剧增加，进入非稳定的扩展阶段，直至破坏；声发射定位事件分布弥散，在 3、4 号传感器之间形成一倾斜面。

柱状节理玄武岩试样破坏时声发射事件定位图与 CT 图像对比见图 6.44。试样中部出现声发射事件丛集，这正好对应着 CT 图像中试样中部的翼形裂纹面，该裂纹面中部声发射事件较为集中，两尖端向试样端部扩展处较为稀疏，从试样碎片来看此处有局部的擦痕，即在该裂纹面上发生了压剪破坏，声发射事件定位图中所形成的条带区域也刚好与 CT 图像中的斜裂纹面相吻合。

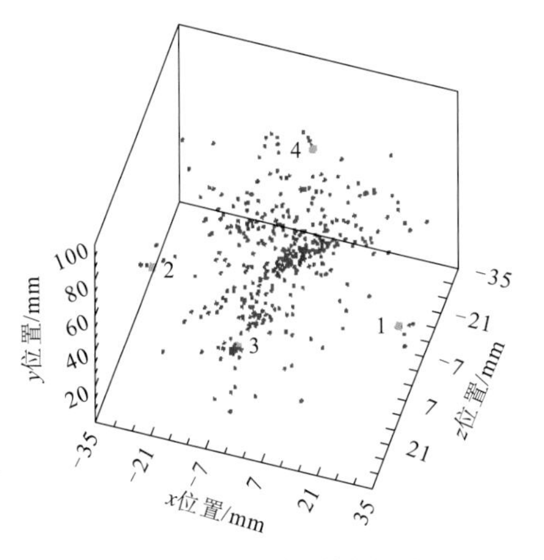

（a）声发射事件定位图　　（b）CT扫描图

图 6.44　试样破坏时声发射事件定位图与 CT 扫描图像对比

3. 含裂纹岩块破坏过程再现

图 6.45 为柱状节理玄武岩试样在各压力阶段的 CT 扫描图片和声发射定位图片，可以清晰反映试样内部裂纹的扩展过程。

（a）初始状态CT扫描图

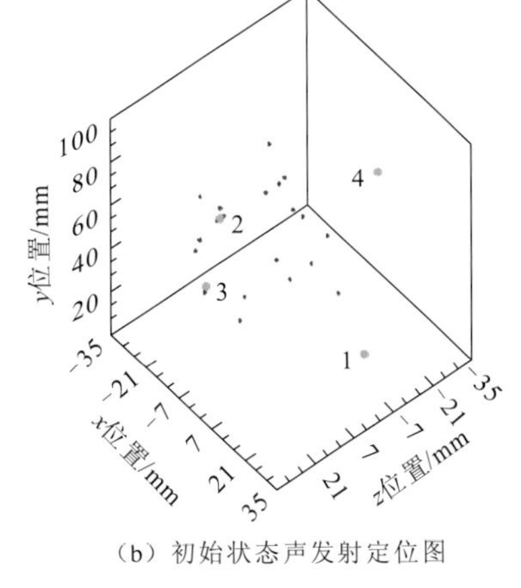

（b）初始状态声发射定位图

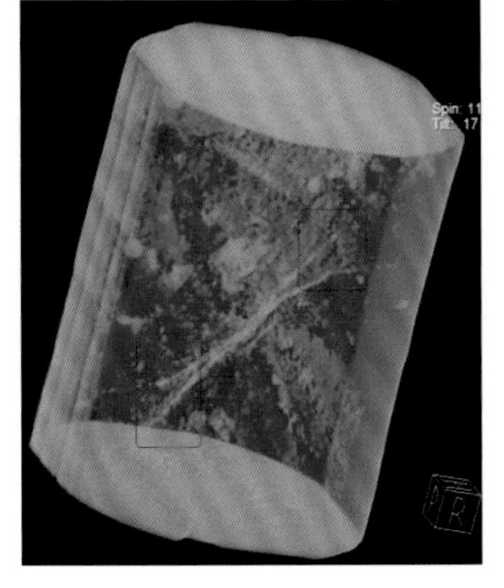

（c）峰值的20%CT扫描图

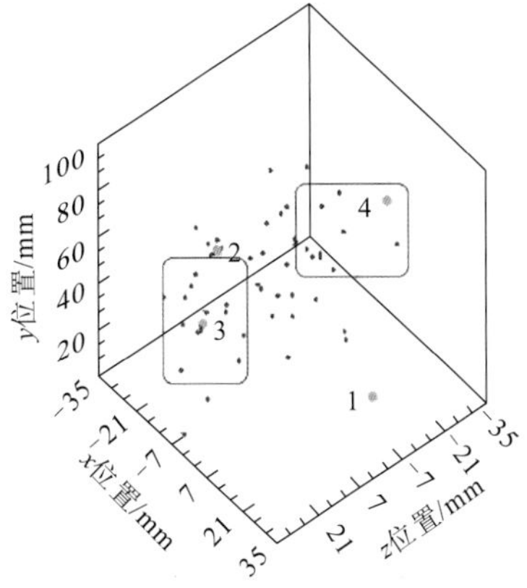

（d）峰值的20%声发射定位图

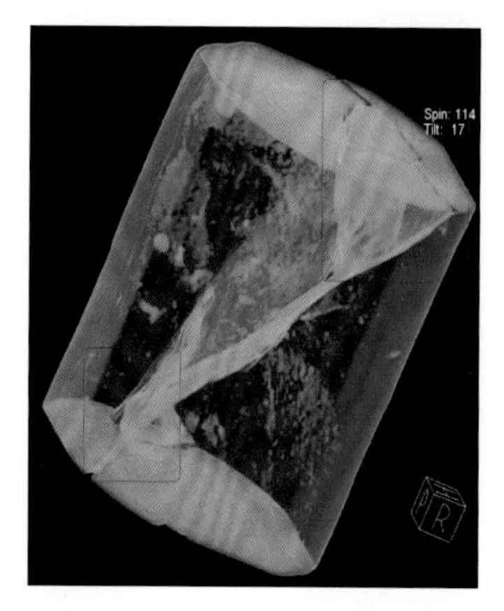

（e）破坏后CT扫描图

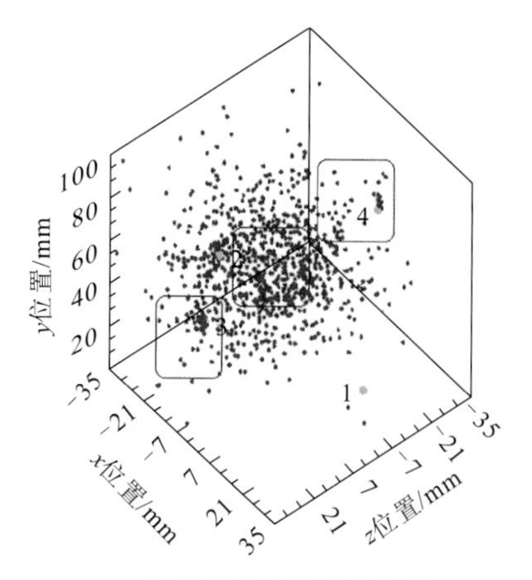

（f）破坏后声发射定位图

图 6.45　柱状节理玄武岩试样在各压力阶段的照片、CT 扫描图片及声发射定位图片

CT 扫描图像显示：在初始状态下试样内部含有裂纹；当加载至峰值的 20%时，裂纹沿尖端扩展，内部裂纹略有伸长；当岩块最终破坏时裂纹扩展贯通。

声发射三维定位结果则显示：刚加载时出现零星的声发射事件；当加载至 180 s（即峰值的 20%）时，声发射事件累计数小幅突增；之后直到 450 s（即峰值的 50%）时，声发射事件累计数缓慢增长；当超过峰值的 90%时，裂纹开始沿尖端快速扩展，短时间内扩展、贯通，直至破坏，于是试样上半部分沿着破裂面剧烈摩擦。

柱状节理玄武岩试样破坏过程概化如图 6.46 所示。

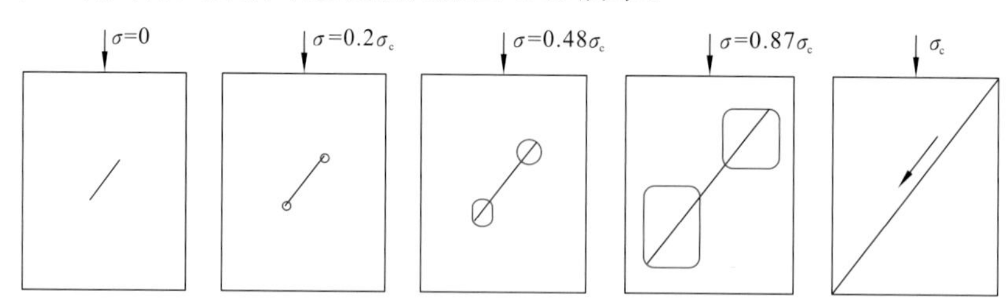

图 6.46　柱状节理玄武岩试样破坏过程概化

6.3.4　含裂纹岩块渐进破坏过程的断裂机制分析

格里菲斯假定材料内部存在均匀分布的细微裂纹，形状类似扁平状椭圆，其长短轴轴比很小，且假定相邻裂纹之间不能互相影响，并忽略材料特性的局部变化，这样推导出岩石材料处于破裂状态时格里菲斯强度理论的破坏准则为

（1）当 $\sigma_1+3\sigma_3\geqslant 0$ 时，

$$(\sigma_1-\sigma_3)^2=8\sigma_t(\sigma_1+\sigma_3) \tag{6.15}$$

危险裂隙方位角 β 的计算式为

$$\cos 2\beta=\frac{\sigma_1-\sigma_3}{2(\sigma_1+\sigma_3)} \tag{6.16}$$

（2）当 $\sigma_1+3\sigma_3\leqslant 0$ 时，

$$\sigma_3=-\sigma_t \tag{6.17}$$

危险裂隙方位角 β 的计算式为 $\sin 2\beta=0$。

根据格里菲斯强度理论的破裂准则表达式（6.15）～式（6.17），可在主应力坐标平面中画出格里菲斯强度理论的强度曲线 *EFGH*，见图 6.47，*EF* 为直线，*FGH* 为一抛物线，根据它们与纵、横坐标的交点 *I* 和 *G* 的坐标（0，σ_t）和（$8\sigma_t$，0）直接获得岩石材料的单轴抗拉强度 σ_t，单轴抗压强度为 $8\sigma_t$。

图 6.47 中 *AB* 的方程式为 $\sigma_1=\sigma_3$，由解析几何可知，位于 *AB* 左侧的各个坐标有 $\sigma_1<\sigma_3$，位于 *AB* 右侧的各个坐标则有 $\sigma_1>\sigma_3$，如采用习惯规定，认为 $\sigma_1\geqslant\sigma_3$，根据岩石受力情况所确定的点位，均落在 *AB* 的右侧（或在 *AB* 线上）。

图 6.47 中 *AB* 右侧的坐标区域，又被强度曲线 *EFGH* 划分为上、下两部分，不难看出：上部区域 *BEFH* 为岩石材料的非破坏区；下部 *AEFGH* 则为岩石材料的破坏区，岩石材料受力后是否发生破坏，应按其主应力（σ_1，σ_3）在图 6.47 中的坐标位置是否落在岩石材料的破裂区中。由此可见，图 6.47 可以更加直观地反映出格里菲斯强度理论的破裂准则。

根据上述破裂准则公式，可直接确定岩石材料单向受压破裂时的裂隙位置。当 $\sigma_1>0$ 及 $\sigma_3=0$ 时，将其代入式（6.16）可得

$$\cos 2\beta=\frac{\sigma_1-\sigma_3}{2(\sigma_1+\sigma_3)}=\frac{\sigma_1}{2\sigma_1}=\frac{1}{2},\quad \beta=\frac{1}{2}\arccos 0.5=\frac{\pi}{6}$$

单向受压情况下的危险裂隙位置如图 6.48 所示。

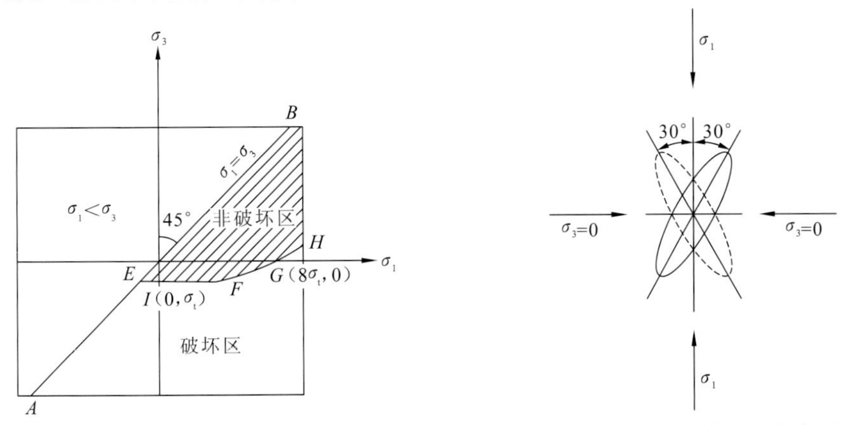

图 6.47　破坏区示意图　　　图 6.48　单向受压情况下危险裂隙位置

根据格里菲斯强度理论的破坏准则及前期试验结论，可对含裂纹岩块破坏机理进行相关分析。从破坏准则可知，由于岩石材料的局部抗拉强度远低于抗压强度，在单轴压缩条件下岩石材料的局部抗拉强度是控制裂纹产生、扩展的关键因素。

柱状节理玄武岩试样本身存在的翼形裂纹与长轴的夹角较小，虽然该裂纹具有一定的强度，但是相对于岩石材料的基质而言，其力学性质较差，受到载荷作用该裂纹尖端处易产生应力集中效应，当裂纹尖端切向应力大于岩石的抗拉强度时，裂纹就会扩展。

假定材料内部的裂纹符合格里菲斯强度理论假设，可求出裂纹周围材料上的正应力 σ_x、σ_y，以及剪应力 τ_{xy}。根据室内岩石力学试验结果，岩石材料的抗拉强度为 2.4 MPa，裂隙夹角 $\beta=30°$，可计算出起裂正应力的大小，即 $\sigma_1=9.6$ MPa，此时对应的是峰值的 66%，

表示裂隙起裂。对应声发射定位探测的分析成果为：当载荷加至峰值的 50%时，试样中部突然增加了数个声发射定位事件，此后至峰值的 70%，试样中部持续出现声发射定位事件，与此同时声发射定位事件逐渐向上下两端部发展。最终试样的破裂面也是在危险裂纹位置的范围之内，试验的结果采用经典格里菲斯强度理论能够得到较好的解释。

6.4 岩体直剪破坏声发射特征及微裂纹平面定位

6.4.1 原位直剪试验过程声发射测试

原位直剪试验岩体的岩性为隐晶质玄武岩及含斑玄武岩，斑晶及微晶为斜长石、辉石，基质由玄武玻璃组成，节理发育。试验布置于洞壁，剪切面铅直。试样尺寸为 50 cm×50 cm×40 cm，剪切面积为 2 500 cm^2。

声发射测试试验采用美国物理声学公司（PAC）生产的 SAMOS 型声发射系统，由传感器、放大器和数据处理系统三部分组成。使用的传感器为 R6I 前放一体化传感器，主频为 60 kHz。

由于直剪试验岩体破裂主要发生于剪切面位置，现场共布设 R6I 探头三个，其中两个探头布置于试样顶面，一个布置于试样侧面。在监测声发射信号在剪应力增加过程中变化规律的同时，对其进行平面定位。现场布置见图 6.49。

节理岩体直剪试验的法向应力为 1.4 MPa，采用千斤顶分两次施加，加荷后立即读数，以后每隔 5 min 读数一次，当连续两次读数之差不超过 0.01 mm 时，即认为稳定。剪切荷载按预估最大剪切荷载分 12 级施加，每隔 5 min 加荷一次，加荷前后均需测读各测表读数。

节理岩体原位直剪试验剪应力-剪切位移曲线见图 6.50。

图 6.49 声发射探头布置图

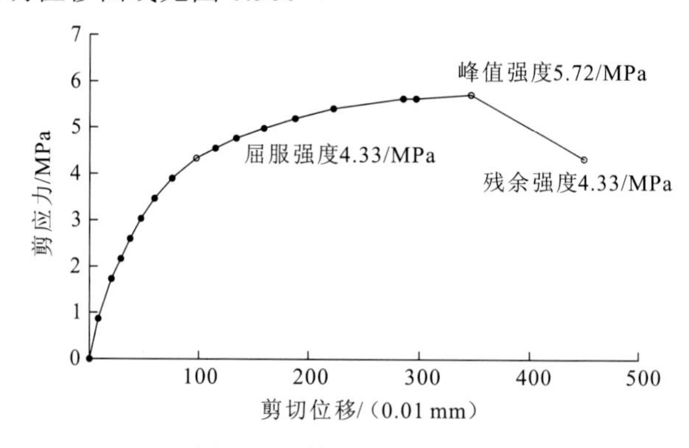

图 6.50 剪应力-剪切位移曲线

6.4.2 岩体直剪破坏声发射信号时序特征

在原位直剪试验开始施加剪切荷载时，开始对试样的声发射信号进行采集。整个原位直剪试验过程共持续约 4 700 s，即 78 min 左右。

试验过程中单个探头的声发射信号撞击率见图 6.51。其中主要横坐标为剪应力，次要横坐标为试验时间，纵坐标表示声发射信号的撞击率。由图 6.51 可发现，在直剪试验过程中每隔 5 min，施加一次荷载，因此每隔 300 s，声发射信号就会有一次突发，并且随着岩体内部应力的调整平衡，声发射信号也逐渐消减。随着剪应力的增加，每级加载后声发射信号也不断增多，并在剪应力达到试样抗剪断强度时，声发射信号达到最多。

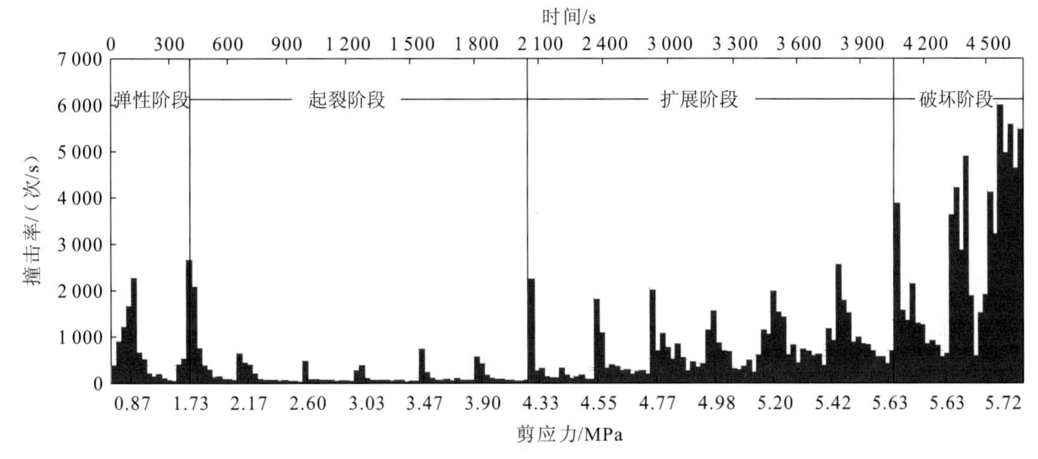

图 6.51　声发射信号撞击率变化曲线

根据试验过程中岩体声发射信号撞击率的变化规律，试样的剪切破坏过程可分为弹性阶段、起裂阶段、扩展阶段和破坏阶段四个阶段。

6.4.3　岩体直剪破坏声发射信号频谱特性

原位直剪试验过程中，岩体破坏声发射信号典型波形见图 6.52。通过快速傅里叶变换（fast Fourier transform，FFT）计算出声发射信号的频谱见图 6.53。由图 6.53 可得，岩体破坏声发射源主频范围为 40～120 kHz。

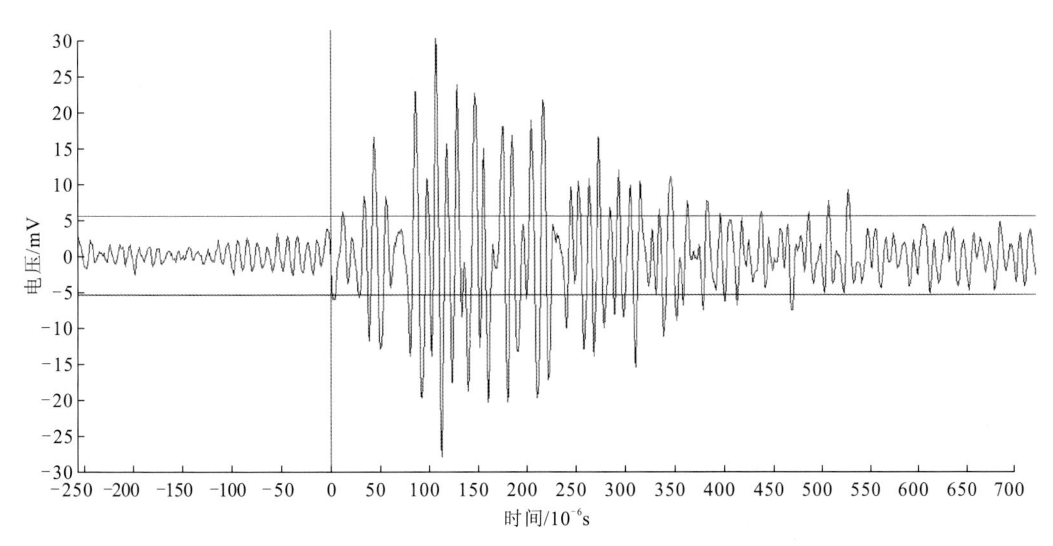

图 6.52　岩体破坏声发射信号典型波形图

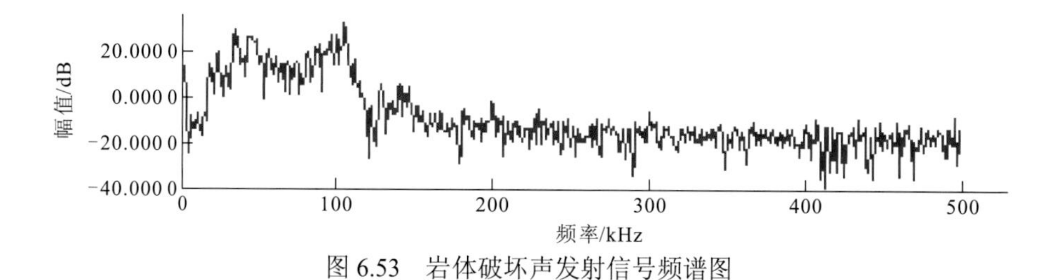

图 6.53 岩体破坏声发射信号频谱图

6.4.4 岩体直剪破坏声发射平面定位分析

声发射事件定位主要通过不同位置的传感器拾取 P（S）波到达的时间差来反演岩石破裂源位置，应用定位算法来反演声发射事件位置，通过此时间差和位置差，应用盖格尔定位算法反演声发射源位置，进而实现声发射事件定位。

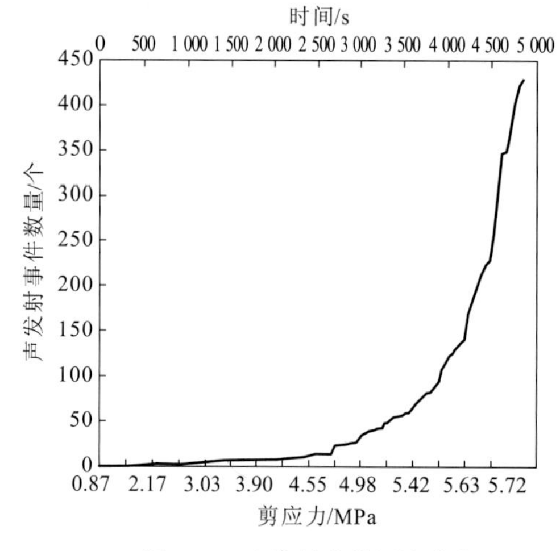

图 6.54 声发射事件累计曲线

节理岩体原位直剪破坏过程中，声发射事件的累计曲线见图 6.54。在前 400 s 剪应力施加至 1.73 MPa 时，无声发射事件，岩体处于弹性变形阶段，当剪应力施加至 4.33 MPa 时，声发射事件较少，内部仅有极少量的裂纹产生，岩体处于微裂纹起裂阶段。当试验时间达到 4 000 s，剪应力为 5.63 MPa 时，声发射事件缓慢增加，岩体内部裂纹不断扩展，岩体处于微裂纹稳定扩展阶段。在此之后，岩体进入破坏阶段，岩体内部声发射事件则大量增加，微裂纹迅速扩展贯通，剪应力达到其峰值强度。

节理玄武岩原位直剪试验，不同剪应力水平岩体声发射源平面定位图见图 6.55。

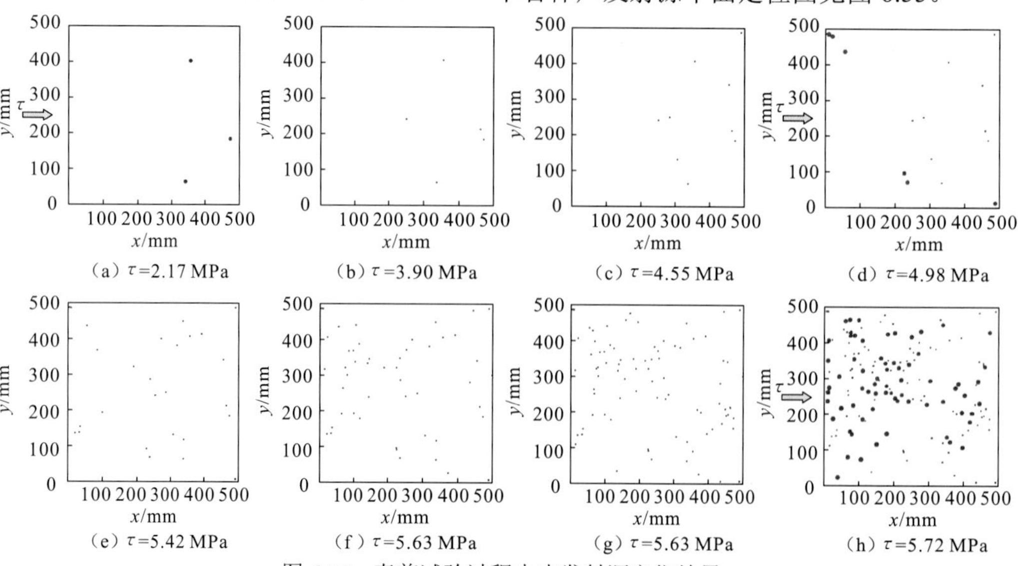

图 6.55 直剪试验过程中声发射源定位结果

当剪应力施加至 2.17 MPa 时，岩体就已经开始出现微破裂，并且微破裂位于剪切面右部，即岩体在施加剪切荷载的远端最先出现微破裂。随着剪切荷载的增加，声发射事件缓慢增加，并且岩体内部产生微破裂的位置也逐渐向施加剪切荷载的近端靠近[图 6.55(a)～(f)]。经过微裂纹稳定发展这一阶段，微破裂基本上布满整个剪切面。由剪切荷载施加至 5.63 MPa 开始，声发射事件开始大量增加，微破裂发生的位置则集中在剪切面局部，直至形成宏观的破裂面[图 6.55(g)、(h)]。这一阶段则对应于岩体局部破裂化过程。

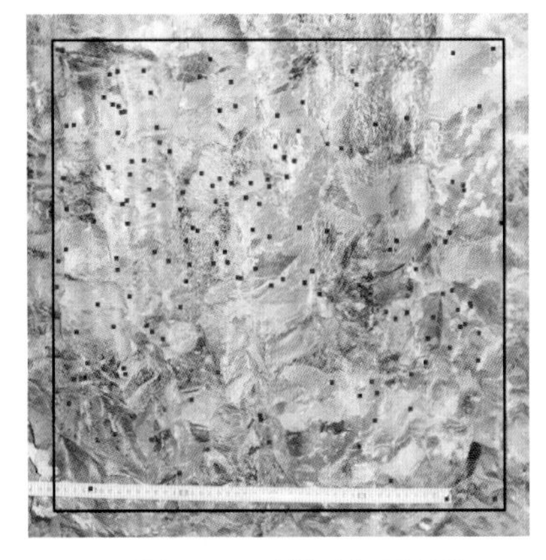

图 6.56　试样破坏面照片

试样破坏后，剪切面状况见图 6.56。通过试样破坏后剪切面照片与声发射事件定位图的对比分析，可以明确看到，首先在剪切面左上角，发生岩体剪切破坏，声发射事件也最为集中。其次，在右下角也发生岩体局部剪切破坏，同样也得到一个声发射集中区。

6.5　岩体真三轴破坏微裂纹三维空间定位

6.5.1　岩体真三轴试验过程声发射测试

为研究岩体在三维应力状态下的变形和强度特征，深化对岩体在真三轴应力状态下变形破坏机制的认识，对原位真三轴卸侧压试验过程进行声发射探测。试验设备同样采用美国物理声学公司（Physical Acoustics Corporation，PAC）生产的 SAMOS 声发射系统。为利用声发射三维定位技术监测三轴试验过程中岩体内部裂纹的扩展与破坏规律，现场共布置 R6I 探头四个，声发射探头布置图与现场照片见图 6.57。

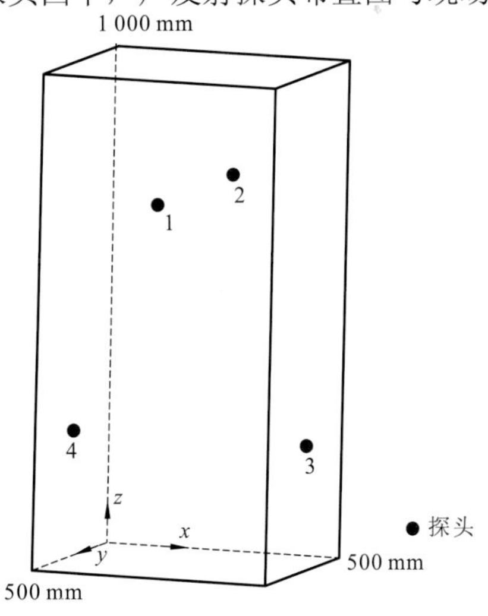

（a）布置图

（b）现场照片

图 6.57　声发射探头布置图与现场照片

6.5.2 柱状节理玄武岩卸侧压破坏过程声发射特征及空间定位

柱状节理玄武岩节理发育，开挖出现较明显松弛。为研究柱状节理玄武岩在三维应力状态下的变形和强度特征，深化对柱状节理岩体松弛及变形破坏机制的认识，对原位真三轴卸侧压试验过程进行声发射探测。

1. 柱状节理玄武岩原位真三轴试验

以 6#试样为例对其真三轴卸侧压破坏过程进行声发射测试分析。6#试样的展示照片和裂隙素描见图 6.58。试样被柱状节理和微裂隙切割破碎，块度一般为 5～10 cm。

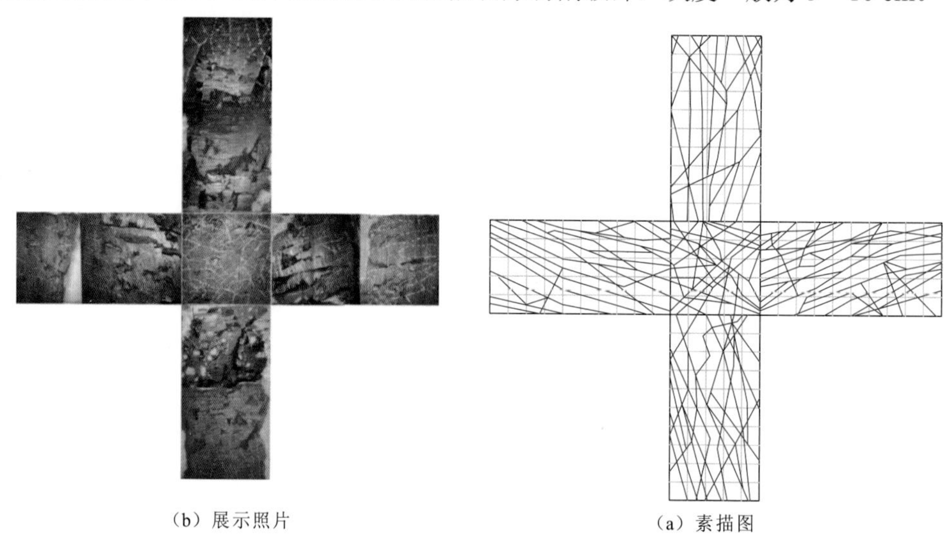

(b) 展示照片　　(a) 素描图

图 6.58　6#试样展示照片和裂隙素描图

6#试样应力路径具体为：σ_2 和 σ_3 加载至 7.5 MPa，将 σ_1 加载至 37 MPa，逐级卸载 σ_3 直至试样破坏。其中，侧压 σ_3 和轴压 σ_1 采用伺服控制，侧压 σ_2 采用人工控制。本次试验采用连续加卸载方式，加载速率基本维持在 1.5 MPa/5 min，侧压 σ_3 卸载速率为 0.6 MPa/5 min。6#试样真三轴卸侧压试验过程应力-应变曲线见图 6.59，整个过程持续时间为 9 728 s，约为 2 h 42 min。

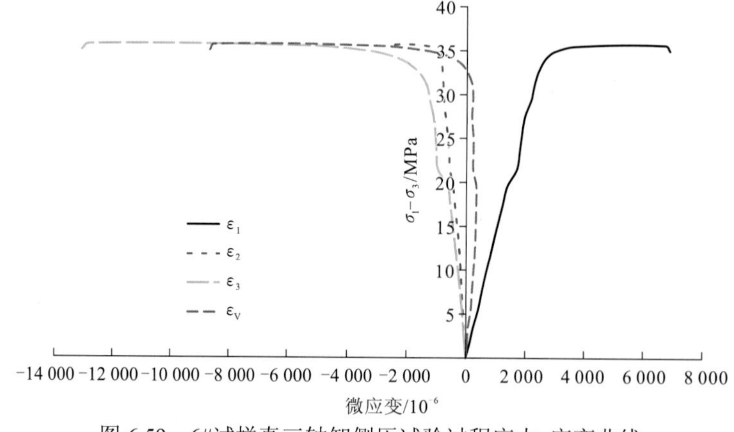

图 6.59　6#试样真三轴卸侧压试验过程应力-应变曲线

2. 柱状节理玄武岩卸侧压过程声发射信号的时序特征

试验全过程中，试样变形破坏所产生的声发射撞击信号幅值散点分布图见图 6.60，岩体应力-应变-声发射振铃计数柱状图及累计曲线图分别见图 6.61、图 6.62，应力-应变-声发射信号能率柱状图与累计曲线图分别见图 6.63、图 6.64，声发射信号撞击率柱状图见图 6.65，图 6.66 为加载阶段声发射撞击信号的放大图。

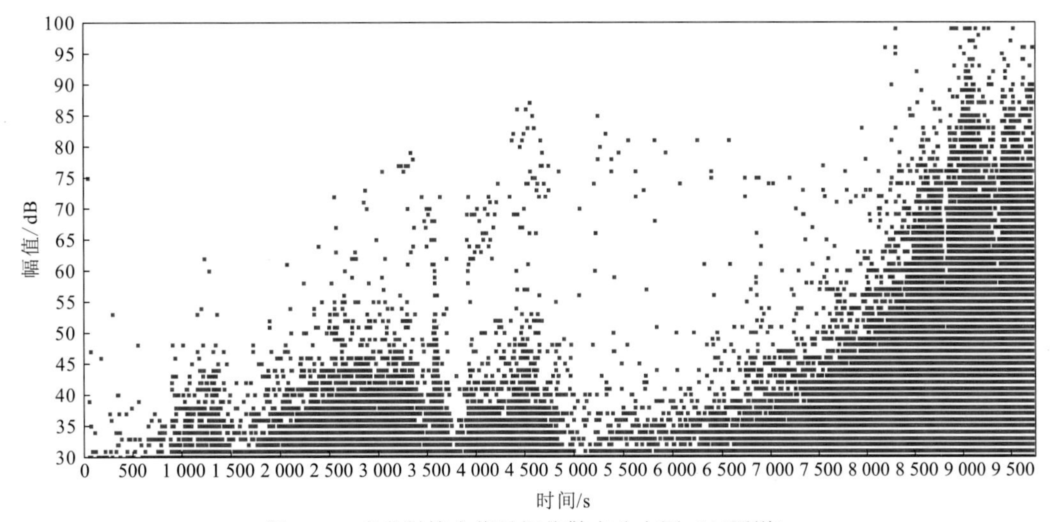

图 6.60 声发射撞击信号幅值散点分布图（4#通道）

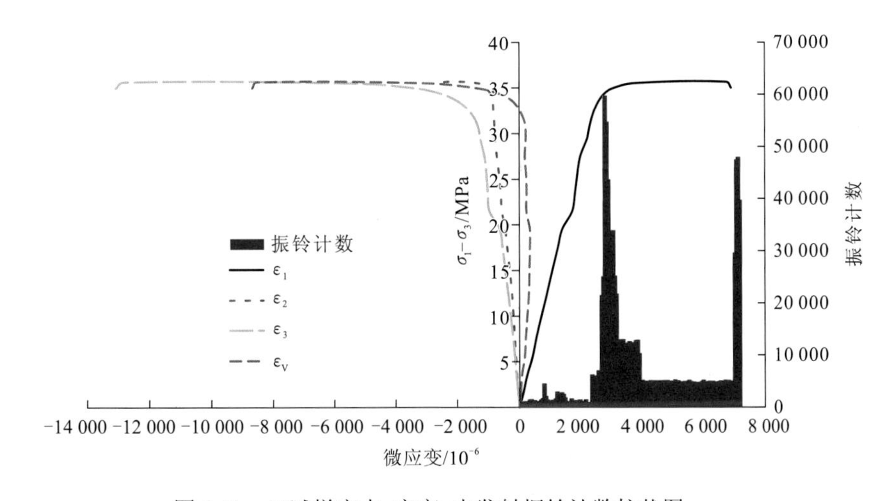

图 6.61 6#试样应力-应变-声发射振铃计数柱状图

由图 6.60～图 6.66 可知，在同步施加侧压时，岩体声发射信号随着侧压的增加而增加，但声发射撞击信号的水平比较低，单位时间内的撞击率在 500 以下。

在侧压保持不变、轴向荷载加压阶段，随着岩体内部偏应力的增加，声发射信号并无明显变化，整体处于低水平状态，声发射振铃计数累计曲线与声发射信号能率累计曲线平缓增加。轴向荷载加压阶段岩体试样声发射信号撞击率见图 6.66。分析可知，当轴向压力由 5 MPa 施加至 10 MPa 时，随着轴压的增加，岩体声发射信号逐渐减少，即当岩

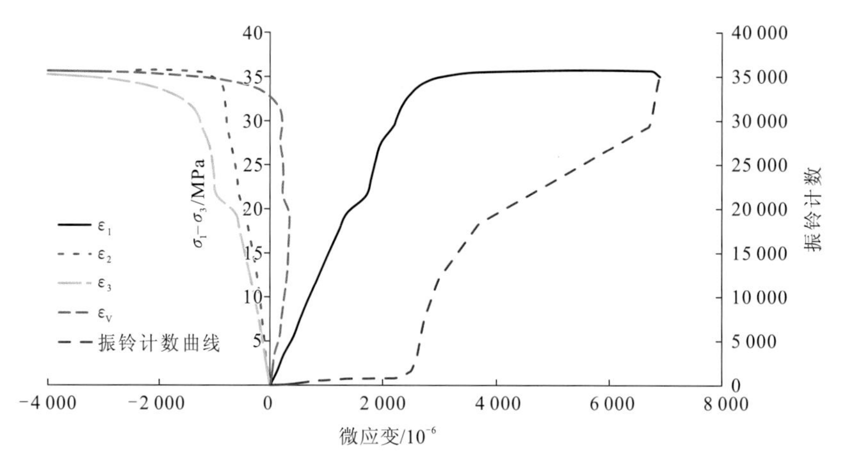

图 6.62　6#试样应力-应变-声发射振铃计数累计曲线图

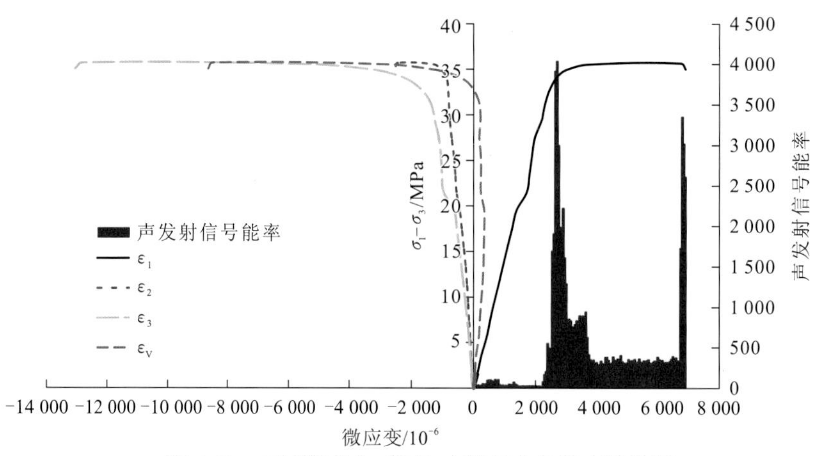

图 6.63　6#试样应力-应变-声发射信号能率柱状图

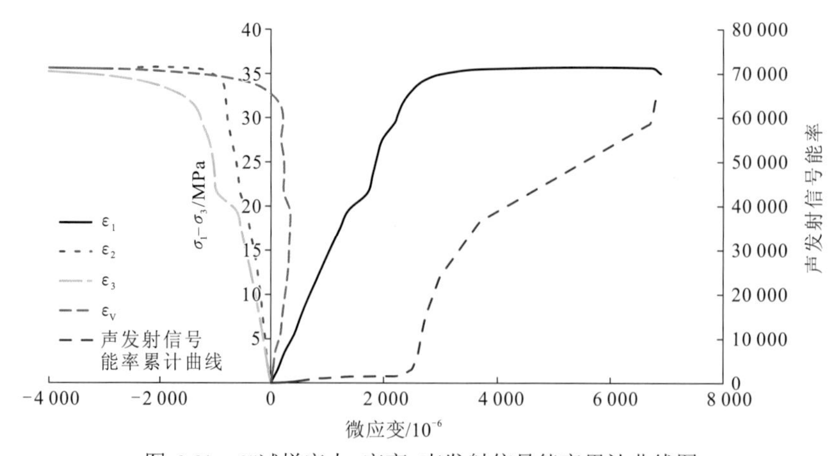

图 6.64　6#试样应力-应变-声发射信号能率累计曲线图

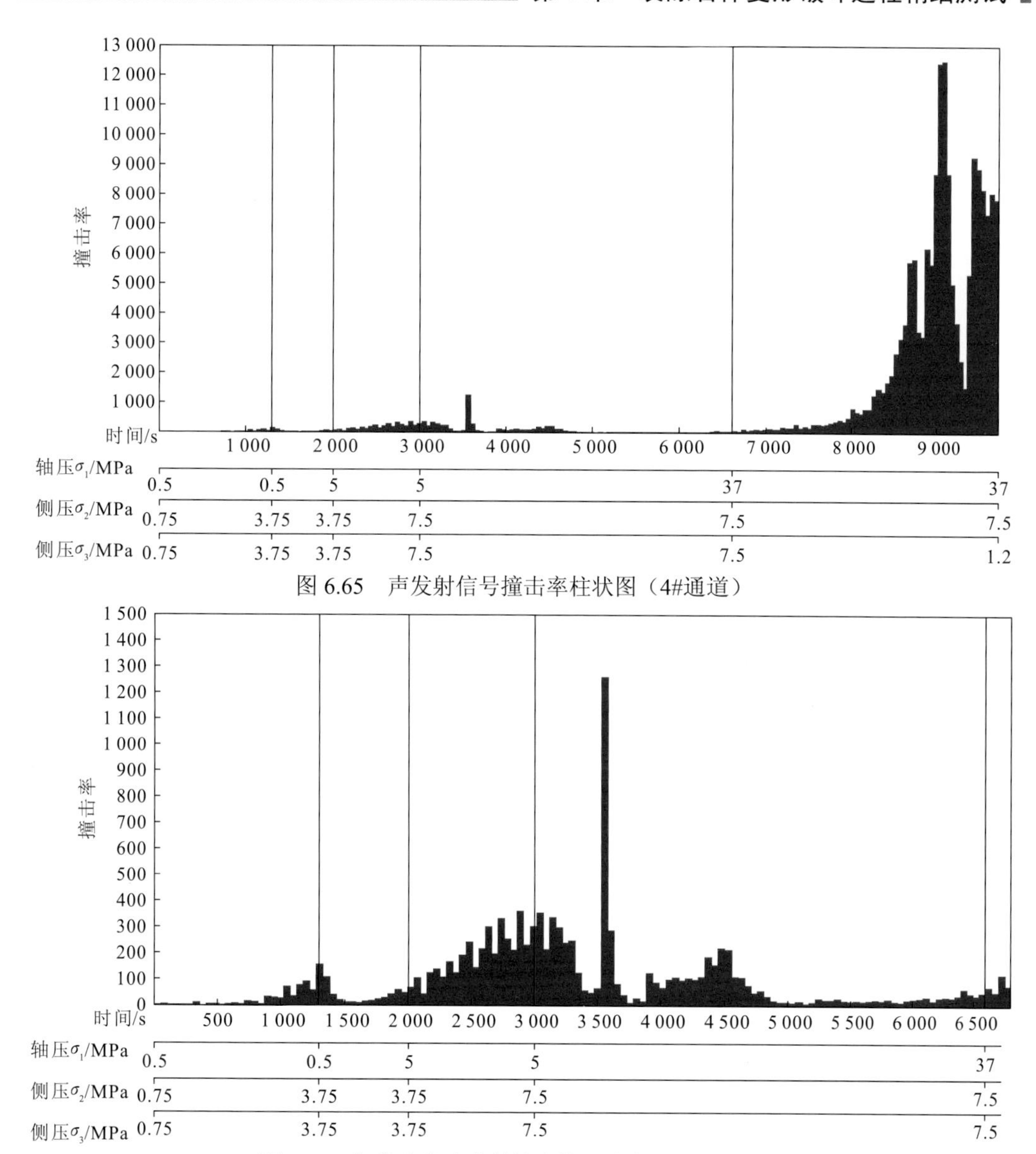

图 6.65　声发射信号撞击率柱状图（4#通道）

图 6.66　加载阶段声发射撞击信号放大图（4#通道）

体偏应力降低时，岩体声发射信号也逐渐降低。另外，需要说明的是图 6.66 中在 3 600 s 左右时，岩体内部产生的声发射信号突发由这一时刻原位真三轴试验系统进行充油引起。当轴向压力达到 17 MPa 时，岩体声发射信号撞击率达到最大值 200 左右，此后，随着轴向压力的继续增加，声发射信号撞击率逐渐降低至 50 以下并趋于平稳。

在卸侧压阶段，随着侧压 σ_3 卸载的开始，岩体内部声发射信号撞击率、声发射振铃计数、声发射信号能率均逐渐增加。当侧压 σ_3 降至 3.9 MPa 时，岩体试样轴向应变较小而岩体内部声发射信号开始突增，声发射振铃计数与声发射信号能率累计曲线出现第一个陡增拐点；直至侧压 σ_3 降至 1.9 MPa 时，岩体试样轴向应变比上一阶段明显增大，试样内部声发射信号撞击率、声发射振铃计数、声发射能率均达到最大值，声发射振铃计数累计数量-微应变关系曲线与能率累计数量-微应变关系曲线出现第二个拐点，此后，岩体声发射信号撞击率则又突降至低水平 2 000 以下，声发射振铃计数与声发射信号能率累计曲线有所变缓；当侧压 σ_3 降至 1.5 MPa 时，岩体试验轴向应变迅速增大，声发射信号的撞击率又增至高水平 9 000 左右，试样破坏。

6#试样整个真三轴卸侧压试验过程中，试样声发射事件柱状图见图 6.67，声发射事件累计曲线见图 6.68。其中卸侧压阶段岩体声发射事件的柱状图与累计曲线见图 6.69。

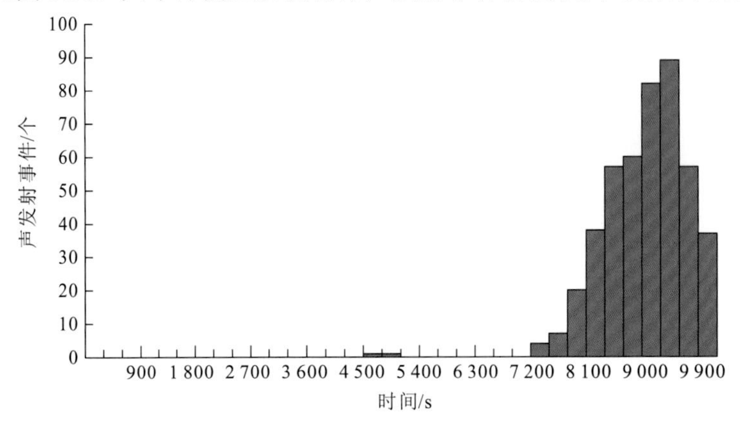

图 6.67 真三轴卸载试验过程中 6#试样声发射事件柱状图

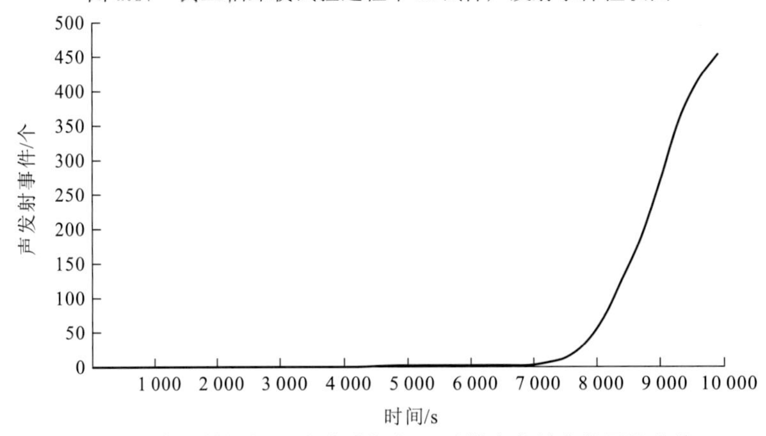

图 6.68 真三轴卸侧压试验过程中 6#试样声发射事件累计曲线

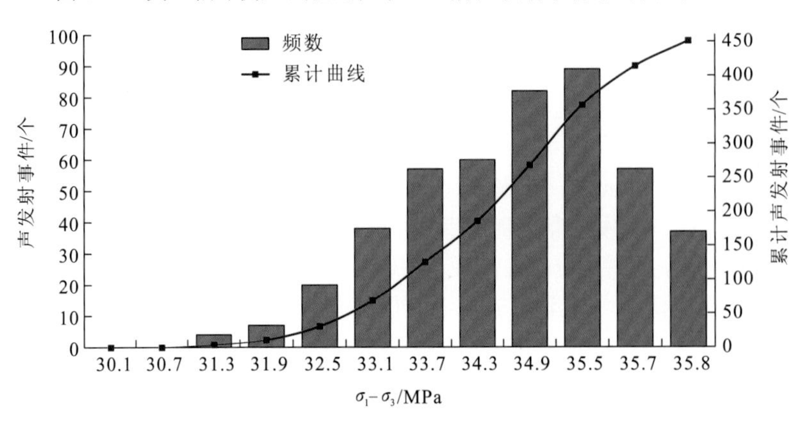

图 6.69 卸侧压阶段岩体声发射事件柱状图与累计曲线

在加载阶段，岩体内部仅有两个的声发射事件产生，仅占试验过程中声发射事件总数的 0.4%。卸侧压试验过程中，在卸侧压初期，侧压 σ_3 卸载至 6.3 MPa 时，岩体内部并没有声发射事件产生。当侧压 σ_3 继续卸载时，岩体内部声发射事件开始随着侧压 σ_3 的减小而增加，并且当侧压 σ_3 卸载至 1.5 MPa 时，岩体内部单位时间内产生的声发射事件个数达到最大值。

在整个试验过程中柱状节理玄武岩的声发射信号撞击率和声发射事件变化规律具有较好的一致性。对比加载阶段与卸侧压阶段，在加载阶段岩体内部产生的声发射信号撞击率都维持在低水平，一般均在 300 以下，几乎没有声发射事件产生，即没有微裂纹的产生或扩展；但是当岩体进入屈服阶段后，其内部的声发射信号撞击率则突增至高水平，达到 8 000 以上，声发射事件也迅速增加，表面微裂纹迅速扩展贯通。并且，对应于岩体应力-应变曲线的比例强度、屈服强度和破坏强度，岩体内部产生的声发射信号撞击率和声发射事件也出现相应的突变。

3. 柱状节理玄武岩卸侧压破坏声发射事件三维定位

为了清晰表示试验过程中岩体内部声发射事件的发生发展过程，根据声发射源三维定位计算方法，获得每施加一级或者卸侧压一级荷载所产生的声发射事件分步分解定位图，见图 6.70。

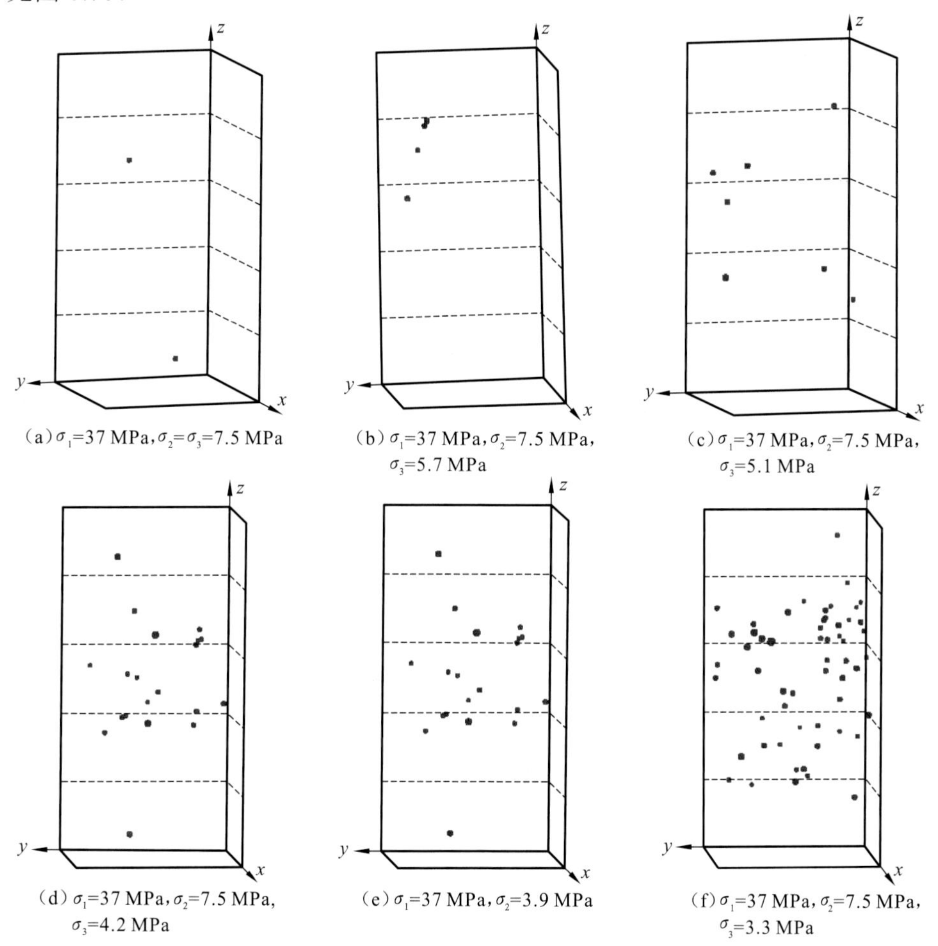

(a) σ_1=37 MPa, σ_2=σ_3=7.5 MPa

(b) σ_1=37 MPa, σ_2=7.5 MPa, σ_3=5.7 MPa

(c) σ_1=37 MPa, σ_2=7.5 MPa, σ_3=5.1 MPa

(d) σ_1=37 MPa, σ_2=7.5 MPa, σ_3=4.2 MPa

(e) σ_1=37 MPa, σ_2=3.9 MPa

(f) σ_1=37 MPa, σ_2=7.5 MPa, σ_3=3.3 MPa

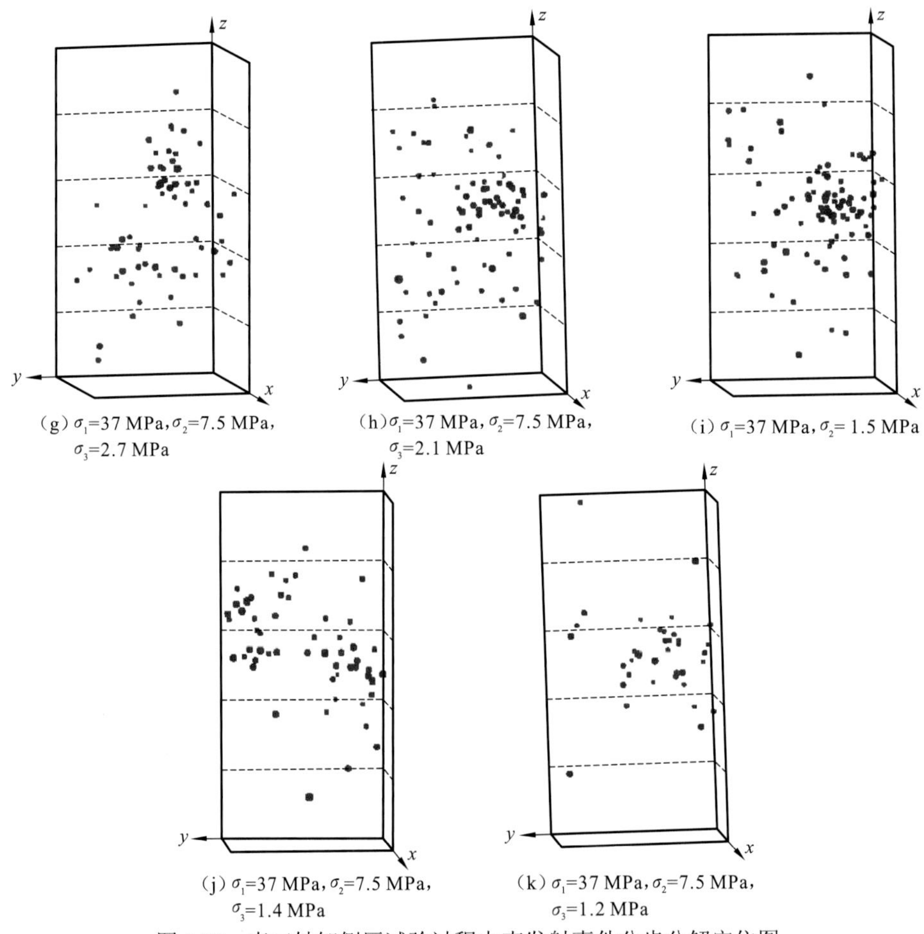

(g) σ_1=37 MPa, σ_2=7.5 MPa, σ_3=2.7 MPa

(h) σ_1=37 MPa, σ_2=7.5 MPa, σ_3=2.1 MPa

(i) σ_1=37 MPa, σ_2= 1.5 MPa

(j) σ_1=37 MPa, σ_2=7.5 MPa, σ_3=1.4 MPa

(k) σ_1=37 MPa, σ_2=7.5 MPa, σ_3=1.2 MPa

图 6.70 真三轴卸侧压试验过程中声发射事件分步分解定位图

6#试样在真三轴卸侧压试验过程中岩体内部声发射事件定位结果见图 6.71。6#试样破坏后照片及素描图见图 6.72。

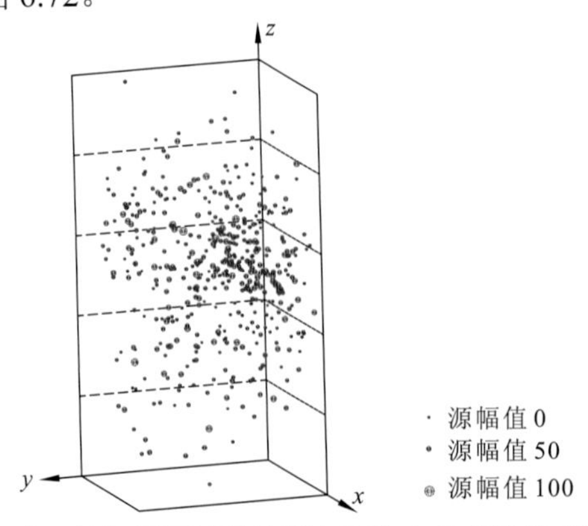

图 6.71 真三轴卸侧压试验过程中岩体内部声发射事件定位图

综合声发射定位图和试样破坏后照片与素描图可知，试样长大破坏裂隙大部分出现在 σ_2 加载面上，σ_3 加载面上的破坏裂隙近直立，σ_2 加载面上的破坏裂隙普遍存在约 70°

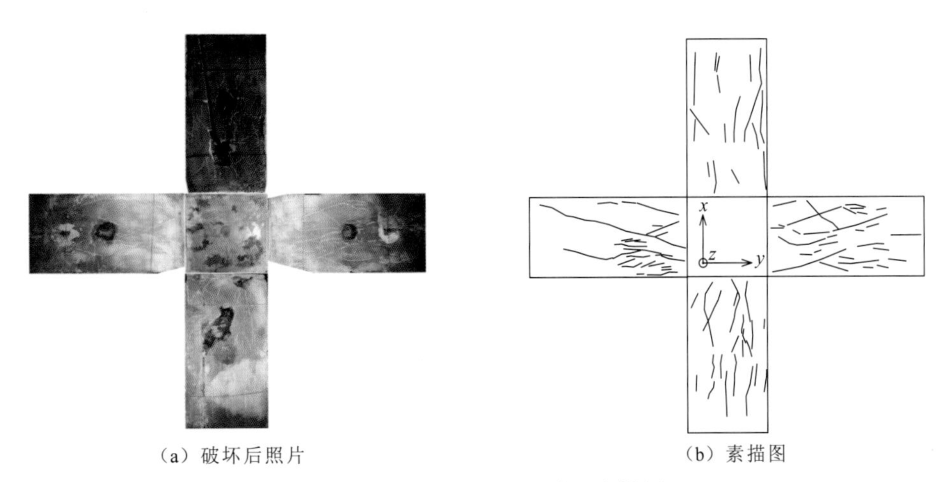

（a）破坏后照片　　（b）素描图

图 6.72　6#试样破坏后照片及素描图

的倾角，新增破坏裂隙的延伸方向与柱状节理面延伸方向一致，说明试样主要还是在原柱状节理面基础上进一步扩展、贯通，进而破坏。

根据声发射定位结果可知，在侧压 σ_3 卸载过程中，岩体内部中上部位最先产生陡倾的微裂纹，并且随着侧压 σ_3 的降低，微裂纹逐渐向两端扩展。6#试样岩体内部产生了三组裂纹，其中两组陡倾裂纹近似呈 X 形，另外一组裂纹为近水平的缓倾角裂纹。

6.5.3　深埋大理岩卸侧压破坏过程声发射特征及空间定位

1. 深埋大理岩原位真三轴卸侧压试验

深埋大理岩原位真三轴卸侧压试验声发射测试布置于锦屏二级水电站交通辅助洞 2#试验支洞。试样（编号为 RS2-2#）为白山组（T_2b）灰-灰白色致密厚层块状大理岩。

RS2-2#试样试验前照片及描述见图 6.73。试样北面和西面中部见溶蚀，凹进 1～3 cm，溶蚀部位铁锰渲染，并充填黄色泥。试墩见 2～3 条严重的卸荷裂隙，走向为 N218°，倾角为 35°～42°；东西面上见 1 条竖向裂隙，走向为 N342°，倾角约为 62°，局部附泥膜。

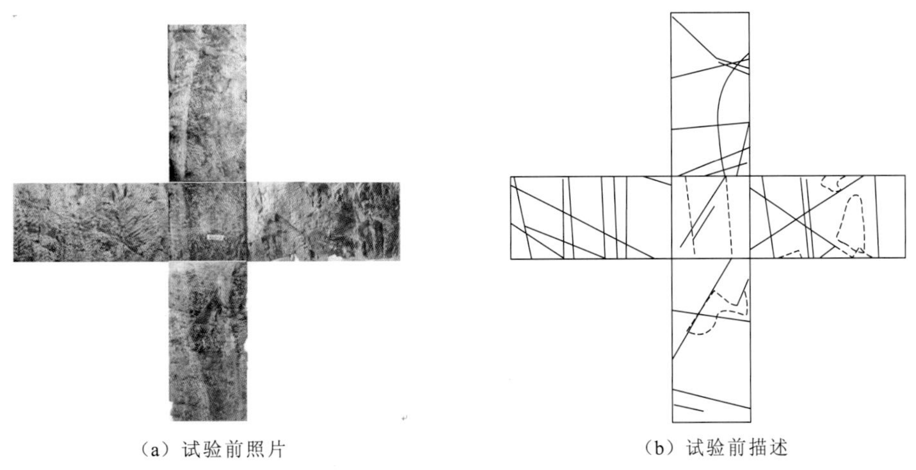
（a）试验前照片　　（b）试验前描述

图 6.73　RS2-2#试样试验前照片及描述

RS2-2#试样真三轴试验应力路径为：同步施加 $\sigma_1=\sigma_2=\sigma_3$ 至 11.15 MPa 后，逐级施加 σ_1 至 77.35 MPa 稳定后，逐级卸 σ_3 至 8.2 MPa，破坏。整个过程持续时间为 2.5 h。（$\sigma_1-\sigma_3$）-ε 曲线见图 6.74。

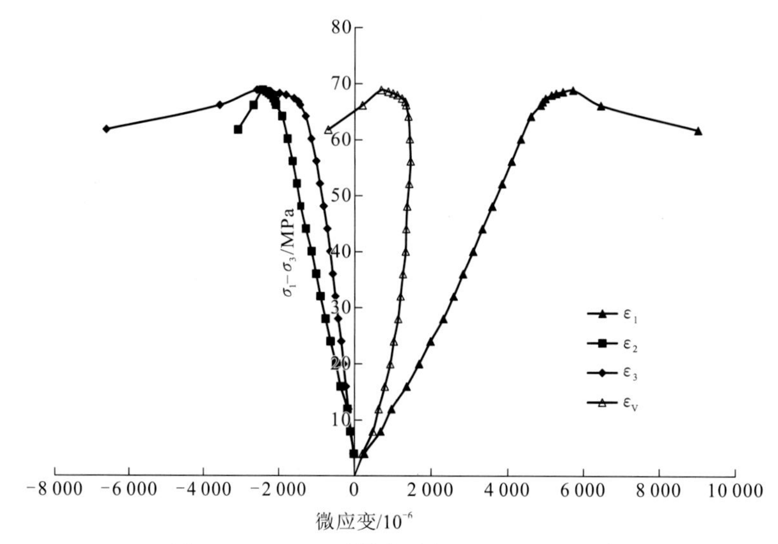

图 6.74 RS2-2#试样全过程（$\sigma_1-\sigma_3$）-ε 曲线

2. 深埋大理岩卸侧压过程声发射信号的时序特征

试验全过程中，RS2-2#试样变形破坏所产生的声发射信号撞击率柱状图见图 6.75。

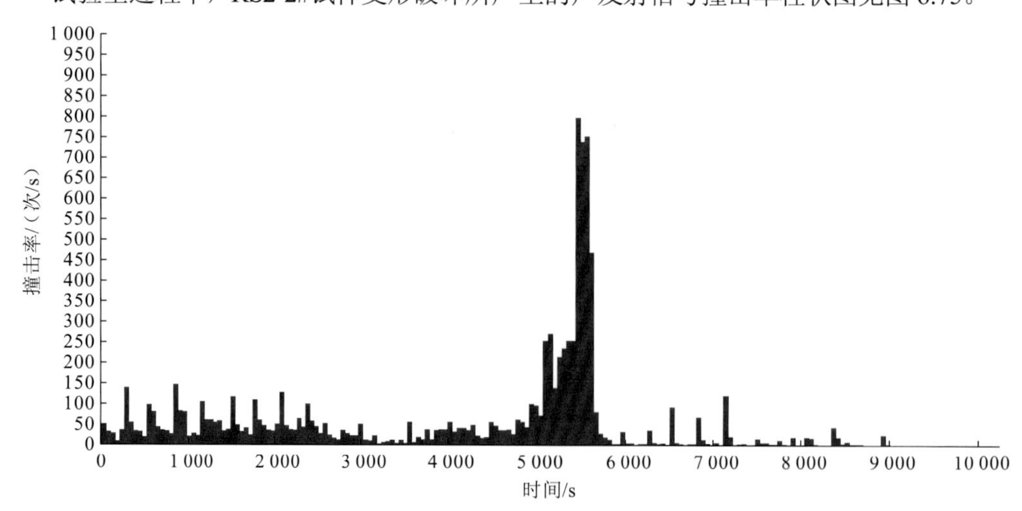

图 6.75 声发射信号撞击率柱状图

在加载前半阶段（0～2 500 s），每加一级轴压，试样声发射水平相当；在加载后半阶段（2 500～4 300 s），每加一级轴压，试样声发射水平比前半阶段有所降低。当开始卸载 σ_3 时，随着岩体内部偏应力的增加，声发射信号也逐渐增加。当试验进行至 5 100 s 时，σ_3 降至 9.06 MPa，试样声发射信号突发，随后声发射信号撞击率下降，并在下一级卸侧压时达到最大值。此后，声发射信号撞击率又迅速回落至低水平。

根据岩体内部声发射信号撞击率出现的突变，可确定 RS2-2#试样的比例强度、屈服强度和破坏强度，见表 6.4。

表 6.4　RS2-2#试样特征强度值

荷载方式	比例强度		屈服强度		破坏强度	
	σ_1 / MPa	σ_3 / MPa	σ_1 / MPa	σ_3 / MPa	σ_1 / MPa	σ_3 / MPa
卸载	77.35	9.36	77.35	8.77	77.35	8.17

试验中，试样变形破坏过程中声发射事件柱状图与累计曲线见图 6.76。

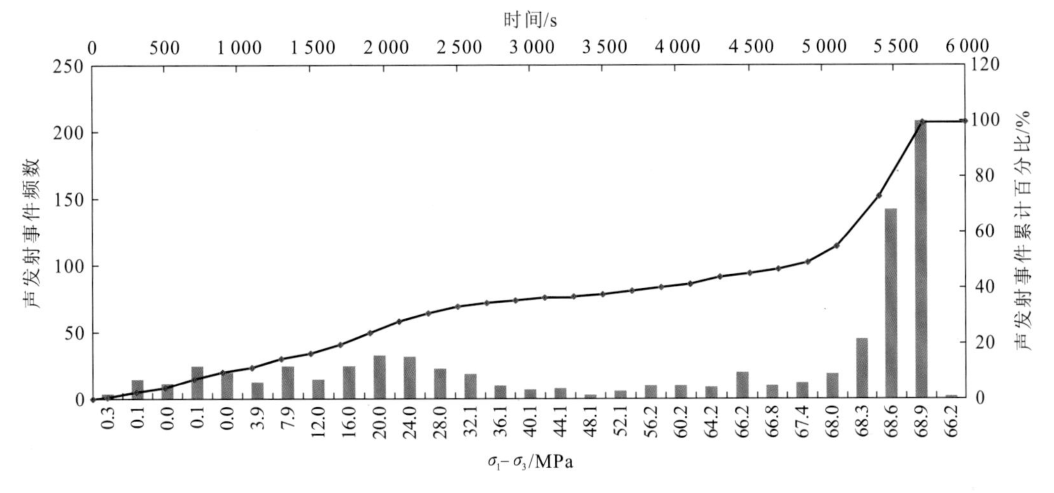

图 6.76　RS2-2#试样声发射事件柱状图与累计曲线

在加载阶段前期，轴压加载至 43.2 MPa 之前，试样因卸荷裂隙压密而产生声发射事件，并且每级加压产生的声发射事件水平相当。在加载后期，声发射水平明显下降，表明试样内部的卸荷裂隙在荷载的作用下闭合到一定程度后不再变化，同时也基本上没有新的裂纹产生。在卸侧压前期，侧压 σ_3 卸载至 9.36 MPa 之前，试样内部声发射水平仍保持在低水平，表明在这一阶段内，试样内部应力调整并没有导致裂纹的产生或扩展。然而，随着侧压 σ_3 的进一步卸载，试样内部声发射事件迅速增加，并且很快达到其峰值。这一特征表明，深埋大理岩在真三轴卸侧压试验中的破坏形式为典型的脆性破坏。在大理岩达到其峰值强度前，内部基本上没有裂纹产生及扩展，但是随着其临近峰值强度，大理岩内部的裂纹迅速开裂扩展，并不可控制地形成贯通的宏观裂隙。

根据声发射事件的累计曲线，同样可确定 RS2-2#试样的比例强度、屈服强度和破坏强度。例如，图 6.76 中，声发射事件累计曲线的拐点时间分别为：4 900 s，对应的侧压 σ_y 为 9.36 MPa，为试样的比例强度；5 400 s，对应的围侧压 σ_y 为 8.77 MPa，为试样的屈服强度；6 000 s，对应的侧压 σ_3 为 8.17 MPa，为试样的破坏强度。

3. 大理岩卸载过程声发射信号的频谱特征

试验过程中，RS2-2#试样声发射事件峰值频率直方图见图 6.77。根据图 6.77 可得，大理岩试样在破坏过程中声发射事件峰值频率较低，低于 15 kHz 的可以占到声发射事件总数的 90%。

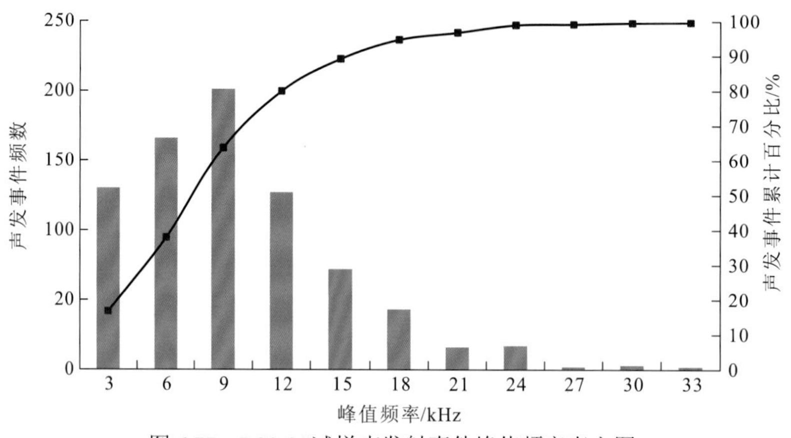

图 6.77 RS2-2#试样声发射事件峰值频率直方图

4. 基于 b 值大理岩破坏前兆判定

古登堡-里克特在统计全球地震频度与震级时，发现两者有对数关系：

$$\lg N = as - bM \tag{6.18}$$

式中：N 为某震级 $M+\Delta M$ 区间的地震数量；b 为地震破裂尺度的分布。

式（6.18）被称为古登堡-里克特定律。声发射测量系统与地震观测系统相似，所观测到的数据量纲相同，根据定律可以推断，岩体声发射的测度与地震相应物理量的测度应该相似，即声发射能量与微裂纹扩展尺度的平方成正比，声发射的 b 值应能代表微破裂尺度的分布。并且 Mogi[164]用岩石、玻璃和松脂等材料进行了许多模拟试验，并得出了相同的结论，即反映材料微破裂声发射的频度-幅值关系同样满足古登堡-克里特定律，小样品声发射的频度-能级与地震的频度-能级存在相似性。根据岩石声发射信号 b 值的变化可以对岩体的破坏进行预判。

对于 RS2-2#试样，计算可得整个试验过程中 b 值的变化情况，见图 6.78。根据图 6.78 可得，在加载阶段，随着荷载增加，岩体试样声发射 b 值上下波动；在卸侧压阶段，随

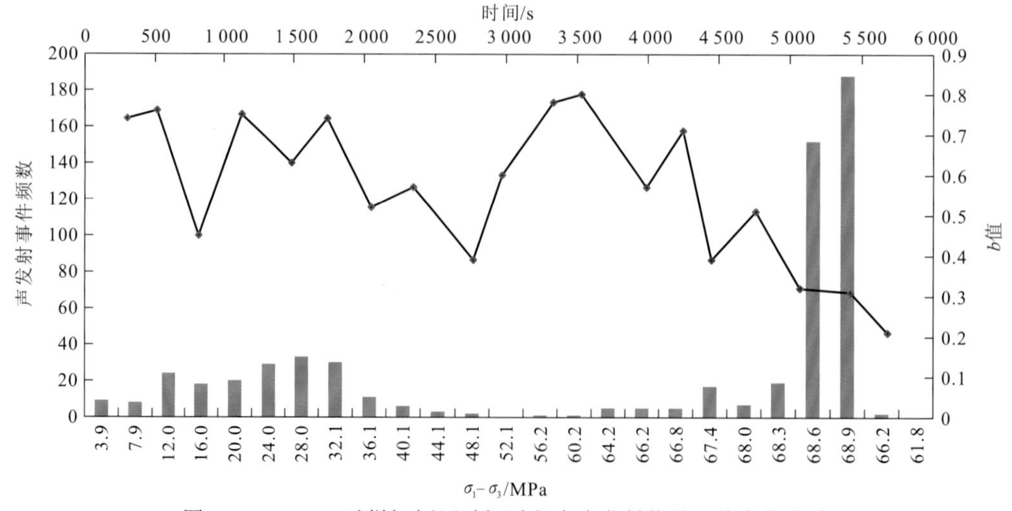

图 6.78 RS2-2#试样卸侧压破坏过程中声发射信号 b 值变化曲线

着岩体内部应力的释放，试样声发射信号的 b 值整体呈波动状降低，并且临近破坏前迅速降低。大理岩试样变形破坏过程中具有声发射信号 b 值明显降低的破坏前兆现象。

5. 大理岩卸侧压过程声发射源三维定位

根据声发射源三维定位技术，获得 RS2-2#试样在三轴试验过程中岩体内部声发射事件定位结果，见图 6.79。加载阶段和卸载阶段产生的声发射事件分别见图 6.80、图 6.81。

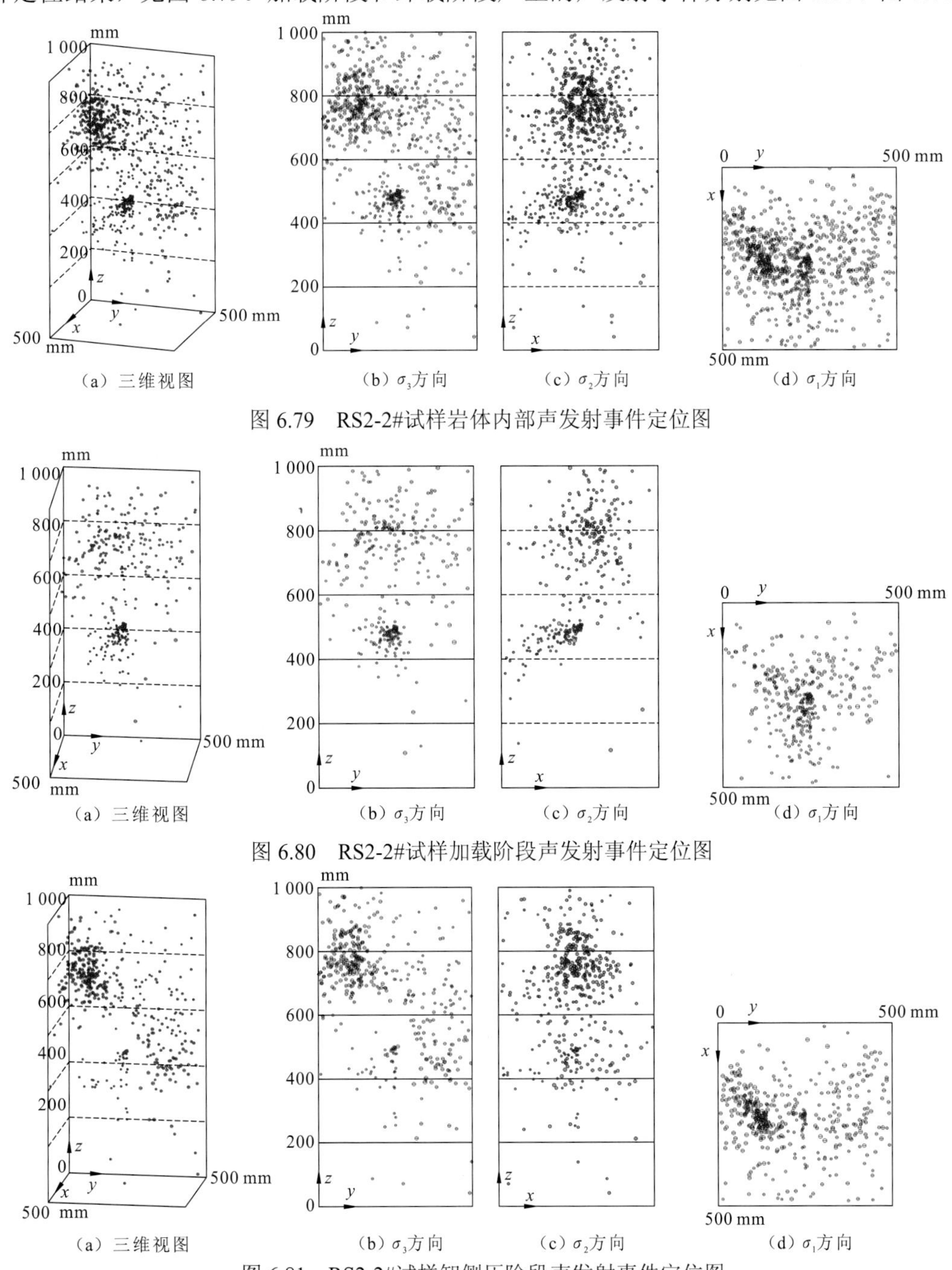

图 6.79 RS2-2#试样岩体内部声发射事件定位图

图 6.80 RS2-2#试样加载阶段声发射事件定位图

图 6.81 RS2-2#试样卸侧压阶段声发射事件定位图

RS2-2#试样试验破坏后照片及描述见图 6.82。

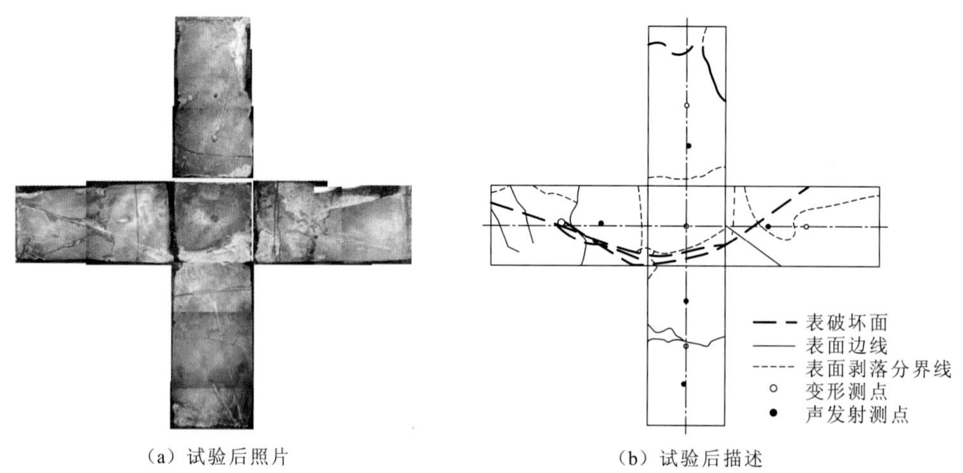

（a）试验后照片　　（b）试验后描述

图 6.82　RS2-2#试样试验破坏后照片及描述

根据声发射事件定位结果和试样破坏后形态分析可得，RS2-2#试样破坏后，可见一条明显的破坏裂隙，贯穿 x 向的两个面及顶面，并向南面底部剪出，倾角为 53°，顶面错动高度为 2～5 cm，破坏面擦痕明显且见碎末。

6.5.4　石英云母片岩真三轴卸侧压破坏试验过程声发射特征

声发射定位技术在柱状节理玄武岩、深埋大理岩等脆性岩石破坏过程测试方面具有较好的效果，为了进一步研究声发射测试技术在软岩破坏过程精细测试方面的应用效果，采用 SAMOS 声发射系统，对丹巴水电站石英云母片岩真三轴卸侧压破坏试验过程进行声发射测试，探讨石英云母片岩变形破坏过程中声发射信号的特征参数的变化规律，揭示石英云母片岩变形破坏机制。

1. 石英云母片岩声发射信号时序特征

以 7#试样为研究对象，对石英片岩的卸侧压破坏过程进行声发射测试。7#试样真三轴卸侧压试验过程的应力-应变曲线见图 6.83。在试样侧压和轴压均加至 9 MPa 后，继续施加轴压时开始采集声发射信号直至试样破坏（试验结束），整个测试过程持续时间为 7 800 s。

石英云母片岩真三轴卸侧压过程中，单个通道声发射信号撞击率柱状图及累计曲线见图 6.84，声发射信号撞击率与试样的轴向微应变对应关系曲线见图 6.85。

声发射测试结果表明，石英云母片岩岩样的声发射信号与轴向微应变具有明显的对应关系。整个试验过程中，试样因应力状态发生变化而产生的声发射信号的强弱与其轴向微应变具有非常好的一致性。当试样由静水压力状态（三向压力均为 9 MPa），继续施加轴压至 25 MPa 时，试样的轴向微应变约为 100，而此时试样的声发射信号累计率也仅仅只有 0.25%，此后继续施加轴向荷载至预定试验值时，试样的轴向应变速率明显变大，同样其声发射信号相应地也呈线性增加。但是当卸侧压开始时，试样的轴向应变比较缓

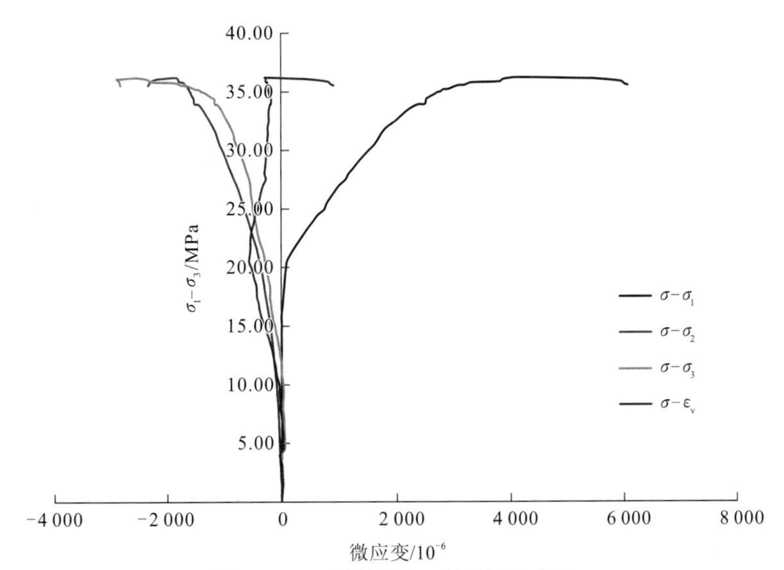

图 6.83　7#试样应力-应变关系曲线

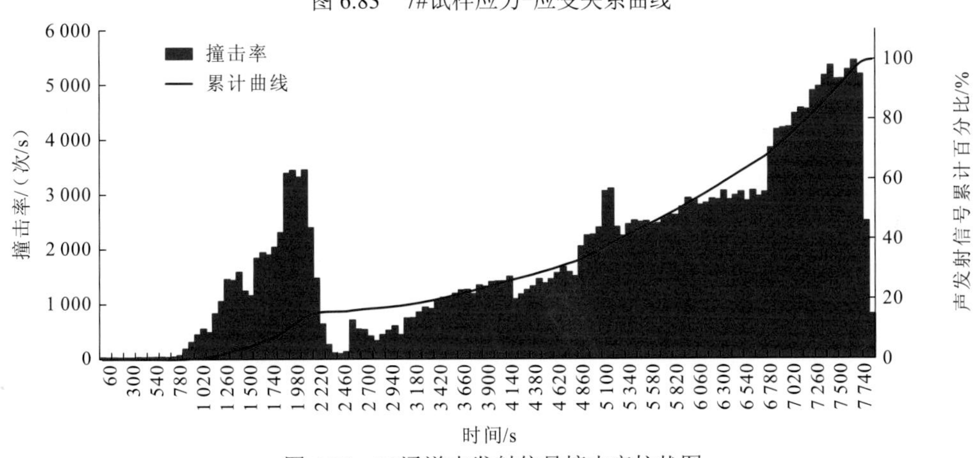

图 6.84　2#通道声发射信号撞击率柱状图

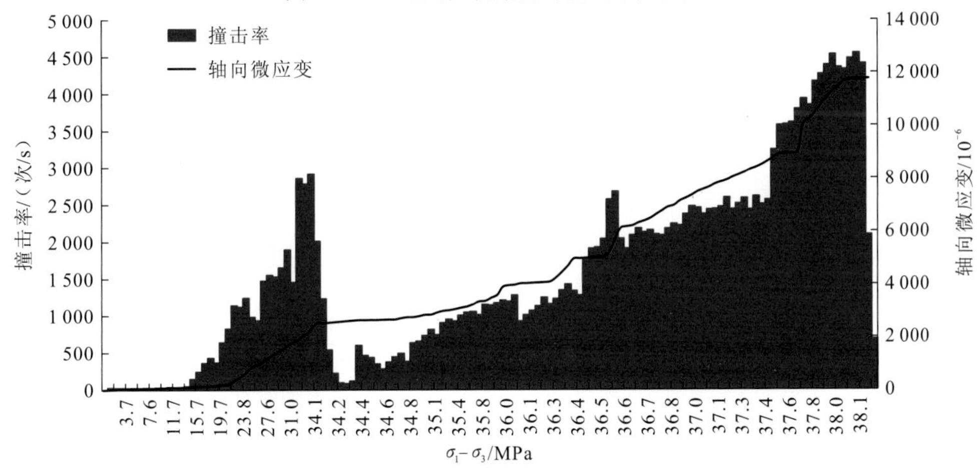

图 6.85　2#通道声发射信号撞击率与试样轴向微应变对应关系曲线

慢，此时声发射信号也迅速回落至低水平，卸侧压后期，随着试样轴向微应变的加速，声发射信号撞击率也迅速提升，反映试样破坏。

2. 石英云母片岩卸侧压破坏过程中能量释放特征

整个测试过程中，试样产生的声发射信号的绝对能量累计曲线见图 6.86。在 σ_1 加载初期，试样的声发射信号较少，释放的绝对能量也较少，随着轴向加载的继续，声发射信号逐渐增多，释放的绝对能量也慢慢增多，但仍较少。当试验进入卸侧压（σ_3）阶段，即便是在卸侧压初始阶段，试样产生的声发射信号的绝对能量就开始迅速增加，直至试样破坏。

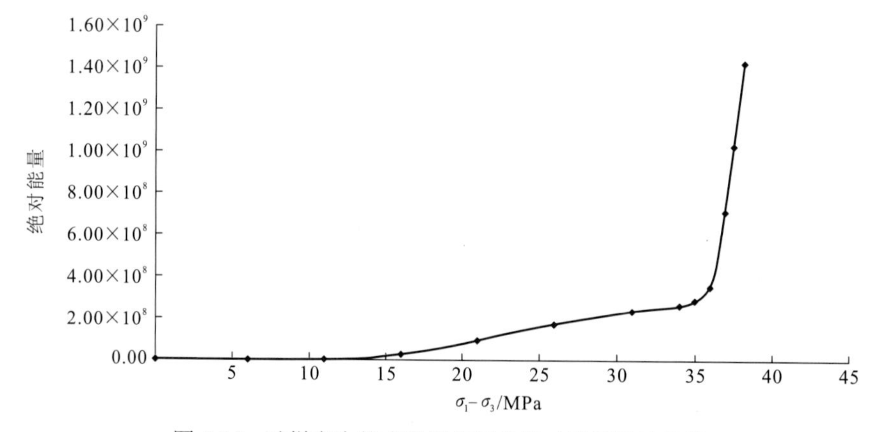

图 6.86　试样产生的声发射信号的绝对能量累计曲线

3. 石英云母片岩破坏形态分析

图 6.87 给出了石英云母片岩典型破坏照片，以及依据表面破坏形态绘制的三维破坏形态。石英云母片岩主要顺片理面方向破坏，主破坏面的倾向、倾角与片理面的倾向、倾角基本一致。并且，受片理影响，石英云母片岩内部声发射信号仅能被布置于同一侧面上的两个传感器接收到，因此未能通过声发射三维定位方法实现石英云母片岩裂纹扩展的空间定位。

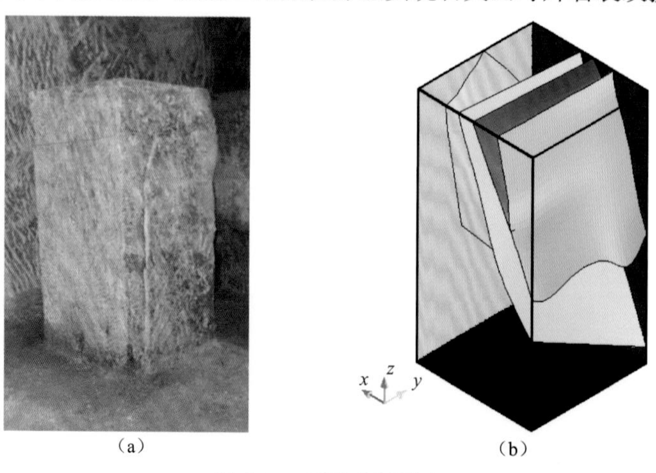

（a）　（b）

图 6.87　试样破坏形态

6.6　岩体开挖松弛过程声发射监测及锚固效果评价

地下洞室的开挖将不可避免地破坏原岩体的初始应力平衡状态，导致洞室围岩径向应力消失，竖向应力增加，围岩应力重新分布，因此某些部位岩体可能会发生损伤松动，在洞周一定范围内形成围岩松弛圈。围岩松弛范围及其变化是地下工程支护和评价围岩稳定的重要参数之一。但是，在围岩开挖过程中岩体变形和裂隙张弛反应速度很快，位移变化小，常规监测方法已很难实时监测到洞室围岩的损伤破坏信息。岩体声发射监测技术则可以捕捉岩体内部产生的微弱信号，推断岩体内部的性态变化，通过连续跟踪监测即可获得围岩稳定信息。

6.6.1　洞室开挖围岩声发射监测及松弛圈划分

1. 监测布置方案

本次监测地下洞室位于柱状节理玄武岩内，岩体原生节理发育，洞形为城门洞形，开挖后洞室断面尺寸为 8 m×6.5 m。为了监测开挖过程中洞室边墙围岩的损伤松弛情况，现设置 *A*、*B* 两个监测钻孔对洞室的一个开挖进深过程进行监测，声发射传感器布置见图 6.88[166]。监测钻孔 *A*、*B* 位于同一水平面，高出洞室底板 1 m，两个监测钻孔间距为 10 m。每个钻孔布置三个声发射传感器，传感器的间距为 1 m，钻孔底端的传感器距离开挖洞室的边墙 0.5 m。洞室的每次开挖进深为 2.5 m。监测时间从该次开挖爆破开始，至下一个开挖进深钻孔开钻前结束。监测设备采用美国物理声学公司（PAC）的 SH-II-SRM 声发射在线监测系统。声发射仪器有 16 个通道，采样频率为 1 kHz～1 MHz。所采用声发射传感器为 R1.5IC-LP-AST 型防水探头，传感器主频为 15 kHz。

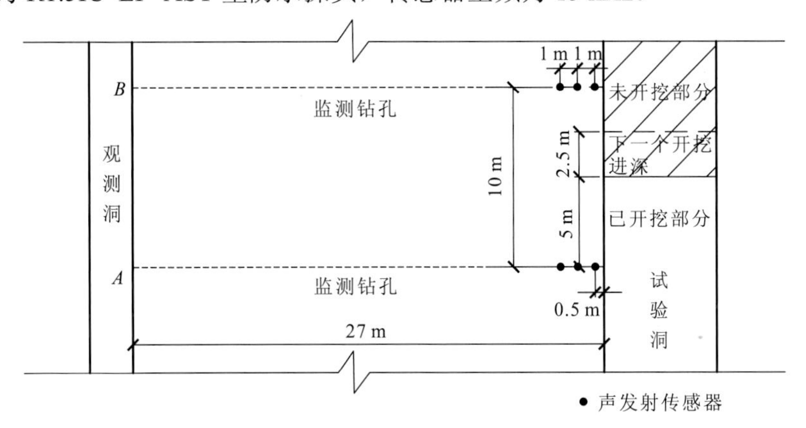

图 6.88　洞室开挖声发射传感器布置图

2. 围岩声发射信息时序变化特征

本次开挖爆破时间为 17：00，监测截止时间为第二天 8：30，整个监测过程持续约 15.5 h。监测过程中围岩声发射信号撞击率变化曲线与声发射事件累计变化曲线见图 6.89。分析图 6.89 可知，在爆破开挖后，洞室围岩的损伤松弛过程中，围岩声发射事件在时间序列上可分为剧烈区（I）、下降区（II）和平静区（III）三个阶段。

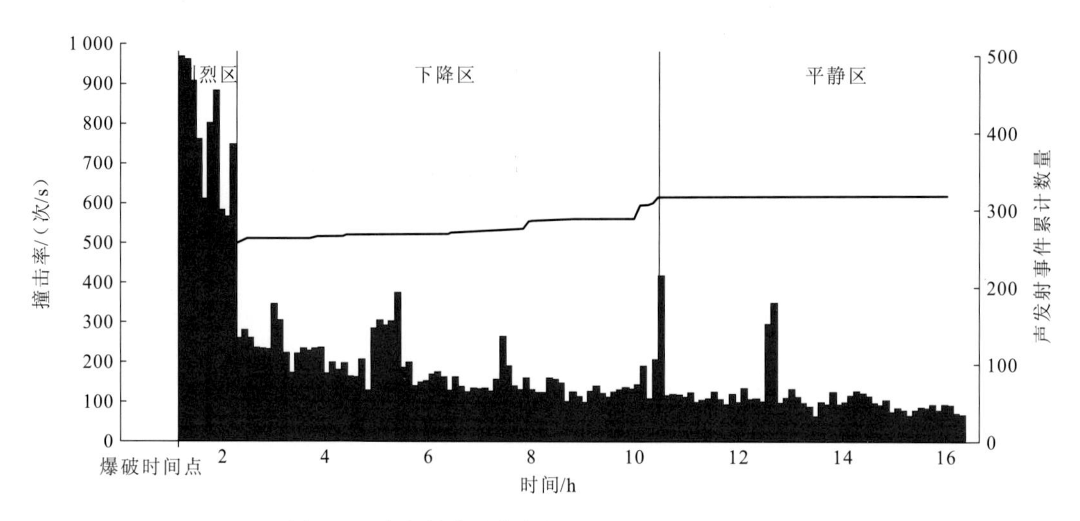

图 6.89　声发射信号撞击率与声发射事件累计曲线

剧烈区（I）：爆破后 1.5 h，围岩声发射信号撞击率最大，声发射事件集中突发，围岩强烈松弛。

下降区（II）：爆破后 1.5～9h，围岩声发射信号撞击率逐渐降低，声发射事件缓慢增加，围岩松弛逐渐减弱。

平静区（III）：爆破 9 h 以后，围岩声发射信号撞击率趋于平稳，声发射事件基本消失，围岩应力达到新的平衡，损伤松弛逐渐停止。

3. 围岩声发射信号频谱特性

洞室开挖过程中，围岩声发射信号是一种极为复杂的振动，它可能包含着许多不同频率和振幅的简谐振动，通过 FFT 将它们进行分解，分析它们含有多少种不同频率振动成分和特性，从而揭示岩石微断裂机理与这些振动特性之间的关系。

通过 FFT 计算出岩体破坏声发射信号的典型波形图与功率谱图，分别见图 6.90、图 6.91。通过分析可得，洞室围岩损伤松弛声发射源主频为 10～20 kHz，最大振幅为 37 dB。

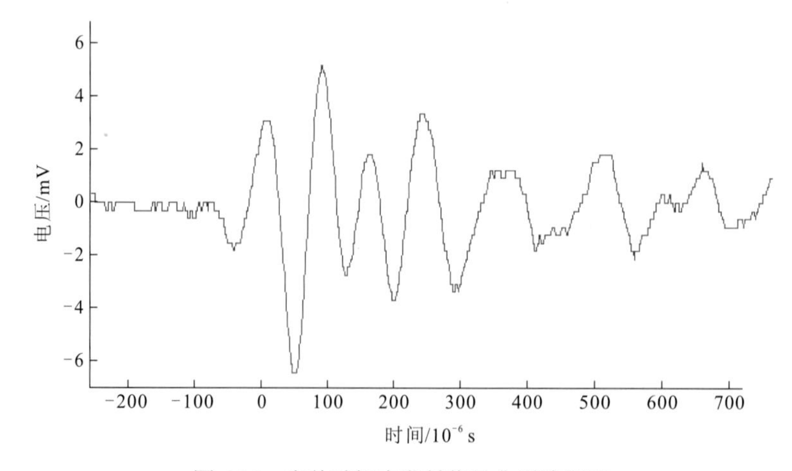

图 6.90　岩体破坏声发射信号典型波形图

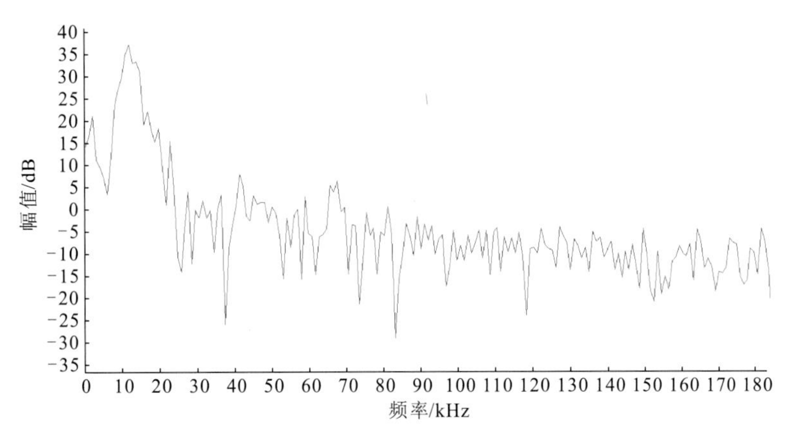

图 6.91　岩体破坏声发射信号典型功率谱图

4. 围岩损伤松弛规律与松弛圈划分

通过平面定位算法对洞室围岩开挖过程中监测到的声发射信号进行分析计算，得到围岩声发射事件的定位图，见图 6.92。根据声发射事件的分布情况，可将洞室边墙围岩分为 A、B、C、D、E、F 六个区域。

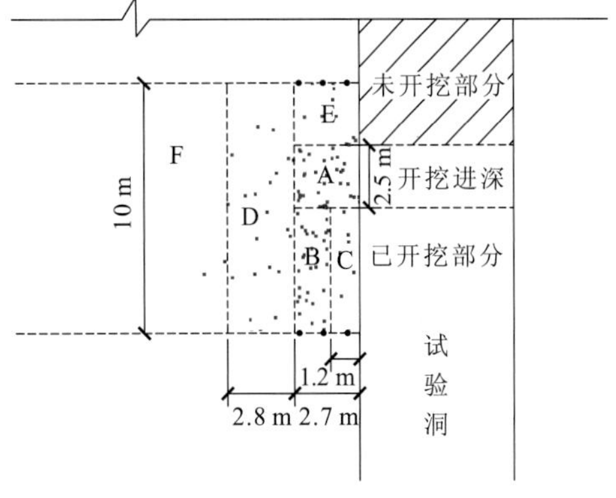

图 6.92　围岩声发射事件定位图

A 区：本次进深开挖揭露的边墙，深度为 0～2.7 m 处，声发射事件最为集中，占监测到的声发射事件总量的 35%，围岩损伤松弛最强烈。

B 区：位于已开挖洞室围岩深度 1.2～2.7 m 处，声发射事件占到总数的 28%，洞室围岩产生二次损伤松弛。

C 区：位于已开挖洞室围岩深度 0～1.2 m 处，声发射事件较少，仅占声发射事件总数的 8%，本次开挖仅引起该区域内裂隙进一步张开，而新的微裂隙产生较少。

D 区：距离洞室边墙 2.7～5.5 m 处，声发射事件占总数的 15%，但单位面积内声发射事件数量明显小于 A 区、B 区，围岩损伤松弛程度较弱。

E 区：位于未开挖洞室边墙围岩深度 0～2.7 m 处，声发射事件占总数的 10%，说明本次开挖已引起下一个开挖进深范围内的围岩产生初步损伤。

F 区：距离洞室边墙 5.5 m 以外，声发射事件很少，开挖对距边墙 5.5 m 以外的岩体影响很小，岩体几乎没有产生损伤。

综合以上各区的围岩声发射信息，可知在洞室开挖过程中，围岩损伤松弛规律为：①在一次开挖进深过程中，本次开挖揭露的围岩在 0～2.7 m 深度产生强烈损伤松弛，2.7～5.5 m 深度围岩仅产生损伤但无松弛现象，5.5 m 深度以外围岩则无损伤、无松弛；②本次开挖将加剧已开挖洞室 0～1.2 m 深度围岩的松弛程度，并使洞室围岩的松弛范围向深部扩展；③本次开挖还将引起下一个开挖进深范围内的围岩产生初步损伤。

因此，根据声发射监测结果，可对洞室围岩损伤松弛情况判定如下：洞室边墙深度 0～2.7 m 为围岩松弛范围，2.7～5.5 m 为围岩损伤范围，5.5 m 以外为原岩范围。

6.6.2 洞室底板松弛特性声发射精细监测

1. 监测布置方案

为研究柱状节理玄武岩中洞室开挖时松弛区形成、演变及其范围，深化对试验洞底板松弛规律的认识，在柱状节理玄武岩试验洞开挖过程中，利用声发射定位技术对底板柱状节理玄武岩松弛特征进行监测，分析试验洞底板岩体微破裂发生、发展过程及底板松弛范围[167]。

监测设备同样采用美国物理声学公司（PAC）的 SH-II-SRM 声发射在线监测系统。地下洞室底板松弛特性声发射监测布置见图 6.93。在 A′、B′、C′、D′ 四个断面各设置两个钻孔，每个钻孔布置四个声发射传感器。A′ 断面位于试验洞洞深 22 m 处，B′ 断面位于试验洞洞深 32 m 处，C′ 断面位于试验洞洞深 41 m 处，D′ 断面位于试验洞洞深 51 m 处。与边墙测孔不同，底板测孔在试验洞内第二层边墙部位开孔，钻孔口高出试验洞第二层底板 1.2 m，孔深 11.3 m。每个钻孔中每两个传感器之间的距离分别为 2.5 m、2.5 m 和 2 m。钻孔直径为 75 mm，在钻孔 4～11.3 m 处采取二次成孔方式，以达到良好止水效果。

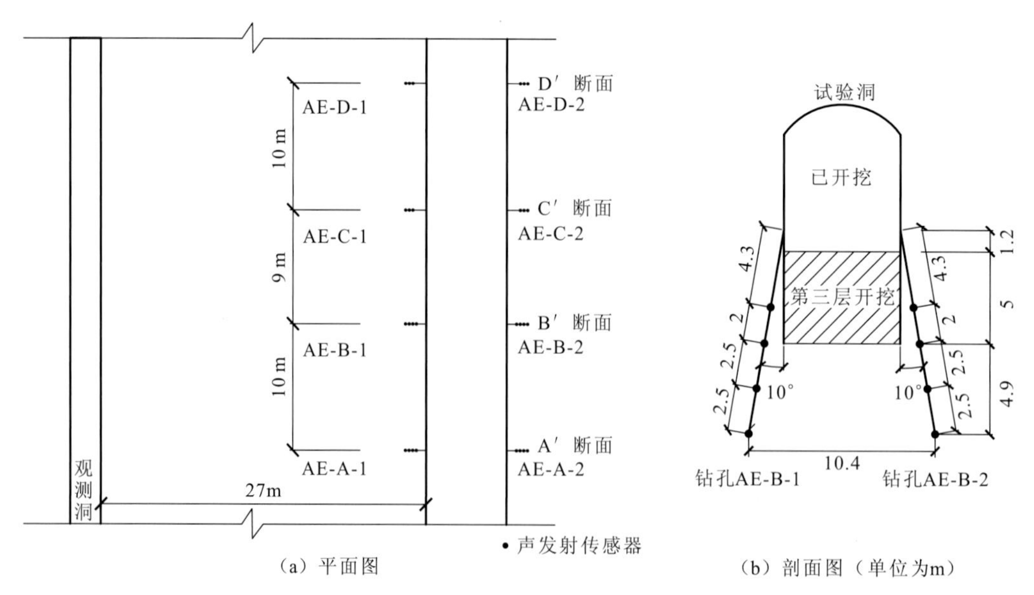

图 6.93 底板松弛特性声发射监测布置图

2. 底板声发射信号时序变化特征

试验洞底板松弛声发射监测区段为 K_0+22～39 m，每一个开挖进深的监测时间为从爆破开始至下一个进深爆破钻孔开钻时结束。以 K_0+22～33 m 开挖为例，对监测结果进行分析说明。

在试验洞 K_0+30～33 m 开挖过程中，岩体卸荷松弛的声发射事件累计数量随时间的变化曲线见图 6.94。分析图 6.94 可知：在爆破后约 10 min 内，声发射信号撞击率最大，声发射事件集中突发，柱状节理岩体强烈松弛；爆破后约 5 h，柱状节理岩体声发射信号趋于平静，松弛过程基本结束。

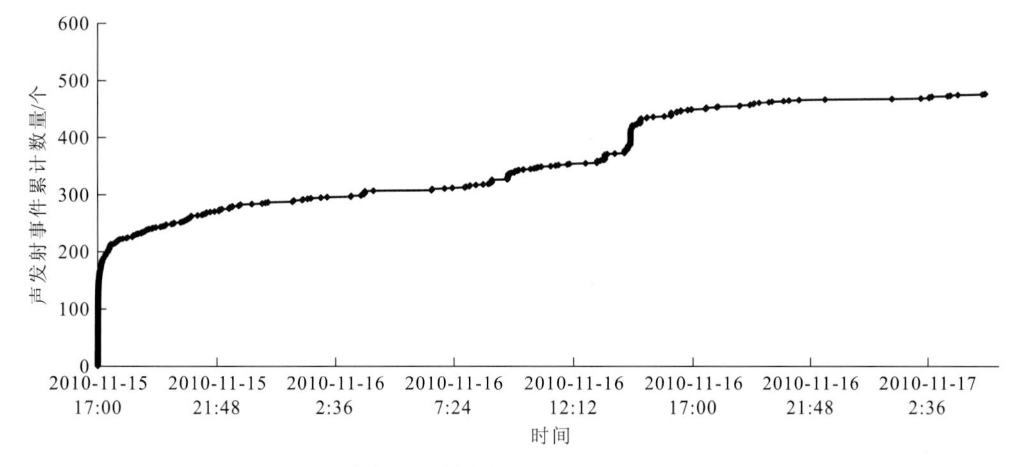

图 6.94　底板声发射事件累计曲线（K_0+30～33 m）

3. 底板声发射信号频谱特性

对底板声发射信号进行傅里叶变换（Fourier transform，FT），可获得其频谱特征，见图 6.95、图 6.96。底板声发射信号的能量主要集中于 40～55 dB，占所有声发射事件总数的 76.11%。底板声发射信号的峰值频率主要分布在 2～22 kHz，且以 9.7 kHz 为中心呈正态分布特征。

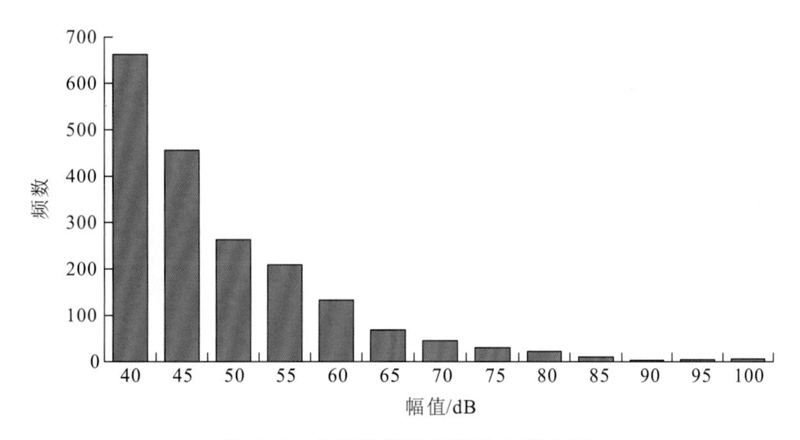

图 6.95　声发射信号幅值分布直方图

4. 底板声发射事件空间分布图

图 6.97 为 K_0+30～33 m 爆破开挖所导致的试验洞底板声发射事件定位图，图中柱体边框尺寸为 51 m×10.32 m×18.83 m。图 6.98 为声发射事件平面投影图。

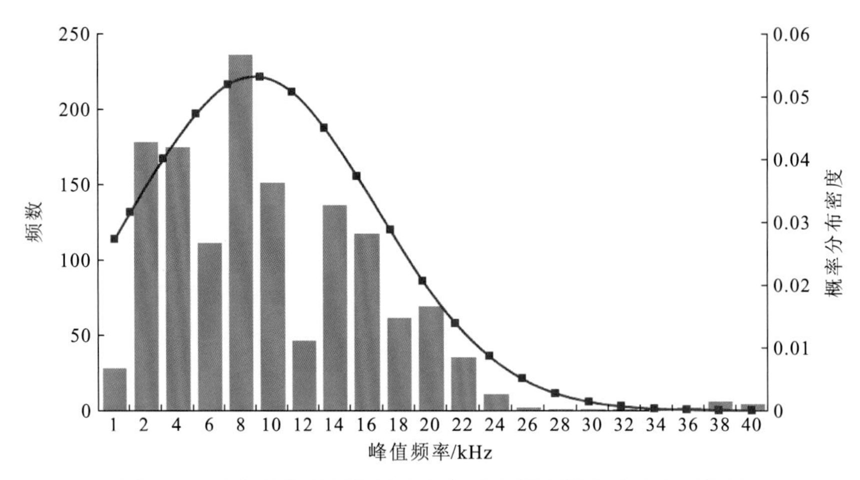

图 6.96　声发射信号峰值频率分布直方图及概率分布密度特征

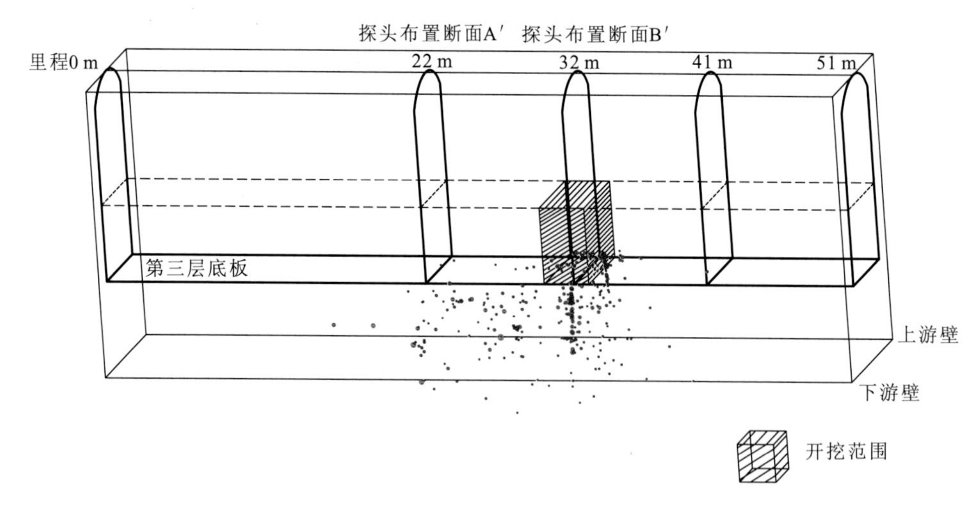

图 6.97　底板声发射事件定位图（K_0+30～33 m）

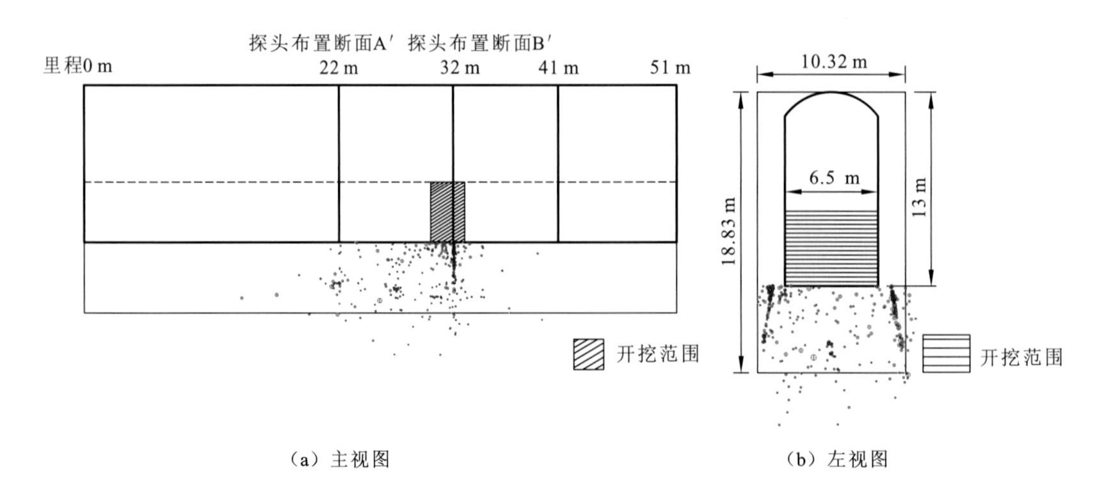

（a）主视图　　（b）左视图

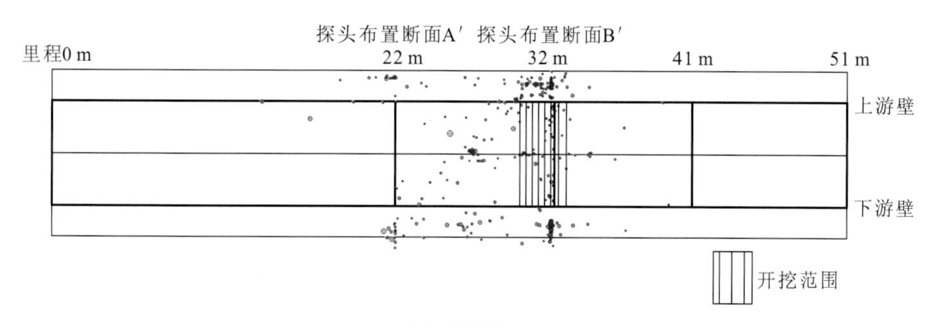

（c）俯视图

图 6.98　声发射事件平面投影图（K_0+30～33 m）

5. 底板松弛范围分析

综合 K_0+21～39 m 开挖过程中监测到的底板声发射事件情况，可得到声发射事件沿试验洞径向的分布图，见图 6.99。从图 6.99 中可以得到，底板声发射事件具有明显的分区性。

A 区：上游壁至底板中线，声发射事件基本均匀分布，0.5 m 范围内其监测数量为 50 左右。

B 区：底板中线至下游 4.5 m，声发射事件最为集中，单位范围内声发射事件水平明显高于上游壁至底板中线范围的声发射事件水平。

C 区：底板 4.5 m 至下游壁，声发射事件水平最低。

声发射事件随底板以下深度的分布直方图见图 6.100。根据图 6.100 可知，声发射事件沿底板以下深度分布可分为以下区域。

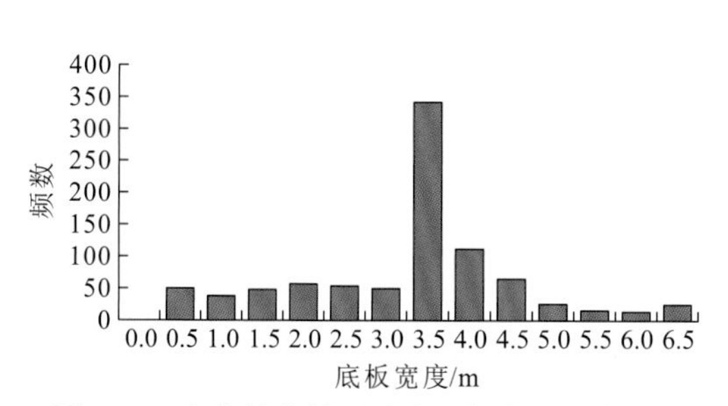

图 6.99　声发射事件沿试验洞径向分布直方图

上游壁为 0 m

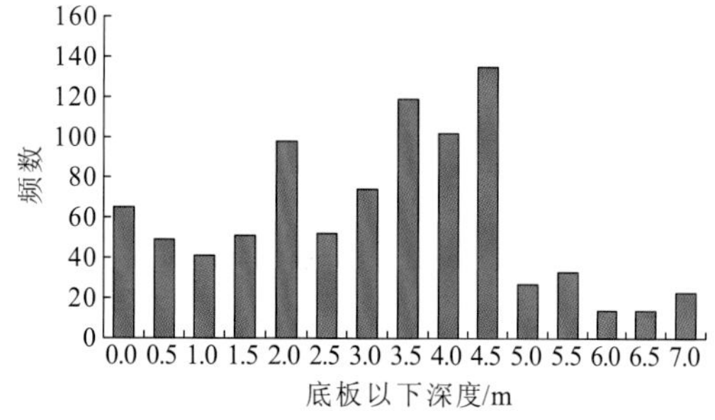

图 6.100　声发射事件随底板以下深度的分布直方图

D1 区：底板以下深度 0～4.5 m，声发射事件占监测总数的 87.63%，单位深度范围内岩体声发射事件在 150 个以上。

D2 区：底板以下深度 4.5～7.0 m，声发射事件占总数的 12.37%，岩体声发射事件在底板以下 4.5 m 深处骤降，其监测数量降低到 40 个左右。

D3 区：底板以下深度 7 m 以下，无声发射事件。

声发射监测到的是岩体性状变化的相对结果，因此根据声发射事件监测结果来确定岩体的松弛和扰动损伤范围的划分标准也具有相对性。根据图 6.100，分析底板以下 7 m 范围内岩体声发射事件数量分布可以发现，岩体声发射事件监测数量在底板以下深度 4.5 m 处发生骤降，而在底板以下 0～4.5 m 处，单位深度范围内声发射事件数量的最小值为 82 个，在底板以下 4.5～7.0 m 处，单位深度范围内声发射事件数量的最大值为 66 个。综合以上分析结果，将单位深度范围内声发射事件监测数量 80 个作为底板松弛范围和扰动范围的划分标准则是相对合理的。

因此，可认为底板以下 0～4.5 m 为开挖松弛范围，底板以下 4.5～7.0 m 为扰动损伤范围，底板 7.0 m 以下为原岩范围。

6.6.3 基于声发射精细监测的岩体锚固效果评价

1. 监测布置

为了模拟坝基开挖后柱状节理玄武岩松弛影响，以及开展相关防松弛措施研究，在前期研究成果的基础上，对试验洞底板部分区段进一步开展锚固措施及锚固效果评价研究。底板预锚试验方案如下：试验洞 40～70 m 段，先行开挖表层 3 m 部分，预留 2 m 保护层，在保护层顶面钻孔，孔深 7 m，在孔内第三层底板以下 5 m 置入中空注浆涨壳式预应力锚杆，对锚杆施加 120 kN 预应力后进行锁定灌浆，灌浆凝固完成，能够提供锚固力之后，再开挖 2 m 厚保护层。

声发射监测区段为 K_0+39～53 m。每一个开挖进深的监测时间为从爆破开始至下一个进深爆破钻孔开钻时结束。

2. 预锚岩体声发射事件时序特征分析

以 K_0+41～44 m 开挖为例，预锚岩体一次开挖进深的底板声发射事件随时间的累计曲线见图 6.101。

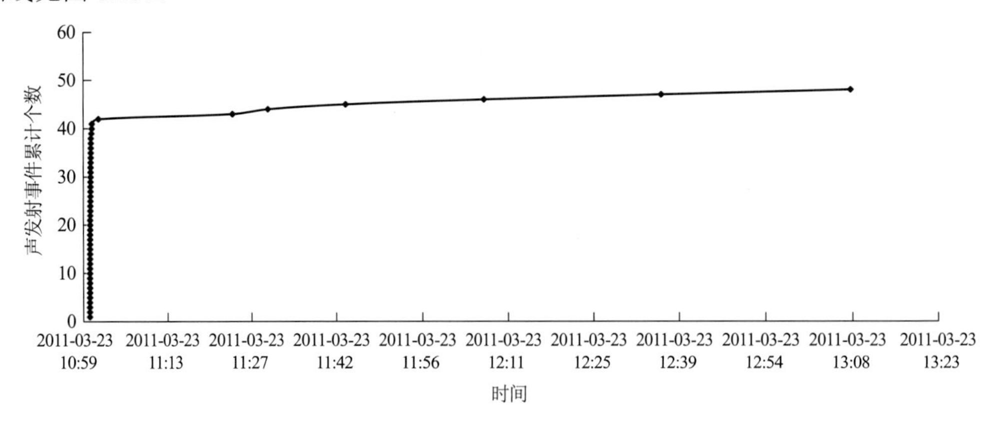

图 6.101　预锚岩体一次开挖进深的底板声发射事件累计曲线（K_0+41～44 m）

在每一个开挖进深过程中底板松弛声发射特征具有较好的一致性，在爆破后约 10 min 内，声发射事件集中突发，柱状节理岩体强烈松弛；爆破后约 5 h，柱状节理岩体声发射信号趋于平静，松弛过程基本结束。

结合 6.6.2 节无预锚岩体声发射监测结果可知，无预锚岩体每一个开挖进深的声发射事件监测数量在 200 个左右，预锚岩体每一个开挖进深的声发射事件监测数量明显下降，其水平仅为无预锚岩体的 1/5～1/2。

3. 预锚岩体声发射信号频谱特征

对预锚岩体开挖过程中声发射信号进行 FT 可获得其频谱特征，见图 6.102、图 6.103。底板声发射信号的能量主要集中于 40～65 dB，占所有声发射事件总数的 78.43%。底板声发射信号的中心频率大部分分布于 15～80 kHz，并大体上呈均匀分布。底板声发射信号的峰值频率则主要分布于 1～11 kHz。

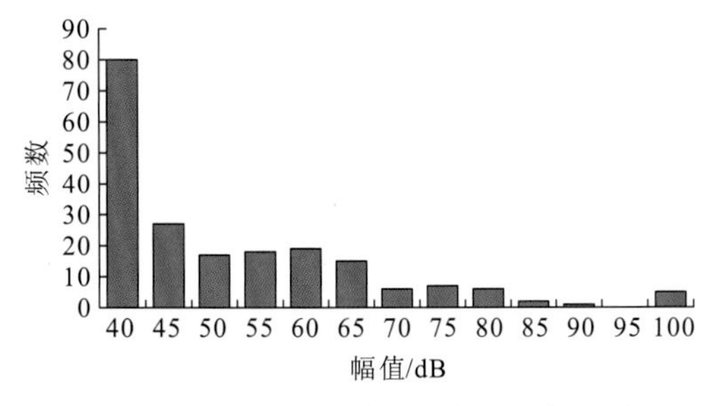

图 6.102　声发射信号幅值分布直方图

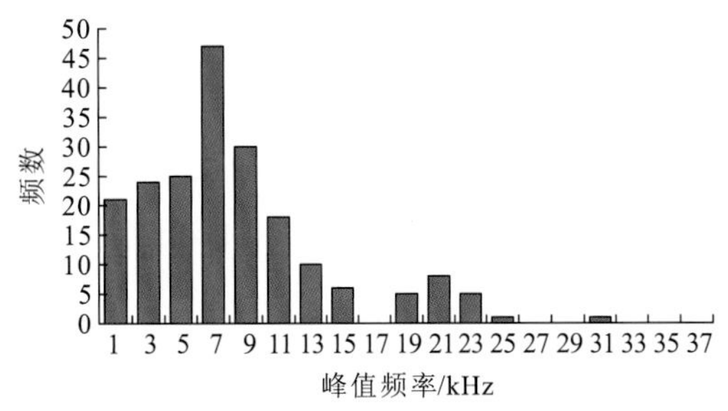

图 6.103　声发射信号峰值频率分布直方图

4. 预锚岩体声发射事件空间分布特征

图 6.104 为预锚岩体 K_0+41～44 m 开挖声发射事件定位图，图中柱体边框尺寸为 60 m×10.32 m×18.83 m。图 6.105 为声发射事件平面投影图。

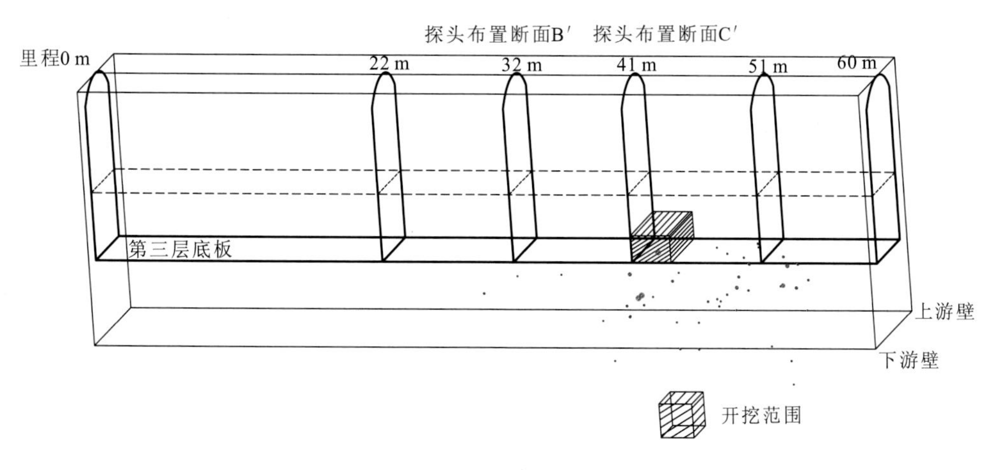

图 6.104　预锚岩体开挖声发射事件定位图（K_0+41～44 m）

5. 预锚岩体松弛范围分析及锚固效果评价

综合试验洞 K_0+39～53 m 底板锚固岩体上层开挖过程中监测到的声发射事件情况，可得到声发射事件随深度的分布直方图，见图 6.106。根据图 6.106，声发射事件沿底板以下深度的分布可分为三个区。

D1 区：下层保护层及第三层底板以下 2.0 m 范围，声发射事件监测水平在 10 左右，约占监测总数的 22.78%。

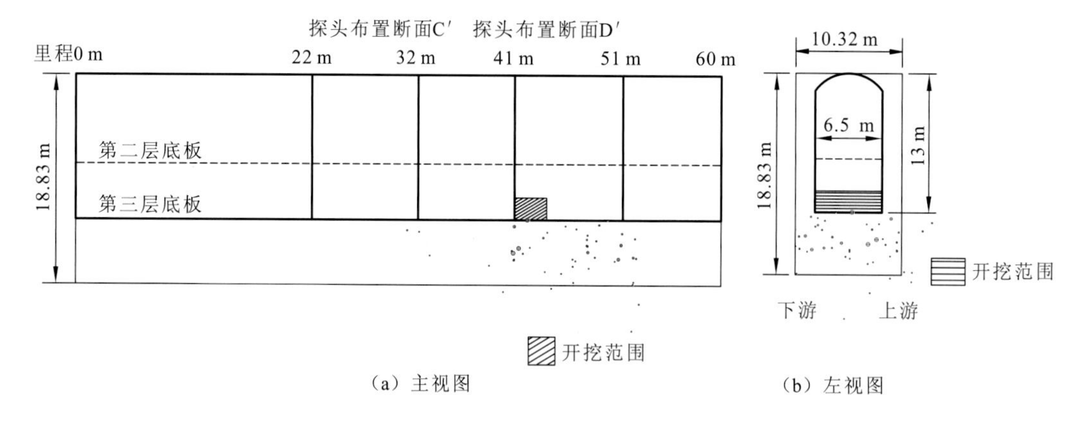

（a）主视图　　（b）左视图

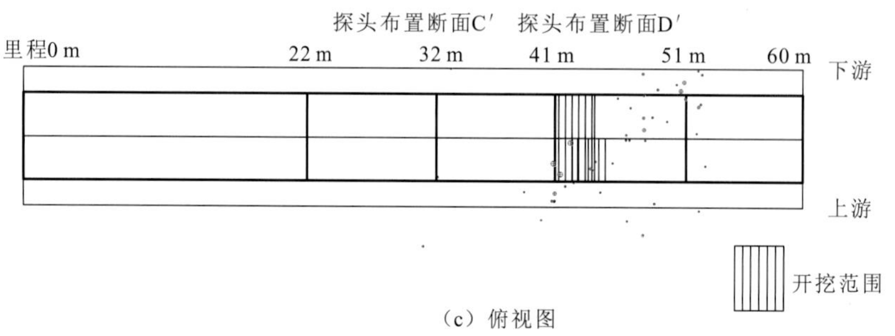

（c）俯视图

图 6.105　预锚岩体开挖声发射事件平面投影图（K_0+41～44 m）

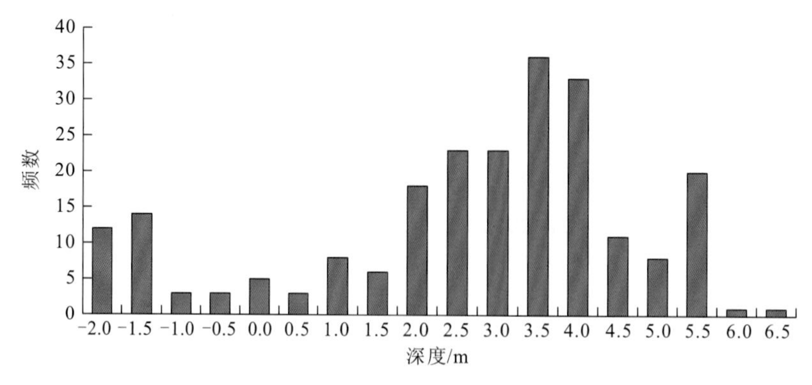

图 6.106　声发射事件随深度的分布直方图

第三层底板标高为 0 m

D2 区：第三层底板以下 2～5.5 m 处声发射事件数量最多，声发射事件监测水平在 40 左右，约占总数的 72.57%。

D3 区：第三层底板 5.5 m 以下，声发射事件数量很少，仅占声发射事件监测总数的 4.22%。

参考 6.6.2 节无预锚岩体松弛范围和扰动损伤范围的岩体声发射事件水平划分标准，预锚岩体的上层开挖仅对第三层底板以下 0～5.5 m 处岩体产生扰动损伤，第三层底板 5.5 m 深度以下岩体基本无扰动。

综合试验洞 K_0+39～57 m 预锚岩体下层开挖过程中监测到的声发射事件情况，可得到声发射事件随底板以下深度的分布直方图，见图 6.107。根据图 6.107，声发射事件沿底板深度的分布可分为三个区。

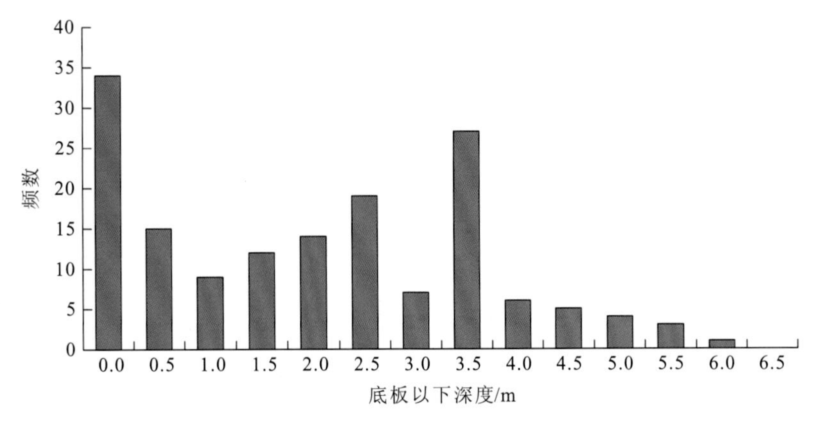

图 6.107　声发射事件随底板以下深度的分布直方图

第三层底板标高为 0 m

D1 区：底板以下 0～3.5 m，声发射事件水平较高，约占监测总数的 83.54%，单位深度范围内岩体声发射事件监测数量在 40 个左右。

D2 区：底板以下 3.5～6.0 m，声发射事件数量随深度增加逐渐减少，约占总数的 11.59%，单位深度范围内岩体声发射事件监测数量在 7 个左右。

D3 区：底板 6.0 m 以下，声发射事件数量基本为 0。

综合整段预锚岩体开挖声发射监测成果，可知预锚岩体开挖底板以下 0～3.5 m 处，单位深度范围内岩体声发射事件监测数量约为 74 个；底板以下 3.5～6.0 m 处，单位深度范围内岩体声发射事件监测数量约为 37 个。同样将单位深度范围内声发射事件监测数量 80 个作为岩体松弛范围和扰动范围的划分标准，可认为预锚岩体开挖后，底板以下 0～6.0 m 为开挖扰动损伤范围，其中 0～3.5 m 处岩体的扰动损伤程度要明显大于 3.5～6.0 m 处的岩体，至于底板 6.0 m 以下岩体则基本不受开挖影响。

第 7 章　工程岩体力学参数取值

地质概化模型、岩体力学参数取值及岩体变形稳定分析方法是工程岩体稳定性评价和加固设计的三大关键。其中，岩体力学参数取值直接决定了岩体变形和稳定性分析结果，关系到能否保证工程安全，能否充分利用工程岩体自身的承载能力，节省工程岩体加固和支护的工程量，降低工程造价。本章总结了工程岩体力学参数取值常用方法、岩体力学参数取值影响因素、岩体变形强度参数统计分析与经验取值、典型工程岩体力学参数取值等成果，并对今后工程岩体力学参数取值研究方向进行了展望。

7.1　工程岩体力学参数取值方法

工程岩体变形稳定分析目前普遍采用经典弹性理论线弹性模型和莫尔-库仑强度准则，采用的岩体力学参数主要有变形模量 E_0、摩擦角 φ（摩擦系数 f）、黏聚力 c、抗拉强度 σ_t 等，这些岩体力学参数主要依据室内和原位试验、工程类比、经验强度准则、参数反演等方法取值。

7.1.1　工程岩体力学参数值常用方法

1. 基于室内和原位试验成果的参数取值

试验是确定岩体力学参数最直接的方法，试验成果的整理按国家现行有关岩石试验规程进行，分析试验成果的可信性和代表性，舍去不合理的离散值，采用算术平均值（平均值、小值平均值、大值平均值）确定岩体力学参数的试验值。考虑岩体中包含节理裂隙等结构面，对试验值进行折减后确定岩体力学参数建议值。

2. 基于工程类比的参数取值

在试验数据不足情况下，参照《工程岩体分级标准》（GB/T 50218—2014）、《水利水电工程地质勘察规范》（GB 50487—2008）、《岩石力学参数手册》及类似岩石工程进行岩体力学参数取值[168]。

3. 基于经验强度准则的参数取值

1）结构面抗剪强度巴顿公式

巴顿对硬性结构面抗剪特性进行了大量研究，提出结构面抗剪强度经验公式[169-170]：

$$\tau = \sigma_n \tan\left[\mathrm{JRC}\lg\left(\frac{\mathrm{JCS}}{\sigma_n}\right) + \varphi_b\right] \tag{7.1}$$

式中：τ 为极限抗剪强度，MPa；σ_n 为正应力，MPa；φ_b 为基本摩擦角，°；JRC 为结构面粗糙系数；JCS 为结构面侧壁岩块的单轴抗压强度，MPa。

2）霍克-布朗经验强度准则

Hoek 和 Brown 在大量岩体试验成果统计分析的基础上，得出了裂隙岩体破坏经验强度准则[171-172]：

$$\sigma_1 = \sigma_3 + \sigma_c\left(m_b \frac{\sigma_3}{\sigma_c} + s\right)^a \tag{7.2}$$

式中：σ_1、σ_3 分别为岩体破坏时的最大、最小主应力，MPa；σ_c 为岩块单轴抗压强度，MPa；m_b、s 为经验参数，m_b 反映岩石的软硬程度，其取值范围为 0.000 000 1～25，对严重扰动岩体取 0.000 000 1，完整坚硬岩体取 25，s 反映岩体破碎程度，其取值范围为 0～1，破碎岩体取 0，完整岩体取 1；a 为与岩体结构特征有关的常数。

霍克-布朗经验强度准则综合考虑了岩体结构、岩块强度、应力状态等多种因素的影响，可以确定裂隙岩体抗拉强度 σ_t 和抗剪强度参数 c、φ。

4. 基于模糊数学和人工神经网络方法预测的参数取值

1）模糊数学预测法

考虑到影响岩体变形强度参数的相关因素模糊、不确定性，根据经验确定权重集及隶属度，在此基础上进行岩体力学参数预测[173]。

2）人工神经网络方法

人工神经网络方法考虑了影响岩体力学参数的各种定性因素，随着数据的积累不断地对样本集进行补充和完善，并应用人工神经网络进行训练，使参数取值结果不断趋于合理[145-147]。

5. 基于计算机数值模拟试验的参数取值

在地质调查和岩石力学试验成果的基础上，建立大尺度工程岩体概化模型，进行不同尺寸数值模拟试验，研究裂隙岩体的“代表单元”，确定工程岩体宏观力学参数[173-178]。

6. 基于位移反分析的参数取值

利用工程岩体内观和外观实测位移及岩体破坏特征，进行数值模拟反分析，获得岩体变形和强度参数[179]。

7.1.2　工程岩体力学参数取值规范要求

为了取得可靠的工程岩体力学参数，《工程岩体试验方法标准》（GB/T 50266—2013）、《水电水利工程岩石试验规程》（DL/T 5368—2007）、《水利水电工程岩石试验规程》（SL 264—2001）等对岩石试验方法标准化做了规定。《水利水电工程地质勘察规范》（GB 50487—2008）、《水力发电工程地质勘察规范》（GB 50287—2016）对试验成果整理和参数取值做了进一步的规定。获取岩体物理力学参数的具体步骤可归纳如下：

（1）对坝基岩体进行工程地质单元划分，进行坝基岩体分类，针对坝基岩体不同类别和具体工程问题进行试验设计，确定试验方法、试验数量及试验点布置。

（2）根据《工程岩体试验方法标准》（GB/T 50266—2013）等规定的试验方法进行室内和现场试验。

（3）对岩体变形模量、抗剪强度、承载力等试验成果进行整理，取得坝基岩体力学参数试验值。抗剪强度参数采用最小二乘法、优定斜率法或小值平均法，分别按峰值、屈服值、比例极限值、残余强度值或者长期强度值等进行整理。整理时应分析试验的代表性，剔除不满足试验条件和代表性差的试验成果，按不同类别归类整理。

（4）根据坝基岩体力学参数试验值，按照《水力发电工程地质勘察规范》（GB50287—

2016）附录D的规定，经过统计分析或考虑一定的保证概率，提出岩体力学参数标准值。有条件时，按规定的概率分布的某个分位值确定标准值。

（5）考虑试验点的地质代表性、坝址区工程地质条件、试验条件等多方面因素，对坝基岩体力学参数标准值进行调整，提出地质建议值。

（6）设计、地质、试验三方结合建筑物实际工作条件、设计条件和计算方法，共同研究确定设计采用值。对于某些参数敏感性较强的重要建筑物，其岩体力学参数需要进行专门研究论证。

《水利水电工程地质勘察规范》（GB 50487—2008）根据国内多年的经验总结和大量的原位试验成果，提出了不同类型岩体变形、强度经验参数以及结构面抗剪强度经验参数。当试验资料不足，需要根据经验的参数值提出地质建议值时，可参照上述两表的经验参数，结合地质条件，类比已建工程相似岩体条件的试验值和建议采用值选用。

7.1.3　工程岩体力学参数取值存在的问题

由于岩体结构及赋存环境的复杂性，受岩体中节理等不连续面分布的随机性影响，工程岩体力学参数在取值方面还存在很多困难和问题。

1）岩体力学参数的不确定性

目前岩体力学参数的取值主要依据室内、原位试验及经验和工程类比方法确定。室内试验主要获得岩石材料的力学指标。由于认识到岩体结构的控制作用，工程岩体力学参数取值大多依据原位试验成果。但是即使是原位试验也只包含部分结构面，还不足以代表工程岩体尺度范围，并且原位试验常常试验数量有限且成果分散，进行统计分析时常常样本不足，以致在原位试验成果基础上进行的折减或者依据经验和工程类比获得的岩体参数取值存在一定的不确定性。

2）岩体力学参数的尺寸效应

由于研究对象、研究目的、研究方法的不同，岩体力学参数取值随岩体尺度的不同而不同。微到矿物晶格结构的构成，细到矿物晶体与细观裂纹的组合，中到岩块与裂隙的组合岩体，大到工程尺度范围的岩体，所研究的岩体尺度不同，岩体力学参数也不相同。已有研究成果表明：随着岩体尺度的增加，岩体力学参数逐渐降低并逐渐趋于稳定值，此时岩体尺度即代表单元体尺度（representative element volume，REV）。

3）岩体力学参数动态变化

地下洞室开挖后，由于开挖扰动的影响和初始应力的释放，洞室周围将形成开挖扰动区（excavation disturbance region，EDZ）。同样，对于高压力区的坝基和边坡，开挖卸荷影响将形成卸荷区。岩体力学参数随着开挖卸荷、性状弱化呈动态变化。

4）有限的试验数据与参数取值空间延拓的局限性

由于岩体性状的不连续性和非均匀性，工程尺度范围内岩体力学参数不相同。如何根据有限的试验成果，从点到面、从面到体进行工程尺度范围的空间延拓，一直是复杂而困难的问题。

5）深部岩体力学参数取值

深部岩体具有“三高”赋存环境（高应力、高水压、高地温），目前对于高应力状态下裂隙岩体及结构面的变形强度特性研究成果不多，认识不够深入。常规的室内和原位试验没有考虑到岩体的赋存环境，取样过程中不可避免地扰动及制备试样过程中初始应力的释放，使现有试验方法和试验成果难以适用于深部裂隙岩石。

7.2 岩体力学参数取值影响因素

岩体结构（层状结构、块裂结构、碎裂结构等）和赋存环境（初始应力、地下水、地温等）的复杂性，加上岩体开挖的影响，导致了工程岩体力学参数取值的复杂性。影响岩体力学参数取值的因素有很多，主要有试验洞表层岩体卸荷松弛、尺寸效应、时间效应、复杂应力状态影响等。

7.2.1 开挖松弛效应

岩体变形模量通常采用承压板法岩体变形试验获取，试验多在开挖平硐内底板或侧壁进行。由于岩体具有初始应力，试验平硐开挖过程中，围岩应力状态二次重分布，表层岩体产生卸荷松弛，形成松弛层，卸荷岩体与未扰动岩体力学特性将呈现出差异。平硐内钻孔声波测试表明岩体波速由表及里是逐渐变化的，达到一定深度后，波速才趋于稳定[180-181]。

现有岩体变形试验方法要求清除试点表层爆破松动岩体，但应力卸荷松弛岩体不可能完全清除。在试验平硐内进行岩体变形试验时，将承压板下岩体看成均质体，由表面测点变形计算出的岩体变形模量反映的是包含卸荷松弛岩体在内的岩体综合变形模量。

例如，柱状节理玄武岩，现场试验点表层清除厚度分别为 10 cm、50 cm、大于 1 m 时，承压板法获得的岩体变形模量分别为 0.95 GPa、5.86 GPa 和 13.26 GPa，见图 7.1。这表明表层卸荷松弛岩体的变形模量明显小于深部未（微）松弛岩体的变形模量[182]。

此外，高陡边坡平硐内不同深度的岩体变形模量试验结果也可以表明开挖卸荷对于岩体变形模量的显著影响[183]。在三峡永久船闸高陡边坡开挖期间，于南北坡坡高最大部位监测支洞内围岩岩体波速 V_p 沿坡距 D_0 的分布曲线，见图 7.2，岩体变形模量沿坡距的分布曲线见图 7.3。

分析图 7.2 中斜坡段监测的支洞岩体波速 V_p 沿坡距 D_0 的分布曲线及图 7.3 中岩体变形模量 E_0 沿坡距 D_0 的分布曲线，可见卸荷扰动区可划分为三段：前段靠近边坡表层为强卸荷区，岩体波速及岩体变形模量明显降低，岩体性状“弱化”明显；后段（20 m 以后）为轻微卸荷区，岩体波速及变形模量趋于正常稳定值，岩体性状基本保持在边坡开挖前的状态；中段（过渡段）为弱卸荷区，岩体波速及变形模量介于两者之间。

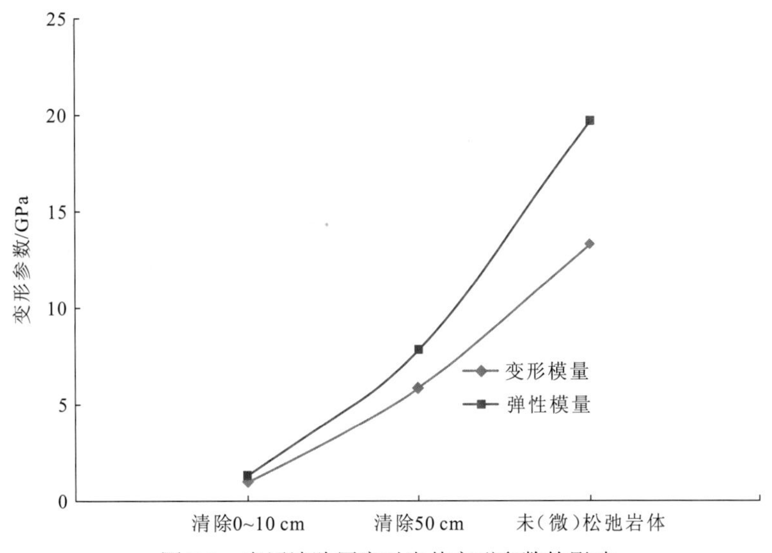

图 7.1　表层清除厚度对岩体变形参数的影响

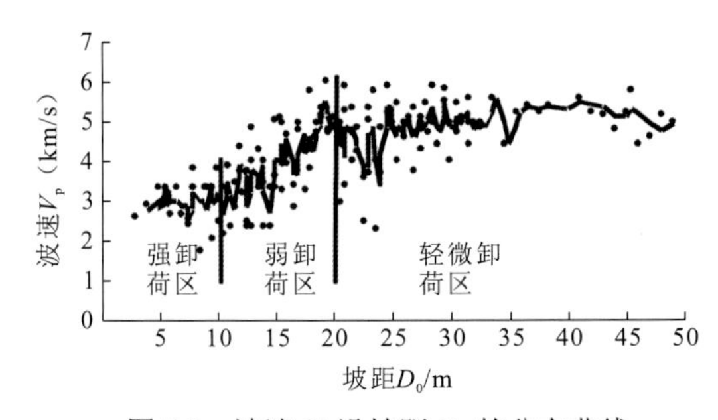

图 7.2　波速 V_p 沿坡距 D_0 的分布曲线

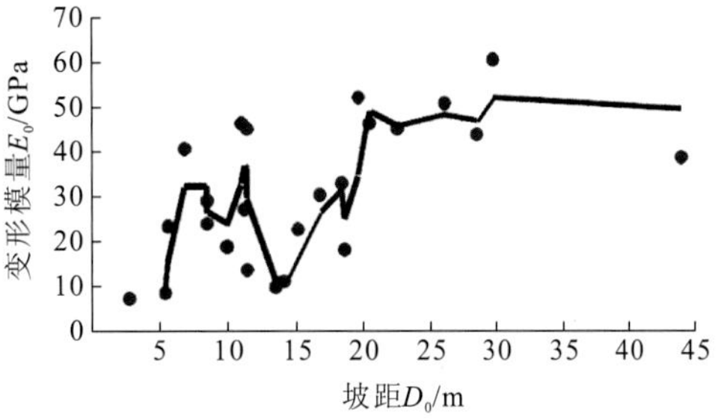

图 7.3　变形模量 E_0 沿坡距 D_0 分布曲线

各卸荷扰动区岩体变形模量及岩体波速试验成果列于表 7.1，强卸荷区、弱卸荷区、轻微卸荷区岩体变形模量试验值分别为 7.97 GPa、26.59 GPa 和 48.90 GPa。卸荷扰动区范围及岩体变形模量随边坡开挖进程而变化，强卸荷区岩体变形模量降低 60%左右，弱卸荷区岩体变形模量降低 30%左右。

表 7.1　卸荷扰动区岩体变形模量及波速统计值

卸荷分区	监测支洞岩体波速 /（km/s）	直立墙声波波速 /（km/s）	岩体变形模量 /GPa	与轻微卸荷区比值	弱化程度
强卸荷	2.63~3.6 3.21	2.11~5.56 3.82	7.28~8.65 7.97	0.16~0.51 0.37	63%
弱卸荷	2.04~4.9 4.47	2.88~5.28 4.23	11.21~46.86 26.59	0.54~0.84 0.67	33%
轻微卸荷	3.78~6.0 4.89	3.67~5.95 5.35	38.93~54.72 48.90	1	—

注：表中数据格式为 $\frac{最小值 \sim 最大值}{平均值}$

7.2.2 尺寸效应

由于岩体的不连续性和非均匀性，室内试验乃至部分现场岩石力学试验难以代表工程尺度范围的岩体。Bieniawski、孙广忠等国内外学者都对岩体力学参数的尺寸效应进行过理论研究和试验研究[184-186]。

为了确定三峡永久船闸高边坡岩体宏观力学参数，采用室内及原位岩体力学试验、工程岩体分级、计算机模拟试验及边坡位移监测成果的反演分析等手段，对三峡永久船闸边坡岩体变形模量尺寸效应进行了研究[187]。岩体变形模量的尺寸效应研究成果列于表 7.2，轻微卸荷区岩体变形模量 E_0 与岩体尺寸 D 之间的关系曲线见图 7.4，拟合关系式为 $E_0=46.4\,D^{-0.10}$。进一步建立岩体与岩块变形模量比值（E_{0m}/E_{0c}）同尺寸比值（D_m/D）之间的关系，见图 7.5，拟合关系式为 $E_{0m}/E_{0c}=0.90\,(D_m/D)^{-0.10}$。

表 7.2 不同尺寸岩体变形模量研究成果

研究方法	研究尺寸/m	岩体变形模量 E_{0c}/GPa		
		强卸荷区	弱卸荷区	轻微卸荷区
室内岩块试验	0.05	65	68.7	69.6
岩体原位试验	0.5	7.97	26.59	48.9
岩体波速评估	1.0	14.89	30.49	42.29
工程岩体分级	1.0	10	27	44
数值模拟试验	10	—	—	36.4
	30	—	—	32.65
位移反演分析	100	9.68	18.95	32.1

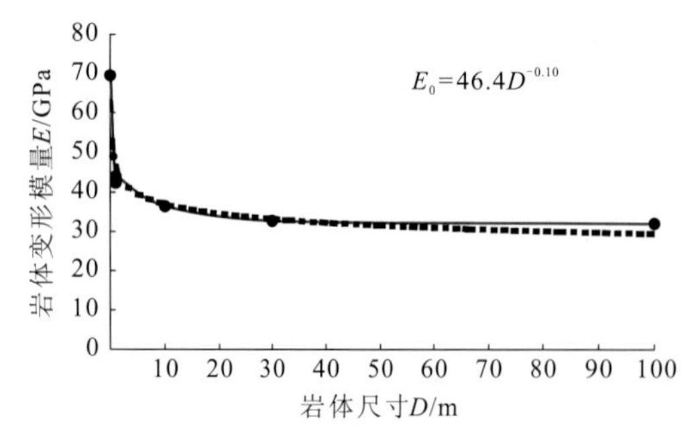

图 7.4 岩体变形模量 E_0 与研究尺寸 D 关系曲线

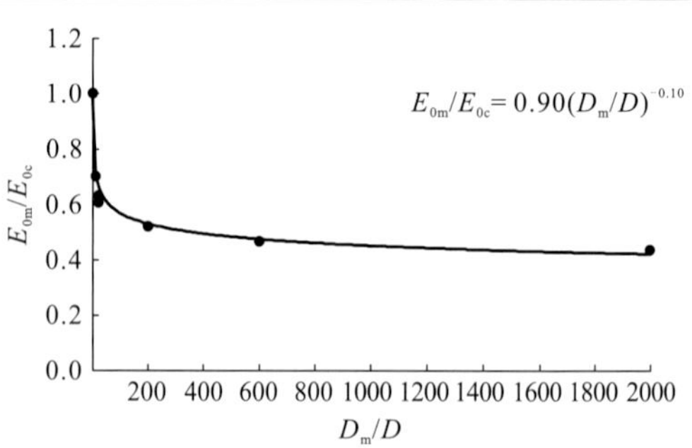

图 7.5 岩体与岩块变形模量比值（E_{0m}/E_{0c}）同尺寸比值（D_m/D）之间的关系曲线

对于永久船闸高边坡轻微卸荷区岩体，主要岩体结构为整体块状结构，块径一般在 0.5～1.0 m。尺寸为 0.05 m 的完整岩块，未包含显裂隙，变形模量近 69.6 GPa；当尺寸增加到 0.5 m 时，包含数条显裂隙，岩体变形模量降低到 48.9 GPa；尺寸增加到 1.0 m 时，岩体变形模量降低到 42.29～44 GPa；尺寸进一步增加到 10 m 时，岩体变形模量降低到 36.4 GPa。随着岩体尺寸的增加，岩体变形模量趋于稳定，当研究尺寸增加到 30 m 时，岩体变形模量为 32.65 GPa，位移反演分析研究岩体尺寸 100 m 时，岩体变形模量为 32.1 GPa，由此可确定岩体的代表性单元尺寸为 30 m，岩体宏观变形模量为 32 GPa，与完整岩块变形模量相比，降低了 54%。

7.2.3　应力水平效应

一般在工程应用中，工程岩体处于低应力状态（10 MPa 以下）下，可采用线性莫尔-库仑强度理论来计算岩石破坏强度；但高应力时，岩石强度存在明显非线性[188-189]。参照国家标准《水力发电工程地质勘察规范》（GB 50287—2016）附录 P 中地应力水平的划分，锦屏二级深埋大理岩三轴试验将围压划分为以下三个应力水平段开展：

（1）低-中应力水平：$0 \leqslant \sigma_3 \leqslant 15$ MPa；

（2）中-高应力水平：$15 < \sigma_3 \leqslant 30$ MPa；

（3）高-极高应力水平：$30 < \sigma_3 \leqslant 60$ MPa。

ϕ50 mm×100 mm 标准尺寸岩样在应力分别为 2 MPa，4 MPa，8 MPa，12 MPa，16 MPa，18 MPa，20 MPa，30 MPa，40 MPa，50 MPa 和 60MPa 时的偏应力-应变关系曲线见图 7.6。从图中可以看出，在低—中应力水平下，峰后应力明显下降，岩石脆性破坏明显；随着应力水平的增加，岩样峰后应变软化特征逐渐降低，岩块塑性变形特征越来越明显。不同应力水平下，ϕ50 mm×100 mm 大理岩岩块的三轴加载峰值强度见表 7.3。

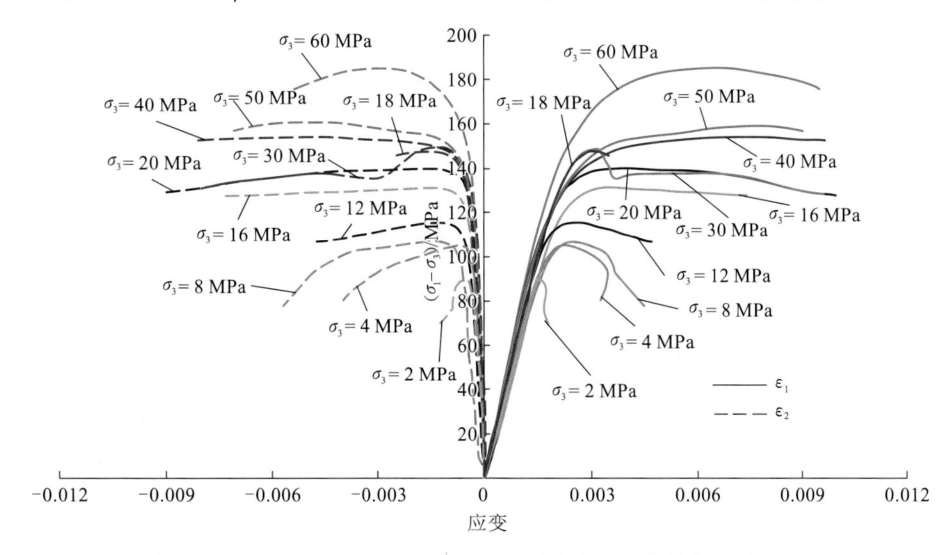

图 7.6　ϕ50 mm×100 mm 岩样三轴压缩试验的偏应力-应变曲线

表 7.3　ϕ50 mm×100 mm 岩样三轴加载峰值强度

岩样编号	峰值强度		岩样编号	峰值强度	
	σ_3/MPa	σ_1/MPa		σ_3/MPa	σ_1/MPa
J-S-1	2	92.7	J-S-7	20	160.8
J-S-2	4	109.8	J-S-8	30	179.8

续表

岩样编号	峰值强度		岩样编号	峰值强度	
	σ_3/MPa	σ_1/MPa		σ_3/MPa	σ_1/MPa
J-S-3	8	115.3	J-S-9	40	195.2
J-S-4	12	128.4	J-S-10	50	210.6
J-S-5	16	148.6	J-S-11	60	247.2
J-S-6	18	166.7	—	—	—

锦屏二级中等尺寸 150 mm×150 mm×300 mm 大理岩试样，开展的应力为 0.2 MPa，3.0 MPa，6.1 MPa，11.1 MPa，19.9 MPa，24.3 MPa 和 31.2 MPa 下的偏应力-应变关系曲线见图 7.7。从图 7.7 中可以看出，在低-中应力水平下，150 mm×150 mm×300 mm 大理岩试样仍表现出明显的脆性破坏；在中-高应力水平下，150 mm×150 mm×300 mm 大理岩岩样达到屈服阶段后表现出明显的非线性变形，并且峰后应变软化特征逐渐减小。不同应力水平下，150 mm×150 mm×300 mm 大理岩试样的三轴加载峰值强度见表 7.4。

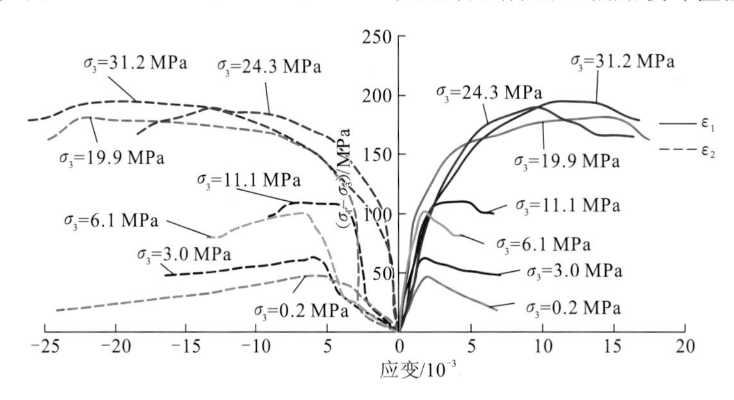

图 7.7 150 mm×150 mm×300 mm 大理岩试样三轴加载试验偏应力-应变曲线

表 7.4 150 mm×150 mm×300 mm 大理岩试样三轴加载峰值强度

岩样编号	峰值强度		岩样编号	峰值强度	
	σ_3/MPa	σ_1/MPa		σ_3/MPa	σ_1/MPa
J–M–3	11.1	120.7	J–M–15	31.2	226.6
J–M–5	3.1	66.9	J–M–16	24.3	216.7
J–M–7	0.2	47.5	J–M–21	6.1	107.7
J–M–14	19.9	198.5	—	—	—

ϕ50 mm×100 mm 岩样和 150 mm×150 mm×300 mm 大理岩试样的三轴压缩试验的 σ_3、σ_1 散点图见图 7.8、图 7.9，采用莫尔-库仑强度准则分段拟合试样的强度包络线。根据图 7.8、图 7.9 可知，不同应力水平段，试样强度包络线差异很大，随着围压应力水平的增加，强度包络线逐渐趋缓。但是，不同尺寸和不同应力路径下，试样强度参数随围压应力水平的变化幅度并不相同，具体分述如下。

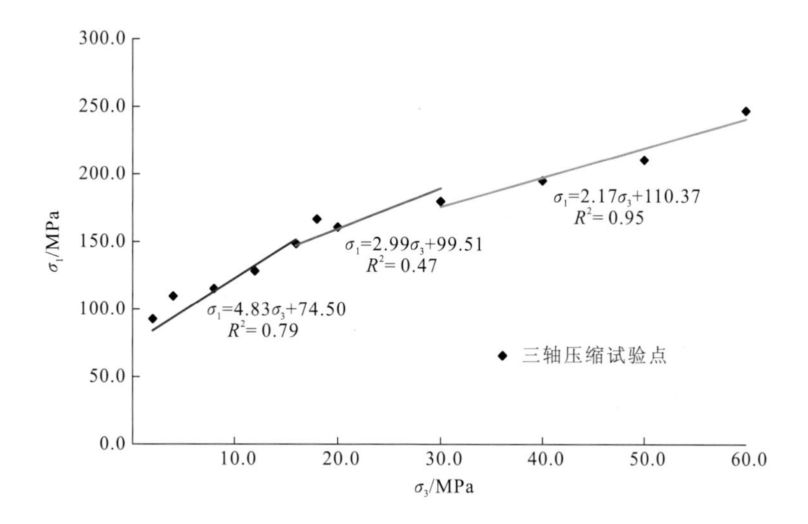

图 7.8　ϕ 550 mm×100 mm 岩样三轴压缩试验 σ_3、σ_1 散点图

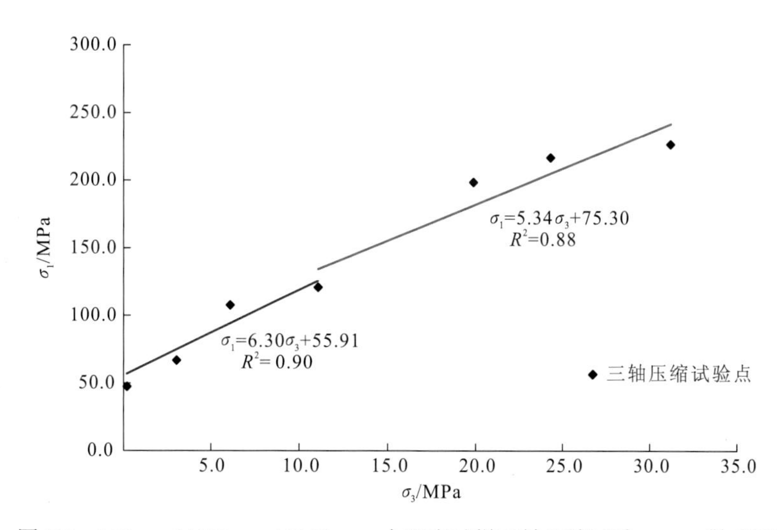

图 7.9　150 mm×150 mm×300 mm 大理岩试样三轴压缩试验 σ_3、σ_1 散点图

（1）ϕ50 mm×100 mm 岩样加载破坏条件下，中-高应力水平段大理岩的强度参数 φ 值比低-中应力水平段下降了近 30%；c 值则增加了约 70%。高-极高应力水平段大理岩的强度参数 φ 值比中-高应力水平段又降低了约 30%，与低-中应力水平段相比，则降低了近 50%；c 值则比中-高应力水平段提高了约 30%，与低-中应力水平段相比，则提高了约 120%。

（2）150 mm×150 mm×300 mm 大理岩试样加载破坏条件下，中-高应力水平段大理岩的强度参数 φ 值与低-中应力水平段相比略有降低，仅有 7%，c 值则可提高约 50%。

（3）综合比较 ϕ50 mm×100 mm 岩样和 150 mm×150 mm×300 mm 大理岩岩样，在不同应力水平下，抗剪强度参数的变化规律基本相同：随着应力水平的提高，φ 值逐渐减小，c 值逐渐增大。

7.2.4 复杂应力路径效应

岩质边坡开挖后，边坡岩体应力调整，一部分处于卸载状态，另一部分处于一个方向卸载而另一个方向加载的状态，应力路径复杂。为了研究复杂应力路径对岩体变形模量的影响，对三峡永久船闸边坡岩体进行了复杂应力路径岩体真三轴试验。试验压力模拟边坡初始地应力场及其在边坡开挖过程中的变化，按三种路径施加：σ_1 卸载时，σ_2 和 σ_3 保持不变；σ_1 加载时，σ_2 保持不变，而 σ_3 同步卸载；σ_1 卸载时，σ_2 保持不变，而 σ_3 同步加载。根据试验结果，建立此三种应力路径下岩体切线模量 E_t 与主应力差之间的关系。

在三峡永久船闸南坡 PD3008 勘探平硐内共进行四点三轴变形试验，试件尺寸为 30 cm×30 cm×60 cm，岩性为微风化闪云斜长花岗岩，块状结构，可见短小裂隙和贯穿性裂隙。

按试验的先后顺序，初始应力（σ_{01}，σ_{02}，σ_{03}）的五种状态分别为：4 MPa，4 MPa，4 MPa；6 MPa，6 MPa，2 MPa；6 MPa，6 MPa，6 MPa；8 MPa，6 MPa，3 MPa；8 MPa，8 MPa，8 MPa。

按下列三种应力路径模式加载、卸载：L1 型，σ_1 卸载至 0，σ_2、σ_3 保持不变；L2 型，σ_1 加载至 $\sigma_{01}+\sigma_{03}$，σ_2 保持不变，σ_3 同步卸载至 0；L3 型，σ_1 卸载至 0，σ_2 保持不变，σ_3 同步加载至 $\sigma_{01}+\sigma_{03}$；L3 型应力路径 ε_1-ε_3 关系曲线见图 7. 10，L1、L3 型应力路径压力变化-切线模量（$\Delta\sigma'$-E_t）关系曲线见图 7.11。E_t 具有以下变化规律：

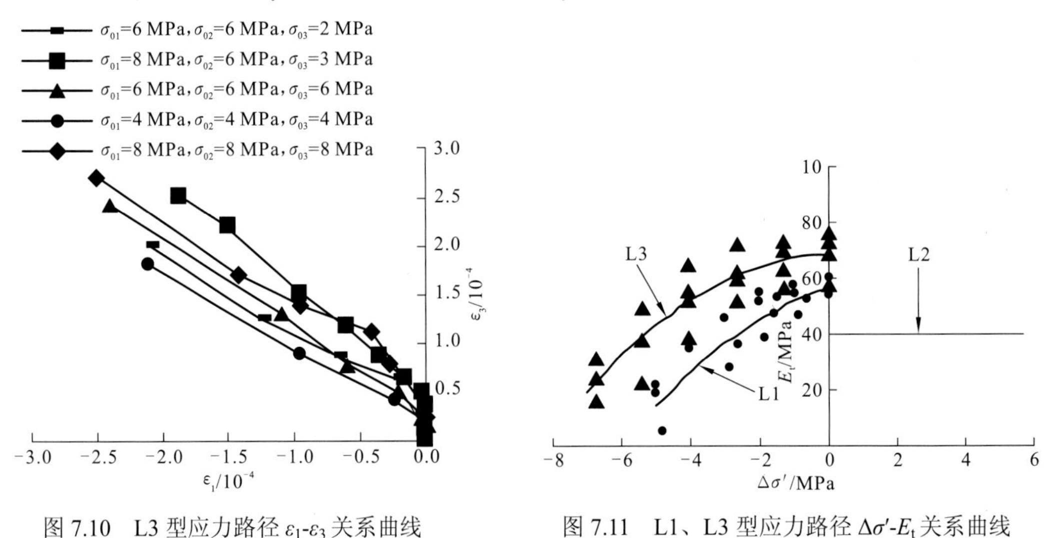

图 7.10 L3 型应力路径 ε_1-ε_3 关系曲线

图 7.11 L1、L3 型应力路径 $\Delta\sigma'$-E_t 关系曲线

（1）L1、L3 型应力路径下，E_t 随 $\Delta\sigma'$（负值）的减小而加速减小；L2 型应力路径下，E_t 值稳定，不随 $\Delta\sigma'$的变化而变化。

（2）$\Delta\sigma'$相同时，L3 型应力路径的 E_t 值比 L1 型应力路径大。

（3）卸荷起始段的 E_t 值比加载时的大，但在 L1 型应力路径下，当 $\Delta\sigma'<-2.6$ MPa 时，卸载 E_t 值小于加载 E_t 值；L3 型应力路径下，当 $\Delta\sigma'<-5.2$ MPa 时，卸载 E_t 值小于加载 E_t 值。

（4）L2、L3 型应力路径皆为一个主应力增加，另一个主应力同时减小。L2 型应力路径下，σ_1 方向为加载方向；L3 型应力路径下，σ_1 方向为卸载方向。σ_1 方向的 E_t 在这两种应力路径下表现出不同的变化规律。

研究结果表明：在一个主应力减小（卸荷），另一主应力增加（加载）的应力路径下，岩体变形具有非线性和各向异性。在卸荷方向，切线模量随主应力差（负值）的减小而加速减小；在加载方向，切线模量基本保持稳定。采用卸载条件下的变形参数评价边坡岩体变形及稳定性更为合理。

7.2.5　中间主应力效应

隧洞开挖围岩变形稳定分析目前采用的岩体强度参数大多依据岩体直剪试验成果根据莫尔-库仑强度准则确定。深埋隧洞围岩处于三向不等压及小主应力卸载路径等复杂应力状态，岩体破坏受岩体结构和复杂应力等多种因素控制。岩体结构、应力状态及应力路径的复杂性，决定了深埋隧洞围岩强度参数的复杂性。除了考虑岩体结构及其各向异性特征、岩体强度的尺寸效应和时间效应外，还需要考虑隧洞开挖前后围岩三向不等压应力状态。因此，根据洞室围岩的实际受力及变形、破坏过程，采用 σ_1 模拟洞室围岩环向应力，σ_2 模拟轴向应力，σ_3 模拟径向应力，以开展岩体真三轴试验，分析三向不等压时中间主应力对岩体强度参数的影响[190]。原位大尺寸岩体真三轴试验应力路径为：

（1）施加等围压 $\sigma_1=\sigma_2=\sigma_3$（＝定值）；

（2）保持 σ_2、σ_3 不变，施加 σ_1 至预定值；

（3）保持 σ_1、σ_2 为预定值不变，卸 σ_3 至试样破坏。

岩体原位真三轴卸侧压试验试样尺寸为 50 cm×50 cm×100 cm，玄武岩和片岩各试验点的峰值强度值见表 7.5。

表 7.5　岩体原位真三轴卸侧压试验峰值强度值

岩性	峰值强度		
	σ_1/MPa	σ_2/MPa	σ_3/MPa
玄武岩	35.0	4.5	1.1
	27.8	7.2	0.3
	39.5	7.3	1.9
	43.0	7.5	1.7
	32.5	7.5	0.7
	37.0	7.5	1.2
片岩	18.8	6.0	0.1
	35.0	9.0	3.3
	45.0	9.0	4.0
	30.0	9.0	1.2
	28.0	9.0	2.4

对于玄武岩和片岩原位真三轴卸侧压试验结果，若忽略中间主应力影响，采用工程中常用的莫尔-库仑强度准则进行回归分析（图 7.12），获得玄武岩和片岩莫尔-库仑强度准则系数，见表 7.6。

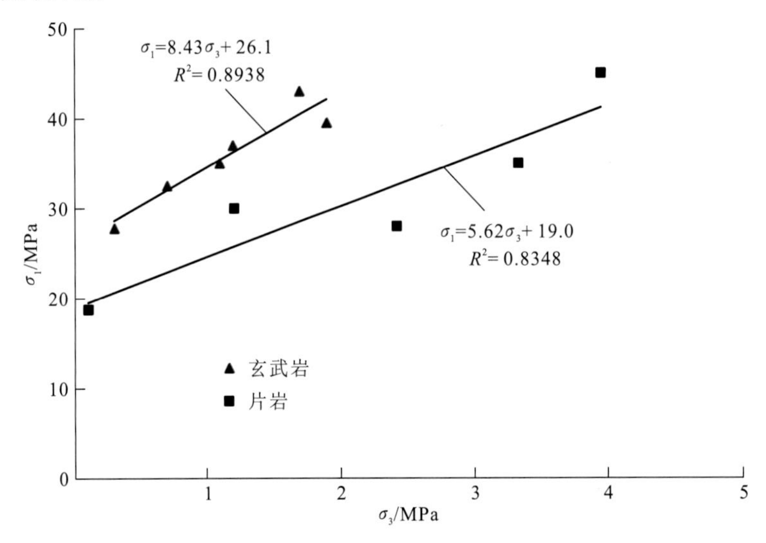

图 7.12　岩体原位真三轴卸侧压破坏σ_1-σ_3关系曲线

考虑中间主应力效应，采用茂木强度准则进行回归分析。根据表 7.5 计算得到的玄武岩和片岩的τ_{oct}-$\sigma_{m,2}$关系曲线见图 7.13。计算可得玄武岩和片岩的茂木强度准则系数，见表 7.6。

表 7.6　莫尔-库仑与茂木强度准则系数回归分析结果

岩性	莫尔-库仑强度准则		Mogi 强度准则	
	F	*R*/MPa	*a*	*b*
玄武岩	8.43	26.1	0.77	0.98
片岩	5.62	19.0	0.69	0.94

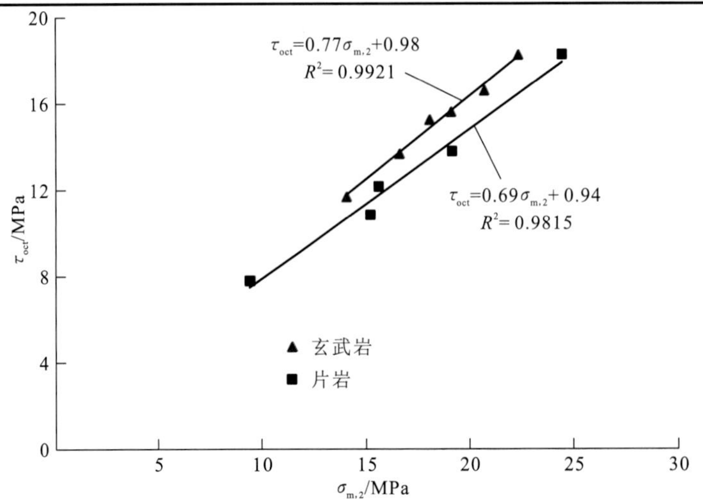

图 7.13　岩体原位真三轴卸侧压破坏τ_{oct}-$\sigma_{m,2}$关系曲线

对于表 7.6 中回归系数是否能够可靠表述玄武岩和片岩的真三轴破坏强度，还需对莫尔-库仑与茂木强度准则的回归方程进行显著性检验。采用表 7.5 中σ_2、σ_3的试验值，根据表 7.6 中回归方程的系数可得σ_1的反算值，见表 7.7、表 7.8 和图 7.14。根据回归方程显著性的 F 检验方法，将σ_1和τ_{oct}反算值的偏差分析结果同样列于表 7.7、表 7.8。

表 7.7　原位岩体强度莫尔-库仑强度准则反算值及方差分析

岩性	试验值	反算值	偏差平方和	回归均方差	残差均方差	F 统计量值
	σ_1/MPa	σ_1/MPa				
玄武岩	35.0	35.4	142.5	127.56	3.73	34.16
	27.8	28.6				
	39.5	42.1				
	43.0	40.4				
	32.5	32.0				
	37.0	36.2				
片岩	18.8	19.6	370.69	308.83	20.62	14.98
	35.0	37.7				
	45.0	41.2				
	30.0	25.8				
	28.0	32.6				

表 7.8　原位岩体强度茂木强度准则反算值及方差分析

岩性	试验值		反算值		偏差平方和	回归均方差	残差均方差	F 统计量值
	$\sigma_{m,2}$/MPa	τ_{oct}/MPa	σ_1/MPa	τ_{oct}/MPa				
玄武岩	18.1	15.2	34.3	14.92	26.23	25.83	0.10	256.30
	14.1	11.7	28.1	11.84				
	20.7	16.6	40.2	16.92				
	22.4	18.3	42.9	18.23				
	16.6	13.7	32.7	13.76				
	19.1	15.6	37.2	15.69				
片岩	9.4	7.8	18.0	7.4	60.37	58.96	0.47	126.00
	19.2	13.8	35.9	14.2				
	24.5	18.3	44.1	17.8				
	15.6	12.2	29.0	11.7				
	15.2	10.8	29.3	11.4				

将表 7.7、表 7.8 中 F 统计量值，与查 F 分布表获得的不同显著性水平的临界值 F_0 [式(7.3)]相比较，可得玄武岩和片岩莫尔-库仑强度准则的回归方程满足显著性水平为 $\alpha=0.05$ 的检验要求，茂木强度准则的回归方程可满足显著性水平为 $\alpha=0.01$ 的检验要求。这表明玄武岩和片岩茂木强度准则的拟合偏差要小于莫尔-库仑强度准则的拟合偏差，因此采用茂木强度准则拟合岩体原位真三轴试验结果更加可靠（图 7.14）。不同显著性水平的临界值 F_0 结果如下：

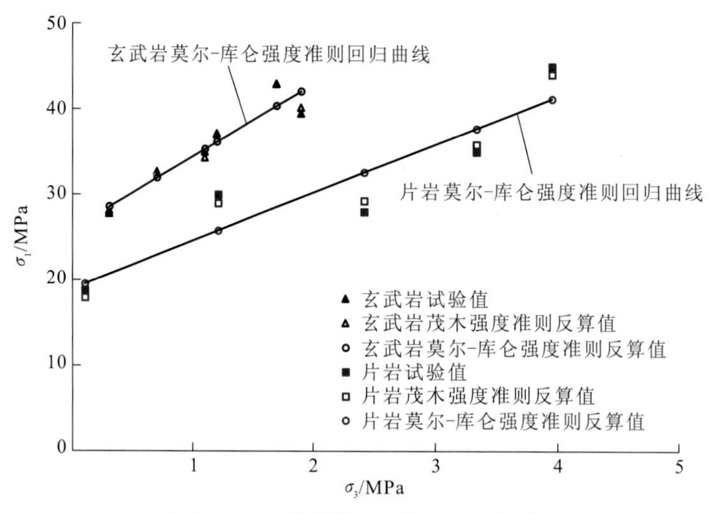

图 7.14　岩体原位真三轴强度反算值

$$F_0 = \begin{cases} F_{0.01}(1, 3) = 34.12 \\ F_{0.01}(1, 4) = 21.20 \\ F_{0.05}(1, 3) = 10.13 \\ F_{0.05}(1, 4) = 7.71 \end{cases} \tag{7.3}$$

根据莫尔-库仑强度准则和茂木强度准则，计算可得忽略中间主应力和考虑中间主应力影响时，玄武岩与片岩岩体的抗剪强度参数，见表 7.9。计算结果表明，通过茂木强度准则换算获得的岩体强度参数φ值比莫尔-库仑强度准则确定的φ值要高约 6%，但是 c 值则要比莫尔-库仑强度准则确定的 c 值低约 60%。

表 7.9　岩体强度参数计算结果

强度准则	玄武岩		片岩	
	φ/（°）	c /MPa	φ/（°）	c/MPa
莫尔-库仑	52.0	4.5	44.3	4.0
茂木	55.1	1.8	47.1	1.5

7.2.6　不同试验方法对岩体强度参数取值的影响

对于隧洞开挖围岩变形稳定分析，目前采用的岩体强度参数大多是依据岩体直剪试验成果，或者采用常规三轴试验获得的莫尔-库仑强度准则的强度参数。深埋隧洞围岩处于三向不等压及小主应力卸载路径等复杂应力状态，岩体破坏受岩体结构和复杂应力等多种因素控制。对于复杂条件下岩体强度参数的研究，除了考虑岩体结构及其各向异性特征、岩体强度的尺寸效应和时间效应外，还需要考虑岩体三向不等压的应力状态、隧洞开挖的应力路径及岩体强度准则[191]。

针对似层状结构的石英云母片岩，分别开展了尺寸为 50 cm×50 cm 的原位直剪试验、尺寸为ϕ5 cm×10 cm 的室内三轴试验、尺寸为 10 cm×10 cm×20 cm 的中尺度岩块真三轴试验、尺寸为 50 cm×50 cm×100 cm 的卸侧压真三轴试验和尺寸为 50 cm×50 cm×100 cm 的卸侧压真三轴流变试验。

不同试验方法取得的岩体强度参数列于表 7.10，可见，石英云母片岩强度参数除了具有明显各向异性特征及尺寸效应外，表征不同应力状态及应力路径的试验方法对岩体强度参数有明显影响：

表 7.10　不同试验方法石英云母片岩强度参数

试验方法	试验尺寸	应力状态	应力路径	莫尔-库仑强度准则（单剪）		德鲁克-普拉格强度准则转换（三剪）	
				f	c /MPa	f	c /MPa
原位直剪试验	50 cm×50 cm	τ 平行于片理	$\tau\uparrow$	0.61	0.84	—	—
		τ 垂直于片理	$\tau\uparrow$	1.03	2.10	—	—
室内三轴试验	ϕ5 cm×10 cm	$\sigma_1>\sigma_2=\sigma_3$	$\sigma_1\uparrow$	0.66	10.3	—	—
中尺度岩块真三轴试验	10 cm×10 cm ×20 cm	$\sigma_1>\sigma_2=\sigma_3$	$\sigma_1\uparrow$	1.40	3.03	—	—
		$\sigma_1>\sigma_2>\sigma_3$	$\sigma_1\uparrow$	1.02	5.27	—	—
		$\sigma_1>\sigma_2>\sigma_3$	$\sigma_3\downarrow$	1.16	3.97	—	—
卸侧压真三轴试验	50 cm×50 cm×100 cm	$\sigma_1>\sigma_2>\sigma_3$	$\sigma_3\downarrow$	1.20	2.93	0.93	1.65
卸侧压真三轴流变试验	50 cm×50 cm×100 cm	$\sigma_1>\sigma_2>\sigma_3$	$\sigma_3\downarrow$	1.02	2.04	0.89	1.17

（1）岩体直剪试验参数与岩体三轴试验参数有较大的差别。室内岩体原位直剪试验剪切面只承受正应力和剪应力，为典型的单剪应力状态。岩体三轴试验则更接近隧洞围岩应力状态，岩体破坏及三轴强度受到应力状态和岩体结构双重控制，更能反映三向应力状态的岩体强度特征。

（2）卸侧压路径与加轴压路径岩体强度参数。对于中尺度岩块真三轴试验，卸侧压路径德鲁克-普拉格强度参数为 $\alpha=0.36$，$k=3.0$，低于加轴压路径强度参数为 $\alpha=0.375$，$k=3.5$（图 7.15）。

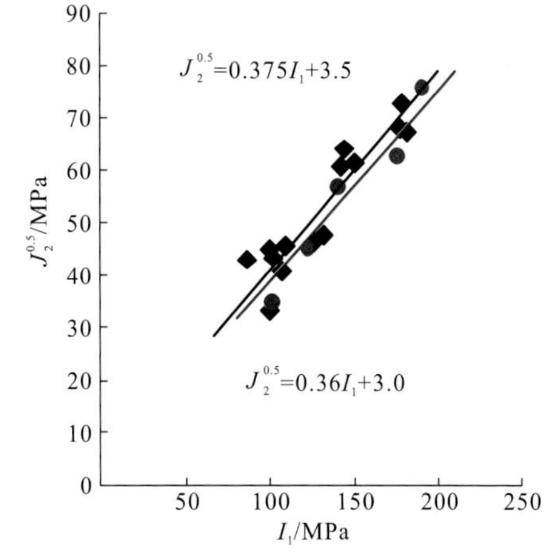

图 7.15　卸侧压路径与加轴压路径 $J_2^{0.5}$-I_1 关系曲线

（3）莫尔-库仑强度准则与德鲁克-普拉格强度准则岩体强度参数。莫尔-库仑强度准则仅反映单剪应力状态，德鲁克-普拉格强度准则考虑了中间主应力 σ_2，反映岩体三剪应力状态。按德鲁克-普拉格强度准则，岩体强度参数明显低于莫尔-库仑强度准则的强度参数。

综上所述，岩体卸侧压真三轴试验破坏模式受到岩体结构及应力状态的双重控制，比岩体直剪试验更能反映隧洞围岩复杂应力状态。德鲁克-普拉格强度准则考虑了三个方向的偏应力影响，反映岩体三剪应力状态的德鲁克-普拉格强度准则的强度参数明显低于莫尔-库仑强度准则的强度参数。按德鲁克-普拉格强度准则整理的岩体真三轴卸侧压试验强度参数能较好地反映隧洞围岩强度特征。

7.3 岩体变形强度参数统计分析与经验取值

7.3.1 岩体变形模量统计

1. 基于岩体基本质量分级的变形模量试验值统计分析

共收集了 920 个岩体原位变形试验样本，其中 I 级岩体 91 个，II 级岩体 184 个，III 级岩体 267 个，IV 级岩体 200 个，V 级岩体 178 个。对试验样本，首先按三倍标准差法剔除异常值，将剔除异常样本后的数据再按岩体级别分别统计。统计结果见表 7.11、图 7.16。

表 7.11　各级别岩体变形模量统计结果

岩体级别	I	II	III	IV	V
样本个数	89	184	262	184	178
占总数百分比/%	9.92	20.51	29.21	20.51	19.84
变形模量最小值/GPa	20.60	5.24	0.92	0.57	0.00
变形模量最大值/GPa	72.19	57.50	25.10	9.55	2.32
变形模量平均值/GPa	42.70	26.30	10.82	4.12	0.56
均方差/GPa	11.36	10.96	5.19	1.92	0.58

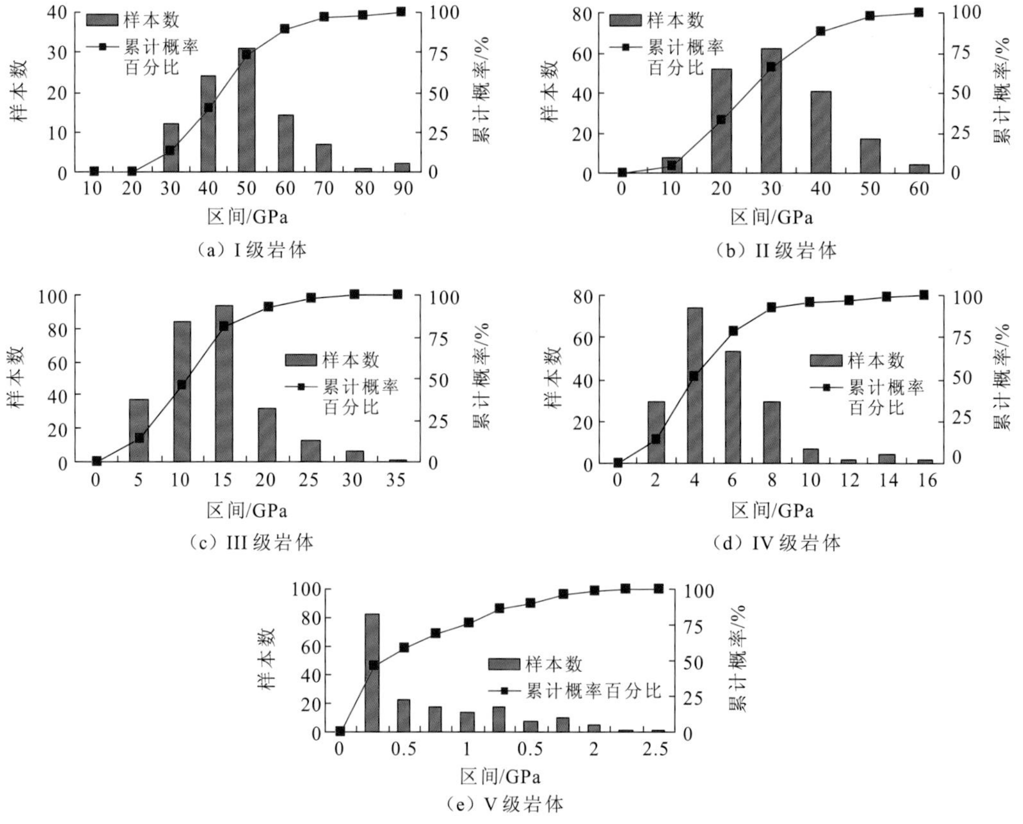

(a) I 级岩体

(b) II 级岩体

(c) III 级岩体

(d) IV 级岩体

(e) V 级岩体

图 7.16　I～V 级岩体变形模量分布直方图及累计概率曲线

依据各级别岩体变形模量试验样本的均值和均方差，按正态分布模型，计算出累计概率 20%和 80%所对应的界限值，见表 7.12。表 7.12 整理出的界限值相当于原位试验值，而非地质建议值，设计采用时应加以注意。

表 7.12　各级别岩体不同累计概率对应的变形模量

岩体级别	I	II	III	IV	V
变形模量均值/GPa	42.70	26.30	10.82	4.12	0.56
均方差/GPa	11.36	10.96	5.19	1.92	0.58
累计概率 20%界限值/GPa	33.14	17.07	6.45	2.51	0.07
累计概率 80%界限值/GPa	52.27	35.53	15.19	5.74	1.04

2. 基于各类岩体变形模量地质建议值的统计

地质建议值是在试验值基础上，综合考虑工程地质条件、试样代表性等，对试验值进行调整取得的。岩体变形模量地质建议值样本主要来源于白鹤滩、白山、板桥峪、长溪、二滩、公伯峡、构皮滩、观音岩、猴子岩、紧水滩、锦屏二级、锦屏一级、景洪、拉西瓦、李家峡、龙滩、漫湾、棉花滩、糯扎渡、彭水、瀑布沟、三峡、十三陵、水布垭、天荒坪、桐子林、乌江渡、五强溪、溪洛渡、向家坝、小湾、岩滩等 40 余个工程的相关资料，共收集到 114 个样本，其中 I 级岩体 11 个，II 级岩体 24 个，III 级岩体 28 个，IV 级岩体 30 个，V 级岩体 21 个。

图 7.17 给出了典型工程各类别岩体地质建议值范围。地质建议值多为范围值，在统计时，取范围值的中值进行统计，统计结果见表 7.13。

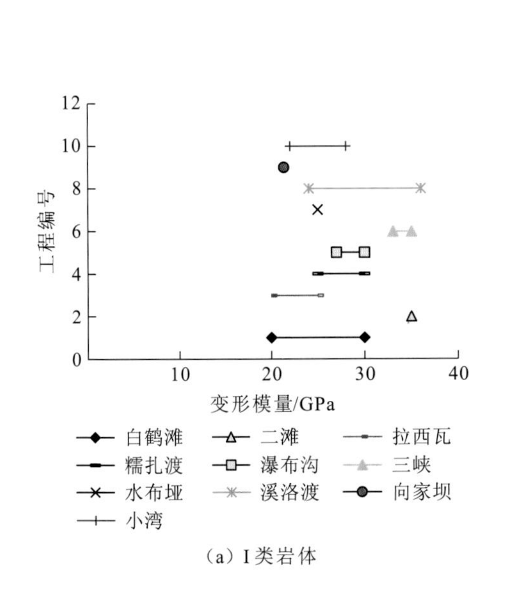

(a) I 类岩体

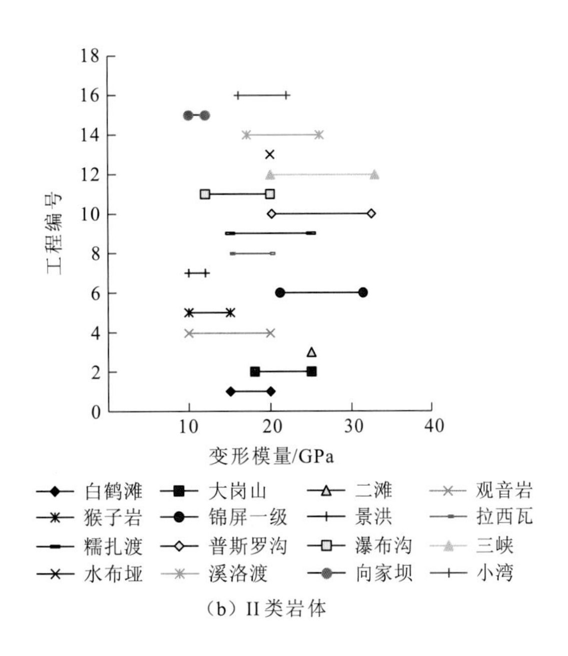

(b) II 类岩体

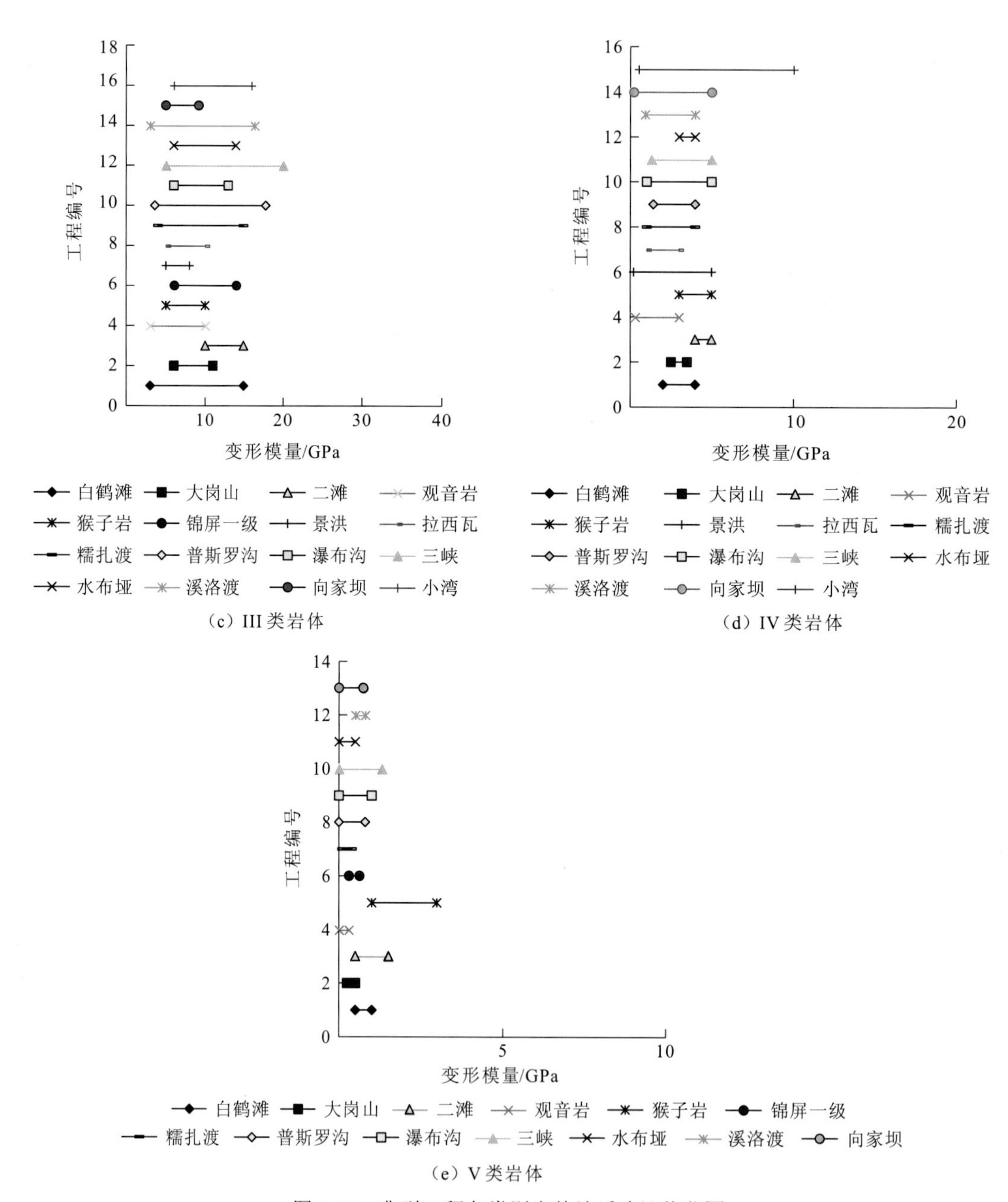

(c) III类岩体

(d) IV类岩体

(e) V类岩体

图 7.17 典型工程各类别岩体地质建议值范围

表 7.13 各类岩体变形模量地质建议值统计结果

岩体分类	I	II	III	IV	V
样本个数	11	24	28	30	21
占总数百分比/%	9.65	21.05	24.56	26.32	18.42
最小值/GPa	14.60	0.50	4.50	0.05	0.20
最大值/GPa	35.00	28.00	20.10	8.30	4.00

续表

岩体分类	I	II	III	IV	V
均值/GPa	24.37	15.39	8.80	2.99	1.00
均方差/GPa	5.78	7.01	3.60	1.86	0.90
累计概率 20%对应的界限值/GPa	19.51	9.49	5.77	1.42	0.24
累计概率 80%对应的界限值/GPa	29.24	21.29	11.83	4.55	1.75

统计出的各类岩体地质建议值与《水利水电工程地质勘察规范》（GB 50487—2008）取值基本一致，只是在第 IV、V 类岩体分界线上略有差异。对比表 7.12 与表 7.13，可见地质建议值统计结果与试验值统计结果不同。地质建议值是对试验值的折减，对于同级（类）岩体，地质建议值要低于试验值。依据现有资料统计得到的 V 级岩体变形模量地质建议值上限与试验值上限差别不大，《水利水电工程地质勘察规范》（GB 50487—2008）中给出的 V 级岩体变形模量地质建议值上限甚至高于《工程岩体分级标准》（GB/T 50218—2014）中给出的 V 级岩体试验值上限。

7.3.2　岩体抗剪强度参数统计

岩体抗剪强度参数试验值统计样本主要来源于长江科学院历年来的原位岩体力学试验成果报告，从中筛选出 117 个原位岩体强度试验值样本，其中 I 级岩体 7 个，II 级岩体 28 个，III 级岩体 27 个，IV 级岩体 39 个，V 级岩体 16 个。

1. 基于岩体基本质量分级的 φ、c 试验值统计

对收集到的试验资料分别按岩体质量级别进行统计，统计之前按三倍标准差法剔除异常样本。对有效样本，分别统计均值、方差等，统计结果见表 7.14、表 7.15。为合理确定各级别岩体取值的上下限，表中还给出了累计概率 20%、80%所对应的界限值。

表 7.14　各级岩体摩擦角统计成果

岩体级别	I	II	III	IV	V
样本数	7	28	27	39	16
百分比/%	5.98	23.93	23.08	33.33	13.68
最小值/（°）	54.10	45.87	42.01	21.81	17.75
最大值/（°）	64.78	70.05	64.03	65.59	54.30
均值/（°）	59.75	60.59	55.18	46.74	37.14
均方差/（°）	16.26	24.19	17.73	22.87	15.96
累计概率 20%对应界限值/（°）	55.76	54.36	49.44	35.28	27.33
累计概率 80%对应界限值/（°）	62.98	65.08	59.64	54.81	44.95

表 7.15 各级岩体黏聚力统计成果

岩体级别	I	II	III	IV	V
样本数	7	28	27	39	16
百分比/%	5.98	23.93	23.08	33.33	13.68
最小值/MPa	1.12	0.54	0.20	0.04	0.02
最大值/MPa	6.86	5.31	3.80	2.15	1.91
均值/MPa	3.39	2.52	1.66	0.74	0.50
均方差/MPa	2.21	1.33	0.90	0.61	0.53
累计概率 20%对应界限值/MPa	1.52	1.40	0.90	0.23	0.06
累计概率 80%对应界限值/MPa	5.25	3.64	2.42	1.25	0.95

在不同累计概率对应界限值基础上，经适当调整及取整处理，得到依据试验值统计结果确定的不同级别岩体摩擦角、黏聚力的取值范围，相关结果见表 7.16。《工程岩体分级标准》（GB/T 50218—2014）给出了各级别岩体力学参数取值范围，相当于原位试验值。将试验值统计结果与《工程岩体分级标准》（GB/T 50218—2014）中的参数进行对比，试验值统计结果普遍高于《工程岩体分级标准》（GB/T 50218—2014）给出的参数取值范围，尤其是 III～V 级岩体，统计结果给出的下限值甚至要高出《工程岩体分级标准》（GB/T 50218—2014）给出的上限值。

表 7.16 试验值统计结果与《工程岩体分级标准》（GB/T 50218—2014）取值对比

岩体质量级别	摩擦角 φ/（°）		黏聚力 c /MPa	
	《工程岩体分级标准》（GB/T 50218—14）取值	试验值统计	《工程岩体分级标准》（GB/T 50218—2014）取值	试验值统计
I	>60	>60	>2.1	>2.5
II	60～50	60～55	2.1～1.5	2.5～1.9
III	50～39	55～50	1.5～0.7	1.9～1.0
IV	39～27	50～35	0.7～0.2	1.0～0.5
V	<27	<35	<0.2	<0.5

2. 各类岩体强度地质建议值统计

地质建议值统计样本来源于白鹤滩等 40 余个工程的相关资料，收集到 110 个样本，其中 I 级岩体 12 个，II 级岩体 22 个，III 级岩体 28 个，IV 级岩体 30 个，V 级岩体 18 个。

依据从各工程收集的地质建议值样本，按岩体分类分别进行摩擦角、黏聚力地质建议值统计，结果见表 7.17、表 7.18。

表 7.17　各类岩体摩擦角地质建议值统计

岩体类别	I	II	III	IV	V
样本数	12	22	28	30	18
百分比/%	10.91	20.00	25.45	27.27	16.36
最小值/（°）	49	46	33	15	10
最大值/（°）	60	64	59	55	53
均值/（°）	54.96	52.51	46.55	35.82	25.27
均方差	3.56	3.87	5.07	7.47	8.74
累计概率 20%对应界限值/（°）	51.96	49.25	42.28	29.54	17.92
累计概率 80%对应界限值/（°）	57.96	55.77	50.82	42.10	32.62

表 7.18　各类岩体黏聚力地质建议值统计

岩体类别	I	II	III	IV	V
样本数	12	22	28	30	18
百分比/%	10.91	20.00	25.45	27.27	16.36
最小值/MPa	1.26	0.98	0.47	0.04	0.02
最大值/MPa	5.00	4.00	3.20	1.20	0.80
均值/MPa	2.53	1.84	1.18	0.49	0.24
均方差	0.95	0.63	0.57	0.27	0.23
累计概率 20%对应界限值/MPa	1.73	1.31	0.70	0.27	0.05
累计概率 80%对应界限值/MPa	3.33	2.37	1.65	0.72	0.42

在表 7.17、表 7.18 基础上，经适当调整及取整处理，得到依据地质建议值统计结果确定的不同类别岩体的强度参数上、下限，结果见表 7.19。《水利水电工程地质勘察规范》（GB 50487—2008）中给出了不同类别岩体地质建议值范围，统计结果与规范建议值基本一致。

表 7.19　地质建议值统计结果与规范建议值对比

岩体类别	摩擦角 φ/（°）		黏聚力 c/MPa	
	地质建议值统计	规范取值	地质建议值统计	规范取值
I	>55	58～54	>2.0	2.5～2.0
II	55～50	54～50	2.0～1.5	2.0～1.5
III	50～42	50～42	1.5～0.7	1.5～0.7
IV	42～30	42～30	0.7～0.3	0.7～0.3
V	<30	<30	<0.3	0.3～0.05

7.3.3　结构面抗剪强度参数地质建议值统计

结构面抗剪断强度参数地质建议值样本有 134 组，按《水利水电工程地质勘察规范》（GB 50487—2008）结构面分类进行统计，统计结果见表 7.20、表 7.21。

表 7.20　结构面摩擦系数地质建议值统计结果

结构面类型	胶结	无充填	岩块岩屑型	岩屑夹泥型	泥夹岩屑型	泥型
样本数	15	22	20	37	27	13
百分比/%	11.19	16.42	14.93	27.61	20.15	9.70
最小值	0.53	0.33	0.41	0.04	0.04	0.16
最大值	1.20	0.75	0.58	0.7	0.35	0.25
均值	0.77	0.57	0.49	0.37	0.28	0.21
均方差	0.19	0.11	0.05	0.14	0.06	0.03
累计概率 20%对应界限值	0.61	0.48	0.45	0.25	0.23	0.19
累计概率 80%对应界限值	0.94	0.66	0.53	0.48	0.33	0.24

表 7.21　结构面黏聚力地质建议值统计结果

结构面类型	胶结	无充填	岩块岩屑型	岩屑夹泥型	泥夹岩屑型	泥型
样本数	15	22	20	37	27	13
百分比/%	11.19	16.42	14.93	27.61	20.15	9.70
最小值/MPa	0.09	0.05	0.02	0.02	0.01	0.01
最大值/MPa	1.05	0.30	0.20	0.53	0.1	0.02
均值/MPa	0.31	0.15	0.13	0.10	0.04	0.01
均方差/MPa	0.25	0.06	0.04	0.13	0.02	0.01
累计概率 20%对应界限值/MPa	0.10	0.08	0.07	0.02	0.02	0.01
累计概率 80%对应界限值/MPa	0.53	0.24	0.18	0.14	0.05	0.02

在表 7.20 和表 7.21 统计数据结果的基础上，得到各类结构面摩擦系数和黏聚力建议值的上、下限，见表 7.22。《水利水电工程地质勘察规范》（GB 50487—2008）给出了各类结构面抗剪断强度参数经验取值，并且给出的参数相当于地质建议值。将统计结果与规范取值对比，摩擦系数统计结果与《水利水电工程地质勘察规范》（GB 50487—2008）取值基本一致，黏聚力统计结果与《水利水电工程地质勘察规范》（GB 50487—2008）取值有一定差异，但不明显。

表 7.22　摩擦系数、黏聚力地质建议值统计结果与规范取值对比

结构面类型	摩擦系数/（°）		黏聚力 c /MPa	
	统计结果	《水利水电工程地质勘察规范》（GB 50487—2008）取值	统计结果	《水利水电工程地质勘察规范》（GB 50487—2008）取值
胶结	0.65～0.9	0.7～0.9	0.18～0.4	0.2～0.3
无充填	0.5～0.65	0.55～0.7	0.13～0.18	0.1～0.2
岩块岩屑型	0.45～0.5	0.45～0.55	0.1～0.13	0.08～0.1
岩屑夹泥型	0.30～0.45	0.35～0.45	0.03～0.10	0.05～0.08
泥夹岩屑型	0.25～0.3	0.25～0.35	0.02～0.03	0.02～0.05
泥型	0.2～0.25	0.18～0.25	0.01～0.02	0.005～0.01

注：表中参数限于硬质岩中胶结结构面、无充填结构面，软质岩中结构面应进行折减；胶结结构面、无充填结构面抗剪断（抗剪）强度参数应根据结构面胶结程度和粗糙程度取大值或小值

7.3.4 岩体抗压强度和抗拉强度取值

岩体一般处于三向应力状态，更多地需要研究岩体的三轴强度，单轴抗压只是作为无围压的一种特定应力状态。岩体抗拉强度更加复杂，一般认为，岩块具有一定的抗拉强度，但岩体包含节理裂隙，因而抗拉强度很低。

总的来看，岩体的单轴抗压强度和抗拉强度取决于两点：一是岩块的抗压强度和抗拉强度，二是岩体结构面发育程度。对于岩块的抗压强度和抗拉强度，目前可以通过室内岩块单轴抗压试验和劈裂抗拉试验取得。理论上讲，用岩块单轴抗压强度和抗拉强度乘以岩体的完整系数，可以得到岩体的单轴抗压强度和抗拉强度，但实际上岩体的抗压强度和抗拉强度要低得多。

评估岩体单轴抗压强度和抗拉强度可采用以下三种方法。

1）完整系数法

$$\sigma_{\mathrm{mc}} = K_{\mathrm{V}} \times \sigma_{\mathrm{c}} \tag{7.4}$$

$$\sigma_{\mathrm{mt}} = K_{\mathrm{V}} \times \sigma_{\mathrm{t}} \tag{7.5}$$

式中：σ_{c} 为岩石单轴抗压强度，MPa；σ_{mc} 为岩体单轴抗压强度，MPa；σ_{t} 为岩石抗拉强度，MPa；σ_{mt} 为岩体抗拉强度，MPa；K_{V} 为岩体完整性系数。

2）莫尔-库仑强度准则法

$$\sigma_{\mathrm{mc}} = 2c\left(f + \sqrt{1+f^2}\right) \tag{7.6}$$

$$\sigma_{\mathrm{mt}} = 2c\left(f - \sqrt{1+f^2}\right) \tag{7.7}$$

式中：f 为岩体摩擦系数；c 为岩体黏聚力，MPa。

3）霍克-布朗经验强度准则法

$$\sigma_{\mathrm{mc}} = \sqrt{s}\sigma_{\mathrm{c}} \tag{7.8}$$

$$\sigma_{\mathrm{mt}} = \frac{\sigma_{\mathrm{c}}\left(m_{\mathrm{b}} - \sqrt{m_{\mathrm{b}}^2 + 4s}\right)}{2} \tag{7.9}$$

式中：s、m_{b} 为岩体特性的经验参数，可通过查表取得。

根据上述三种方法，按《水利水电工程地质勘察规范》（GB 50487—2008）岩体参数表，评估岩体单轴抗压强度和抗拉强度，见表 7.23～表 7.25。

表 7.23 完整系数法评估岩体单轴抗压强度和抗拉强度

岩体分类	岩块单轴抗压强度/MPa	岩块抗拉强度/MPa	岩体完整系数	岩体单轴抗压强度/MPa	岩体抗拉强度/MPa
Ⅰ	＞90	＞4.5	＞0.75	＞67.5	＞3.38
Ⅱ	90～60	4.5～3	0.75～0.55	67.5～33	3.38～1.65
Ⅲ	60～30	3～1.5	0.55～0.35	33～10.5	1.65～0.53
Ⅳ	30～15	1.5～0.75	0.35～0.15	10.5～2.25	0.53～0.11
Ⅴ	＜15	＜0.75	＜0.15	＜2.25	＜0.11

表 7.24 莫尔-库仑强度准则和霍克-布朗经验强度准则评估岩体单轴抗压强度和抗拉强度

岩体分类	岩块单轴抗压强度/MPa	岩体抗剪强度参数		莫尔-库仑强度准则法		霍克-布朗经验强度准则法	
		f	c/MPa	岩体单轴抗压强度/MPa	岩体抗拉强度/MPa	岩体单轴抗压强度/MPa	岩体抗拉强度/MPa
Ⅰ	＞90	1.60～1.40	2.50～2.00	17.43～12.48	1.43～1.28	＞39	＞1.2
Ⅱ	90～60	1.40～1.20	2.00～1.50	12.48～8.29	1.28～1.09	39～8.6	1.2～0.25
Ⅲ	60～30	1.20～0.80	1.50～0.70	8.29～2.91	1.09～0.67	8.6～1.3	0.25～0.03
Ⅳ	30～15	0.80～0.55	0.70～0.30	2.91～1.01	0.67～0.35	1.3～0.2	0.03～0.004
Ⅴ	＜15	0.55～0.40	0.30～0.05	1.01～0.15	0.35～0.07	＜0.2	＜0.004

表 7.25 岩体单轴抗压强度和抗拉强度综合建议值

岩体分类	岩块单轴抗压强度/MPa	岩体抗剪强度参数		综合建议值	
		f	c/MPa	岩体单轴抗压强度/MPa	岩体抗拉强度/MPa
Ⅰ	＞90	1.60～1.40	2.50～2.00	30～12	1.0～0.8
Ⅱ	90～60	1.40～1.20	2.00～1.50	12～8	0.8～0.5
Ⅲ	60～30	1.20～0.80	1.50～0.70	8～2	0.5～0.2
Ⅳ	30～15	0.80～0.55	0.70～0.30	2～1	0.2～0.1
Ⅴ	＜15	0.55～0.40	0.30～0.05	＜1	＜0.1

7.4 典型工程岩体力学参数取值

7.4.1 葛洲坝 202 号泥化夹层剪切强度参数取值

葛洲坝水利枢纽工程是长江上第一座大型水利枢纽工程，距上游的三峡水电站 38 km。由船闸、电站厂房、泄水闸、冲沙闸及挡水建筑物组成。其主要岩石力学问题为软岩的强度和承载力及软弱夹层对大坝抗滑稳定的影响。

葛洲坝坝基为下白垩统河流相红层，岩性主要为砾岩、砂岩、粉砂岩及黏土质粉砂岩互层。坝基岩体中夹有各类软弱夹层 72 层，倾角平缓，倾向下游，性状复杂，抗剪强度低，是控制坝基抗滑稳定的主要问题。以 202 号泥化夹层为典型代表的 I 类软弱夹层普遍泥化，由泥化带、劈理带、节理带构成，分布范围广，性状最坏，对坝基稳定性影响最大，是本工程软弱夹层研究的重点。202 号泥化夹层基本地质特征和物理力学性质见表 7.26、表 7.27。

表 7.26 202 号泥化夹层基本地质特征

软弱夹层类型		代表性软弱夹层	主要特征
I	普遍泥化的黏土岩夹层	202	原岩为黏土岩，受层间剪切破坏严重，构造分带较明显，普遍存在一个较稳定且分布广的泥化带，泥化面较平直光滑，矿物成分以伊利石、蒙脱石、高岭石和绿泥石为主，小于 2 μm 的颗粒含量为 30%～61%

表 7.27 202 号泥化夹层物理力学性质

物理指标		葛-202		
		节理带	劈理带	泥化错动带
比表面/（m^2/g）		—	—	110～353
天然含水量		9.0%	12.9%	21%～25%
天然干容重/（g/cm^3）		2.20	2.02	1.63～1.75
<2 μm 粒级含量		16%	30%	32%～40%
液限		27%	30%	31%～33%
塑限		14%	16%	16%～19%
抗剪峰值强度	c / kPa	84	67	21
	φ/（°）	38	16	13.5

1. 试验方法对软弱夹层抗剪强度的影响研究

针对葛洲坝坝基泥化夹层进行不同试验尺寸和不同试验方法的研究（表 7.28），常规尺寸原位快剪试验剪切尺寸为 50 cm×60 cm，取得抗剪强度参数为f=0.225，c=63 kPa。常规尺寸原位流变剪切试验，每级剪切应力施加后位移观测时间为 3～4 d，最长 8 d，每个试件历时 30～45 d，取得长期剪切强度参数为$f_{流变}$=0.204，$c_{流变}$=30 kPa。大尺度原位快剪面积达 180 000 cm^2，剪切强度参数为f=0.192，c=5 kPa。试验成果表明：大尺度原位快剪与室内中型快剪比较，$f_{大}/f_{中}$=0.85，$c_{大}/c_{中}$=0.07；试验与常规尺寸原位快剪试验比较，$f_{流变}/f_{快}$=0.91，$c_{流变}/c_{快}$=0.50；大尺度原位快剪与常规尺寸原位快剪比较，$f_{大尺度}/f_{常规尺寸}$=0.85，$c_{大尺度}/c_{常规尺寸}$=0.08。

表 7.28 202 号泥化夹层抗剪强度参数试验方法影响

试验方法	剪切面尺寸	抗剪参数	
		f	c /kPa
大尺度原位快剪试验	1060 cm×170 cm	0.192	5
常规尺寸原位流变剪切试验	50 cm×60 cm	0.204	30
常规尺寸原位快剪试验	50 cm×60 cm	0.225	63
室内中型快剪试验	25 cm×25 cm	0.228	70
室内土工试验	圆形 32 cm^2	0.24	21

2. 软弱夹层剪切流变试验长期强度研究

202 号泥化夹层原位剪切流变试验研究成果表明：202 号泥化夹层具有明显的流变特征，位移随时间的增长可达到瞬时位移的 30%～200%；长期剪切强度大幅降低，与峰值强度比值为 0.3～0.6；长期剪切强度参数为 f_∞＝0.204，c_∞＝30 kPa，与常规剪切试验比较，摩擦系数比值为 0.84，黏聚力比值为 0.48。

3. 长期渗水对软弱夹层抗剪强度参数的影响

为了研究长期渗水作用下软弱夹层抗剪强度参数的变化，用河水、地下水、库水、蒸馏水及其他水溶液对试样进行长期渗水试验，测定不同时刻渗出水的化学成分及 pH，并测定软弱夹层经渗水后的抗剪强度。研究结果表明：软弱夹层劈理带泥状软化物抗剪强度都有降低（表 7.29）。

表 7.29　葛洲坝软弱夹层长期渗水作用下抗剪强度变化

夹层编号	夹层物质	渗透状态	渗水方式	渗水时间/d	比降	峰值强度参数		残余强度参数	
						f	c /kPa	f	c /kPa
308	劈理带泥状软化物	原状	未渗水	—	—	0.36	57	0.33	0
		渗透原状样	平行层面渗水	90	14	0.32	53	0.30	0
				180	14	0.30	50	0.27	0
218	劈理带泥状软化物厚 0.1～1cm	原状	未渗水	—	—	0.28	—	0.25	—
		渗透原状样	平行层面渗水	200	2	0.23	—	0.21	—

根据以上试验研究成果可知，葛洲坝 202 号泥化夹层具有明显的塑性特征，快剪试验屈服强度与峰值强度比值为 0.6～0.7，长期强度与峰值强度比值为 0.3～0.6，长期强度参数与常规快剪强度参数比值为 c_∞/c＝0.48，f_∞/f＝0.84。现场 18 m^2 大面积剪切试验剪切位移达 10 cm，经受了位移错动，泥化面的片状黏粒、粒团已完全定向排列，试验成果可作为残余强度。水工建筑物承受的载荷是长期的，稳定计算不宜采用快剪强度，而应采用长期强度。

综上所述，202 号泥化夹层剪切强度参数设计采用值为 f=0.20，c＝0 kPa。其他各类软弱夹层抗剪强度参数及变形模量采用值列于表 7.30。

表 7.30　葛洲坝软弱夹层抗剪强度参数及变形模量采用值

夹层类型	抗剪强度		变形模量/MPa
	f	c/kPa	
I 类：普遍泥化的黏土岩夹层 202、208、227、308	0.18～0.20	0～5	10
II_1 类：黏土岩夹层泥化区 201、210、210-1、203、211、212、208	0.25～0.28	20	10
II_2 类：零星泥化点	0.25～0.28	20	—
II_2 类：黏土岩夹层	0.30	25	40～80
III 类：砾状黏土岩或黏土岩团块夹层	0.35	50	150
IV 类：含炭质条带页状粉细砂岩夹层	0.35	30	—

7.4.2　三峡永久船闸边坡岩体变形强度参数取值

三峡水利枢纽工程总装机容量为 2 250×10^4 kW，主要水工建筑物包括混凝土重力坝、坝后式电站厂房、右岸地下电站及双线五级船闸。其主要岩石力学与工程问题包括：大坝坝基稳定问题、右岸地下厂房围岩稳定性及永久船闸高边坡稳定性问题。

其中，永久船闸区基岩为闪云斜长花岗岩，岩性坚硬。为充分利用船闸区高强度岩体，节省岩石开挖和浇筑混凝土工程量，五级船闸全部在山体中开挖，并保留中隔墩岩体。开挖后岩质陡高边坡最大坡高达 170 m，边坡底部直立墙高 47～68 m，南北边坡之间（两线闸室之间）保留有宽 44～57 m、高 47～68 m 的中隔墩岩体。

为了研究船闸边坡及中隔墩岩体稳定性，针对船闸区具体地质条件，开展了岩体变形试验和结构面抗剪试验，试验成果分别见表 7.31～表 7.32。

表 7.31　三峡永久船闸边坡岩体变形试验综合成果

风化分带	岩体结构	试验综合值 *E*/GPa
全风化	散体	0.03～0.05
强风化	散体、碎裂	0.2～0.7
弱风化上部	碎裂、镶嵌	1～3
	次块状	9
弱风化下部	镶嵌	10～20
弱风化下部及微新	次块状	20～40
	块状	30～60
新鲜	整体	＞60

表 7.32　三峡永久船闸边坡结构面抗剪试验综合成果

结构面类型		糙度/%	峰值抗剪强度	
			f	*c* /MPa
软弱结构面	泥软化物充填	—	0.3～0.5	0.02～0.15
	碎屑充填	—	0.5～0.65	0.04～0.1
硬性结构面	平滑面	＜2	0.55～0.65	0.04～0.2
	稍粗面	2～4	0.65～0.9	0.1～0.55
	粗糙面	＞4	0.9～1.1	0.45～0.75

1. 永久船闸边坡岩体变形特性分析

根据岩体原位变形试验结果与试验点部位声波波速测试结果可得：

（1）各试点的变形模量，除与岩石的风化程度有关外，还与岩体结构类型、试点局部范围的具体地质条件密切相关。岩性相同的岩体，变形模量随风化程度的加剧而降低。岩性及风化程度相同的岩体，若岩体结构类型不同，其变形模量可能差别很大。

（2）微新、弱风化下部岩体变形曲线以直线型为主，残余变形占全变形的 15%～20%。

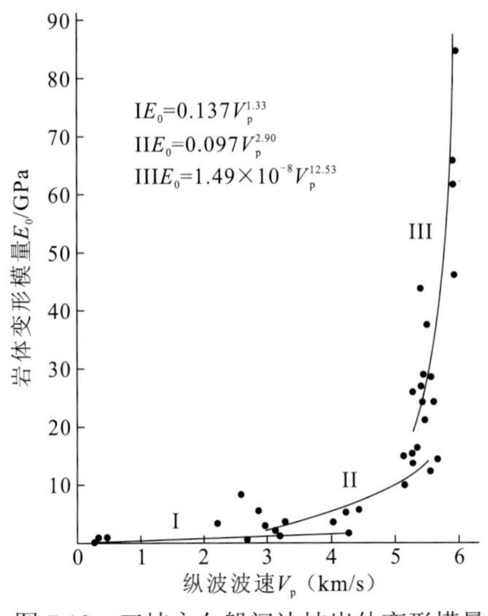

图 7.18　三峡永久船闸边坡岩体变形模量 E_0 与纵波波速 V_p 关系曲线

（3）岩体变形模量与纵波速度相关关系。在原位变形试验部位，进行岩体波速测试，建立岩体变形模量与纵波速度的关系（图 7.18）。

I. 全、强风化碎裂散体结构岩体：

$$E_0 = 0.137 \times V_p^{1.33} \tag{7.10}$$

II. 弱、微风化碎裂镶嵌结构岩体：

$$E_0 = 0.097 \times V_p^{2.90} \tag{7.11}$$

III. 弱、微风化块状结构岩体：

$$E_0 = 1.49 \times 10^{-8} \times V_p^{12.53} \tag{7.12}$$

式中：E_0 为岩体变形模量，GPa；V_p 为岩体纵波波速，km/s。

2. 永久船闸边坡岩体抗剪强度分析

全风化带岩体的原岩组织结构基本遭受破坏，矿物之间已失去结合力或微具结合力，呈疏松状或半疏松状，少量碎块状。试验曲线呈塑性破坏特征，抗剪断强度与摩擦强度基本相同。抗剪断峰值强度的剪切位移较大，一般为 0.5～1.2 cm。全风化上、中、下部的抗剪强度值有差异，下部为半疏松状岩体，强度高，中部和上部为疏松状岩体，强度低。强风化带各试点岩性不均匀，试验数据较分散。

岩体抗剪强度有随风化程度加剧而降低的规律，裂隙发育程度及产状对试验成果的影响更为显著，显示出含裂隙岩体的力学性质的复杂性。新鲜及微风化带岩体沿微裂隙破坏的面积占 70%左右，弱风化下部岩体占 36%，弱风化上部岩体占 70%，全强风化带岩体不到 10%，表明弱风化带及微新岩体破坏主要受裂隙控制，全风化、强风化带岩体破坏主要由岩体本身的性质决定。

3. 永久船闸边坡岩体力学参数取值

岩体的风化程度及岩体的结构特征是决定岩体力学参数的基础，岩体物理力学指标之间也存在一定的相关关系。永久船闸区 3011 平硐折射波法波速与洞深的关系曲线(图 7.19)综合反映了岩体基本质量与岩体风化程度之间的关系，利用建立的岩体变形模量与纵波速度的关系[式(7.10)～式(7.12)]，可以评估岩体变形模量。

岩体抗剪断强度既取决于岩体风化程度和岩体坚硬程度，又取决于岩体中结构面。全风化岩体，其抗剪强度主要受风化程度控制，剪切面上裂隙面积所占的比例很小，剪断面的糙度一般在 5%以下。微新及弱风化带的岩体，受岩体结构和坚硬程度两个因素控制，剪断面上裂隙面积所占的比例变化较大，其糙度也较大。

在对岩体原位试验成果进行综合分析基础上，考虑岩体结构及岩体变形强度参数尺寸效应，提出三峡永久船闸区岩体及结构面变形和强度参数（表 7.33、表 7.34）。

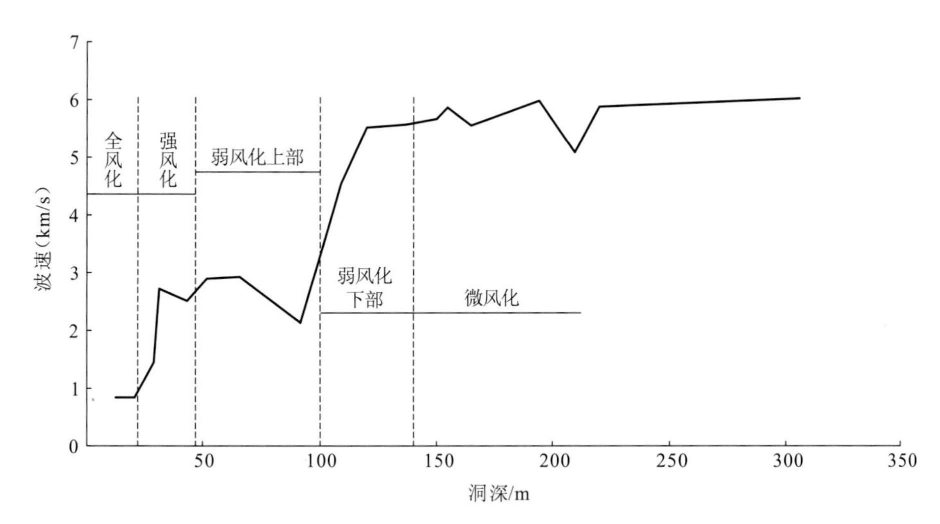

图 7.19　三峡永久船闸区 3011 平硐折射波法波速与洞深的关系曲线

表 7.33　三峡永久船闸区岩体强度及变形模量建议值

风化程度	湿抗压强度/MPa	变形模量/GPa	泊松比	抗剪断强度		抗剪残余强度	
				f	c /MPa	f	c /MPa
微新	100	35	0.22	1.8	1.5～3.0	1.3	0.5～0.9
弱风化	50	10	0.24	1.3	0.5～1.5	1.1	0.2～0.5
强风化	20	0.5	0.30	1.0	0.2～0.5	0.9	0.1～0.2
全风化	1	0.05	0.35	0.7	0.05～0.2	0.7	0.05～0.1

表 7.34　三峡永久船闸区结构面抗剪强度参数建议值

<table>
<tr><th rowspan="2">岩性</th><th rowspan="2" colspan="4">结构面类型</th><th colspan="2">抗剪断强度</th><th colspan="2">残余强度</th></tr>
<tr><th>f</th><th>c /MPa</th><th>f</th><th>c /MPa</th></tr>
<tr><td rowspan="6">闪云斜长花岗岩</td><td rowspan="3">硬性结构面</td><td>粗糙面</td><td colspan="2">两侧岩石坚硬，岩面粗糙度起伏差数 3 mm 至 2cm</td><td>1.00</td><td>0.30～0.60</td><td>0.70</td><td>0.15～0.30</td></tr>
<tr><td>稍粗面</td><td colspan="2">两侧岩石坚硬，壁面常附有绿帘石、钙质膜，岩面起伏差数毫米以内</td><td>0.75</td><td>0.10～0.30</td><td>0.60</td><td>0.05～0.15</td></tr>
<tr><td>光滑面</td><td colspan="2">两侧岩石坚硬，局部附坚硬糜棱岩，绿帘石膜面光滑</td><td>0.60</td><td>0.05～0.10</td><td>0.55</td><td>0.02～0.05</td></tr>
<tr><td rowspan="3">软弱结构面</td><td rowspan="2">夹碎块碎屑面</td><td rowspan="2">两侧坚硬岩石，夹半坚硬至半疏松状岩石碎块碎屑</td><td>弱风化</td><td>0.64</td><td>0.15～0.20</td><td>0.50</td><td>0.10～0.15</td></tr>
<tr><td>强风化</td><td>0.40</td><td>0.10～0.15</td><td>0.35</td><td>0.05～0.10</td></tr>
<tr><td>夹软弱物</td><td colspan="2">夹软弱构造岩或泥软化物 1～3 cm</td><td>0.35</td><td>0.05～0.10</td><td>0.30</td><td>0.02～0.04</td></tr>
</table>

7.4.3　清江水布垭地下厂房岩体变形强度参数取值

清江水布垭水电站位于湖北省清江中游的巴东县水布垭镇。主体工程由混凝土面板堆石坝、溢洪道、地下电站、放空洞等水工建筑物组成。

水布垭水电站地下厂房位于坝址区右岸，布置在坝子沟、张性大断层（F2）、马崖高边坡及清江右岸岸坡所围成的四边形山体之内。主厂房洞室跨度为 23 m，高为 68 m，岩体结构呈上硬下软特征。水轮机层以上为软硬相间的栖霞组灰岩，以下由下二叠统栖霞组第一段（P_1q^1）、下二叠统马鞍组（P_1ma）、中石炭统黄龙组（C_2h）及上泥盆统写经寺组（D_3x）等软弱岩体组成，岩层产状平缓，岩性软硬相间，软岩所占比例高，层间剪切带发育，成洞条件差。厂房下部软岩以及性状较差的层间剪切带，如黄龙剪切带（F205）、001 及 031 剪切带等，对主厂房围岩变形稳定及加固处理措施的选择影响很大。

岩体力学参数研究是进行地下厂房稳定分析和支护设计的基础，针对水布垭复杂地质条件下的围岩稳定、支护措施及软岩处理等问题，开展地下厂房区软硬相间复杂岩体力学参数取值研究。

1. 岩体原位试验成果综合分析

为了全面客观反映地下厂房各地层岩体力学特性，在 XPD42 勘探斜洞内选择代表性的岩体开挖 10 条试验支洞进行岩体变形试验、抗剪强度试验和岩体三轴压缩等原位岩石力学试验研究。岩体原位试验沿地下厂房轴线布置，各类岩体力学参数统计见表 7.35。由于岩层性状差异很大，其岩体力学参数也变化很大，见图 7.20。

表 7.35　地下厂房各类岩体力学参数统计

岩体级别	地层	岩性	变形模量 E/GPa			抗剪断强度参数	
			范围值	平均值	标准值	f	c/MPa
II	P_1q^4	微细晶灰岩夹含生物碎屑灰岩	14.26～40.54	28.04	18.69	2.40	1.50
	P_1q^2	含燧石灰岩	20.35～34.19	25.42	20.59	—	—
	C_2h	灰岩	34.93～37.43	36.18	34.41	1.91	1.02
	综合		14～40	25～36	19～34	1.9～2.4	1.0～1.5
III	P_1q^1	含泥质灰岩	8.54～9.70	9.12	8.3	1.20	1.01
	C_2h	细砂岩	9.22～10.40	9.99	9.32	—	—
	P_1q^3	含炭泥质生物碎屑灰岩	11.18～14.07	12.69	11.24	2.0	0.8
	综合		9～14	9～13	8～11	1.2～2.0	0.8～1.0
IV	P_1q^3	团块状生物碎屑灰岩	3.49～17.71	10.83	6.14	—	—
		薄层炭泥质生物碎屑灰岩	1.13～2.57	1.85	0.83	1.19	0.98
	综合		1～18	2～10	0.8～6	—	—
V	D_3x	泥质粉砂岩与页岩	0.007～0.309	0.089	—	—	—
	劈理揉皱带	F205，页岩夹砂岩	0.10～0.23	0.17	0.08	0.58	0.15
		P_1ma 炭质页岩	0.57～1.11	0.85	0.58	0.55	0.19
	主剪切带	031，炭质泥岩，厚 30～35cm	0.007～0.011	0.008	0.005	0.25	0
		031，薄层、极薄层的炭泥质生物碎屑灰岩，厚 50～60cm	0.05～0.12	0.09	0.05	0.22	0.01
		001，煤层	0.009～0.43	0.11	—	0.31～0.5	0.04～0.06
	综合		0.01～1	0.01～0.8	0.005～0.6	0.22～0.58	0～0.19

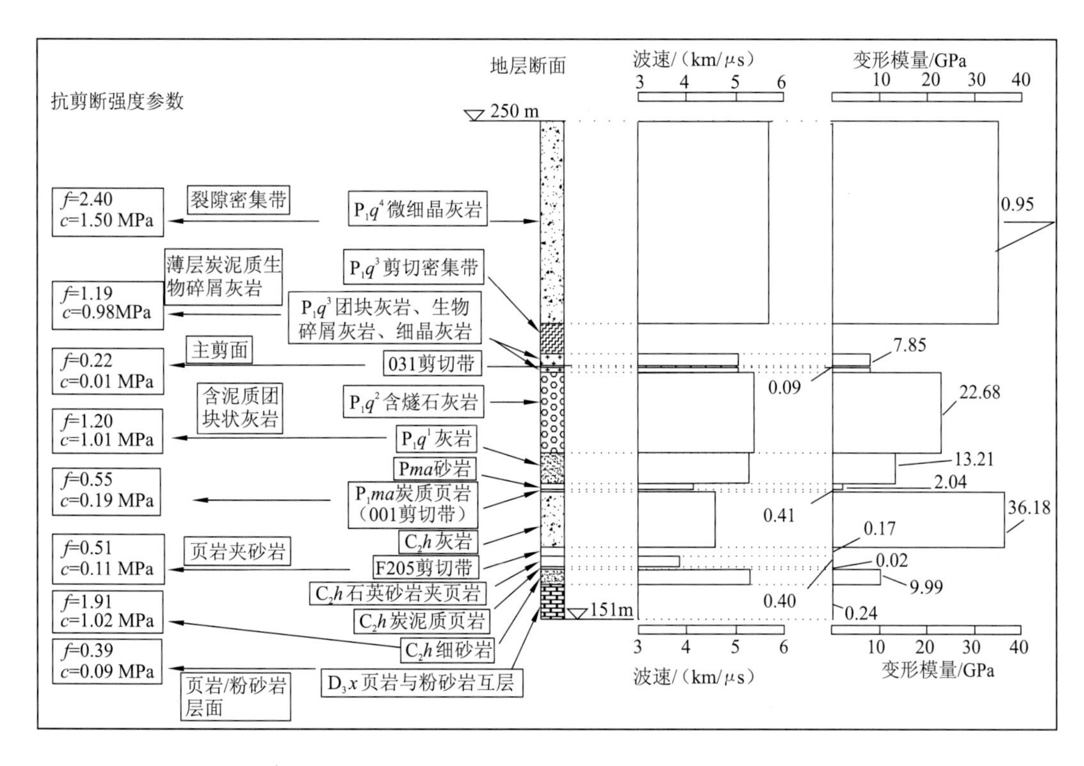

图 7.20　地下厂房围岩体各地层力学参数试验值示意图

1）岩体变形模量

根据岩体坚硬程度和影响岩体变形性质的主要因素，将地下厂房围岩分为三类：

（1）较均质的坚硬岩体。它包括 P_1q^4 中厚层、厚层微细晶灰岩夹含生物碎屑灰岩、P_1q^2 含燧石灰岩、C_2h 细晶灰岩和细砂岩，变形模量主要受岩体坚硬和完整程度影响，岩体变形模量为 10～40 GPa。

（2）软硬相间的复合岩体。它包括 P_1q^3 薄层含炭泥质生物碎屑灰岩、C_2h 石英砂岩夹钙质页岩，变形模量代表不同岩层的综合模量，其值主要受上部岩层岩性影响，深部岩层也有一定影响。

（3）剪切带。包括 031 剪切带、001 剪切带、F205 剪切带，受层间剪切作用影响，岩体结构破碎，多呈鳞片状或片块状，岩体变形模量为 0.01～0.55 GPa。

岩体性状变化导致各试验点岩体变形模量试验成果的较大差异，表明围岩性状具有明显的非均匀性。在同一试验段相邻试点，微细晶灰岩夹生物碎屑灰岩变形模量为 14.35～17.71 GPa，而断层影响带仅为 3.49 GPa。含泥质灰岩夹生物碎屑灰岩变形模量为 8.54～9.70 GPa，微细晶灰岩夹生物碎屑灰岩变形模量为 21.38 GPa。001 剪切带上部炭质页岩、下部粉砂岩，变形模量为 0.28～0.55 GPa。薄层结构岩体具有明显的各向异性特征，平行于层面岩体变形模量为 1.23 GPa，垂直于层面岩体变形模量为 0.40 GPa。

2）岩体抗剪强度参数

按试验成果岩体抗剪强度参数分为二类：

（1）P_1q^4 中厚层、厚层微细晶灰岩夹含炭泥质生物碎屑灰岩，试验段陡倾角裂隙发育，降低了岩体本身强度，试点大部分沿岩石本身破坏，局部沿裂隙面破坏，抗剪断强度参数为$f'=2.40$，$c'=1.50$ MPa。

（2）P_1q^3黑色薄层、极薄层的炭泥质生物碎屑灰岩，基本部分沿裂隙面破坏，部分沿岩石本身破坏，破坏面较平整。抗剪强度参数为$f'=1.19$，$c'=0.98$ MPa。P_1q^1段下部含泥质团块状灰岩，抗剪断强度参数为$f'=1.20$，$c'=1.01$ MPa。

3）软弱结构面抗剪强度参数

按试验成果软弱结构面抗剪强度参数分为三类：

（1） 031 剪切带主剪泥化面，平直光滑夹泥膜，抗剪断强度参数为$f'=0.22$，$c'=0.01$ MPa。

（2）劈理揉皱带，鳞片或片块状，大部沿不连续的页理面或剪切面破坏。001 剪切带黑色薄层炭质页岩，抗剪断强度参数为$f'=0.55$，$c'=0.19$ MPa。F205 剪切带页岩夹砂岩，多呈片块状，大部沿不连续的剪切面破坏，破坏面极不平整，抗剪断强度参数为$f'=0.51$，$c'=0.11$ MPa。

（3）层面。页岩/粉砂岩层面，破坏面微起伏，夹泥膜及页岩鳞片。抗剪断强度参数为$f'=0.39$，$c'=0.09$ MPa。

2. 地下厂房围岩力学参数取值

岩体力学参数取值主要依据试验成果，辅以工程岩体分级、工程类比等评估方法。对于水布垭地下厂房具有典型非均质性、各向异性和非连续性的软硬相间的复杂岩体，由于其影响因素复杂，参数取值困难。为此，研究取值单元非均质性、试验方法、应力状态及各向异性对复杂岩体力学参数的影响，在此基础上考虑试验段地质代表性、取值单元地质概化模型及岩体破坏形式等影响因素，进行复杂岩体力学参数取值。

1）岩体力学参数影响因素分析

（1）岩体性状影响。地下厂房围岩岩体变形模量沿斜洞洞深分布见图7.21，图7.21表明地下厂房顶拱、边墙和底板岩体性状及力学特性极度不均，质量较好与较差的岩体变形模量相差100倍以上。岩性坚硬、完整性较好的P_1q^4、P_1q^2及C_2h层灰岩等岩体的变

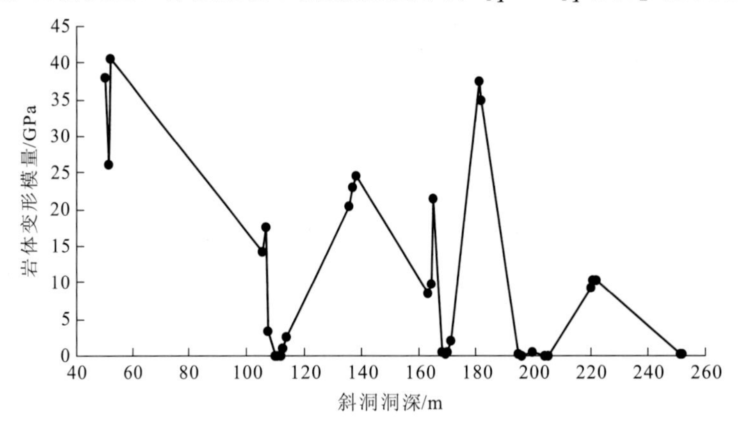

图 7.21 地下厂房围岩岩体变形模量沿斜洞洞深分布

变形模量为 14～40 GPa，抗剪断强度参数为f'=1.9～2.4，c'=1.0～1.5 MPa；而岩性软弱、完整性很差的 C_2h 及 D_3x 层砂岩与页岩互层等岩体的变形模量仅为 0.10～0.55 GPa，抗剪断强度参数为f'=0.39～0.59，c'=0.09～0.19 MPa。

（2）试验单元非均质性影响。按照弹性理论，岩体变形试验单元应满足均质和各向同性的假定，层状复杂岩体很难满足这一条件。处于地下厂房边墙中上部的下二叠统栖霞组第三段（P_1q^3），总厚度仅 10.3 m，实测地质柱状共分 9 层 38 小层，单层厚 0.05～0.3 cm，分别由厚层灰岩、炭泥质生物碎屑灰岩、炭泥质灰岩、泥质条带及 4 层明显的层间剪切带和多条剪切面组成。由中厚层微细晶灰岩夹厚 20～30 cm 的薄层黑色炭泥质生物碎屑灰岩组成的试验单元，岩体变形模量为 14.35～17.71 GPa，明显低于灰岩的变形模量（26.20～40.5 GPa），但高于薄层炭泥质生物碎屑灰岩的变形模量（1.13～2.57 GPa）。

（3）试验方法影响。确定岩体抗剪强度的试验方法通常为直剪试验，对于地下厂房洞室围岩，其主要破坏形式为三轴应力状态下的剪切破坏。就层状岩体而言，两种试验方法取得的试验成果具有较大的差别。例如，F205 剪切带为砂岩与页岩互层，直剪试验强度参数为f=0.58，c=0.15 MPa；三轴剪切试验强度参数为f=0.96，c=0.99 MPa。D_3x 页岩夹砂岩，直剪试验强度参数为f=0.39，c=0.09 MPa；三轴剪切试验强度参数为f=0.67，c=1.13 MPa。直剪试验方法预先确定破坏面，而三轴试验破坏面主要由岩体三轴应力状态确定，直剪试验强度参数较低。

（4）应力状态影响。中石炭统黄龙组（C_2h）F205 剪切带砂岩与页岩互层及上泥盆统写经寺组（D_3x）页岩夹粉砂岩原位大型三轴压缩试验，岩体变形模量与围压的关系分别为 $E_0=0.53\sigma_3+0.54$ 和 $E_0=0.36\sigma_3+0.1$，岩体变形模量也随围压的增加而提高，软岩变形模量围压效应明显。

（5）各向异性影响。黄龙组（C_2h）砂岩夹页岩垂直层面变形模量为 0.40 GPa，平行层面变形模量为 1.23 GPa，相差 2 倍；写经寺组（D_3x）泥质粉砂岩与页岩互层垂直层面变形模量为 0.024 GPa，平行层面变形模量为 0.246 GPa，相差近 10 倍。这表明层状岩体变形模量具有强的各向异性，各向异性系数达 3～10，直接影响岩体变形强度参数取值。

2）岩体力学参数取值

（1）E_0-V_p 关系评估岩体变形模量。建立水布垭坝址区岩体变形模量与对应的声波波速之间的关系曲线，见图 7.22，拟合关系式为 $E_0=0.075e^{1.098V_p}$。根据该关系式，可利用岩体波速评估岩体变形模量。

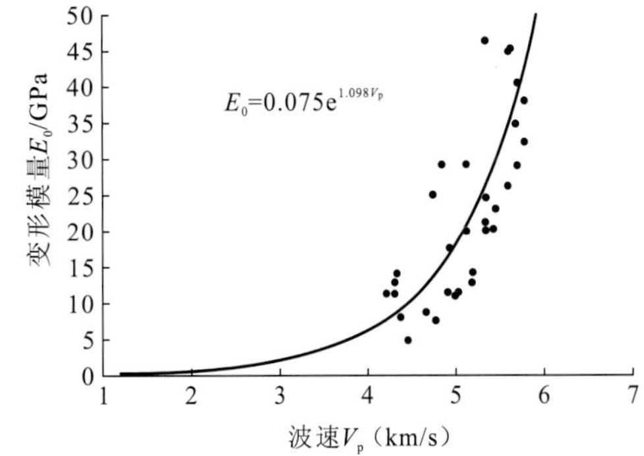

图 7.22 岩体波速 V_p-变形模量 E_0 拟合关系曲线

（2）工程岩体质量分级确定岩体力学参数。沿地下厂房 XPD42 勘探斜洞分别进行岩石抗压强度试验和声波测试，按《工程岩体分级标准》（GB/T 50218—2014）进行工程岩体质量分级，岩体基本质量指标 BQ 沿洞深的分布曲线见图 7.23。分级成果表明：P_1q^4、P_1q^2 及 C_2h 层部分岩体为 II 级，P_1q^3，P_1q^1 及 C_2h 层部分岩体为 III 级，P_1q^3、P_1ma 及 C_2h 层软岩与层间剪切带为 IV、V 级。根据岩体基本质量分级可初步确定各级岩体变形强度参数范围值。

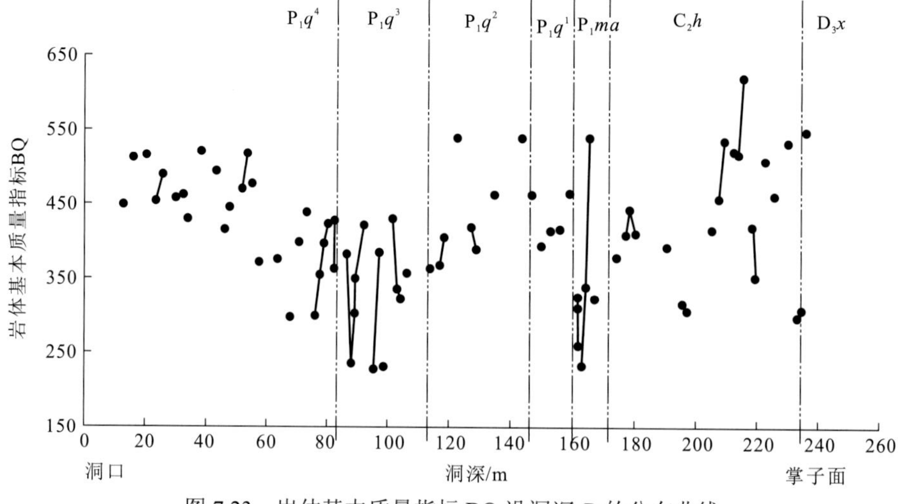

图 7.23　岩体基本质量指标 BQ 沿洞深 D 的分布曲线

（3）试验成果统计。对地下厂房围岩变形强度试验参数按岩体级别进行统计。II、III、IV、V 级岩体变形模量试验值分别为 40～14 GPa、14～9 GPa、18～1 GPa、1～0.01 GPa，岩体抗剪强度参数 f 值分别为 2.4～1.9 GPa、2.0～1.2 GPa、1.19 GPa、0.58～0.22 GPa，c 值分别为 1.5～1.0 GPa、1.0～0.8 GPa、0.98 GPa、0.19～0 MPa，具有较好的规律性。

（4）试验洞位移反分析。对地下厂房下二叠统栖霞组第三段（P_1q^3）岩层，开挖尺寸为 2 m×2.5 m 的试验洞，观测围岩变形，进行黏弹性位移反分析。反分析岩体瞬时弹性模量为 14～20 GPa，长期弹性模量为 7.61 GPa。

3）地下厂房岩体变形强度参数取值

一般来说，岩体力学参数取值主要是依据试验成果并考虑地质代表性和尺寸效应，但对于复杂岩体，还需要考虑下列因素：

（1）取值单元的非均匀性。由于取值单元不可能划分得很小，互层结构岩体常常是由非均质的小单元组成的。例如，总厚度为 20 cm 的层间剪切带由剪切泥化带、劈理揉皱带和节理影响带组成，其变形模量应为三者综合值。

（2）应力状态。靠近开挖面岩体围压较低，深部岩体围压较高，变形模量取值应考虑围压影响。

（3）破坏形式。对于层间剪切带，当采用节理单元时，考虑沿主剪面错动，因此应采用直剪强度参数取值。但当采用实体单元时，考虑三轴应力状态下剪切破坏，应当采用三轴剪切强度参数取值。

（4）各向异性。岩体力学参数的各向异性是复杂岩体的典型特征，平行层面与垂直层面岩体力学参数具有较大的差别。

以地下厂房围岩变形强度试验成果为基础，按 E_0-V_p 关系评估岩体变形模量，通过工程岩体质量分级评估岩体变形强度参数，考虑取值单元的非均匀性、应力状态、破坏形式、各向异性及试验段地质代表性、取值单元地质概化模型和尺寸效应等因素，进行水布垭地下厂房岩体变形强度参数取值，见表 7.36。

表 7.36　水布垭地下厂房岩体变形强度参数取值

岩层	亚层级别	主要岩性	岩体变形模量 E_0/GPa	抗剪强度参数	
				f	c /MPa
P_1q^4	V	顶部 041 剪切带	0.05～0.10	0.25～0.30	0.02～0.03
	II	中厚层灰岩夹18层极薄层厚度为0.5～1 cm的不同程度剪损含泥质灰岩	15～20	1.2～1.3	1.0～1.2
P_1q^3	V	中上部6.7 m 岩层中031-1#、031-2#、031-3#、031-4# 剪切带，厚2.9 m，占40%	0.1～0.2	0.20～0.25	0.005～0.01
	III	灰岩夹薄层泥质生物碎屑灰岩，多被剪损	5～8	0.8～0.9	0.6～0.8
P_1q^2	II	薄至中厚层灰岩夹燧石层，夹 0.1 m 厚剪切带	15～20	1.2～1.3	1.2～1.3
P_1q^1	V	中部 011 剪切带	0.1～0.2	0.25～0.30	0.02～0.03
	III	灰岩夹薄层炭泥质生物碎屑灰岩	5～8	0.8～0.9	0.6～0.8
P_1ma	V	001 剪切带	0.05～0.10	0.20～0.25	0.005～0.01
	IV	砂页岩	1～2	0.5～0.6	0.3～0.5
C_2h	II	砂岩、灰岩	15～20	1.2～1.3	1.0～1.2
	V	四层剪切带（F205）	0.1～0.2	0.25～0.30	0.02～0.03
	III	砂岩、灰岩、泥质灰岩	5～8	0.8～0.9	0.6～0.8

7.4.4　锦屏二级深埋引水隧洞围岩力学参数取值

锦屏二级水电站位于四川凉山彝族自治州雅砻江干流上，装机容量为 4 800 MW。电站利用雅砻江为 150 km 大河湾的巨大天然落差截弯取直，开挖隧洞引水发电。四条引水洞，平均埋深 1 610 m，最大埋深 2 525 m，埋深大于 1 500 m 的洞段长度占全洞长的 75%。

由于锦屏二级水电站引水隧洞岩体赋存环境与浅埋隧洞和地面工程相比，具有高地应力、高渗透压力和流变等特点，应用基于现有工程实践建立起来的适合浅部岩石工程的关键技术、规范及相应的评价体系也将出现很大的局限性。为了解决这些工程问题，在对现有的有关各类岩石力学特性的试验方法、加载和卸载应力水平要求、控制标准等进行有针对性的补充和完善的基础上，通过高应力条件下室内、岩体原位力学试验，基于变形量测的钻孔高压水力试验，结合围岩变形观测资料反演岩体力学参数，进行岩体力学参数优化处理，取得不同条件下岩体力学参数及其变化规律，为工程设计参数取值提供详实的试验成果及取值依据。

1. 深埋隧洞围岩的变形参数

1）室内试验研究

通过室内岩石力学试验，全方位研究了锦屏二级引水隧洞五大岩层的变形特性，获得了五大岩层岩石的变形参数，见表 7.37。

表 7.37 锦屏二级水电站引水隧洞岩石常规力学试验成果统计汇总

地层代表代号	岩石名称	风化程度	成果值	单轴压缩				泊松比 μ	
				变形模量 E_{0c}/GPa		弹性模量 E_{ec}/GPa			
				风干	饱和	风干	饱和	风干	饱和
T_2z	大理岩与绿砂岩互层	微新	范围值	32.5～38.6	17.1～25.3	41.2～52.3	35.7～35.8	0.22～0.29	0.26～0.32
			均值	30.9	21.3	46.4	35.8	0.26	0.29
	结晶大理岩	微新	范围值	20.1～23.1	17.1	27.6～33.7	18.7	0.23～0.28	0.32
			均值	21.6	17.1	30.6	18.7	0.25	0.32
T_1	绿片岩	微风化	范围值	4.02～22.0	4.75～12.4	5.03～31.7	4.92～19.9	0.25～0.28	0.26～0.31
			均值	11.1	6.09	14.4	8.41	0.26	0.28
	砂板岩与绿片岩互层	微风化	范围值	20.3～40.8	18.0～36.2	31.9～42.2	26.1～36.6	0.25～0.27	0.26～0.32
			均值	29.6	25.4	35.4	31.4	0.27	0.29
T_3	砂板岩	微风化	范围值	18.8～25.0	13.9～21.6	26.9～34.1	16.5～28.5	0.23～0.27	0.27～0.29
			均值	22.5	16.8	31.1	23.2	0.26	0.28
T_2b	灰白色大理岩	微新、微风化	范围值	45.6～67.8	31.6～50.2	44.1～77.9	41.7～62.9	0.25～0.27	0.25～0.26
			均值	52.5	43.9	62.8	53.9	0.26	0.26
	青色白云大理岩	微新、微风化	范围值	34.0～73.0	30.5～52.1	50.9～66.8	42.2～60.8	0.22～0.28	0.24～0.30
			均值	46.8	39.2	63.4	55.0	0.25	0.27
T_2y	泥质灰岩	微风化	范围值	16.7～60.8	10.5～56.6	32.5～70.6	16.5～65.6	0.23～0.30	0.25～0.31
			均值	40.0	30.8	55.2	43.2	0.28	0.28
	粗晶大理岩	微新、微风化	范围值	35.6～60.1	29.3～60.0	66.7～72.8	54.0～71.5	0.25～0.25	0.25～0.328
			均值	50.6	44.1	69.5	62.5	0.25	0.26
	条带状大理岩	微风化	范围值	18.1～59.3	16.0～46.0	23.5～69.6	17.5～55.3	0.23～0.29	0.25～0.31
			均值	32.5	27.0	40.7	34.6	0.26	0.27

2）岩体原位高压变形试验研究

岩体原位高压变形试验以 T_2b 大理岩为主，兼顾刚性承压板和柔性承压板中心孔法，在 1#、2#、3#试验支洞各布置一组，其中 1#试验支洞为 T_2b 大理岩构造带，采用常规刚性承压板法，2#试验支洞采用柔性承压板中心孔法，3#试验支洞采用刚性承压板中心孔法。另外在 1#试验支洞 T_2y 大理岩和 4#试验支洞 T_3 砂板岩各布置一组刚性承压板中心孔法原位变形试验。

各试验洞试样压力-沉降变形（P-W）关系曲线多呈上凹形，表明各地层岩性随着压力的增加，沉降变形减小，反映了高应力地区即使在反复清除表面松弛层的条件下，仍然存在一定深度的卸荷松弛现象。

岩体原位高压变形试验统计结果见表 7.38。根据试验成果可得，岩体的变形参数与岩性和岩体结构有关，首先 T_2b 大理岩变形参数最高，变形模量均值为 35.9 GPa，其次为 T_2y^6 大理岩，变形模量均值为 15.84 GPa，再次为 T_3 砂板岩，变形模量均值为 15.64 GPa。

表 7.38　岩体原位高压变形试验成果

地层	岩性	位置	试点数量	变形模量/GPa		弹性模量/GPa	
				范围值	平均值	范围值	平均值
T_2y^6	大理岩	1#洞	3	5.85～21.19	15.84	8.55～27.94	20.99
T_2b	大理岩	2#洞	3	19.62～43.83	34.17	31.84～72.43	56.53
T_2b	大理岩	3#洞	3	30.24～50.16	37.70	38.37～52.96	45.38
T_3	砂板岩	4#洞	3	10.82～20.73	15.64	17.79～44.39	31.87

3）岩体变形模量经验估算

对于锦屏二级深埋引水隧洞试验支洞岩体变形模量的估算，现采用霍克-布朗的经验公式进行估算。四条试验支洞岩体变形模量估算结果见表 7.39。

表 7.39　岩体变形模量估算结果

位置	地层	岩性	室内试验结果		原位试验结果		霍克-布朗经验准则估算结果	
			变形模量 E_{0c}/GPa	均值	变形模量 E_0/GPa	均值	变形模量 E_0/GPa	地质强度指标 GSI（geological strength index）
1#试验支洞	T_2y	大理岩	30.3～34.5	32.47	5.85～21.19	20.84	16.88～20.51	60～65
2#试验支洞	T_2b	大理岩	47.6～58.7	53.16	22.96～47.31	38.76	31.25～36.90	63～68
3#试验支洞	T_2b	大理岩	36.5～67.8	50.17	30.24～50.16	37.70	31.69～36.77	67～72
4#试验支洞	T_3	砂板岩	18.8～25	15.64	10.82～20.73	15.64	10.69～13.24	58～63

根据霍克-布朗岩体变形参数估算方法，T_2y 盐塘组大理岩的变形模量估算结果平均值为 18.70 GPa，中三叠统白山组（T_2b）大理岩的变形模量估算结果平均值为 34.15 GPa，T_3 砂板岩的变形模量估算结果平均值为 11.97 GPa。

4）岩体变形模量反演分析

根据锦屏二级水电站引水隧洞中三叠统白山组（T_2b）大理岩洞段深埋科研试验洞现场围岩变形监测资料，采用均匀设计—遗传—神经网络的参数反演方法，对锦屏二级水电站深埋隧洞围岩的变形参数进行反演。反演获得 T_2b 大理岩未松弛区岩体的变形模量为 47.8 GPa，松弛区岩体的变形模量为 15.2 GPa。

5）深埋隧洞围岩变形模量

综合室内外试验及反演结果，锦屏二级水电站深埋引水隧洞岩体变形模量见表 7.40。

表 7.40　岩体变形模量

地层	岩性	变形模量/GPa								
		岩块室内试验结果		岩体原位试验（天然状态）			中尺寸岩块（风干状态）	霍克-布朗估算结果	数值反演结果	
		风干	饱和	综合变形模量	深度 0.2～0.5 m	深度≥1 m			未松弛区	松弛区
T_2z	大理岩与绿砂岩互层	$\frac{32.5\sim38.6}{30.9}$	$\frac{17.1\sim25.3}{21.3}$	—	—	—	—	—	—	—
	结晶大理岩	$\frac{20.1\sim23.1}{21.6}$	$\frac{17.1}{17.1}$	—	—	—	—	—	—	—
T_1	绿片岩	$\frac{4.02\sim22.0}{11.1}$	$\frac{4.75\sim12.4}{6.09}$	—	—	—	—	—	—	—
	砂板岩与绿片岩互层	$\frac{20.3\sim40.8}{29.6}$	$\frac{18.0\sim36.2}{25.4}$	—	—	—	—	—	—	—
T_3	砂板岩	$\frac{18.8\sim25.0}{22.5}$	$\frac{13.9\sim21.6}{16.8}$	$\frac{10.82\sim20.73}{15.64}$	$\frac{28.80\sim37.47}{33.14}$	—	—	$\frac{10.69\sim13.24}{11.97}$	—	—
T_2b	灰白色大理岩	$\frac{45.6\sim67.8}{52.5}$	$\frac{31.6\sim50.2}{43.9}$	$\frac{19.62\sim50.16}{35.9}$	$\frac{17.80\sim29.40}{24.14}$	$\frac{61.87\sim71.81}{66.84}$	$\frac{18.76\sim45.05}{31.15}$	$\frac{31.25\sim36.90}{34.15}$	47.8	15.2
	青色白云大理岩	$\frac{34.0\sim73.0}{46.8}$	$\frac{30.5\sim52.1}{39.2}$	—	—	—	—	—	—	—
T_2y	泥质灰岩	$\frac{16.7\sim60.8}{40.0}$	$\frac{10.5\sim56.6}{30.8}$	—	—	—	—	—	—	—
	粗晶大理岩	$\frac{35.6\sim60.1}{50.6}$	$\frac{29.3\sim60.0}{44.1}$	—	—	—	—	—	—	—
	条带状大理岩	$\frac{18.1\sim59.3}{32.5}$	$\frac{16.0\sim46.0}{27.0}$	$\frac{24.96\sim28.34}{26.65}$	$\frac{25.88\sim52.99}{36.65}$	$\frac{49.63\sim76.54}{63.09}$	—	$\frac{16.88\sim20.51}{18.7}$	—	—

注：表中数据格式为$\frac{\text{最小值}\sim\text{最大值}}{\text{平均值}}$

2. 深埋隧洞围岩的强度参数

1）高应力条件下岩石三轴加载、卸载试验研究

针对锦屏二级深埋引水隧洞围岩共完成五大类地层岩石加载试验共33组，其中岩石饱和状态23组，风干状态10组，33组试验成果中有弱风化态岩石5组，微风化和微新态岩石28组。为了研究地下岩石工程岩石开挖卸荷状态的力学特性，开展了高应力条件下岩石三轴卸载试验。卸载试验的最大侧向压力为25 MPa，卸载方式选择侧向压力卸荷。各地层加载、卸载综合成果值见表7.41。

表7.41 引水隧洞交辅洞室内岩石三轴加载、卸载试验成果综合

地层代表编号	岩石名称	风化程度	加载压缩强度				卸载压缩强度				增量百分比	
			组数/状态	黏聚力	内摩擦角		组数/状态	黏聚力	内摩擦角			
				c/MPa	f	φ/(°)		c/MPa	f	φ/(°)	c/%	φ/%
T_2z	大理岩夹绿砂岩	微风化	3/饱和	18.5	0.93	42.4	—	—	—	—	—	—
T_1	砂板岩夹绿砂岩等	弱风化	5/饱和	4.51	0.52	26.6	—	—	—	—	—	—
		微风化	2/风干	12.5	0.80	38.6	2/风干	15.2	086	39.6	21.6	2.59
T_3	砂板岩	微风化	2/风干	13.5	089	41.2	5/风干	26.2	0.91	41.6	94.1	0.97
T_2b	灰白色大理岩	微风化	8/饱和 6/风干	27.3 28.1	0.86 1.06	39.6 44.7	4/饱和	18.9	0.83	39.4	−30.7	−0.50
T_2y	条带状大理岩	微风化	5/饱和 2/风干	16.7 13.1	0.90 1.02	41.8 45.2	1/风干	17.5	1.05	46.5	33.6	2.88

通过三轴加载和三轴卸载强度参数对比，可以看出在各自对应应力水平下岩石三轴卸载强度参数要比三轴压缩强度参数略大，其中除了 T_2b 大理岩外，卸荷强度参数内摩角要比三轴压缩强度参数大 1%～3%，这主要是因为卸围压条件下岩石破坏时对应的围压多处于低围压（由卸围压导致），其对应的强度参数中内摩擦角大，这与高围压下岩石三轴强度参数非线性变化规律一致。

2）岩体原位高压直剪试验研究

针对 T_2b 大理岩在 2#试验支洞内开展了一组原位直剪试验研究，法向应力为 0～20.7 MPa，试验成果见表7.42。从 τ-σ 关系中的点群分布规律可见，法向应力在0～10 MPa和10～21 MPa时，点群分布有明显的差别，分段分析结果见图7.24。当法向应力为0～10 MPa时，岩体抗剪断峰值强度参数为 f_d＝1.41，c_d＝2.050 MPa，抗剪（残余）强度参数为 f_d＝1.00，c_d＝0.70 MPa；当法向应力为10～20.7 MPa时，岩体抗剪断峰值强度为

$f_g=1.00$，$c_g=7.82$ MPa，抗剪（残余）强度参数为$f_g=0.72$，$c_g=5.92$ MPa。这表明，随着法向压力的增加，T_2b大理岩的摩擦系数降低，而黏聚力增加。

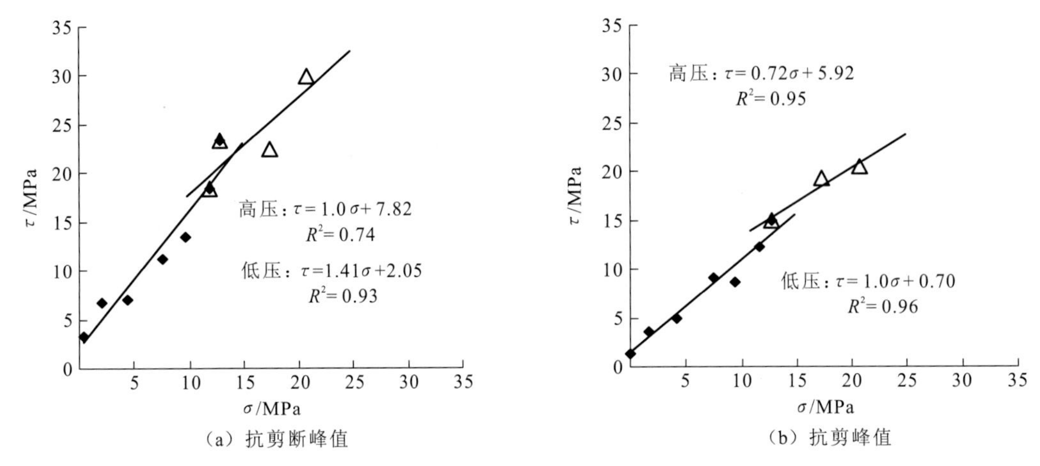

图 7.24　岩体高压直剪分段分析的τ-σ关系

表 7.42　岩石（体）直剪试验强度参数

地层	岩石名称	室内岩块直剪		原位岩体直剪					
		风干状态		天然状态					
				$0\ \text{MPa}<\sigma<21\ \text{MPa}$		$0\ \text{MPa}<\sigma<10\ \text{MPa}$		$10\text{MPa}<\sigma<21\ \text{MPa}$	
		c /MPa	φ/(°)	c /MPa	φ/（°）	c /MPa	φ/（°）	c /MPa	φ/（°）
T_2b	大理岩	11.2	57.3	2.5	51.3	2.05	54.7	7.82	45.0

3）原位真三轴试验研究

根据T_2b大理岩一组六点 50 cm×50 cm×100 cm 真三轴卸侧压试验结果，获得大尺寸T_2b大理岩黏聚力c值为 10.89 MPa，内摩擦系数f值为 1.11（$\varphi=48.0°$）。

中尺寸（15 cm×15 cm×300 cm）T_2b大理岩的真三轴加载试验成果见表 7.43，在低应力段，岩体黏聚力c值为 6.67 MPa，内摩擦系数f值为 1.34（$\varphi=53.27°$）；在高应力段，岩体黏聚力c值为 20.92 MPa，内摩擦系数f值为 0.94（$\varphi=43.23°$）。根据中尺寸大理岩的真三轴卸载试验，在低应力段，岩体黏聚力c值为 12.85 MPa，内摩擦系数f值为 1.40（$\varphi=54.46°$）；在高应力段，岩体黏聚力c值为 31.98 MPa，内摩擦系数f值为 0.90（$\varphi=42.53°$）。

表 7.43　中尺寸 T_2b 大理岩真三轴试验成果

围岩	类别	加载强度参数					
		低应力段			高应力段		
		$\varphi/(°)$	f	c/MPa	$\varphi/(°)$	f	c/MPa
T_2b 大理岩	峰值强度	53.27	1.34	6.67	43.23	0.94	20.92
	残余强度	54.07	1.38	2.91	27.48	0.52	37.28
T_2b 大理岩	峰值强度	54.46	1.40	12.85	41.99	0.90	31.98
	残余强度	50.89	1.23	8.96	43.53	0.95	17.69

4）基于霍克-布朗经验准则估算

根据霍克-布朗经验准则估算结果（表 7.44），T_2y 大理岩在低围压阶段（$0\ \mathrm{MPa}<\sigma_3<15\ \mathrm{MPa}$），岩体内摩擦角为 40.1°～41.6°，黏聚力为 4.7～5.0 MPa，在中高围压阶段（$15\ \mathrm{MPa}<\sigma_3<40\ \mathrm{MPa}$），岩体内摩擦角为 27.7°～29.3°，黏聚力为 13.9～14.7MPa；T_2b 大理岩，在低围压阶段（$0\ \mathrm{MPa}<\sigma_3<15\ \mathrm{MPa}$），岩体内摩擦角为 45.6°～ 47.3°，黏聚力为 5.9～6.8 MPa，在中高围压阶段（$15\ \mathrm{MPa}<\sigma_3<40\ \mathrm{MPa}$），岩体内摩擦角为 30.8°～34.6°，黏聚力为 18.6～22.7 MPa；T_3 砂板岩，在低围压阶段（$0\ \mathrm{MPa}<\sigma_3<15\ \mathrm{MPa}$），岩体内摩擦角为 40.0°～ 41.5°，黏聚力为 4.7～5.1 MPa，在中高围压阶段（$15\ \mathrm{MPa}<\sigma_3<40\ \mathrm{MPa}$），岩体内摩擦角为 25.6°～26.9°，黏聚力为 16.3～17.5 MPa。

表 7.44　岩体强度参数估算结果

试验洞编号	地层	岩性	室内常规三轴试验结果		原位三轴试验结果		霍克-布朗经验准则估算结果				GSI 值
							$0\ \mathrm{MPa}<\sigma_3<15\ \mathrm{MPa}$		$15\ \mathrm{MPa}<\sigma_3<40\ \mathrm{MPa}$		
			内摩擦角 $\varphi/(°)$	黏聚力 c/MPa	内摩擦角 $\varphi/(°)$	黏聚力 c/MPa	内摩擦角 $\varphi/(°)$	黏聚力 c/MPa	内摩擦角 $\varphi/(°)$	黏聚力 c/MPa	
1#	T_2y	大理岩	41.0～49.3	13.0～13.1	—	—	40.1～41.6	4.7～5.0	27.7～29.3	13.9～14.7	60～65
2#	T_2b	大理岩	34.0～62.5	11.6～37.2	45.6	11.4	45.6～46.4	5.9～6.7	30.8～34.6	18.6～20.5	63～68
3#	T_2b	大理岩	34.0～62.5	11.6～37.3	—	—	46.2～47.3	6.1～6.8	31.4～32.8	21.1～22.7	67～72
4#	T_3	砂板岩	30.8～48.0	17.2～40.8	—	—	40.0～41.5	4.7～5.1	25.6～26.9	16.3～17.5	58～63

5）深埋隧洞围岩强度参数

综合室内外岩石及结构面试验结果，锦屏二级深埋引水隧洞围岩的抗剪强度参数见表 7.45。

表 7.45 岩石（体）抗剪强度参数

<table>
<tr><td colspan="4">地层</td><td colspan="3">T_2z</td><td colspan="3">T_1</td><td>T_3</td><td colspan="4">T_2b</td><td colspan="3">T_2y</td></tr>
<tr><td colspan="4">岩性</td><td colspan="3">大理岩夹绿砂岩</td><td colspan="3">绿片岩</td><td>砂板岩</td><td colspan="4">大理岩</td><td colspan="3">条带状大理岩</td></tr>
<tr><td colspan="4">状态</td><td colspan="3">饱和</td><td colspan="3">风干</td><td>饱和/风干</td><td>风干</td><td colspan="3">饱和</td><td colspan="3">风干</td></tr>
<tr><td rowspan="7">岩块室内试验结果</td><td rowspan="5">加载试验</td><td rowspan="2">高应力三轴试验结果</td><td>c/MPa</td><td colspan="3">15.3~24.4
18.5</td><td colspan="3">8.66~18.3
14.2</td><td>17.1~35.0
27.3</td><td>11.6~41.23
28.1</td><td colspan="3">7.73~29.5
16.7</td><td colspan="3">13.0~13.1
13.1</td></tr>
<tr><td>φ/（°）</td><td colspan="3">34.7~46.5
42.4</td><td colspan="3">37.4~39.5
38.5</td><td>30.2~54.5
39.6</td><td>34.0~62.5
44.7</td><td colspan="3">35.1~49.9
41.8</td><td colspan="3">41.1~49.3
45.2</td></tr>
<tr><td rowspan="3">分段拟合结果</td><td>围压/MPa</td><td>0~12</td><td>12~25</td><td>25~45</td><td>0~12</td><td>20~40</td><td>40~60</td><td>—</td><td>—</td><td>0~12</td><td>12~30</td><td>40~60</td><td>0~12</td><td>15~45</td><td>45~60</td></tr>
<tr><td>c/MPa</td><td>19.4</td><td>30.6</td><td>46.1</td><td>12.0</td><td>35.2</td><td>36.3</td><td>—</td><td>—</td><td>19.1</td><td>26.3</td><td>32.7</td><td>18.5</td><td>19.2</td><td>29.1</td></tr>
<tr><td>φ/（°）</td><td>51.9</td><td>44.1</td><td>37.5</td><td>41.6</td><td>18.1</td><td>17.2</td><td>—</td><td>—</td><td>40.1</td><td>32.0</td><td>23.2</td><td>42.5</td><td>30.5</td><td>24.9</td></tr>
<tr><td rowspan="2">卸载试验</td><td rowspan="2">三轴卸荷试验</td><td>c/MPa</td><td colspan="3">—</td><td colspan="3">7.71~22.7
15.2</td><td>17.2~40.8
26.2</td><td>—</td><td colspan="3">11.7~31.3
18.9</td><td colspan="3">17.5
17.5</td></tr>
<tr><td>φ/（°）</td><td colspan="3">—</td><td colspan="3">30.7~48.6
39.6</td><td>30.8~48.3
41.6</td><td>—</td><td colspan="3">25.2~48.3
39.3</td><td colspan="3">46.5
46.5</td></tr>
<tr><td rowspan="4">中尺寸岩块</td><td rowspan="4">真三轴卸载试验</td><td rowspan="2">低应力范围</td><td>c/MPa</td><td colspan="3">—</td><td colspan="3">—</td><td>—</td><td colspan="4">12.85</td><td colspan="3">—</td></tr>
<tr><td>φ/（°）</td><td colspan="3">—</td><td colspan="3">—</td><td>—</td><td colspan="4">54.5</td><td colspan="3">—</td></tr>
<tr><td rowspan="2">高应力范围</td><td>c/MPa</td><td colspan="3">—</td><td colspan="3">—</td><td>—</td><td colspan="4">31.98</td><td colspan="3">—</td></tr>
<tr><td>φ/（°）</td><td colspan="3">—</td><td colspan="3">—</td><td>—</td><td colspan="4">42.0</td><td colspan="3">—</td></tr>
<tr><td rowspan="2">岩体原位</td><td rowspan="2">真三轴卸载</td><td rowspan="2">天然状态</td><td>c/MPa</td><td colspan="3">—</td><td colspan="3">—</td><td>—</td><td colspan="4">10.89</td><td colspan="3">—</td></tr>
<tr><td>φ/（°）</td><td colspan="3">—</td><td colspan="3">—</td><td>—</td><td colspan="4">48.0</td><td colspan="3">—</td></tr>
<tr><td rowspan="4">霍克-布朗经验准则估算结果</td><td rowspan="4">天然状态</td><td rowspan="2">$0\ \text{MPa}<\sigma_3<15\text{MPa}$</td><td>$c$/MPa</td><td colspan="3">—</td><td colspan="3">—</td><td>4.7~5.0</td><td colspan="4">5.9~6.8</td><td colspan="3">4.7~5.1</td></tr>
<tr><td>φ/（°）</td><td colspan="3">—</td><td colspan="3">—</td><td>40.1~41.6</td><td colspan="4">45.6~47.3</td><td colspan="3">40.0~41.5</td></tr>
<tr><td rowspan="2">$15\ \text{MPa}<\sigma_3<40\text{MPa}$</td><td>$c$/MPa</td><td colspan="3">—</td><td colspan="3">—</td><td>13.9~14.7</td><td colspan="4">18.6~22.7</td><td colspan="3">16.3~17.5</td></tr>
<tr><td>φ/（°）</td><td colspan="3">—</td><td colspan="3">—</td><td>27.7~29.3</td><td colspan="4">30.8~34.6</td><td colspan="3">25.6~26.9</td></tr>
</table>

注：T_3砂板岩加载试验试样为饱和状态，卸载试验试样为风干状态

3. 深埋隧洞围岩的流变参数

根据流变试验和数值反演结果，岩体的流变变形参数和流变强度分别见表 7.46、表 7.47。

表 7.46　岩体流变变形参数

岩性		T_2b 大理岩			T_1 绿片岩		
		最小值	最大值	平均值	最小值	最大值	平均值
室内岩块流变试验结果	E_M/MPa	3.54×10^4	6.75×10^4	5.36×10^4	2.18×10^4	2.99×10^4	2.43×10^4
	η_M/(MPa·h)	1.12×10^7	6.00×10^8	7.20×10^7	5.00×10^6	1.68×10^7	9.89×10^7
	E_K/MPa	2.75×10^4	2.36×10^6	4.70×10^5	8.82×10^4	4.68×10^5	2.11×10^5
	η_K/(MPa·h)	9.10×10^7	1.72×10^9	3.60×10^8	1.92×10^7	7.72×10^7	3.73×10^7
岩体原位流变试验结果	E_M/MPa	1.06×10^4	8.33×10^4	—	—	—	—
	η_M/(MPa·h)	2.82×10^6	1.28×10^8	—	—	—	—
	E_K/MPa	2.88×10^3	2.67×10^5	—	—	—	—
	η_K/(MPa·h)	1.11×10^5	4.68×10^6	—	—	—	—
数值反演结果	E_M/MPa	—	—	—	—	—	5.62×10^3
	η_M/(MPa·h)	—	—	—	—	—	3.52×10^5
	E_K/MPa	—	—	—	—	—	1.06×10^3
	η_K/(MPa·h)	—	—	—	—	—	2.68×10^3

表 7.47　岩体在高应力卸荷条件下瞬时强度与流变强度参数

岩性	强度类型	风化程度	强度参数		
			f	φ/(°)	c/MPa
T_2b 大理岩饱和强度	高应力条件瞬时	微风化	0.70	35.1	26.3
	高应力条件三轴流变强	微风化	0.35	19.5	24.7
T_1 绿片岩	高应力条件瞬时	微风化	0.89	41.6	12.0
	高应力条件三轴流变强	微风化	0.58	30.0	11.5

4. 深埋隧洞围岩岩体分类及力学参数综合建议值

采用国标 BQ 分类系统、地下围岩分类 Q 系统和 GSI 系统三种方法对四条试验支洞进行了围岩分类，其中白山组大理岩为 I～III 类围岩，盐塘组大理岩和上三叠统砂板岩则属 II～III 类围岩。综合引水隧洞围岩分类结果及岩石（体）室内外岩石力学试验成果，隧洞围岩质量及其力学参数建议值见表 7.48。

表 7.48 隧洞围岩质量及其力学参数建议值

围岩分类	地层	岩性	变形模量/GPa	抗剪强度参数	
				φ/（°）	c/MPa
I	T_2b	大理岩	31.3～50.2	48～63	23～41
II	T_2b、T_2y、T_3	大理岩、条带状大理岩、砂板岩	20.7～31.3	39～48	13～23
III	T_2b、T_2y、T_3	大理岩、条带状大理岩、砂板岩	10.7～20.7	26～39	5～13

7.5 岩体力学参数取值研究展望

1. 岩体结构精细描述技术应用

岩体原位试验最重要的工作之一是对试验对象的精细描述，需要引入数字化技术，发展岩体结构描述精细技术。目前，数字照相技术、数字钻孔录像、超声波 CT 成像技术等已得到初步应用。运用数字技术，一是进行岩体细观结构研究，二是研究不同尺度裂隙和结构面的分布，构建试验岩体结构模型与精细数值模型，为数值模拟试验奠定基础。

2. 岩体原位试验控制技术与监控技术应用

目前岩体原位试验大多采用手动加压和人工读数，无法获得包括破坏区在内的全过程试验曲线，不能直接研究岩体破坏机理和破坏过程。需要采用电液伺服控制技术、声发射监测技术、岩体破坏可视化技术及物联网技术等，实现岩体原位试验变形破裂过程全过程监控。

3. 信息化技术与大数据技术应用

我国于 1991 年出版了第一部《岩石力学参数手册》，但相关信息采集不够全面。除试验数据及相关试验点地质描述外，需要收集相关工程的地质条件、工程施工过程中出现的问题及监测资料等信息，建立动态的岩石力学参数信息库。在此基础上，运用大数据技术研究岩体力学参数，这对于提高岩体力学参数取值的研究水平将有极大的帮助。

4. 基于云计算技术的数值模拟试验新方法应用

虽然数值模拟试验在研究岩体力学参数取值方面取得了初步成果，但目前还远未达到实用阶段，需要将精细的岩体结构模型、反映岩体力学特性的本构模型和数值模拟方法、前沿的云计算技术以及高精度的试验数据等信息采集相结合，开发岩体原位试验数值模拟试验新方法。

5. 地球物理方法应用

地球物理方法通过对地球的各种物理场（重、磁、电、震、热、放射性等）研究岩体地球物理特性。通过建立岩体地球物理量与岩体变形强度参数之间的相关关系，评估岩体变形强度参数。目前，利用 $E-V_p$ 关系评估工程岩体变形模量已经取得初步进展，通过建立试点岩体变形模量与波速关系，以岩体波速为纽带，可以把有限试验点的试验成果拓展到工程范围岩体。

6. 人工神经元网络预测方法应用

由于现有方法的局限性，许多宝贵的室内试验和原位试验资料没有得到充分利用。这些试验资料不仅包含了一些定量数据，如节理间距和组数、岩体力学参数等，而且也包含了一些定性的地质描述，如节理的粗糙度、风化程度等，尽管这些因素究竟怎样影响岩体力学参数尚不清楚，它们之间的关系较难用表达式表示出来，但是这些资料对岩体力学参数取值具有很好的帮助作用。

利用人工神经元网络预测岩石力学参数的方法，其优点是神经元网络可以利用岩体较多的非定量的地质描述，为岩体力学参数取值提供另外的途径。

7. 岩体力学参数评估经验强度准则研究

基于岩石非线性破坏的霍克-布朗经验强度准则是评估岩体力学参数较为实用的方法之一，这个方法是先对岩体进行分类，然后应用破坏准则进行参数估计。该方法对岩石强度的初步估计相当好，可以将霍克-布朗经验强度准则进行改进，用于大尺度岩体强度参数的估计。

8. 小样本条件下试验数据可靠性估计方法研究

岩石复杂性导致试验成果的离散性。另外，岩体原位试验数量有限，进行统计时样本太小，试验数据变异性使参数取值不可避免地带有很大的不确定性。因此，在小样本条件下如何分析数据的分布特征和可靠性估计显得尤为重要。严春风等[173]提出了岩石力学参数的概率分布的贝叶斯推断方法，能够将不足以单独进行统计分析的具体工程试验资料与以往相同或相近的地质条件下积累的资料结合起来进行分析，取得小样本条件下的试验参数概率分布特征。

9. 岩体变形强度参数尺寸效应研究

岩体变形强度参数的尺寸效应一直是岩体力学参数取值研究的前沿课题。随着细观岩石力学研究的不断深入及精细数值模拟技术的提高，可以将岩体原位试验、数值模拟试验、监测资料反分析、大尺度岩体力学试验等结合起来，考虑岩体结构特征和赋存环境，模拟岩体变形破坏过程，研究岩体变形破坏机理和尺寸效应，获得岩体变形强度参数，并通过大型试验进行验证。

10. 深部高应力岩体变形强度参数取值研究

深部岩体处在高应力环境，其变形破坏特征及其参数取值与浅部岩体有明显的不同。首先，开挖过程中岩体破坏具有非线性特征；其次，岩体变形破坏是一个动态变化过程；最后，深部岩体原位试验由于高应力释放，试样受到损伤，试验取得的成果仅能代表损伤岩体的变形强度参数。如何获得未受扰动岩体的变形强度参数需要进一步深入研究。

11. 岩体力学参数取值综合集成方法研究

岩体力学参数取值问题复杂，仅局限于某一种方法难以解决问题，需要采用多手段、多尺度、多信息等综合集成方法。在此方面，武雄等[149]针对岩体强度参数，提出了将地质、力学和工程有机结合起来的确定工程岩石强度的方法，利用经验类比、岩石质量评分体系和连通率的方法，结合宏观地质条件判断结果，综合确定岩体强度参数。

总之，虽然岩体力学参数取值研究取得了部分进展，但由于岩体结构及其赋存环境的复杂性，很多问题尚需进一步深入研究。岩石力学及其相关学科理论发展和科技进步最新成果的运用，将不断提升岩体力学参数取值的研究水平。

参 考 文 献

[1] 董学晟．岩基科研三十年回顾与展望[J]．长江水利水电科学研究院院报，1986，3（s1）：9-18．

[2] 傅冰骏，袁澄文，杨子文，等．水工建设中岩石力学试验研究的进展（上）[J]．水文地质工程地质，1980，7（5）：34-41．

[3] 傅冰骏，袁澄文，杨子文，等．水工建设中岩石力学试验研究的进展（下）[J]．水文地质工程地质，1980，7（6）：48-52．

[4] 任放．大型岩体力学试验分析[J]．长江水利水电科研成果选编，1974（1）：1-21．

[5] 田野，等．葛洲坝水利枢纽大江岩体力学性质报告[R]．武汉：长江科学院，1981．

[6] 林伟平．葛洲坝基岩 202 号泥化夹层强度选取的探讨[C]//夏熙伦．工程岩石力学．武汉：武汉工业大学出版社，1998．

[7] 任放．葛洲坝工程二江泄水闸下游大型抗力试验[C] //夏熙伦．工程岩石力学．武汉：武汉工业大学出版社，1998．

[8] 中华人民共和国电力工业部，中华人民共和国水利部．水利水电工程岩石试验规程（试行）：DLJ 204—81，SLJ 2—81 [S]．北京：水利电力出版社，1985．

[9]《水利水电工程岩石试验规程（补充部分）》编写组．水利水电工程岩石试验规程（补充部分）：DL 5006—92[S]．北京：水利电力出版社，1993．

[10] 国家质量技术监督局，中华人民共和国建设部．工程岩体试验方法标准：GB/T 50266—99 [S]．北京：中国计划出版社，1999．

[11] 邬爱清．岩石力学试验技术及其工程应用的现状与展望[C]//中国岩石力学与工程学会．2009～2010岩石力学与岩石工程学科发展报告．北京：中国科学技术出版社，2010．

[12] 中华人民共和国住房和城乡建设部，中华人民共和国国家质量监督检验检疫总局．工程岩体试验方法标准：GB/T 50266—2013[S]．北京：中国计划出版社，2013．

[13] 李迪，张保军，张漫，等．岩体变形试验与分层弹模计算[M]．武汉：湖北科学技术出版社，2005．

[14] 俞茂宏，YOSHIMINEM，强洪夫，等．强度理论的发展和展望[[J]．工程力学，2004，21（6）：1-20．

[15] 中华人民共和国水利部．水利水电工程岩石试验规程：SL 264—2001 [S]．北京：中国水利水电出版社，2001．

[16] 董学晟，田野，邬爱清．水工岩石力学[M]．北京：中国水利水电出版社，2004．

[17] 熊诗湖，周火明．三峡永久船闸边坡岩体在复杂应力路径下的变形特性[J]．岩石力学与工程学报，2006，25（s2）：3636-3641．

[18] 熊诗湖，邬爱清，周火明．层状软岩力学特性现场试验研究[J]．地下空间与工程学报，2006，2（6）：887-890．

[19] 陈卫忠，谭贤君，吕森鹏，等．深部软岩大型三轴压缩流变试验及本构模型研究[J]．岩石力学与工程学报，2009，28（9）：1735-1745．

[20] American Society for Testing and Materials International.Annual book of ASTM standards（D2664-04）[S]．Philadelphia：American Society for Testing and Materials International，2004．

[21] OKADA T，TANI K，OOTSU H，et al. Development of in-situ triaxial test for rock masses[J]. International journal of Japanese committee for rock mechanics，2006，2（1）：7-12.

[22] OKADA T，TANI K，KANATANI M，et al. Development of in-situ triaxial test for inhomogeneous rock mass [J]. Tsuchi-to-Kiso，2006，54（4）：22-24.

[23] 周火明，盛谦，熊诗湖．复杂岩体力学参数取值研究[J]．岩石力学与工程学报，2002，21（s1）：2045-2048.

[24] 周宏伟，谢和平，左建平. 深部高地应力下岩石力学行为研究进展[J]. 力学进展，2005，35（1）：91-99.

[25] 张宜虎，周火明，钟作武，等．YXSW-12 现场岩体真三轴试验系统及其应用[J]．岩石力学与工程学报，2011，30（11）：2312-2320.

[26] 李维树，黄书岭，丁秀丽，等．中尺寸岩样真三轴试验系统研制与应用[J]．岩石力学与工程学报，2012，31（11）：2197-2203.

[27] 周火明，钟作武，张宜虎，等．岩体原位试验新技术在水电工程中的初步应用[J]．长江科学院院报，2011，28（10）：112-117.

[28] 熊诗湖，钟作武，唐爱松，等．乌东德层状岩体卸荷力学特性原位真三轴试验研究[J]．岩石力学与工程学报，2015，34（s2）：3724-3731.

[29] 周火明，单治钢，李维树，等．深埋隧洞大理岩卸载路径真三轴强度参数研究[J]．岩石力学与工程学报，2012，31（8）：1524-1529.

[30] 徐平，夏熙伦．三峡枢纽岩体结构面蠕变模型初步研究[J]．长江科学院院报，1992，9（1）：42-46.

[31] 徐平，夏熙伦．三峡工程船闸区花岗岩蠕变特性试验研究[J]．长江科学院院报，1995，12（2）：23-29.

[32] 徐平，夏熙伦．三峡工程花岗岩蠕变特性试验研究[J]．岩土工程学报，1996，18（4）：63-67.

[33] 夏熙伦，徐平，丁秀丽．岩石流变特性及高边坡稳定性流变分析[J]．岩石力学与工程学报，1996，15（41）：312-322.

[34] 夏熙伦．软岩剪切流变仪的研制与应用[C]//夏熙伦．工程岩石力学．武汉：武汉工业大学出版社，1998：171-175.

[35] 丁秀丽，刘建，刘雄贞．三峡船闸区硬性结构面蠕变特性试验研究[J]．长江科学院院报，2000，17（4）：30-33.

[36] 徐平，丁秀丽，全海．溪洛渡水电站坝址区岩体流变特性试验研究[J]．岩土力学，2003，24（s1）：220-226.

[37] 胡建敏，周火明．岩石流变仪的技术升级改造研究报告[R]．武汉：长江科学院，2004.

[38] 孙晓明，何满潮，刘成禹，等．真三轴软岩非线性力学试验系统研制[J]．岩石力学与工程学报，2005，24（16）：2870-2874.

[39] 李云鹏，王芝银，丁秀丽．流变荷载试验曲线的模型识别及其应用[J]．石油大学学报（自然科学版），2005，29（2）：73-77.

[40] 邬爱清，周火明，胡建敏，等．高围压岩石三轴流变试验仪研制[J]．长江科学院院报，2006，23（4）：28-31.

[41] 周火明，徐平．三峡永久船闸边坡现场岩体压缩蠕变试验研究[J]．岩石力学与工程学报，2001，

20（s1）：1882-1885.

[42] 林伟平．葛洲坝基岩 202 号泥化夹层强度选取的探讨[J]．水利学报，1982，（10）：68-72.

[43] 徐海滨，朱维申，白世伟．岩体粘弹塑性-损伤本构模型及其有限元分析[J]．岩土力学，1992，13（1）：11-20.

[44] 雷承弟．二滩水电站枢纽区岩体蠕变试验[J]．水电工程研究，1989（1）：1-11.

[45] 徐平．三峡工程船闸高边坡岩体蠕变特性试验研究报告[R]．武汉：长江科学院，1994.

[46] 周火明，熊诗湖. 三峡永久船闸边坡岩体蠕变性质现场试验研究报告[R]. 武汉：长江科学院，1997.

[47] 夏熙伦，徐平．高边坡岩体流变断裂特性研究[R]．武汉：长江科学院，1998.

[48] 丁秀丽，周火明．三峡船闸区岩石和结构面蠕变特性研究[R]．武汉：长江科学院，1999.

[49] 周火明，徐平，王复兴．三峡永久船闸边坡现场岩体压缩蠕变试验研究[J]．岩石力学与工程学报，2000，20（s1）：1882-1885.

[50] 周火明，徐平，盛谦，等．岩体力学试验新技术在三峡工程中的应用[J]．长江科学院院报，2001，18（5）：68-72.

[51] 贺如平，张强勇，王建洪，等．大岗山水电站坝区辉绿岩脉压缩蠕变试验研究[J]．岩石力学与工程学报，2007，26（12）：2495-2503.

[52] 张强勇，陈芳，杨文东，等．大岗山坝区岩体现场剪切蠕变试验及参数反演[J]．岩土力学，2011，32（9）：2584-2590.

[53] 熊诗湖，周火明，钟作武．岩体载荷蠕变试验方法研究[J]．岩石力学与工程学报，2009，28（10）：2121-2127.

[54] LI W S，ZHOU H M，WU A Q. Brief introduction to rock mass deformation test equipment and automatic servo system under high stress[C]//The 2nd International Conference on Mechanic Automation and Control Engineering，2011，Hohhot，IEEE.

[55] 李维树，周火明，钟作武，等．岩体真三轴现场蠕变试验系统研制与应用[J]．岩石力学与工程学报，2012，31（8）：1636-1641.

[56] 李维树，卢阳，王中豪．现场岩体力学试验伺服控制与数据采集系统的研制与应用[J]．岩石力学与工程学报，2015，31（s2）：3775-3780.

[57] 熊诗湖，张宜虎．金沙江白鹤滩水电站（可行性研究阶段）柱状节理玄武岩岩体变形与载荷试验研究报告[R]．武汉：长江科学院，2007.

[58] 熊诗湖，周火明．金沙江白鹤滩水电站可行性研究阶段选定坝线现场岩体力学试验报告（二）：现场岩体流变及错动带剪切流变试验研究报告[R]．武汉：长江科学院，2009.

[59] 李维树. 锦屏二级水电站引水隧洞高地应力条件下的岩体力学研究之分报告：现场岩体真三轴流变试验成果报告[R]．武汉：长江科学院，2012.

[60] 范雷．锦屏二级水电站引水隧洞高地应力条件下的岩体力学研究总报告[R]．武汉：长江科学院，2013.

[61] 熊诗湖，周火明. 乌江构皮滩水电站通航建筑物第二级升船机软岩地基变形特性及处理方案专题研究：原位岩体力学试验研究报告[R]．武汉：长江科学院，2012.

[62] 熊诗湖，钟作武. 乌东德水电站坝址区可行性研究阶段右岸地下厂房软弱围岩原位三轴与三轴蠕变试验研究报告[R]．武汉：长江科学院，2013.

[63] 张宜虎．大渡河丹巴水电站可研阶段软岩流变特性研究成果报告[R]．武汉：长江科学院，2013.
[64] 黄树华．岩石力学研究中的 AE 和 CT 装置的应用[J]．岩土力学，1989，10（1）：83-86.
[65] 杨建辉，张志海．岩石力学 CT 技术概述[J]．河北煤炭建筑工程学院学报，1995（2）：66-70.
[66] 李晓宁，向铭铭，朱宝龙．CT 技术在岩土工程研究中的应用[J]．实验技术与管理，2016，33（11）：80-83.
[67] CNUDDE V，BOONE M N. High-resolution X-ray computed tomography in geosciences：a review of the current technology and applications[J]. Earth-science reviews，2013，123：1-17.
[68] MARTIN R J，PRICE R H，BOYD P J，et al. The influence of strain rate and sample inhomogeneity on the moduli and strength of welded tuff[J]. International journal of rock mechanics and mining sciences and geomechanics abstracts，1993，30（7）：1507-1510.
[69] KAWAKATA H，CHO A，YANAGIDANI T. The observations of faulting in westerly granite under triaxial compression by X-ray CT scan[J]. International journal of rock mechanics and mining，1997，34 （3/4）：151-162.
[70] KAWAKATA H，CHO A，KIYAMA T. Three dimensional observations of faulting process in westerly granite under uniaxial and triaxial conditions by X-ray CT scan[J]. Tectonophysics，1999，313 （3）：293-305.
[71] OHTANI T，NAKASHIMA Y，MUAROKA H. Three-dimensional miarolitic cavity distribution in the Kakkonda granite from borehole WD-1a using X-ray computerized tomography[J]. Engineering geology，2000，56（1/2）：1-9.
[72] RUIZ DE ARGANDOÑA V G，RODRÍGUEZ R A，CELORIO C，et al. Characterization by computed X-ray tomography of the evolution of the pore structure of a dolomite rock during freeze-thaw cyclic tests[J]. Physics and chemistry of the earth part A：solid earth and geodesy，1999，24（7）：633-637.
[73] 葛修润，任建喜，蒲毅彬，等．煤岩三轴细观损伤演化规律的 CT 动态试验[J]．岩石力学与工程学报，1999，18（5）：497-502.
[74] 葛修润，任建喜，蒲毅彬，等．岩石疲劳损伤扩展规律 CT 细观分析初探[J]．岩石工程学报，2001，23（2）：191-195.
[75] 葛修润，任建喜，蒲毅彬．节理岩石卸载损伤破坏过程 CT 实时检测[J]．岩土力学，2002，23（5）：575-578.
[76] 杨更社，谢定义，张长庆，等．岩石损伤扩展力学特性的 CT 分析[J]．岩石力学与工程学报，1999，18（3）：250-254.
[77] 杨更社，谢定义，张长庆．岩石损伤 CT 数分布规律的定量分析[J]．岩石力学与工程学报，1998，17（3）：279-285.
[78] 杨更社，谢定义，张长庆，等．煤岩体损伤特性的 CT 检测[J]．力学与实践，1996，18（2）：19-21.
[79] 杨更社，谢定义，张长庆．岩石单轴受力 CT 识别损伤本构关系的探讨[J]．岩土力学，1997，18（2）：29-33.
[80] 任建喜，葛修润．单轴压缩岩石损伤演化细观机制及其本构模型研究[J]．岩石力学与工程学报，2001，20（4）：425-431.
[81] 任建喜，葛修润，杨更社．单轴压缩岩石损伤扩展细观机制 CT 实时试验[J]．岩土力学，2001，

22（2）：130-133.
[82] 任建喜．三轴压缩岩石细观损伤扩展特性 CT 实时检测[J]．实验力学，2001，16（4）：387-395.
[83] 丁卫华，仵彦卿，蒲毅彬，等．受力岩石密度损伤增量及其数字图像[J]．西安理工大学学报，2000，16（1）：61-64.
[84] 仵彦卿，丁卫华，曹广祝．岩石单轴与三轴 CT 尺度裂纹演化过程观测[J]．西安理工大学学报，2003，19（2）：115-119.
[85] 仵彦卿，丁卫华，蒲毅彬．压缩条件下岩石密度损伤增量的 CT 动态观测[J]．自然科学进展，2000，10（9）：830-835.
[86] 丁卫华，仵彦卿，蒲毅彬．基于 X 射线的岩石内部裂纹宽度测量[J]．岩石力学与工程学报，2003，22（9）：1421-1425.
[87] 尹小涛，党发宁，丁卫华，等．基于图像处理技术和 CT 试验的裂纹量化描述[J]．实验力学，2005，20（3）：448-454.
[88] 尹小涛，党发宁，丁卫华，等．岩土 CT 图像中裂纹的形态学测量[J]．岩石力学与工程学报，2006，25（3）：539-544.
[89] 尹小涛，党发宁，丁卫华，等．基于单轴压缩 CT 实验的砂岩破损机制[J]．岩石力学与工程学报，2006，25（s2）：3891-3897.
[90] 尹小涛，王水林，党发宁，等．基于图像测量的岩土破损信息的判读[J]．岩土力学，2007，28（s1）：29-33.
[91] 敖波，张定华，赵歆波，等．CT 图像中裂纹缺陷的理论分析[J]．CT 理论与应用研究，2005，14（4）：10-16.
[92] 陈世江，张飞．基于图像处理技术的岩石裂纹演化及其多重分形的研究[J]．金属矿石，2010，413：43-46.
[93] 张飞，姜军周，陈世江．岩石 CT 断层序列图像裂纹三维重建的实现[J]．金属矿山，2009，39（4）：109-113.
[94] 王汝琳，土永涛．红外检测技术[M]．北京：化学工业出版社，2006.
[95] 吴立新，刘善军，吴育华．遥感-岩石力学引论：岩石受力灾变的红外遥感[M]．北京：科学出版社，2007.
[96] LUONG M P．Infrared thermovision of damage processes in concrete and rock[J]． Engineering fracture mechanics，1990，35（1/3）：127-135.
[97] FREUND F T. Rocks that crackle and sparkle and glow：strange pre-earthquake phenomena[J]. Journal of scientific exploration，2003，17（1）：37-71.
[98] WU L X，LIU S J，WU Y H，et al. Precursors for rock fracturing and failure Part II：IRR T-curve abnormalities[J]. International journal of rock mechanics and mining sciences，2006，43（3）： 483-493.
[99] HE M C，GONG W L，LI D J，et al. Physical modeling of failure process of the excavation in horizontal strata based on IR thermography[J]． Mining science and technology，2009，19（6）：689-698.
[100] 周火明，杨宇．裂隙岩体破坏过程精细测试方法总结报告[R]．武汉：长江科学院，2009.
[101] 杨宇，周火明，张宜虎，等．基于红外热成像技术的岩石破裂过程研究[C]//第二届全国水工岩石力学学术会议论文集．武汉：长江科学院，2008：182-184.

[102] GONG W L，WANG J，GONG Y X，et al. Thermography analysis of a roadway excavation experiment in 60º inclined stratified rocks[J]. International journal of rock mechanics and mining sciences，2013，60（48）：134-147.

[103] 刘善军，吴立新，张艳博，等. 潮湿岩石受力过程红外辐射的变化特征[J]. 东北大学学报（自然科学版），2010，31（2）：265-268.

[104] 刘善军，魏嘉磊，黄建伟，等. 岩石加载过程中红外辐射温度场演化的定量分析方法[J]. 岩石力学与工程学报，2015（s1）：2968-2976.

[105] 马立强，李奇奇，曹新奇，等. 煤岩受压过程中内部红外辐射温度变化特征研究[J]. 中国矿业大学学报，2013，42（3）：331-336.

[106] 秦四清，李造鼎. 岩石声发射技术概论[M]. 成都：西南交通大学出版社，1993.

[107] 腾山邦久. 声发射（AE）技术的应用[M]. 冯夏庭，译. 北京：冶金工业出版社，1996.

[108] 李俊平. 声发射技术在岩土工程中的应用[J]. 岩石力学与工程学报，1995，14（4）：371-376.

[109] 尹贤刚，李庶林. 声发射技术在岩土工程中的应用[J]. 采矿技术，2001，2（4）：39-42.

[110] 彭新明，孙友宏，李安宁. 岩石声发射技术的应用现状[J]. 世界地质，2000，19（3）：303-306.

[111] 戴光，徐彦廷，李伟，等. 声发射技术的应用与研究进展[J]. 大庆石油学院学报，1991，25（3）：95-98.

[112] 戴光，徐彦廷，李伟，等. 在役压力容器动态检测技术与研究进展[J]. 中国安全科学学报，1998，8（5）：43-48.

[113] COX S J D，MEREDITH PG. Microcrack formation and material softening in rock measured by monitoring acoustic emissions[J]. International journal of rock mechanics and mining sciences and geomechanics abstracts，1993，30（1）：11-24.

[114] KAISER P K，Yazici S，Maloney S. Mining-induced stress change and consequences of stress path on excavation stability：a case study[J]. International journal of rock mechanics and mining sciences，2001，38：167-180.

[115] UTAGAWA M，SETO M，KATSUYAMA K. Application of acoustic emission technique to determination of in situ stresses in mines[C]// Proc. 26th Int. Conf. Safety in Mines Research Institute VoI. 4，Central Mining Institute，Katowice，Poland，1995：95-109.

[116] SETO M，UTAGAWA M，KATSUYAMA K. The relation between the variation of AE hypocenters and the Kaiser effect of Shirahama sandstone[J]. American of roentgenology radium therapy and nuclear medicine，1995，116（3）：201-205.

[117] SETO M，NAG D K，VUTUKURI V S. In-situ rock stress measurement from rock cores using the acoustic emission method and deformation rate analysis[J]. Geotechnical and geological engineering，1999，17（3/4）：241-266.

[118] BENSON P M，VINCIGUERRA S，MEREDITH P G，et al. Laboratory simulation of volcano seismicity[J]. Science，2008，322（5899）：249-252，322.

[119] 李庶林，尹贤刚，王泳嘉，等. 单轴受压岩石破坏全过程声发射特征研究[J]. 岩石力学与工程学报，2004，23（15）：2499-2503.

[120] 付小敏. 典型岩石单轴压缩变形及声发射特性试验研究[J]. 成都理工大学学报（自然科学版），2005，

32（1）：17-21.

[121] 蒋宇，葛修润，任建喜. 岩石疲劳破坏过程中的变形规律及声发射特性[J]. 岩石力学与工程学报，2004，23（11）：1810-1814.

[122] 陈亮，刘建锋，王春萍，等. 北山深部花岗岩不同应力状态下声发射特征研究[J]. 岩石力学与工程学报，2012，31（s2）：3618-3624.

[123] 张黎明，王在泉，石磊，等. 不同应力路径下大理岩破坏过程的声发射特性[J]. 岩石力学与工程学报，2012，31（6）：1230-1236.

[124] HE M C，MIAO J L，FENG J L. Rock burst process of limestone and its acoustic emission characteristics under true-triaxial unloading conditions[J]. International journal of rock mechanics and mining sciences，2010，47（2）：286-298.

[125] CHEN Z，TANG C A. A double rock sample model for rock bursts [J]. International journal of rock mechanic and mining science，1997，34（6）：991-1000.

[126] JANSEN D P，CARLSON S R，YOUNG R P，et al. Ultrasonic imaging and acoustic emission monitoring of thermally induced microcracks in Lac du Bonnet granite[J]. Journal of geophysical research，1993，98（B13）：22231-22243.

[127] MORADIAN Z A，BALLIVY G，RIVARD P，et al. Evaluating damage during shear tests of rock joints using acoustic emissions[J]. International journal of rock mechanics and mining sciences，2010，47（4）：590-598.

[128] GEORG D，SERGEI S，ERIK R. Borehole breakout evolution through acoustic emission location analysis[J]. International journal of rock mechanics and mining sciences，2010，47（3）：426-435.

[129] 赵兴东，唐春安，李元辉，等. 花岗岩破裂全过程的声发射特征研究[J]. 岩石力学与工程学报，2006，25（s2）：3673-3678.

[130] 赵兴东，李元辉，袁瑞甫，等. 基于声发射定位的岩石裂纹动态演化过程研究[J]. 岩石力学与工程学报，2007，26（5）：944-950.

[131] 赵兴东，李元辉，刘建坡，等. 基于声发射及其定位技术的岩石破裂过程研究[J]. 岩石力学与工程学报，2008，27（5）：990-995.

[132] 杨宇，周火明，李端有，等. 含裂纹岩块破坏过程研究[C]//第七次全国岩石力学与工程试验与测试技术学术交流会议论文集. 武汉：长江科学院，2009.

[133] 周火明，杨宇，张宜虎，等. 多裂纹岩石单轴压缩渐进破坏过程精细测试[J]. 岩石力学与工程学报，2010，29（3）：465-470.

[134] 刘建坡，王洪勇，杨宇江，等. 不同岩石声发射定位算法及其实验研究[J]. 东北大学学报（自然科学版），2009，30（8）：1193-1196.

[135] CHANG S H，LEE C I. Estimation of cracking and damage mechanisms in rock under triaxial compression by moment tensor analysis of acoustic emission[J]. International journal of rock mechanics and mining sciences，2004，41（7）：1069-1086.

[136] EBERHARDT E，STEAD D，STIMPSON B. Quantifying progressive pre-peak brittle fracture damage in rock during uniaxial compression[J]. International journal of rock mechanics and mining sciences，1999，36：361-380.

[137] 刘保县，赵宝云，姜永东．单轴压缩煤岩变形损伤及声发射特性研究[J]．地下空间与工程学报，2007，3（4）：647-650．

[138] 刘保县，黄敬林，王泽云，等．单轴压缩煤岩损伤演化及声发射特性研究[J]．岩石力学与工程学报，2009，28（s1）：3234-3238．

[139] 徐东强，单晓云，甄在学．双向压缩下岩石声发射特性损伤力学分析[J]．采矿与安全工程学报，2000（3）：82-84．

[140] 周维垣，杨延毅．裂隙岩体力学参数评估研究[J]．岩土工程学报，1992，14（2）：1-11．

[141] 唐学军，曹文贵．岩体工程力学参数的确定方法及应用[J]．黄金学报，1999，1（4）：314-317．

[142] 何满潮，薛廷河，彭延飞．工程岩体力学参数确定方法的研究[J]．岩石力学与工程学报，2001，20（2）：2225-2229．

[143] 韩凤山．大体积节理化岩体强度与力学参数[J]．岩石力学与工程学报，2004，23（5）：777-780．

[144] 李同录，罗世毅，何剑，等．节理岩体力学参数的选取与应用[J]．岩石力学与工程学报，2004，23（7）：2182-2186．

[145] 乔春生，张清，黄修云．岩石工程数值分析中选择岩体力学参数的神经元网络方法[J]．岩石力学与工程学报，2001（1）：64-67．

[146] 许传华，房定旺，朱绳武．边坡稳定性分析中工程岩体抗剪强度参数选取的神经网络方法[J]．岩石力学与工程学报，2002，21（6）：858-862．

[147] 刁心宏，王泳嘉，冯夏庭，等．用人工神经网络方法辨识岩体力学参数[J]．东北大学学报（自然科学版），2002，23（1）：60-63．

[148] 巫德斌，徐卫亚．基于 Hoek-Brown 准则的边坡开挖岩体力学参数研究[J]．河海大学学报（自然科学版），2005，33（1）：89-93．

[149] 武雄，贾志欣，陈祖煜，等．工程岩体抗剪强度确定综合方法 GMEM 研究[J]．岩石力学与工程学报，2005，24（2）：247-251．

[150] 周火明，孔祥辉．水利水电工程岩石力学参数取值问题与对策[J]．长江科学院院报，2006，23（4）：36-40．

[151] 高玮，郑颖人．岩体参数的进化反演[J]．水利学报，2000（8）：1-5．

[152] 谭文辉，周汝弟，王鹏．岩体宏观力学参数评估的 GSI 和广义 Hoek-Brown 法[J]．有色金属（矿山部分），2002，54（4）：16-18．

[153] 杨松林，徐卫亚．裂隙岩体有效弹性模量估计的一种方法[J]．河海大学学报（自然科学版），2003，31（40）：399-402．

[154] 丁金刚．岩体分类法确定岩体宏观力学参数[J]．工程设计与研究，2003（6）：7-10．

[155] 伍佑伦，许梦国．根据工程岩体分级选择岩体力学参数的探讨[J]．武汉科技大学学报，2002，25（1）：22-23，27．

[156] 周火明，熊诗湖，刘小红，等．三峡船闸边坡岩体拉剪试验及强度准则研究[J]．岩石力学与工程学报，2005，24（24）：4418-4421．

[157] 李维树，范雷．锦屏二级水电站引水隧洞高地应力条件下的岩体力学研究之分报告：岩体及结构面原位试验成果报告[R]．武汉：长江科学院，2012．

[158] 李迪，王昌明．刚性承压板变形试验的分层弹模计算[J]．长江科学院院报，2003，20（2）：21-24．

[159] 张宜虎，石安池，钟作武，等．基于数值模拟的未扰动岩体变形参数反演方法[J]．长江科学院院报，2008，25（1）：44-48．

[160] 张宜虎，石安池，周火明，等．中心孔变形试验资料的解释与应用[J]．岩石力学与工程学报，2008，27（3）：589-595．

[161] 柴能斌，张宜虎．大渡河丹巴水电站云母石英片岩变形强度各向异性现场试验研究报告[R]．武汉：长江科学院，2013．

[162] 张宜虎，汪斌，李维树．大渡河丹巴水电站引水线路软岩区岩石（体）物理力学性质专题研究成果报告[R]．武汉：长江科学院，2013．

[163] 张宜虎，范雷．金沙江白鹤滩水电站柱状节理玄武岩试验洞研究分报告 6：柱状节理玄武岩现场真三轴试验成果报告[R]．武汉：长江科学院，2010．

[164] MOGI K. Study of elastic shocks caused by the fracture of heterogeneous materials and its relations to earthquake phenomena[J]. Bull. Earthq. Res. Inst.，1962，40：125-173.

[165] GREENLEAF J F，JOHNSON S A，LENT A H. Measurement of spatial distribution of refractive index in tissues by ultrasonic computer assisted tomography[J]. Ultrasound in medicine and biology，1978，3（4）：327-339.

[166] FAN L，ZHOU H M，ZHANG Y H，et al. Application of acoustic emission measurement on assessment of loosened zone around underground cavern[M]//QIAN Q H，ZHOU Y G.Harmonising rock engineering and the enviroment.London：CRC Press，2011.

[167] 范雷．白鹤滩水电站试验洞底板柱状节理玄武岩松弛特征声发射监测成果报告[R]．武汉：长江科学院，2011．

[168] 胡卸文，黄润秋．澜沧江某电站岩体质量分类中的力学参数选取探讨[J]．工程地质学报，1996，4（2）：7-13．

[169] BARTON N. Review of a new shear criterion for rock joints[J]. Engineering geology，1973，7（4）：287-332.

[170] BARTON N，CHOUBY V. The shear strength of rock joints in theory and practice[J]. Rock mechanics，1977，10（1/2）：1-54.

[171] HOEK E，BROWN E T. Practical estimates of rock mass strength[J]. International journal of rock mechanics and mining sciences，1997，34（8）：1165-1186.

[172] HOEK E，CARRANZA-TORRES C，CORKUM B. Hoek-Brown failure criterion-2002 edition[C]// Proceedings of 5th North American Rock mechanics Symposium and the 17th Tunneling Association of Canada Conference. Toronto：University of Toronto Press，2002：267-273.

[173] 严春风，陈洪凯，张建辉．岩石力学参数的概率分布的 Bayes 推断[J]．重庆建筑大学学报，1997，19（2）：65-71．

[174] 陈志坚，卓家寿．样本单元法及层状含裂隙岩体力学参数的确定[J]．河海大学学报，2000（1）：14-17．

[175] 盛谦，黄正加，邬爱清，等．三峡节理岩体力学性质的数值模拟试验[J]．长江科学院院报，2001，18（1）：35-37．

[176] 秦娟，耿克勤．裂隙岩体的代表单元集合体模型及弹性参数预测[J]．水利学报，2001（9）：45-50．

[177] 杨学堂，哈秋聆，张永兴．裂隙岩体宏观力学参数数值仿真模拟研究[J]．水力发电，2004，30（7）：14-16．

[178] 周创兵，陈益峰，姜清辉．岩体表征单元体与岩体力学参数[J]．岩土工程学报，2007，29（8）：1135-1142．

[179] 陈胜宏．计算岩体力学与工程[M]．北京：中国水利水电出版社，2006．

[180] 董学晟，盛谦，周火明，等．三峡永久船闸高边坡开挖扰动区工程岩体力学性状研究[M]．武汉：湖北科学技术出版社，2003．

[181] 李维树，黄志鹏，谭新．水电工程岩体变形模量与波速相关性研究及应用[J]．岩石力学与工程学报，2010，29（s1）：2727-2733．

[182] 范雷，张宜虎．金沙江白鹤滩水电站试验洞柱状节理玄武岩松弛特性现场岩体变形试验研究报告[R]．武汉：长江科学院，2011．

[183] 周火明，盛谦，李维树．三峡船闸边坡卸荷扰动区范围及岩体力学性质弱化程度研究[J]．岩石力学与工程学报，2004，23（7）：1078-1081．

[184] BIENIAWSKI Z T. Determining rock mass deformability：experience from case histories[J].Journal of rock mechanics and mining sciences，1978，15（5）：237-247.

[185] 孙广忠.岩体力学基础[M]．北京：科学出版社，1983．

[186] 孙广忠．岩体结构力学[M]．北京：科学出版社，1988．

[187] 周火明，盛谦，邬爱清．三峡工程永久船闸边坡岩体宏观力学参数的尺寸效应研究[J]．岩石力学与工程学报，2001，20（5）：661-664．

[188] 汪斌，朱杰兵，邬爱清，等．高应力下岩石非线性强度特性的试验验证[J]．岩石力学与工程学报，2010，29（3）：542-548．

[189] 邬爱清，王继敏，单治刚，等．深埋大理岩强度参数变化规律的综合试验研究[J]．岩石力学与工程学报，2016，35（9）：1740-1746．

[190] 范雷，黄正加，周火明，等．考虑中间主应力的原位岩体强度参数取值研究[J]．岩石力学与工程学报，2016，35（s1）：2682-2686．

[191] 周火明，单治钢，张宜虎，等．复杂应力状态石英云母片岩强度参数研究[J]．岩石力学与工程学报，2015，34（s1）：2601-2606．

[192] 张宜虎，周火明，邬爱清，等．基于质量分级的岩体变形模量统计[J]．岩石力学与工程学报，2011，30（3）：486-492．

[193] 张宜虎，周火明，邬爱清，等．基于质量分级的岩体强度参数统计[J]．岩石力学与工程学报，2011，30（s2）：3825-3830．

[194] STROH A N．A simple model of a propagating crack[J]．Journal of the mechanics and physics of solids，1960，8（2）：119-122．